UG NX 8.0 工程应用精解丛书

UG NX 8.0 工程图教程
（典藏版）

展迪优　主编

机 械 工 业 出 版 社

本书系统、全面地介绍了 UG NX 8.0 的工程图内容，包括工程图的概念及发展、UG 工程图的特点、UG 工程图基本设置及工作界面、创建工程图视图、工程图的二维草图绘制、工程图的标注、表格、焊件工程图、钣金工程图以及工程图的一些高级应用等。新出的典藏版对以前的版本进行了修订，优化了本书的结构，增加了大量生产一线中经典的范例、实例和案例，极大地提升了本书的性价比。

在内容安排上，本书紧密结合大量范例对 UG 工程图设计进行讲解和说明，本书中的实例是根据北京兆迪科技有限公司给国内外一些著名公司（含国外独资和合资公司）编写的培训案例整理而成的，具有很强的实用性。在写作方式上，本书紧贴软件的实际操作界面，采用软件中真实的对话框、操控板和按钮等进行讲解，使初学者能够直观、准确地操作软件，从而尽快上手，提高学习效率。

本书内容全面，条理清晰，范例丰富，讲解详细，图文并茂，可作为工程技术人员学习 UG 工程图的自学教程和参考书，也可作为大中专院校学生和各类培训学校学员的 CAD/CAM 课程上课及上机练习教材。

本书附视频学习光盘一张，制作了本书的操作视频文件（含语音讲解，长达 8.5 小时），另外，光盘还包含本书所有的教案文件、范例文件、练习素材文件及 UG NX 8.0 软件的配置文件。

图书在版编目（CIP）数据

UG NX 8.0 工程图教程/：典藏版 / 展迪优主编．—3 版．—北京：机械工业出版社，2015.1

（UG NX 8.0 工程应用精解丛书）

ISBN 978-7-111-48892-7

Ⅰ．①U… Ⅱ．①展… Ⅲ．①工程制图—计算机辅助设计—应用软件—教材 Ⅳ．①TB237

中国版本图书馆 CIP 数据核字（2014）第 293297 号

机械工业出版社（北京市百万庄大街 22 号　邮政编码：100037）
策划编辑：丁　锋　责任编辑：丁　锋
责任校对：龙　宇　责任印制：乔　宇
北京铭成印刷有限公司印刷
2015 年 1 月第 3 版第 1 次印刷
184mm×260 mm　· 19.75 印张　· 369 千字
0001—3000 册
标准书号：ISBN 978-7-111-48892-7
ISBN 978-7-89405-642-9（光盘）
定价：59.80 元（含多媒体 DVD 光盘 1 张）

凡购本书，如有缺页、倒页、脱页，由本社发行部调换

电话服务	网络服务
社服务中心：（010）88361066	教材网：http://www.cmpedu.com
销售一部：（010）68326294	机工官网：http://www.cmpbook.com
销售二部：（010）88379649	机工官博：http://weibo.com/cmp1952
读者购书热线：（010）88379203	**封面无防伪标均为盗版**

前　言

UG 是由美国 UGS 公司推出的功能强大的三维 CAD/CAM/CAE 软件系统，其内容涵盖了产品从概念设计、工业造型设计、三维模型设计、分析计算、动态模拟与仿真、工程图输出，到生产加工成产品的全过程，应用范围涉及航空航天、汽车、机械、造船、通用机械、数控（NC）加工、医疗器械和电子等诸多领域。UG NX 8.0 是目前最新的版本，该版本在易用性、数字化模拟、知识捕捉、可用性和系统工程、模具设计和数控编程等方面进行了创新，对以前版本进行了数百项以客户为中心的改进。

由于 UG NX 8.0 是目前性能最稳定、用户群体最广泛的软件版本，本次典藏版特对以前的版本进行了修订，优化了本书的结构，增加了范例、实例、案例数量，由于纸质书的容量有限（增加纸张页数势必提高书的定价），随书光盘中存放了大量的范例、实例、案例视频（全程语音讲解），这样安排可以进一步迅速提高读者的软件使用能力和技巧，同时也提高了本书的性价比。

本书全面、系统地介绍了 UG NX 8.0 的工程图内容，其特色如下：

- 内容全面。与其他的同类书籍相比，包括更多的 UG 工程图设计内容。
- 范例丰富。对软件中的主要命令和功能，先结合简单的范例进行讲解，然后安排一些较复杂的综合范例帮助读者深入理解、灵活运用。
- 讲解详细，条理清晰。保证自学的读者能独立学习书中介绍的 UG 高级功能。
- 写法独特。采用 UG NX 8.0 中真实的对话框、菜单和按钮等进行讲解，使初学者能够直观、准确地操作软件，从而大大提高学习效率。
- 制作了与本书全程同步的视频教学文件（1 张 DVD 学习光盘，含语音讲解，时间长达 8.5 小时），可以帮助读者轻松、高效地学习。

本书主编和主要参编人员均来自北京兆迪科技有限公司，该公司专门从事 CAD/CAM/CAE 技术的研究、开发、咨询及产品设计与制造服务，并提供 UG 软件的专业培训及技术咨询。本书在编写过程中得到了该公司的大力帮助，在此表示衷心的感谢。

本书由展迪优主编，参加编写的人员还有王焕田、刘静、雷保珍、刘海起、魏俊岭、任慧华、詹路、冯元超、刘江波、周涛、段进敏、赵枫、邵为龙、侯俊飞、龙宇、施志杰、詹棋、高政、孙润、李倩倩、黄红霞、尹泉、李行、詹超、尹佩文、赵磊、王晓萍、陈淑童、周攀、吴伟、王海波、高策、冯华超、周思思、黄光辉、党辉、冯峰、詹聪、平迪、管璇、王平、李友荣。本书已经过多次审核，如有疏漏之处，恳请广大读者予以指正。

电子邮箱：zhanygjames@163.com

编　者

本 书 导 读

为了能更好地学习本书的知识，请您仔细阅读下面的内容：

写作环境

本书使用的操作系统为 Windows XP，对于 Windows 2000 /Server 操作系统，本书的内容和范例也同样适用。

本书采用的写作蓝本是 UG NX 8.0 中文版。

光盘使用

为方便读者练习，特将本书所有素材文件、已完成的实例文件、配置文件和视频语音讲解文件等放入随书附带的光盘中，读者在学习过程中可以打开相应素材文件进行操作和练习。

本书附多媒体 DVD 光盘 1 张，建议读者在学习本书前，先将 DVD 光盘中的所有文件复制到计算机硬盘的 D 盘中。在 D 盘上 ugdc8.12 目录下共有 3 个子目录。

（1）ugdc80_system_file 子目录：包含一些系统文件。

（2）work 子目录：包含本书的全部素材文件和已完成的范例、实例文件。

（3）video 子目录：包含本书讲解中的视频录像文件（含语音讲解）。读者学习时，可在该子目录中按顺序查找所需的视频文件。

光盘中带有“ok”扩展名的文件或文件夹表示已完成的范例。

本书约定

- 本书中有关鼠标操作的简略表述说明如下。
  - ☑ 单击：将鼠标指针移至某位置处，然后按一下鼠标的左键。
  - ☑ 双击：将鼠标指针移至某位置处，然后连续快速地按两次鼠标的左键。
  - ☑ 右击：将鼠标指针移至某位置处，然后按一下鼠标的右键。
  - ☑ 单击中键：将鼠标指针移至某位置处，然后按一下鼠标的中键。
  - ☑ 滚动中键：只是滚动鼠标的中键，而不能按中键。
  - ☑ 选择（选取）某对象：将鼠标指针移至某对象上，单击以选取该对象。
  - ☑ 拖移某对象：将鼠标指针移至某对象上，然后按下鼠标的左键不放，同时移动鼠标，将该对象移动到指定的位置后再松开鼠标的左键。
- 本书中的操作步骤分为 Task、Stage 和 Step 三个级别，说明如下。
  - ☑ 对于一般的软件操作，每个操作步骤以 Step 字符开始，例如，下面是草绘环境中绘制矩形操作步骤的表述：

    Step1. 单击按钮。

    Step2. 在绘图区某位置单击，放置矩形的第一个角点，此时矩形呈“橡皮筋”

样变化。

Step3. 单击XY按钮，再次在绘图区某位置单击，放置矩形的另一个角点。此时，系统即在两个角点间绘制一个矩形，如图 4.7.13 所示。

☑ 每个 Step 操作视其复杂程度，其下面可含有多级子操作，例如 Step1 下可能包含（1）、（2）、（3）等子操作，（1）子操作下可能包含①、②、③等子操作，①子操作下可能包含 a）、b）、c）等子操作。

☑ 如果操作较复杂，需要几个大的操作步骤才能完成，则每个大的操作冠以 Stage1、Stage2、Stage3 等，Stage 级别的操作下再分 Step1、Step2、Step3 等操作。

☑ 对于多个任务的操作，则每个任务冠以 Task1、Task2、Task3 等，每个 Task 操作下则可包含 Stage 和 Step 级别的操作。

- 由于已建议读者将随书光盘中的所有文件复制到计算机硬盘的 D 盘中，所以书中在要求设置工作目录或打开光盘文件时，所述的路径均以"D:"开始。

技术支持

本书主编和主要参编人员均来自北京兆迪科技有限公司，该公司专门从事 CAD/CAM/CAE 技术的研究、开发、咨询及产品设计与制造服务，并提供 UG、Ansys、Adams 等软件的专业培训及技术咨询，读者在学习本书的过程中如果遇到问题，可通过访问该公司的网站 http://www.zalldy.com 来获得技术支持。

咨询电话：010-82176248，010-82176249。

目　录

第 1 章 UG NX 8.0 工程图概述

本章提要

本章简要介绍了工程图的概念及其发展，概述了 UG NX 8.0 工程图的特点，并强调遵循国家制图标准的重要性。

1.1 工程图的概念及发展

工程图是指以投影原理为基础，用多个视图清晰详尽地表达出设计产品的几何形状、结构以及加工参数的图样。工程图严格遵循国标的要求，它实现了设计者与制造者之间的有效沟通，使设计者的设计意图能够简单明了地展现在图样上。从某种意义上说，工程图是一门沟通了设计者与制造者之间的语言，它在现代制造业中占据着极其重要的位置。

在很早以前，类似工程图的建筑图与施工图就已经出现过，而工程图的快速发展是从第一次工业革命开始的。当时的机械设计师为了表达自己的设计思想，也像画家一样把设计内容画在图纸上。但是要在图纸上绘画出脑海里构建好的复杂零件并将其形状、大小等要素表达清楚，对于没有坚实的绘画功底的机械工程师来说几乎是件不可能的事情；再者，用立体图形表达零件的结构、尺寸及加工误差等要素，费时且不合理，毕竟画零件图的目的只是为了将设计目的传达给制造者，依其加工出零件来，而不是为了追求画面美观，于是人们不断地寻求更好的表达方式；随着数学、几何学的发展，人们想出了利用零件的投影来表达零件的结构与形状的方法，并开始研究视图投影之间的关系，久而久之形成了一门工程制图学。经过时间的验证，人们发现利用视图的投影关系就可以表达出任何复杂的零件，也就是说，利用平面图纸总可以表达出三维立体模型。于是学会识图与绘图成了机械工程师与制造工人必备的技能。

1.2 工程图的重要性

相信很多人都已经察觉到，如今的时代俨然是一个 3D 时代。游戏世界里早就出现了 3D 游戏，动画也成了 3D 动画，就连电影里的特技都离不开 3D 制作与渲染。机械设计软件行业里更是出现了众多优秀的 3D 设计软件，比如 UG NX 8.0、Pro/ENGINEER、CATIA、

UG、AutoCAD 以及 CAXA（国产软件）等等。随着这些优秀软件相继进入我国市场并得以迅速推广，以及我国自主研发成功一定种类的 3D 设计软件，“三维设计”概念已逐渐深入人心，并成为一种潮流，许多高等院校也相继开设了三维设计的课程，并采用了相应的软件来辅助教学。

由于使用这些软件设计三维实体零件，复杂的空间曲面造型已经成为比较容易的事情，甚至有些现代化制造企业已经实现了设计、加工、生产无纸化的目标，因而很多人开始认为 2D 设计与 2D 图纸就要成为历史，我们不需要再学习这些烦人的绘图方法、难解的投影关系与枯燥无味的各种标准了。

不错，这是个与时俱进的观念，它改变着人们传统的机械设计观念，也指导我们追求更好、更高的技术，但是，只要我们认清中国的国情，了解我国机械设计、制造行业的现状，就会发现仍旧有大量的工厂使用着 2D 工程图，许多员工可以轻易地读懂工程图而不能从 3D 模型里面读出加工所需要的参数。国家标准对整个工程制图以及加工工艺等做了详细的规定，却未对 3D“图纸”做过多的标准制定。可以看出，几乎整个机械设计制造业都在遵循着国家标准，都在使用 2D 工程图来进行交流，3D 潮流显然还没有动摇传统的 2D 观念；虽然使用 3D 设计软件设计的零件模型的形状和结构很容易为人们所读懂，但是 3D“图纸”也具有本身的不足之处而无法替代 2D 工程图的地位。其理由有以下几个方面：

- 立体模型（3D“图纸”）无法像 2D 工程图那样可以标注完整的加工参数，如尺寸、几何公差、加工精度、基准、表面粗糙度符号和焊缝符号等。
- 不是所有零件都需要采用 CNC 或 NC 等数控机床加工，因而需要出示工程图在普通机床上进行传统加工。
- 立体模型（3D“图纸”）仍然存在无法表达清楚的局部结构，如零件中的斜槽和凹孔等，这时可以在 2D 工程图中通过不同方位的视图来表达局部细节。
- 通常把零件交给第三方厂家加工生产时，需要出示工程图。

所以，我们应该保持对 2D 工程图的重视，纠正 3D 淘汰 2D 的错误观点。当然我们也不能过分强调 2D 工程图的重要性，毕竟使用 3D 软件进行机械设计可以大大提高工作的效率和节省生产成本；要成为一个优秀的机械工程师或机械设计师，我们不仅要具备坚实的机械制图基础，也需要具备先进的三维设计观念。

1.3 工程图的制图标准

作为指导生产的技术文件，工程图必须具备统一的标准，若没有统一的机械制图标准，则整个机械制造业都将陷入一片混乱，因此每一位设计师与制造者都必须严格遵守机械制图标准。我国于 1959 年首次颁布了机械制图国家标准，此后又经过多次修改；改革开放后，国际间的经济与技术交流日渐增多，新国标也吸取了国际标准中的优秀成果，丰富了标准的内容，使其更加科学合理。

读者在学习使用 UG NX 8.0 制作工程图时可以先不考虑国家标准，但是在日后的工作使用中，必须重视遵循国家制图标准，否则将会遇到许多不必要的问题与困难。

国家标准从制图的许多方面都做出了相关的规定，具体规定请读者参考机械制图标准、机械制图手册等书籍，在此仅作一些简要的介绍。

1. 图纸幅面尺寸

GB/T 14689－2008 规定：绘制工程图样时应优先选择表 1.3.1 所示的基本幅面，如有必要可以选择表 1.3.2 所示的加长幅面。每张图幅内一般都要求绘制图框，并且在图框的右下角绘制标题栏。图框的大小和标题栏的尺寸都有统一的规定。图纸还可分为留有装订边和不留装订边两种格式。

表 1.3.1 图纸基本幅面 （单位：mm）

<table>
<tr><th>幅面代号</th><th>尺寸 B×L</th><th>a</th><th>c</th><th>e</th></tr>
<tr><td>A0</td><td>841×1189</td><td rowspan="5">25</td><td rowspan="3">10</td><td rowspan="2">5</td></tr>
<tr><td>A1</td><td>594×841</td></tr>
<tr><td>A2</td><td>420×594</td><td rowspan="3">10</td></tr>
<tr><td>A3</td><td>297×420</td><td rowspan="2">5</td></tr>
<tr><td>A4</td><td>210×297</td></tr>
</table>

注：*a*、*c*、*e* 为留边宽度。

表 1.3.2 图纸加长幅面 （单位：mm）

幅面代号	A3×3	A3×4	A4×3	A4×4	A4×5
尺寸 *B*×*L*	420×891	420×1 189	297×630	297×841	297×1 051

2．比例

图形与其反映的实物相应要素的线性尺寸之比称为比例。通常工程图中最好采用 1:1 的比例，这样图样中零件的大小即是实物的大小。但零件有的很细小有的又非常巨大，不宜据零件大小而采用相同大小的图纸，而要据情况选择合适的绘图比例，根据 GB/T14690－1993 的规定，绘制工程图时一般优先选择表 1.3.3 所示的绘图比例，如未能满足要求，也允许使用表 1.3.4 所示的绘图比例。

表 1.3.3　优先选用的绘图比例

种　类	比　例
原值比例	1:1
放大比例	2:1　5:1　10:1　2×10^n:1　5×10^n:1　1×10^n:1
缩小比例	1:2　1:5　1:10　1:2×10^n　1:5×10^n　1:1×10^n

表 1.3.4　允许选用的绘图比例

种　类	比　例
放大比例	4:1　2.5:1　4×10^n:1　2.5×10^n:1
缩小比例	1:1.5　1:2.5　1:3　1:4　1:6 1:1.5×10^n　1:2.5×10^n　1:3×10^n　1:4×10^n　1:6×10^n

注：n 为正整数。

3．字体

在完整的工程图中除了图形之外，还有文本注释、尺寸标注、基准标注、表格内容及其他文字说明等字体，这要求我们在不同情况下使用合适的字体。GB/T 14691－1993 中规定了工程图中书写的汉字、字母、数字的结构形式和基本尺寸。下面对这些规定进行简要的介绍。

- 字高（用 h 表示）的公称尺寸系列：1.8 mm，2.5 mm，3.5 mm，5 mm，7 mm，10 mm，14 mm，20mm。字体的高度决定了该字体的号数。如字高为 7mm 的文字表示为 7 号字。
- 字母及数字分 A 型和 B 型，并且在同一张图纸上只允许采用同一种字母及数字字体。A 型字体的笔画宽度（d）为字高（h）的十四分之一；B 型字体的笔画宽度（d）为字高（h）的十分之一。
- 字母和数字可写成斜体或直体。斜体字头应向右倾斜，与水平基准线成 75°。
- 工程图中的汉字应写成长仿宋体，汉字的高度 h 不应小于 3.5mm，其字宽一般为 $h/\sqrt{2}$（约为字高的三分之二）。

- 表示极限偏差、分数、脚注或指数等的数字与字母应采用小一号的字体。

如果用户希望按公司企业的要求使用特定的字体，则可以在 UG NX 8.0 所支持的字体库中选择所需的字体。UG NX 8.0 不但支持特有的 NX 字体，而且还支持操作系统中已经安装的其他标准字体，这样就极大地方便了用户的制图需要。下面介绍在 UG NX 8.0 工程图环境中设置字体类型的一般方法。

Step1.选择下拉菜单 文件(F) → 实用工具(U) ▸ → 用户默认设置(D)... 命令，系统弹出“用户默认设置”对话框。

Step2.在“用户默认设置”对话框中选择 制图 → 常规 节点，然后单击右侧的 字体 选项卡，此时对话框如图 1.3.1 所示。

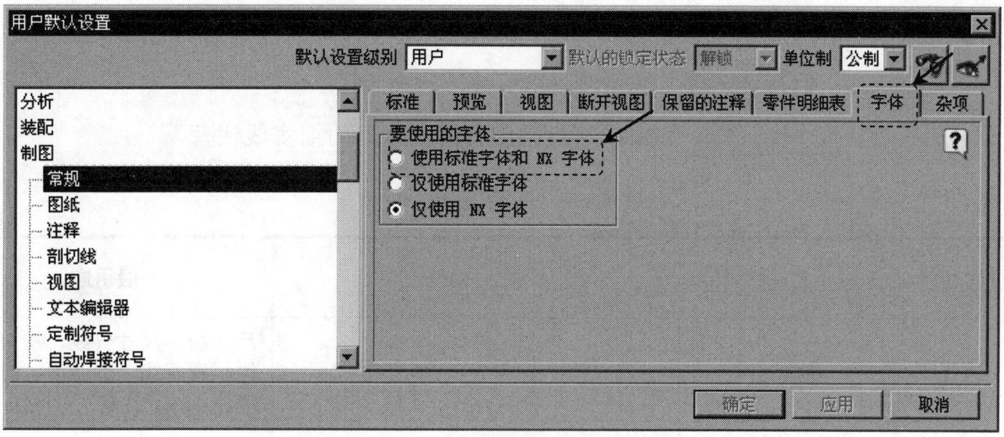

图 1.3.1 “用户默认设置”对话框

Step3.在对话框的 要使用的字体 区域中选择 ⊙ 使用标准字体和 NX 字体 单选项。

图 1.3.1 所示的“用户默认设置”对话框中的选项说明如下：

- ⊙ 使用标准字体和 NX 字体 单选项：选择此选项，即可在工程制图中同时使用系统中的标准字体和特有的 NX 字体。
- ⊙ 仅使用标准字体 单选项：选择此选项，只能在工程制图中使用系统中的标准字体。
- ⊙ 仅使用 NX 字体 单选项：选择此选项，只能在工程制图中使用 UG 特有的 NX 字体。

Step4. 单击对话框的 确定 按钮，系统弹出图 1.3.2 所示的“用户默认设置”消息框，单击 确定(O) 按钮，关闭此对话框。

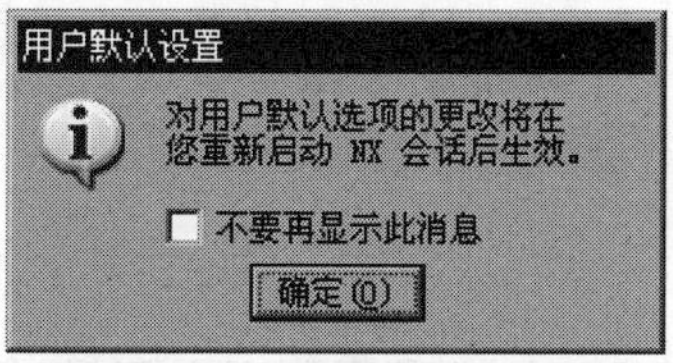

图 1.3.2 “用户默认设置”

4. 线型

工程图是由各式各样的线条组成的。GB/T 17450－1998 中规定了 15 种基本线型及多种基本线型的变形和图线的组合，其适用于机械、建筑、土木工程及电气等领域。在机械制图方面，常用线条的名称、线型、宽度及一般用途如表 1.3.5 所示。

制图所用线条大致分为粗线、中粗线与细线三种，其宽度比率为 4:2:1。具体的线条宽度由图面类型和尺寸在如下给出的系数中选择（公式比为 1:√2）：0.13mm、0.18mm、0.25mm、0.35mm、0.5mm、0.7mm、1mm、1.4mm、2mm。为了保证制图清晰易读，不推荐使用过细的线条，如 0.13mm 和 0.18mm。

绘制图线时，需要注意以下几点：

- 两条平行线间的最小间隙不应小于 0.7mm。
- 点画线、双点画线、虚线以及实线之间彼此相交时应交于画线处，不应留有空隙。
- 在同一处绘制图线有重合时应按以下优先顺序只绘制一种：可见轮廓线、不可见轮廓线、对称中心线、尺寸界线等。
- 在绘制较小图形时，如果绘制点画线有困难，可用细实线代替。

表 1.3.5　常用的图线、线型

代　码	名　称	线　　型	一般用途
01.1	细实线		尺寸线、尺寸界线、指引线、弯折线、剖面线、过渡线、辅助线等
01.2	粗实线		可见轮廓线
基本线型的变形	波浪线		断裂处的边界线、剖视图与视图的分界线
图线的组合	双折线	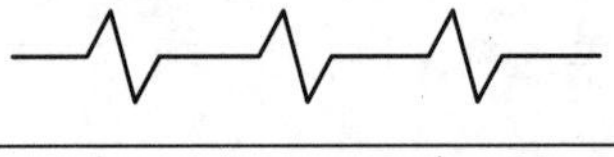	断裂处的边界线、剖视图与视图的分界线
02.1	细虚线		不可见轮廓线
02.2	粗虚线		允许表面处理的表示线
04.1	细点画线		轴线、对称中心线、孔系分布中心线、剖切线、齿轮分度圆等
04.2	粗点画线		限定范围表示线
05	细双点画线		相邻辅助零件的轮廓线、极限位置的轮廓线、轨迹线假想投影轮廓线、中断线等

5. 尺寸标注

工程图视图主要用来表达零件的结构与形状，具体大小由所标注的尺寸来确定。无论工程图视图是以何种绘图比例绘制，标注的尺寸都要求反映实物的真实大小，即以真实尺寸来标注。尺寸标注是工程图中非常重要的组成部分，GB/T 4458.4—2003 规定了尺寸标注的方法。

a．尺寸标注的规则

- 零件的大小应以视图上所标注的尺寸数值为依据，与图形的大小及绘制的准确性无关。
- 视图中的尺寸默认为零件加工完成之后的尺寸，如果不是，则应另加说明。
- 若标注的尺寸以毫米（mm）为单位时，不必标注尺寸计量单位的名称与符号；若采用了其他单位，则应标注相应单位的名称与符号。
- 尺寸的标注不允许重复，并且要求标注在最能反映零件结构的视图上。

b．尺寸的三要素

尺寸由尺寸数字、尺寸线与尺寸界线三个基本要素组成。另外，在许多情况下，尺寸还应包括箭头。

- 尺寸数字：尺寸数字一般用 3.5 号斜体，也允许使用直体。要求使用毫米（mm）为单位，这样不必标注计量单位的名称与符号。
- 尺寸线：尺寸线用以放置尺寸数字。规定使用细实线绘制，通常与图形中标注该尺寸的线段平行。尺寸线的两端通常带有箭头，箭头的尖端指到尺寸界线上。关于尺寸线的绘制有如下要求：尺寸线不能用其他图线代替；不能与其他图线重合；不能画在视图轮廓的延长线上；尺寸线之间或尺寸线与尺寸界线之间应避免出现交叉情况。
- 尺寸界线：尺寸界线用来确定尺寸的范围，用细实线绘制。尺寸界线可以从图形的轮廓线、中心线、轴线或对称中心线处引出，也可以直接使用轮廓线、中心线、轴线或对称中心线为尺寸界线。另外，尺寸界线的末端应超出尺寸线 2mm 左右。

另外，关于尺寸的详细规定，请读者参阅机械制图标准、机械制图手册等书籍。

1.4 UG NX 8.0 工程图的特点

使用 UG NX 8.0 工程图环境中的工具可创建三维模型的工程图，且视图与模型相关联。因此，工程图视图能够反映模型在设计阶段中的更改，可以使工程图视图与装配模型或单个零部件保持同步。其主要特点如下：

- 制图模块和设计模块是完全关联的。
- 制图界面直观、简洁、易用，可以快速方便地创建工程图。
- 可以快速地将视图插入到工程图，系统可以自动捕捉并对齐视图。
- 能够灵活地控制视图中线型的显示模式，可以通过草绘的方式添加图元，以填补视图表达的不足。
- 通过自定义工程图模板和格式文件可以节省大量的重复劳动；在工程图模板中添加相应的设置，可创建符合国家标准和企业标准的制图环境。
- 可以通过各种方式添加注释文本，文本样式可以自定义。
- 可以根据制图需要添加符合国标或企标的基准符号、尺寸公差、形位公差、表面粗糙度符号与焊缝符号。
- 可以方便地创建普通表格、孔表、零件明细表等。
- 可从外部插入工程图文件，也可以导出不同类型的工程图文件，实现对其他软件的兼容。
- 可以快速准确地打印工程图图样。

第 2 章　工程图环境

本章提要

本章主要介绍进入 UG NX 8.0 工程图环境的方法、工程图环境中的工作界面以及工程图的参数预设置等，希望能对读者下一步的操作有一定的帮助。本章内容包括：

- 工程图环境的下拉菜单和工具条。
- 部件导航器。
- 工程图参数预设置。
- 工程图制图标准。

2.1　进入工程图环境

打开一个模型文件后，有三种方法进入工程图环境，现分别介绍如下：

打开文件 D:\ugdc8.12\work\ch02.01\down_base.prt。

方法一：选择下拉菜单 开始 → 制图(D)... 命令。

方法二：在“应用模块”工具条中单击“制图”按钮。

方法三：利用组合键 Ctrl+Shift+ D。

2.2　工程图环境的下拉菜单与工具条

进入工程图环境以后，下拉菜单将会发生一些变化，系统为用户提供了一个方便、快捷的操作界面。下面对工程图环境中较为常用的下拉菜单和工具进行介绍。

1. 下拉菜单

（1）首选项(P) 下拉菜单。该菜单主要用于在创建工程图之前对制图环境进行设置，如图 2.2.1 所示。

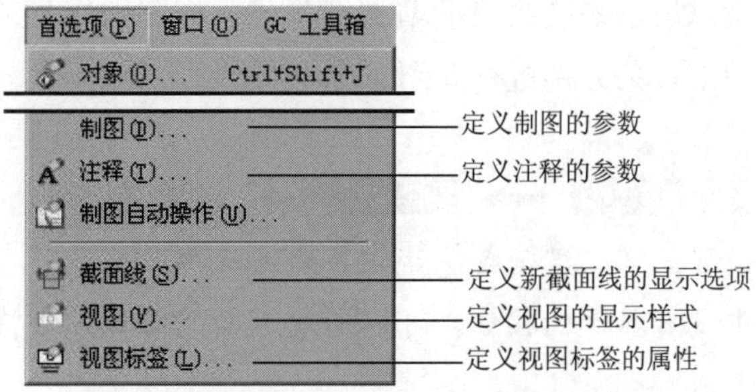

图 2.2.1　“首选项”下拉菜单

（2）插入(S)下拉菜单。该菜单主要用于创建工程图中的图纸页、视图、各种标注及注释等，如图 2.2.2 所示。

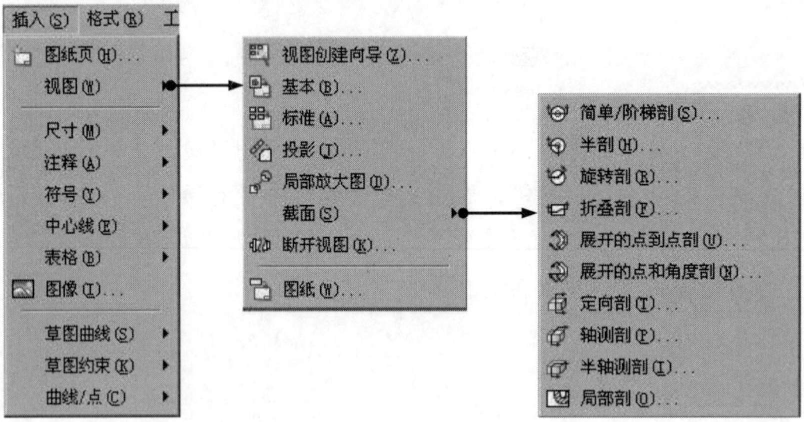

图 2.2.2 “插入”下拉菜单

（3）编辑(E)下拉菜单。该菜单主要用于编辑工程图中的尺寸、注释、符号及表格等的属性及样式，如图 2.2.3 所示。

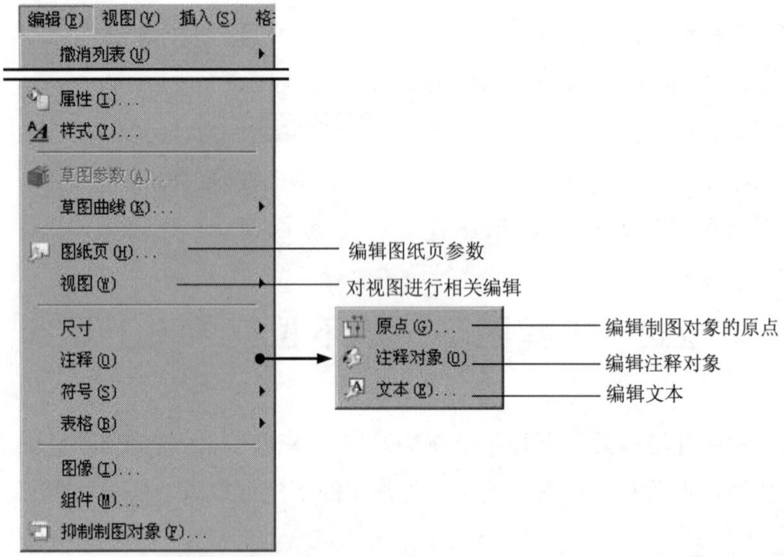

图 2.2.3 “编辑”下拉菜单

2. 工具条

进入工程图环境以后，系统会自动增加许多与工程图操作有关的工具条。下面对工程图环境中较为常用的工具条分别进行介绍。

说明：

- 选择下拉菜单 工具(T) ➡ 定制(Z)... 命令，在弹出的“定制”对话框的 工具条 选项卡中进行设置，可以显示或隐藏相关的工具条。
- 在工具条中没有显示的按钮，可以通过下面的操作方法将它们显示出来：单击工具条最右侧的▾按钮，在其下方弹出添加或移除按钮▾按钮，将鼠标放到该按钮上，在弹出的“添加选项”中包含了所有供用户选择的按钮。

（1）“图纸”工具条，如图 2.2.4 所示。

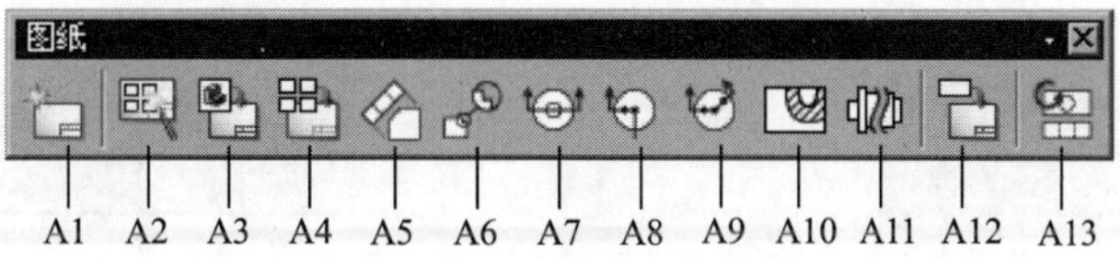

图 2.2.4 “图纸”工具条

图 2.2.4 所示的“图纸”工具条中各按钮的说明如下：

A1：新建图纸页。

A2：视图创建向导。

A3：创建基本视图。

A4：创建标准视图。

A5：创建投影视图。

A6：创建局部放大图。

A7：创建剖视图。

A8：创建半剖视图。

A9：创建旋转剖视图。

A10：创建局部剖视图。

A11：创建断开视图。

A12：创建图纸视图。

A13：更新视图。

（2）“尺寸”工具条，如图 2.2.5 所示。

图 2.2.5 所示的“尺寸”工具条中各按钮的说明如下：

B1：创建自动判断尺寸。

B2：创建圆柱尺寸。

B3：创建直径尺寸。

B4：创建特征参数。

B5：创建链式尺寸与基线尺寸。

B6：创建坐标尺寸。

（3）“注释”工具条，如图 2.2.6 所示。

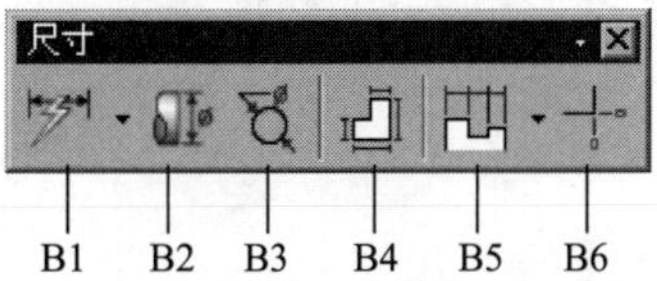

图 2.2.5 “尺寸”工具条

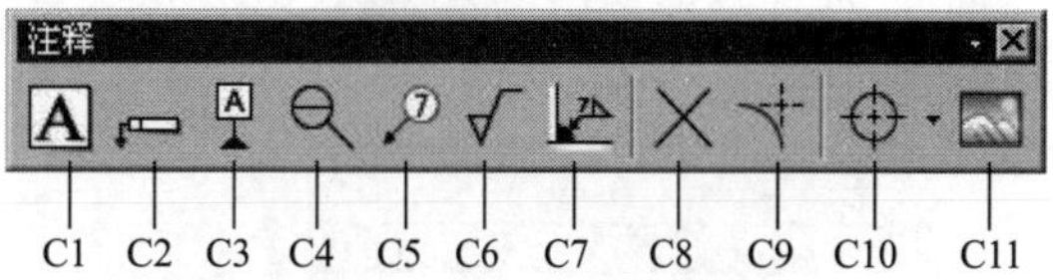

图 2.2.6 “注释”工具条

图 2.2.6 所示的“注释”工具条中各按钮的说明如下：

C1：创建注释。

C2：创建特征控制框。

C3：创建基准。

C4：创建基准目标。

C5：创建标识符号。

C6：创建表面粗糙度符号。

C7：创建焊接符号。

C8：创建目标点符号。

C9：创建相交符号。

C10：创建中心标记。

C11：添加图像。

（4）“表”工具条，如图 2.2.7 所示。

图 2.2.7 所示的“表”工具条中各按钮的说明如下：

D1：表格注释。　　D2：零件明细表。

D3：自动符号标注。

（5）“制图编辑”工具条，如图 2.2.8 所示。

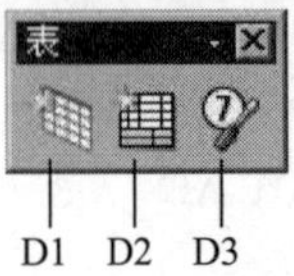

图 2.2.7　“表”工具条

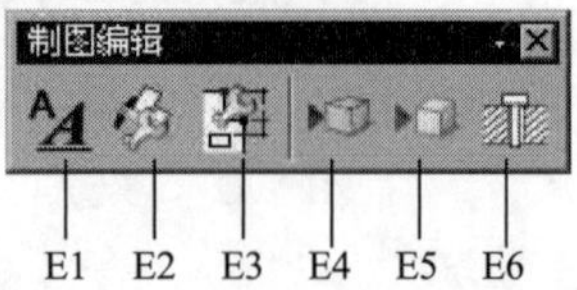

图 2.2.8　“制图编辑”工具条

图 2.2.8 所示的“制图编辑”工具条中各按钮的说明如下：

E1：编辑样式。　　E2：编辑注释。

E3：编辑尺寸关联。　　E4：隐藏视图中的组件。

E5：显示视图中的组件。　　E6：视图中剖切。

2.3　工程图环境的部件导航器

在学习本节前，请先打开文件 D:\ugdc8.12\work\ch02.03\down_base_ok.prt。

在 UG NX 8.0 工程图环境中，部件导航器（图 2.3.1 所示）可用于编辑、查询和删除图样（包括在当前部件中的成员视图），图纸节点下包括图纸页、成员视图、剖面线和相关的表格。

下面分别介绍部件导航器的各个节点的快捷菜单。

（1）在部件导航器中的图纸节点上右击，系统弹出图 2.3.2 所示的快捷菜单（一）。

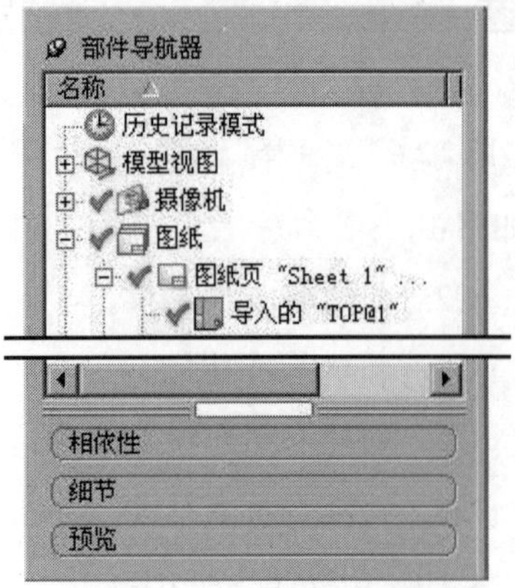

图 2.3.1　部件导航器

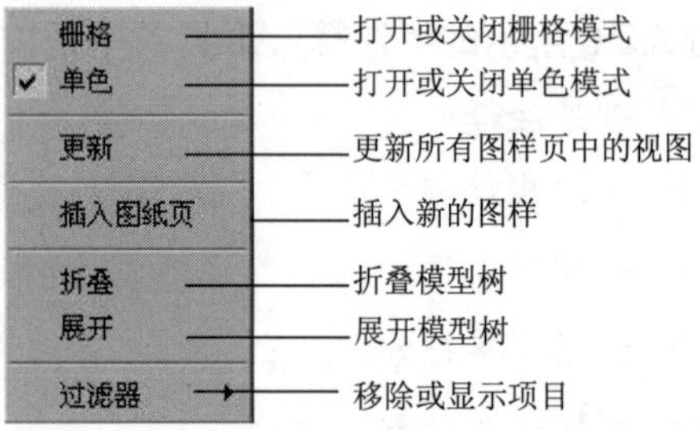

图 2.3.2　快捷菜单（一）

（2）在部件导航器中的图纸页节点上右击，系统弹出图 2.3.3 所示的快捷菜单（二）。

（3）在部件导航器中的导入的视图节点上右击，系统弹出图 2.3.4 所示的快捷菜单（三）。

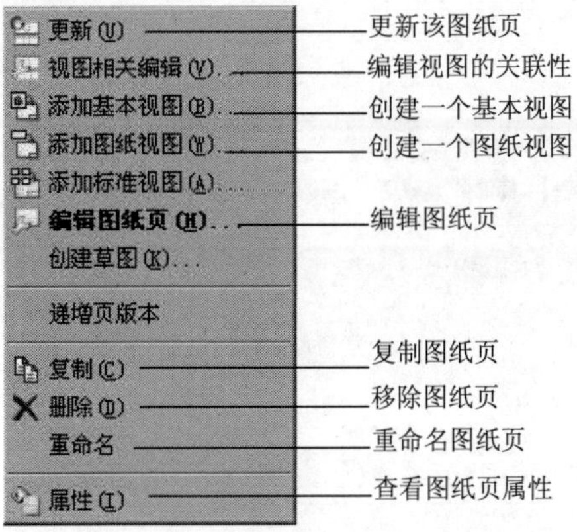

图 2.3.3 快捷菜单（二）

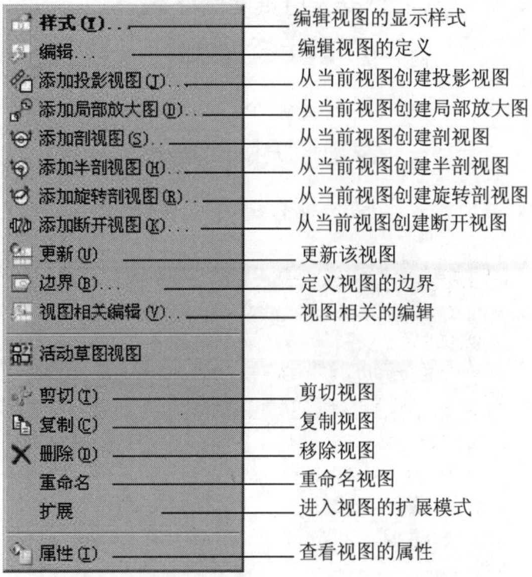

图 2.3.4 快捷菜单（三）

2.4 工程图环境的参数预设置

在进入 UG NX 8.0 的工程图环境后，一般应首先对工程图的参数进行预设置。通过工程图参数的预设置可以控制箭头的大小、线条的粗细、隐藏线的显示与否、标注的字体和大小等等。用户可以通过预设置工程图的参数来改变制图环境，从而使所创建的工程图符合我国的制图国家标准和企业标准。

2.4.1 制图参数预设置

选择下拉菜单 首选项(P) → 制图(D)... 命令，系统弹出“制图首选项”对话框，单击 常规 选项卡，显示如图 2.4.1 所示；单击 视图 选项卡，显示如图 2.4.2 所示。

图 2.4.1 所示的“常规”选项卡的功能说明如下：

- 版本控制 区域：用于定义对制图对象的版本控制。
  - ☑ 升级所有制图对象和成员视图的版本 按钮：单击此按钮，可将所有的制图对象和成员视图升级到当前的 NX 版本。
  - ☑ 升级选定制图对象和成员视图的版本 按钮：单击此按钮，系统弹出“类选择”对话框，选择制图对象和成员视图后，将它们升级到当前的 NX 版本。
- 独立图纸工作流 区域：用于设置从独立文件进入工程图环境时的命令流程。
  - ☑ ☑ 自动启动插入图纸页命令 复选框：选中该复选框，进入工程图环境后会自动启动

"插入图纸页"命令。

☑ □ 自动启动视图创建 复选框：选中该复选框，进入工程图环境后会自动启动视图创建命令。

☑ ☑ 自动启动投影视图命令 复选框：选中该复选框，在创建了基本视图后会自动启动"投影视图"命令。

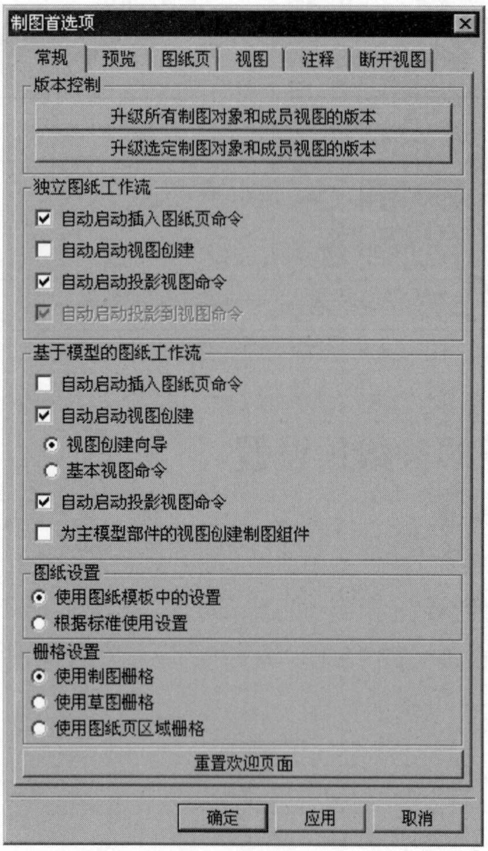

图 2.4.1 "制图首选项"对话框（一）

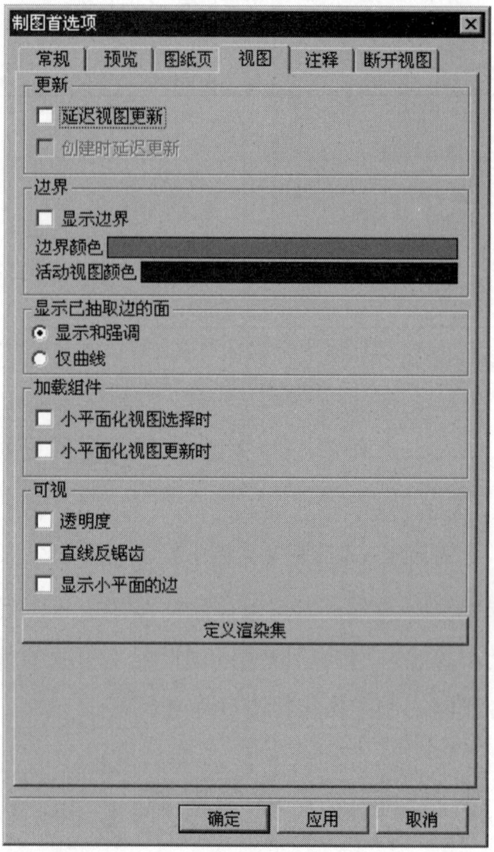

图 2.4.2 "制图首选项"对话框（二）

● 基于模型的图纸工作流 区域：用于设置从模型文件直接进入工程图环境时的命令流程。

☑ □ 自动启动插入图纸页命令 复选框：选中该复选框，进入工程图环境后会自动启动"插入图纸页"命令。

☑ ☑ 自动启动视图创建 复选框：选中该复选框，进入工程图环境后会自动启动视图创建命令。

☑ ○ 视图创建向导 单选项：选中该单选项，创建视图时启动创建向导命令。

☑ ◉ 基本视图命令 单选项：选中该单选项，创建视图时启动基本视图命令。

☑ ☑ 自动启动投影视图命令 复选框：选中该复选框，在创建了基本视图后会自动启动"投影视图"命令。

- 图纸设置区域：用于定义图纸设置参数来源。
  - ☑ ⊙ 使用图纸模板中的设置单选项：选中该单选项，表示图纸设置参数是使用图纸模板中的设置。
  - ☑ ○ 根据标准使用设置单选项：选中该单选项，表示图纸设置参数是使用用户默认设置中存储的制图标准的设置。
- 栅格设置区域：用于设置图纸中栅格的类型。
  - ☑ ⊙ 使用制图栅格单选项：用于设置图纸栅格类型为制图栅格。
  - ☑ ○ 使用草图栅格单选项：用于设置图纸栅格类型为草图栅格。
  - ☑ ○ 使用图纸页区域栅格单选项：用于设置图纸栅格类型为图纸页区域栅格。

图 2.4.2 所示的“视图”选项卡的功能说明如下：

- 更新区域：用于设置视图更新的控制。
  - ☑ □ 延迟视图更新复选框：选中该复选框，将会延迟视图对象的更新，直至用户使用了更新命令才会更新。一般应选中该复选框，从而提高系统性能。
  - ☑ □ 创建时延迟更新复选框：仅在□ 延迟视图更新复选框被选中下被激活，选中该复选框，表示在仅在创建视图时延迟视图对象的更新。
- 边界区域：用于设置视图的边界参数。
  - ☑ □ 显示边界复选框：选中该复选框，视图将显示出边界线条。在视图创建时，建议选中该复选框，以方便有关视图的操作。
  - ☑ 边界颜色区域：单击其后的颜色块，系统弹出“颜色”对话框，用户可选取某种颜色作为边界的显示颜色。
  - ☑ 活动视图颜色区域：单击其后的颜色块，系统弹出“颜色”对话框，用户可选取某种颜色作为活动视图边界的显示颜色。
- 显示已抽取边的面区域：用于设置已抽取边的面的相关设置。
  - ☑ ⊙ 显示和强调单选项：选中该单选项，允许用户在已抽取边缘的视图中选择面和体。
  - ☑ ○ 仅曲线单选项：选中该单选项，只允许用户选择抽取边缘的视图中的曲线。
- 加载组件区域：用于定义图纸中组件的加载设置。
  - ☑ □ 小平面化视图选择时复选框：选中该复选框，系统将加载装配组件以便进行多种操作，此时系统不会自动卸载加载的组件。
  - ☑ □ 小平面化视图更新时复选框：选中该复选框，系统将加载图纸视图小平面表示的装配组件，此时系统不会自动卸载加载的组件。
- 可视区域：用于设置图纸中可视参数的设置。
  - ☑ □ 透明度复选框：选中该复选框，用于设置视图中的着色对象的透明度。

☑ 直线反锯齿复选框：选中该复选框，用于设置以更平滑的方式显示直线、曲线和轮廓等。

☑ 显示小平面的边复选框：选中该复选框，将显示为着色面所渲染的三角形小平面的边和轮廓。

- 定义渲染集：单击此按钮，系统弹出“定义渲染集”对话框，用户可以选择不同的实体来创建渲染集，并在渲染集中对“隐藏边”和“可见线”进行必要的显示设置。

2.4.2 注释参数预设置

选择下拉菜单首选项(P) → 注释(T)...命令，系统弹出图 2.4.3 所示的“注释首选项”对话框。

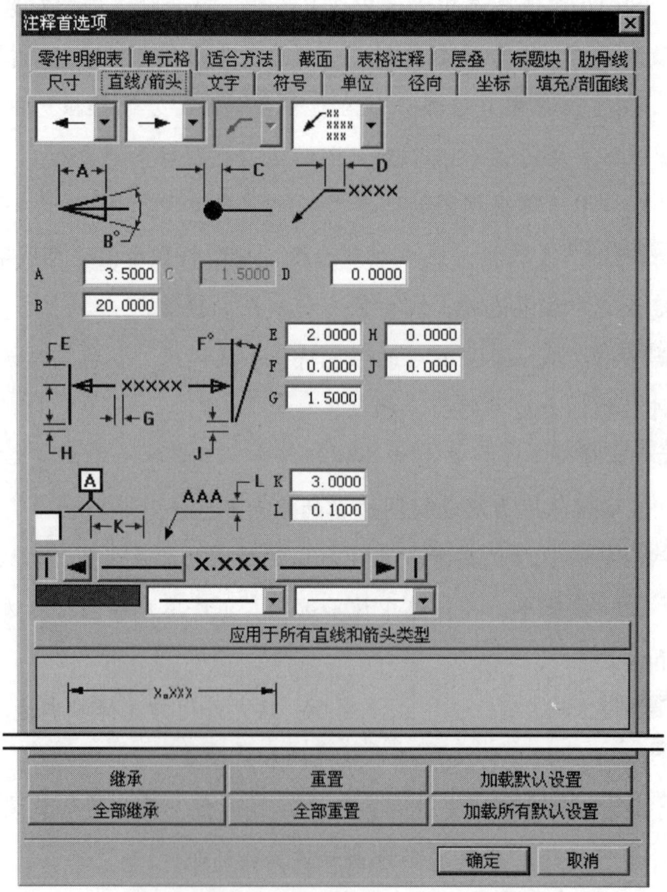

图 2.4.3 “注释首选项”对话框

图 2.4.3 所示的“注释首选项”对话框中各选项卡的功能说明如下：

- 尺寸：用于设置图纸中的标注尺寸箭头和直线的显示、尺寸的放置方式、尺寸文本角度、尺寸的精度和公差、倒斜角尺寸参数、狭窄尺寸等相关参数。

- 直线/箭头：用于设置尺寸中两端指引线的类型、箭头的尺寸大小以及尺寸的延伸线和其他注释的相关参数。
- 文字：用于设置应用于尺寸、附加文本和公差等文字的相关参数。
- 符号：用于设置“标识”、“交点”、“表面粗糙度”、“中心线”和“形位公差”等符号的相关参数。
- 单位：用于设置各种尺寸的单位、格式显示的相关参数。
- 径向：用于设置直径和半径尺寸值显示的相关参数。
- 坐标：用于设置坐标集和折线的相关参数。
- 填充/剖面线：用于设置剖面线和区域填充的相关参数。
- 零件明细表：用于设置零件明细表的相关参数。
- 单元格：用于设置表格中单元格的格式、对齐等相关参数。
- 适合方法：用于设置单元中填充内容时的适合方法。
- 截面：用于设置表格的标题、高度和边界等参数。
- 表格注释：用于设置表格中的注释参数。
- 层叠：用于设置注释层叠时的对齐和间距因子等参数。
- 标题块：用于设置标题栏的对齐位置和更新参数。
- 肋骨线：用于设置造船制图中的肋骨线的相关参数。

2.4.3 截面线参数预设置

选择下拉菜单首选项(P) → 截面线(S)...命令，系统弹出图 2.4.4 所示的“截面线首选项”对话框。通过设置“截面线首选项”对话框中的参数，既可以控制以后添加到图样中的剖切线显示，也可以修改现有的剖切线。

图 2.4.4 所示的“截面线首选项”对话框中各选项的说明如下：

- ☑ 显示标签复选框：用于设置是否显示剖视图的标签。
- 字母文本框：用来输入剖视图的起始字母。
- 样式下拉列表：用来定义剖切线两端箭头的样式。
- □ 使用偏置复选框：用于控制是否在剖切线的任一边定义距离通道。选中后会激活距离文本框，可以输入相应的偏置距离。
- 标准下拉列表：用于选择剖切线符号的样式标准。
- 颜色：用于控制剖切线的颜色。
- 宽度：用于选择剖切线宽度。
- ⊙ 有剖视图单选项：选中后，创建剖视图时会同时创建剖切线。

- 无剖视图 单选项：选中后，创建剖视图时不会创建剖切线。

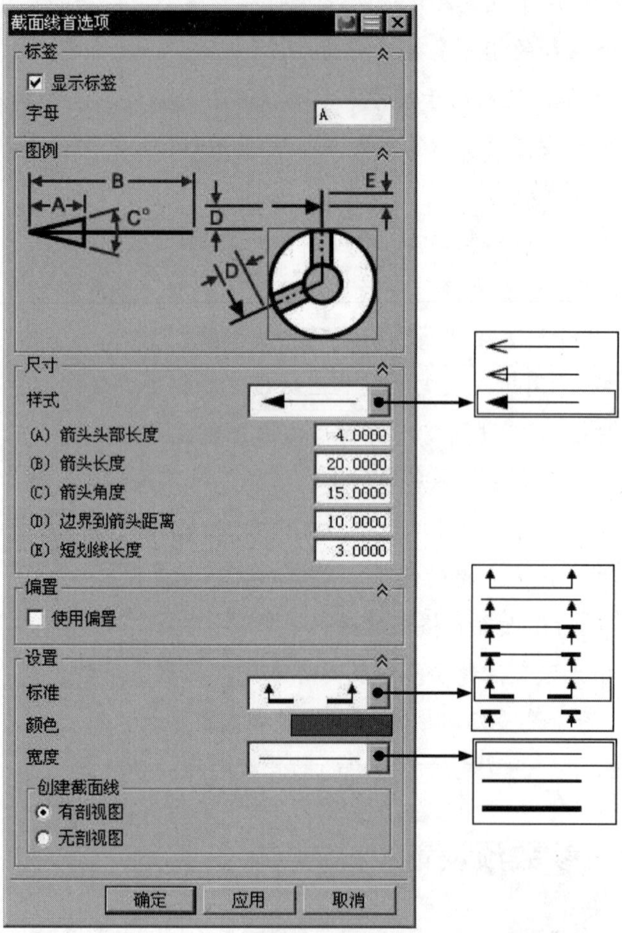

图 2.4.4 “截面线首选项”对话框

2.4.4 视图参数预设置

选择下拉菜单 首选项(P) ➡ 视图(V)... 命令，系统弹出图 2.4.5 所示的“视图首选项”对话框。通过对“视图首选项”对话框中参数的设置可以控制图纸上的视图显示样式，包括隐藏线、可见线、光顺边、截面线和局部放大图等内容。这些参数设置只对以后添加的视图有效，而对于在设置之前添加的视图则需要通过编辑视图的样式来修改，因此在创建工程图之前，最好首先进行预设置，这样可以减少很多的编辑工作，提高工作效率。

图 2.4.5 所示的“视图首选项”对话框中各选项卡的功能说明如下：

- 常规：用于设置视图的常规显示的控制参数、定义渲染集等参数。
- 隐藏线：用于设置视图中隐藏线的显示参数、干涉曲线、小特征的显示等参数。
- 可见线：用于设置视图中的可见线的颜色、线型和宽度。
- 光顺边：用于设置光顺边的显示，光顺边的颜色、线型和宽度以及端点缝隙等参数。

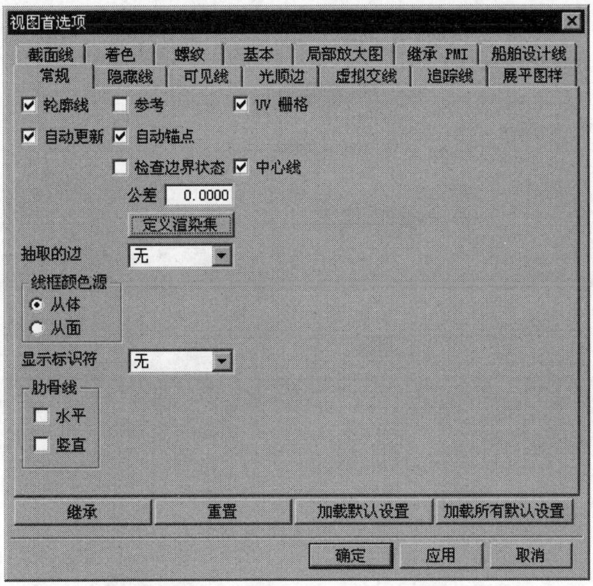

图 2.4.5 “视图首选项”对话框

- 虚拟交线：用于显示假想的相交曲线的显示参数。
- 追踪线：用于设置在装配图中的可见和隐藏追踪线的颜色、线型和深度等参数。
- 展平图样：用于设置创建钣金件的展开图的显示设置。
- 截面线：用于设置剖视图的剖面线、背景等显示参数。
- 着色：用于设置图样中成员视图的渲染样式。
- 螺纹：用于设置图样中成员视图中内、外螺纹的显示参数。
- 基本：用于设置视图的小平面表示、继承剪切边界和注释的传递。
- 局部放大图：用于显示控制视图边界的颜色、线型和线宽等参数。
- 继承 PMI：用于设置图纸中继承 PMI 和继承形位公差的参数。
- 船舶设计线：用于设置船舶设计线的显示参数。

2.4.5 视图标签参数预设置

选择下拉菜单 首选项(P) ➡ 视图标签(L)... 命令，系统弹出图 2.4.6 所示的“视图标签首选项”对话框。

图 2.4.6 所示的“视图标签首选项”对话中各选项的功能说明如下：

- 类型 下拉列表：用来选择要定义的视图类型。
  - ☑ 其他 选项：用于设置除了局部放大图和剖视图之外的视图标签。
  - ☑ 局部放大图 选项：用于设置局部放大图的视图标签。
  - ☑ 剖视图 选项：用于设置剖视图的视图标签。

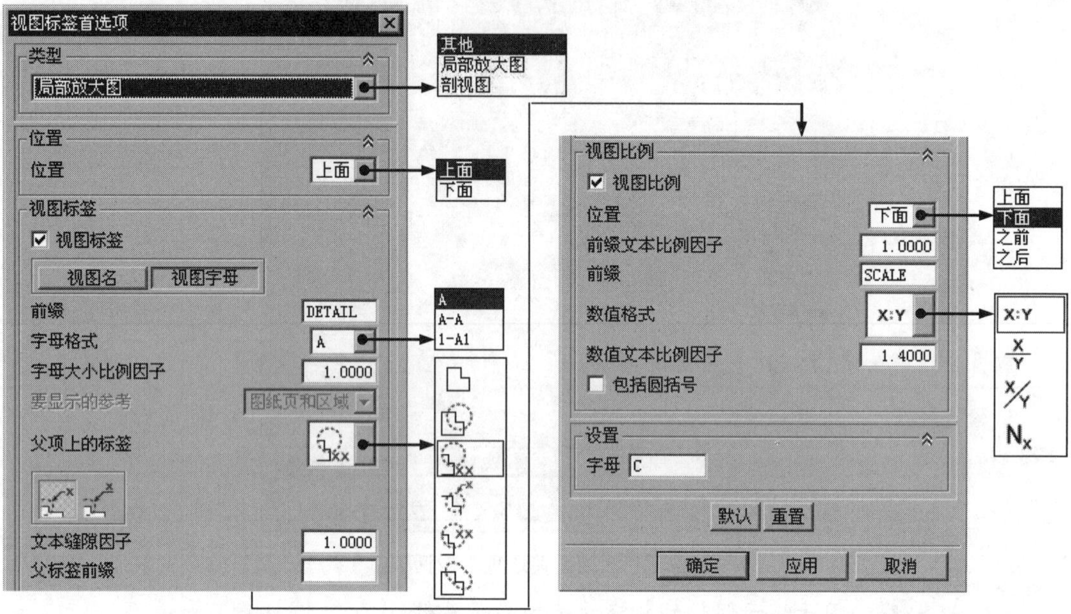

图 2.4.6 “视图标签首选项”对话框

- 位置 下拉列表：用于设置视图标签相对于视图的位置。
- 视图标签 区域：定义视图标签的相关显示参数，选择不同视图类型，会激活不同的参数。
  - ☑ 视图标签 复选框：用来定义是否显示视图的名称标签。
  - 视图名 按钮：用来定义视图标签显示的内容是视图的名称。
  - 视图字母 按钮：用来定义视图标签显示的内容是视图的字母。
  - 前缀 文本框：用于输入视图标签中字母前面出现的文本内容。
  - 字母格式 下拉列表：用来定义视图标签中字母的组合方式。
  - 字母大小比例因子 文本框：用来定义视图标签中字母的大小比例。
  - 父项上的标签 下拉列表：用来定义父视图上的标签样式，仅在局部放大图中有效。
  - 文本缝隙因子 文本框：用于定义视图标签中的文本间隙比例因子。
  - 父标签前缀 文本框：用于输入父视图上的标签前面出现的文本内容。
- 视图比例 区域：用来定义是否显示视图比例以及显示的位置和格式等内容。
  - 位置 下拉列表：用于设置视图标签相对于视图标签的位置。
  - 前缀文本比例因子 文本框：用于定义视图标签中的前缀文本的比例因子。
  - 前缀 文本框：用于输入视图比例标签中前面出现的文本内容
  - 文本 区域：用来定制或定义视图标签的文本属性等。
  - 数值格式 下拉列表：用于设置视图比例标签的显示格式。
  - 数值文本比例因子 文本框：用于定义视图比例标签的数值格式的比例因子。
  - ☐ 包括圆括号 复选框：用来设置是否在视图比例标签中显示圆括号。

- 默认按钮：单击此按钮，可将参数恢复为系统默认设置。
- 重置按钮：单击此按钮，可将参数恢复为本次修改最初的参数设置。

2.4.6 可视化参数预设置

选择下拉菜单首选项(P) → 可视化(V)...命令，系统弹出“可视化首选项”对话框，单击颜色/线型选项卡，此时对话框显示如图 2.4.7 所示。

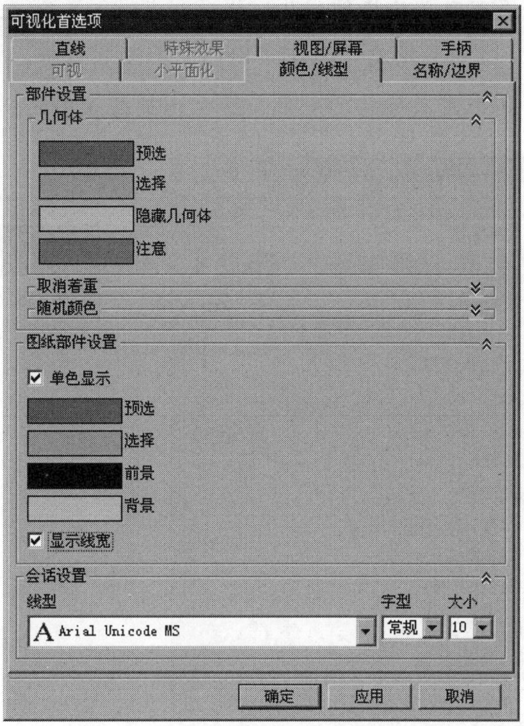

图 2.4.7 “可视化首选项”对话框

图 2.4.7 所示的“可视化首选项”对话框中部分选项的功能说明如下：

- 图纸部件设置区域：用于图纸中的颜色显示设置。
  - ☑ 单色显示复选框：选中该复选框将激活其下的颜色设置。此时图纸的前景色将变为黑色。
  - ☑ 预选：用于设置工程图环境中预选对象的颜色。
  - ☑ 选择：用于设置工程图环境中选择对象的颜色。
  - ☑ 前景：用于设置工程图环境中前景的颜色。
  - ☑ 背景：用于设置工程图环境中背景的颜色。
  - ☑ 显示线宽：用于设置工程图环境中是否按对象属性的线宽来显示。

2.4.7 栅格和工作平面参数预设置

选择下拉菜单 首选项(P) ➡ 栅格和工作平面(W)... 命令，系统弹出图 2.4.8 所示的“栅格和工作平面”对话框。

图 2.4.8 所示的“栅格和工作平面”对话框中选项的功能说明如下：

- 类型 下拉列表：用于设置栅格的类型，包括 矩形均匀 、 矩形非均匀 和 极坐标 三种类型，显示效果分别如图 2.4.9~图 2.4.11 所示。
- 栅格大小 区域：用来定义栅格的间距、线数和点数等参数。此区域显示的选项和栅格的类型有关，不同栅格类型具有不同的大小设置参数。
- 栅格设置 区域：用来定义栅格的颜色、显示、捕捉等参数。

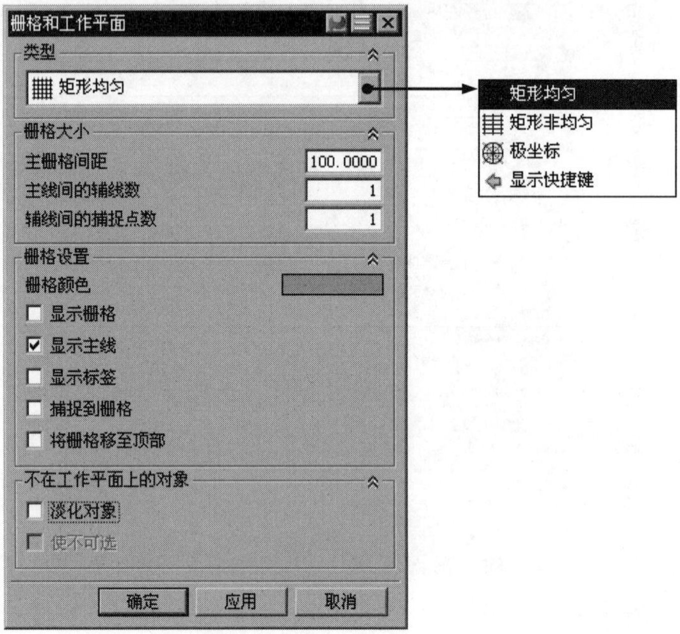

图 2.4.8 “栅格和工作平面”对话框

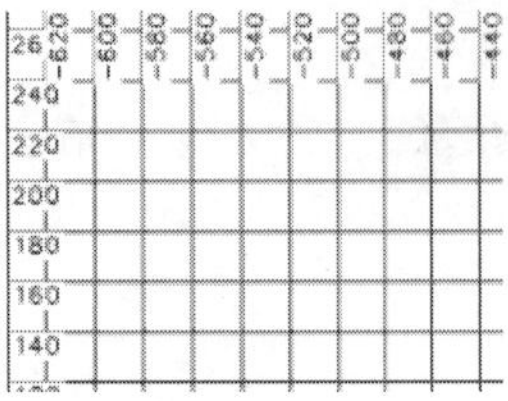

图 2.4.9 带标签的矩形均匀

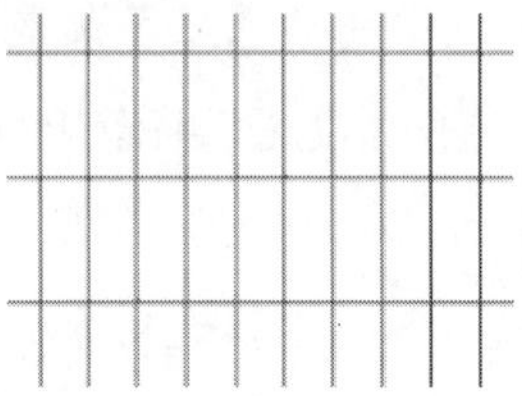

图 2.4.10 不带标签的矩形非均匀

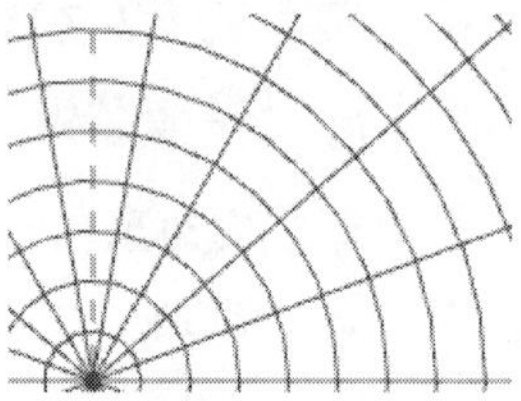

图 2.4.11 极坐标

2.5 UG 工程图的制图标准

UG NX 8.0 软件提供了适应不同国家制图要求的制图标准默认文件，所支持的有

ASME、DIN、ESKD、ISO、JIS、GB 等标准。通过制图标准配置文件，可以以最简便的方式设置或重置制图和视图的首选项，从而控制箭头的大小、线条的粗细、隐藏线的显示与否、标注的字体和大小、各种符号的样式等等。用户可以使用系统提供的制图标准，也可以通过编辑某个标准文件并保存成企业的定制标准。

2.5.1 加载制图标准

通过加载制图标准命令，可以很容易地重新设置当前文件的制图首选项。下面介绍加载制图标准的操作方法。

Step1. 打开文件 D:\ugdc8.12\work\ch02.05\load_standard.prt，进入制图环境。

Step2. 查看注释参数设置。

（1）选择下拉菜单 首选项(P) ➡ 注释(T)... 命令，系统弹出“注释首选项”对话框。

（2）在图 2.5.1 所示的“注释首选项”对话框中单击 直线/箭头 选项卡，可以看到箭头大小尺寸 A 为 4.0000，B 为 20.0000。

（3）在“注释首选项”对话框中单击 取消 按钮，关闭对话框。

说明：这里仅以箭头大小的定义为例，说明不同制图标准之间存在的差异。

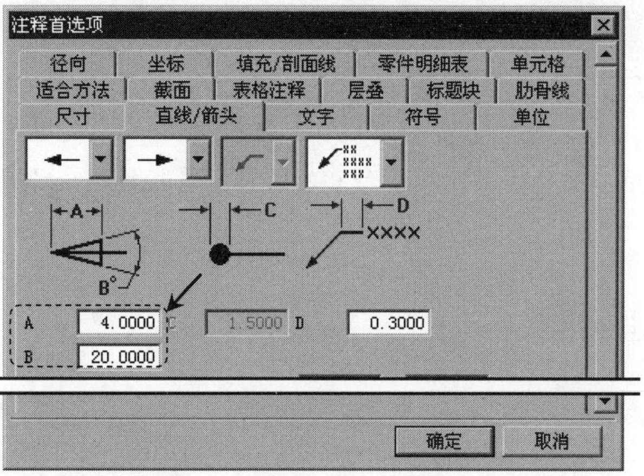

图 2.5.1 “注释首选项”对话框

Step3. 加载新的制图标准。

（1）选择下拉菜单 工具(T) ➡ 制图标准(D)... 命令，系统弹出图 2.5.2 所示的“加载制图标准”对话框。

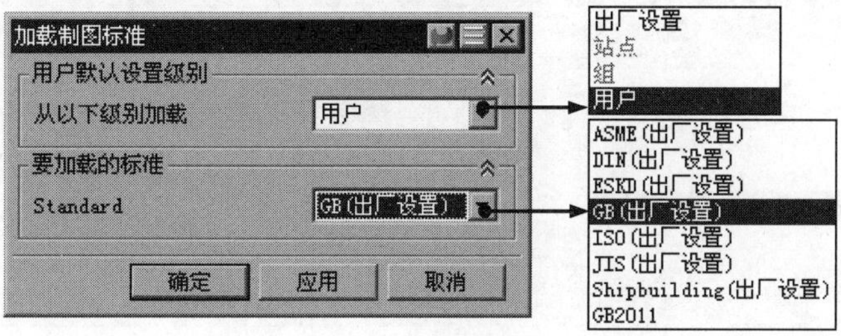

图 2.5.2 “加载制图标准”对话框

说明：这里的制图标准带有“出厂设置”字样的为系统提供，其余为用户创建的。

（2）在“加载制图标准”对话框中 Standard 下拉列表中选择 ISO(出厂设置) 选项，单击 确定 按钮，完成 ISO 标准的加载。

Step4. 查看注释参数设置。

（1）选择下拉菜单 首选项(P) → 注释(T)... 命令，系统弹出“注释首选项”对话框。

（2）在图 2.5.3 所示的“注释首选项”对话框中单击 直线/箭头 选项卡，可以看到箭头大小尺寸已经发生变化，此时 A 为 3.5000，B 为 30.0000。

（3）在“注释首选项”对话框中单击 取消 按钮，关闭对话框。

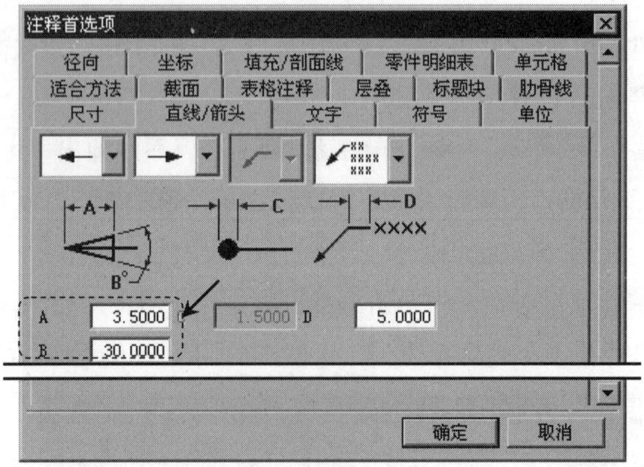

图 2.5.3 “注释首选项”对话框

说明：更改制图标准后，将只对以后创建的制图对象起作用，已经创建的制图对象将不会发生变化。

2.5.2 定制制图标准

Step1. 选择下拉菜单 文件(F) → 实用工具(U) → 用户默认设置(D)... 命令，系统弹出“用户默认设置”对话框。

Step2. 在图 2.5.4 所示的“用户默认设置”对话框中选择 制图 → 常规 节点，在 标准 选项卡 制图标准 下拉列表中选择 GB(出厂设置) 选项，单击 Customize Standard 按钮，系统弹出图 2.5.5 所示的“Customize Drafting Standard – GB（Shipped）”对话框。

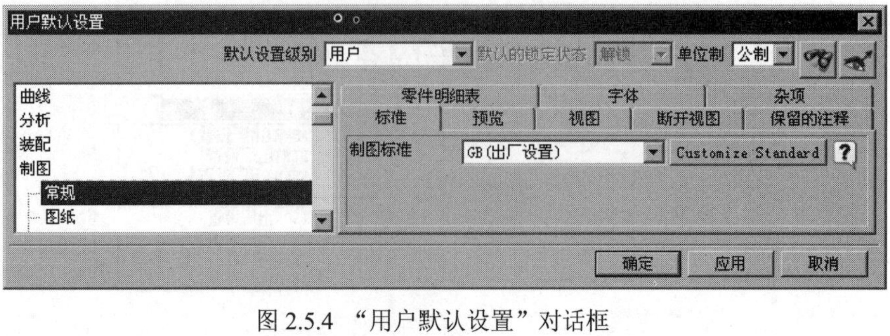

图 2.5.4 “用户默认设置”对话框

说明：

- 用户在对话框中单击右上角的“导入制图标准”按钮，系统弹出“导入制图标准”对话框，此时可以选择相应的制图标准配置文件进行导入。
- 读者可将随书光盘中的“GB2012 制图标准”导入，以便取得较好的学习效果。

Step3. 定义默认的图纸参数。在图 2.5.5 所示的“Customize Drafting Standard – GB（Shipped）”对话框中的高度文本框中输入值 297，在长度文本框中输入值 420，在比例 - 分母文本框中输入值 2，其余参数保持不变。

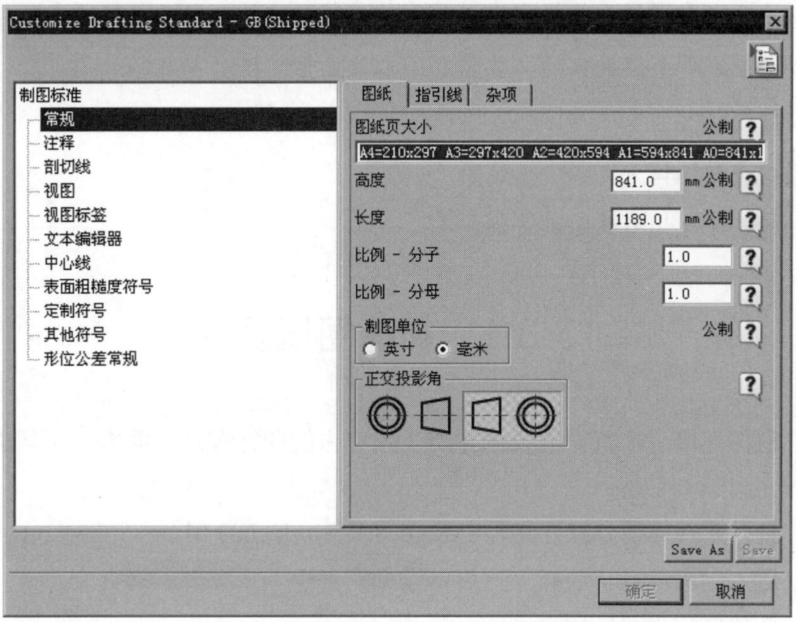

图 2.5.5 “Customize Drafting Standard – GB（Shipped）”对话框

说明：此处仅以修改默认图纸参数为例，用户在具体定制时，需要选择合适的节点，单击右侧的选项卡，根据不同的制图要求修改相应的参数和设置，请读者查阅相关的标准规定自行完成并进行验证，此处不再赘述。

Step4. 保存标准。在对话框中单击 Save As 按钮，系统弹出“另存为制图标准”对话框，输入名称 GB2012，单击 确定 按钮，然后单击 取消 按钮，完成标准的定制。

Step5. 设置默认的制图标准。系统返回到“用户默认设置”对话框，此时制图标准下拉列表为 GB2012 选项，单击 确定 按钮，完成默认制图标准的设置。

说明：此时系统可能弹出图 2.5.6 所示的“用户默认设置”消息框，单击 确定(O) 按钮，关闭此消息框。

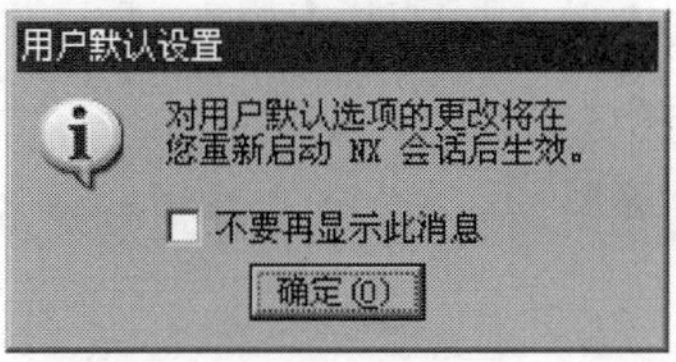

图 2.5.6 “用户默认设置”消息框

第 3 章 图纸的创建

本章提要

图纸是放置和编辑工程图所有元素的平台，UG NX 8.0 中提供了一系列不同制图标准的图纸页格式，用户可以直接选用，也可以通过自定义图纸页模板实现企业的制图标准化。在图纸页模板中可以将零件或装配体的自定义属性进行链接，从而在工程图中自动显示零件或装配体的必要信息。本章主要包括以下内容：

- 新建图纸页。
- 图纸页的编辑。
- 创建基于主模型的图纸文件。

3.1 新建图纸页

进入工程图环境后，首先需要创建若干张空白的图纸页。下面来介绍新建图纸页的一般操作过程。

Step1. 打开零件模型。打开文件 D:\ugdc8.12\work\ch03.01\new_sheet.prt。

Step2. 进入制图环境。选择下拉菜单 开始 → 制图(D)... 命令。

Step3. 新建第一张图纸页。

（1）选择下拉菜单 插入(S) → 图纸页(H)... 命令（或单击“图纸”工具条中的按钮），系统弹出图 3.1.1 所示的“图纸页”对话框。

（2）采用图 3.1.1 所示的参数设置，在“图纸页”对话框中单击 确定 按钮，系统弹出“视图创建向导”对话框。

（3）在“视图创建向导”对话框中单击 完成 按钮，完成图纸页的创建。

Step4. 新建第二张图纸页。

（1）选择下拉菜单 插入(S) → 图纸页(H)... 命令（或单击“图纸”工具条中的按钮），系统弹出“图纸页”对话框。

（2）此时对话框中 图纸页名称 文本框自动显示为“SHT2”， 其余参数保持不变。

（3）在“图纸页”对话框中单击 确定 按钮，完成图纸页的创建，此时在 “部件导航器”中会添加图纸页节点（图 3.1.2 所示）。

说明：如果此时连续单击 应用 按钮，则会快速创建多张空白的图纸页，同时不会启动视图创建命令。

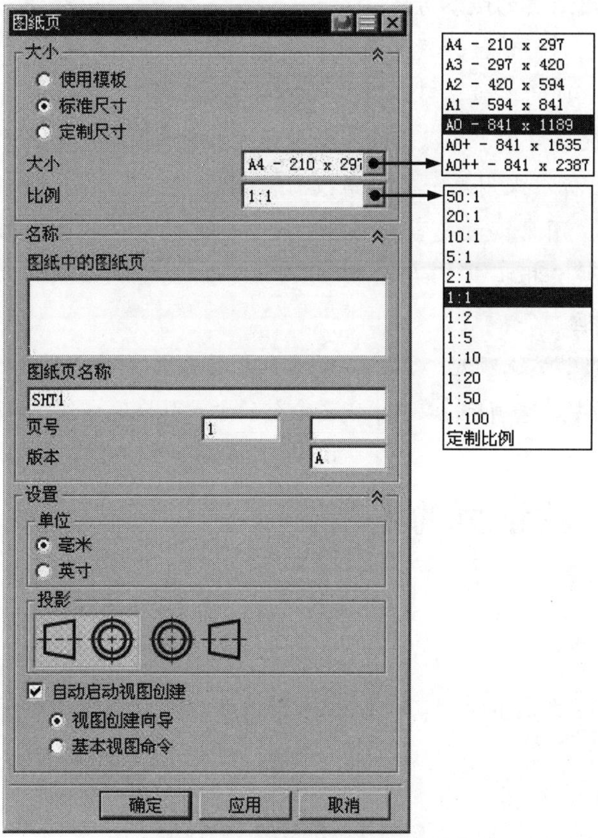

图 3.1.1 “图纸页”对话框

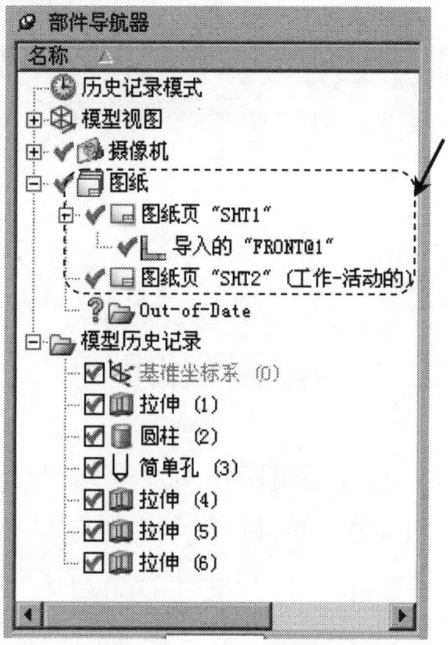

图 3.1.2 部件导航器

图 3.1.1 所示的“图纸页”对话框中的选项说明如下：

- 大小区域：定义图纸页的大小规格，系统提供了 3 种模式供选择。
  - ☑ 使用模板单选项：选择此选项，可激活图纸页模板列表框，用户可选择系统提供的图纸页模板来创建新的图纸页。
  - ☑ 标准尺寸单选项：选择此选项，可激活大小和比例下拉列表，用户可选择标准图纸页尺寸和比例，这里默认显示的是米制单位毫米的图纸尺寸。
  - ☑ 定制尺寸单选项：选择此选项，可激活高度和长度文本框，此时允许用户指定图纸页的高度和长度。
  - ☑ 大小 A0 - 841 x 118 下拉列表：用于选择图纸大小，米制图纸大小包括 A4、A3、A2、A1、A0、A0+和 A0++7 种型号的图纸，英制图纸大小包括 A、B、C、D、E、F、H 和 J 等 8 种型号的图纸。
  - ☑ 比例 1:1 下拉列表：为图纸页中的所有视图设置默认的比例。
- 名称区域：在该区域定义图纸页的名称、版本等信息。
  - ☑ 图纸页名称文本框：用于输入图纸页的名称，最多可以包含 30 个字符；默认的图纸名是 SHT1。
  - ☑ 页号文本框：用于输入图纸页的页号。

☑ 版本文本框：用于输入图纸页的版本号。

- 设置区域：在该区域定义图纸页的单位、投影角度、自动视图创建方式等参数。
  ☑ 单位区域：用于指定图纸页的单位，可以选择⊙ 毫米或○ 英寸为单位。
  ☑ 投影区域：定义视图的投影角度，可以选择第一象限角投影或第三象限角投影，我国制图标准采用第一象限角投影。
  ☑ ☑ 自动启动视图创建复选框：用来设置是否自动启动视图创建的命令。选中该复选框，单击按钮后，系统会根据其下的⊙ 视图创建向导或者○ 基本视图命令的方式来弹出相应的命令对话框。
  ☑ ⊙ 视图创建向导单选项：选中该选项后，以向导的方式引导用户创建视图。
  ☑ ○ 基本视图命令单选项：选中该选项后，以基本视图命令的方式引导用户创建视图。

3.2 图纸页的编辑

3.2.1 编辑图纸页

通过编辑图纸页命令，可以改变图纸页的大小、比例和投影角度。下面继续讲解编辑图纸页的一般操作过程。

Step1. 打开文件 D:\ugdc8.12\work\ch03.02\edit_sheet.prt，系统进入制图环境。

Step2. 在部件导航器中选择图 3.2.1 所示的图纸页 "SHT2" (工作-活动的)并右击，在弹出的图 3.2.2 所示的快捷菜单中选择编辑图纸页 (H)...命令，系统弹出“图纸页”对话框。

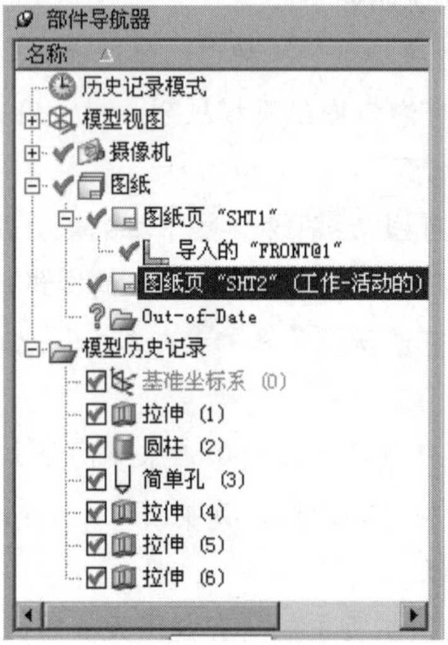

图 3.2.1 部件导航器

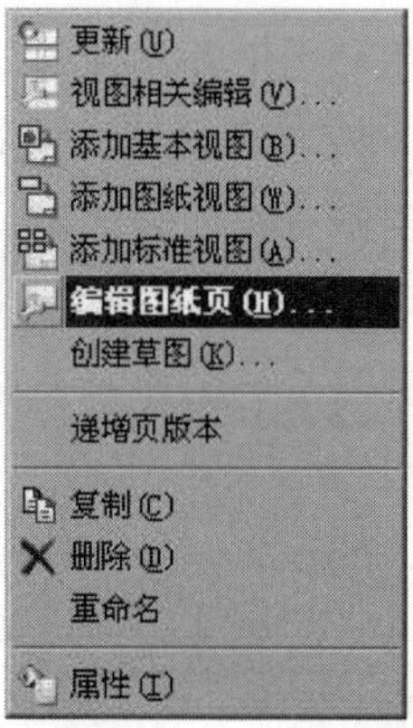

图 3.2.2 快捷菜单

Step3. 重新定义参数。在“图纸页”对话框中大小下拉列表中选择A0 - 841 x 1189选项，在比例下拉列表中选择5:1选项，其余参数保持不变。

说明：

- 如果图纸页中已经使用“投影视图”命令创建了具有投影关系的视图后，就无法修改图纸页的投影角度了。
- 用户可以把图纸页的尺寸变大或变小，此时允许已经创建的视图有一部分超出图纸页的边界，但不允许整个视图完全超出图纸页的边界，否则，系统会弹出图 3.2.3 所示的消息框。

图 3.2.3 “图纸页”消息框

Step4. 单击 确定 按钮，完成图纸页的编辑。

3.2.2 打开图纸页

在一个工程图文件中可能包含多个图纸页，需要在不同图纸页之间进行切换（打开）。打开图纸页的方法有三种。

方法一：在部件导航器中双击图 3.2.4 所示的 图纸页 “SHT2” (工作-活动的) 节点。

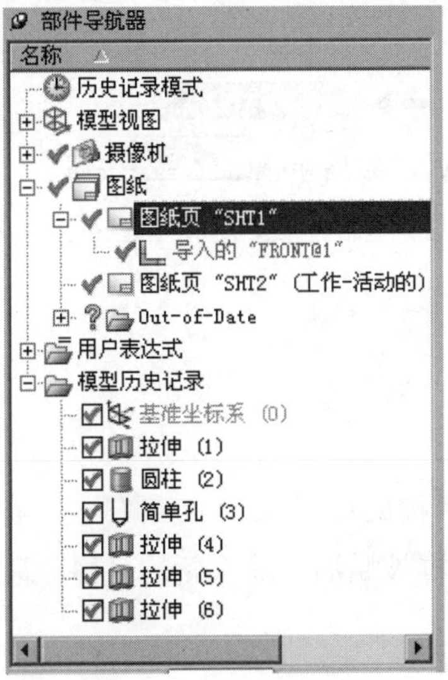

图 3.2.4 部件导航器

方法二：在部件导航器中选择图 3.2.4 所示的 图纸页 “SHT2” (工作-活动的) 并右击，在弹出的图 3.2.5 所示的快捷菜单中选择 打开 命令。

方法三：

（1）在“图纸”工具条中单击“打开图纸页”按钮，系统弹出图 3.2.6 所示的“打开图纸页”对话框。

（2）在列表框中会显示除了当前工作图纸页之外的所有图纸页，用户可以从中选择要打开的图纸页，然后单击 确定 按钮。

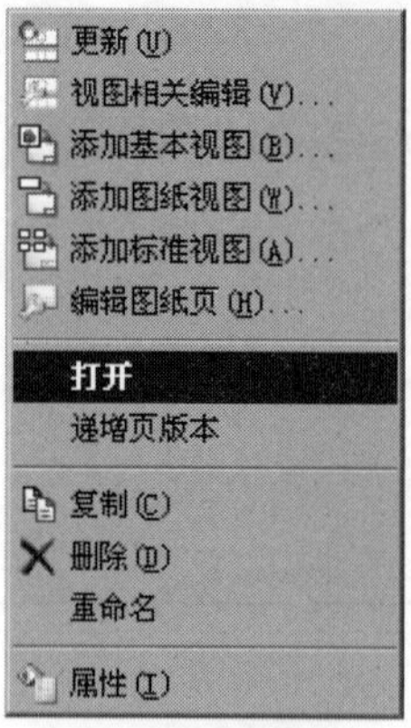

图 3.2.5　快捷菜单

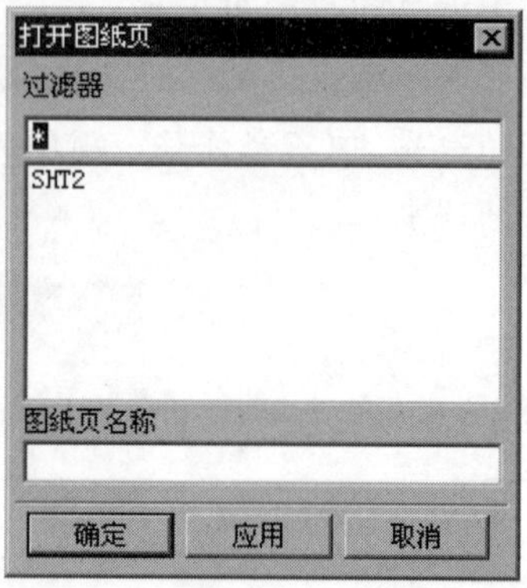

图 3.2.6　“打开图纸页”对话框

说明：也可以在图纸页名称文本框中直接输入要打开的图纸页的名称；如果图纸页太多，可以通过在过滤器文本框中输入必要的关键词来进行适当的过滤。

3.2.3　删除图纸页

在一个工程图文件中可能包含多个图纸页，如果有不需要的图纸页可以将其删除。删除图纸页的方法有两种：

方法一：选择下列菜单编辑(E) → 删除(D)...命令，系统弹出“类选择”对话框，在部件导航器中选择要删除的图纸页，最后单击确定按钮。

方法二：在部件导航器中选择要删除的图纸页节点，右击，在弹出的快捷菜单中选择删除(D)...命令。

3.2.4　重命名图纸页

在部件导航器中选择要修改名称的图纸页节点，右击，在弹出的快捷菜单中选择重命名命令，此时图纸页名称文本框被激活，输入新的名称，最后按 Enter 键结束。

3.2.5　升级图纸页版本号

在部件导航器中选择要升级版本号的图纸页节点，右击，在弹出的快捷菜单中选择递增页版本命令，此时版本号自动按顺序递增，比如原版本号为 A，升级后则为 B；原版本号为 AA，升级后则为 AB，用户可依此类推。

3.3 创建基于主模型的图纸文件

前面所创建的图纸页内容是和零件模型存放在同一个文件中，这种设计方式显然不能满足现代生产中的快速、团队设计的要求。通过在UG NX软件中使用主模型的方式，就可以很好地解决这一问题。所谓主模型方式是指利用装配功能建立一个工程环境，从而使得所有工程参与者能同时共享同一个三维设计模型，并以此为基础分别进行相关的工作，比如分析、制图、模具和制造等。此时当主模型文件发生了更改后，其他相关的引用将自动更新数据，而且不会丢失任何相关联的数据。这种主模型的方式，可以减小文件的数据量，便于同步工程的开展，缩短了产品的开发周期，能对产品的设计过程进行有效管理，因而在实际工程设计中被广泛地应用。需要注意的是，此时模型文件和图纸文件是两个独立存储的文件，其中图纸文件需要引用模型文件的相关数据。

下面介绍使用主模型方式来创建独立的工程图文件的一般操作过程。

Step1. 打开零件模型。打开文件 D:\ugdc8.12\work\ch03.03\new_sheet_2.prt。

Step2. 选择下拉菜单 文件(F) → 新建(N)... 命令，系统弹出图3.3.1所示的“新建”对话框。

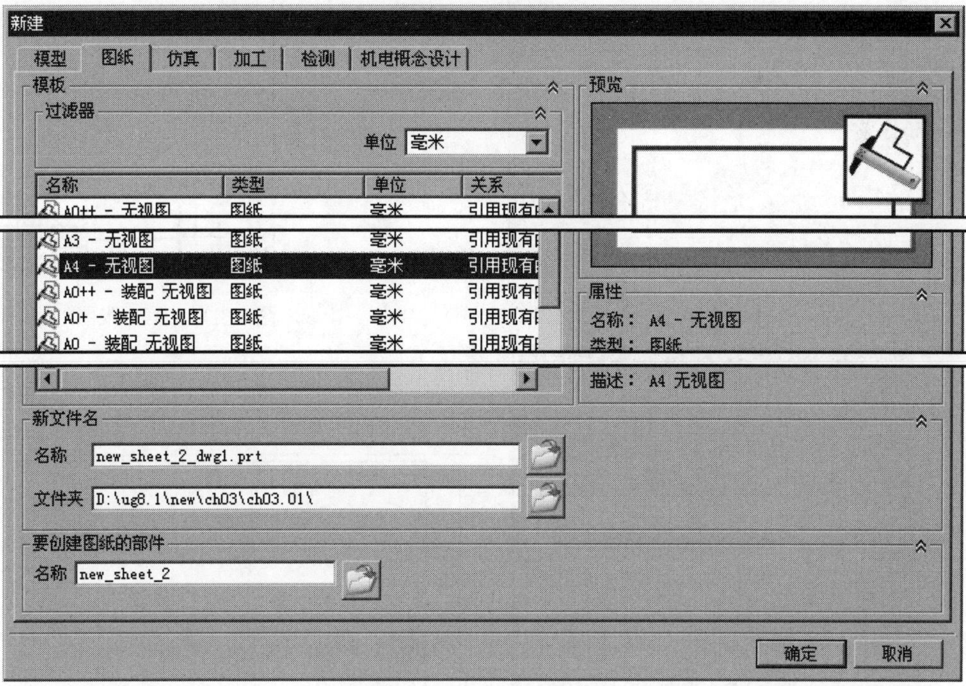

图3.3.1 “新建”对话框

说明：在 要创建图纸的部件 区域的 名称 文本框中默认显示的是当前打开的模型文件，如果没有打开任何模型文件，则无法单击 确定 按钮，此时必须单击其后的按钮，系统弹出“选择主模型部件”对话框（图3.3.2所示），可以从列表框中选择主模型部件，或者单击此对话框中的“打开”按钮，系统弹出“部件名”对话框，需要用户查找所需要的主模型部件文件。

Step3. 采用图 3.3.1 所示的参数，单击 确定 按钮，进入制图环境，结果如图 3.3.3 所示。

说明：

- 如果此时系统弹出“视图创建向导”对话框，单击其中的 取消 按钮即可。
- 在新建文件之前选择下拉菜单 首选项(P) → 制图(D)... 命令，在“制图首选项”对话框的 常规 选项卡中取消 □ 自动启动视图创建 复选框，则系统将不会弹出该对话框。

Step4. 创建第 2 张图纸页。

（1）选择下拉菜单 插入(S) → 图纸页(H)... 命令（或单击“图纸”工具条中的按钮），系统弹出图 3.3.4 所示的“图纸页”对话框。

（2）采用图 3.3.4 所示的参数，单击 确定 按钮，完成第 2 张图纸页的创建，结果如图 3.3.5 所示，此时第 2 张图纸页自动成为活动的工作图纸页。

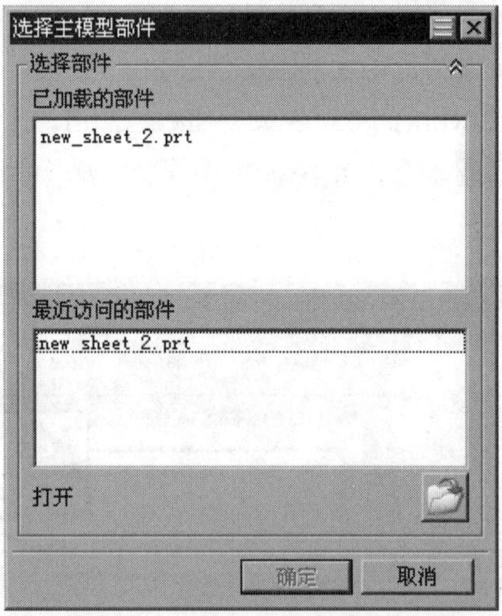

图 3.3.2 “选择主模型部件”对话框

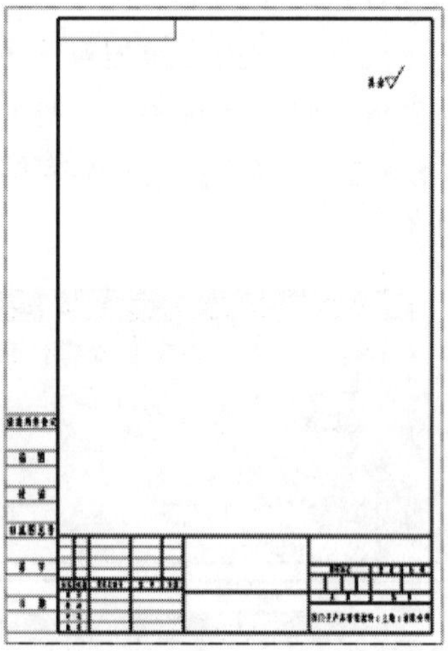

图 3.3.3 第 1 张图纸页

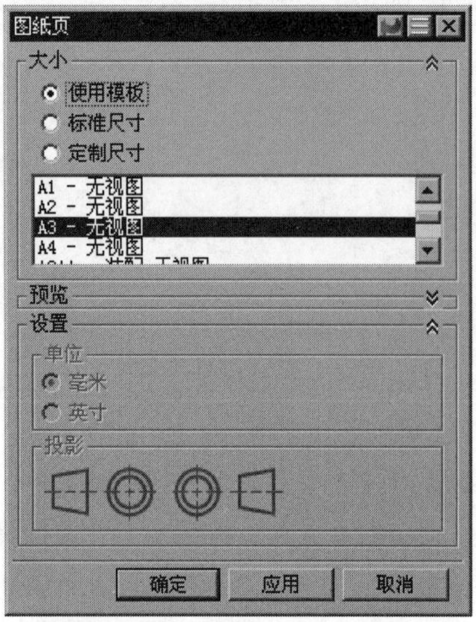

图 3.3.4 “图纸页”对话框

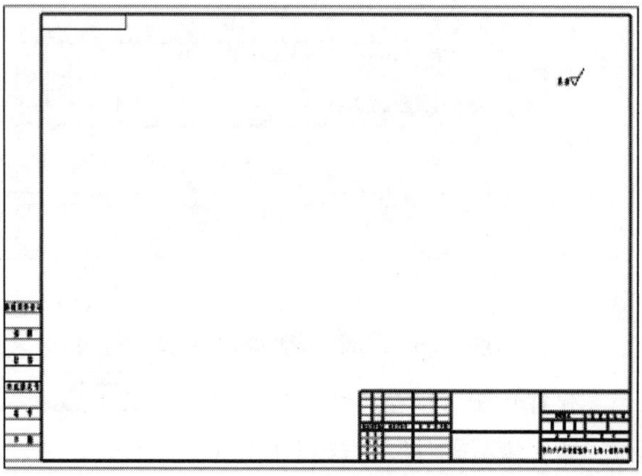

图 3.3.5 第 2 张图纸页

第 4 章 工程图视图

本章提要

视图是工程图最重要的组成部分，在 UG NX 8.0 中创建一份完整的工程图首先是从创建视图开始的。本章将着重介绍有关工程图视图的知识，主要内容包括：

- 创建基本视图。
- 视图的操作。
- 视图的显示。
- 创建高级工程图。
- 创建装配体工程图视图。
- 剖视图的编辑与修改。

4.1 工程图视图概述

工程图中最主要的组成部分就是视图，工程图用视图来表达零部件的形状与结构，复杂零件又需要由多个视图来共同表达才能使人看得清楚，看得明白。在机械制图里，视图被细分为许多种类，有主视图、投影视图（左、右、俯、仰视图）和轴测图；有局部放大视图、剖视图和断开视图等。在 UG NX 8.0 中创建工程图视图的总体思路为：先在工程图中插入主视图，并创建其投影视图，然后使用下拉菜单 插入(S) → 视图(W) 中的相关命令，创建所需的剖视图、辅助视图及局部放大视图等，并根据实际需要调整个别视图的显示模式及隐藏或显示相应的边线，便可获得所需的工程图视图了。读者在学习本章过程中，应注意总结各视图命令在创建视图时的配合关系，并举一反三，这有助于快速学会利用 UG NX 8.0 软件绘制工程图并且提高工作效率。

4.2 创建基本视图

在 UG NX 8.0 中，基本视图包括基本、投影和标准三种视图类型，创建工程图时应首先创建基本视图。

4.2.1 基本视图的创建

基本视图是基于 3D 几何模型的视图，它可以是独立放置在图纸页中，也可以成为其他视图类型的父视图。下面创建图 4.2.1 所示的基本视图，操作过程如下。

Step1. 打开零件模型。打开文件 D:\ugdc8.12\work\ch04.02.01\facer01.prt，进入建模环境，零件模型如图 4.2.2 所示。

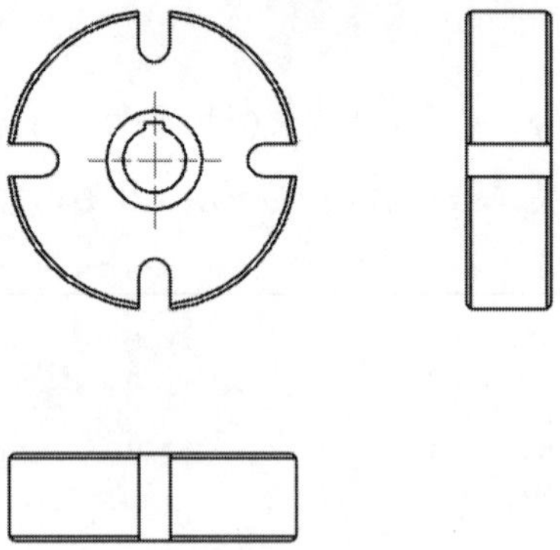

图 4.2.1 零件的基本视图

图 4.2.2 零件模型

Step2. 进入制图环境。选择下拉菜单 开始 → 制图(D)... 命令，进入制图环境。

Step3. 新建图纸页。

（1）选择下拉菜单 插入(S) → 图纸页(H)... 命令（或单击“图纸”工具条中的按钮），系统弹出“图纸页”对话框。

（2）在“图纸页”对话框中选择图 4.2.3 所示的选项，然后单击 确定 按钮，系统弹出图 4.2.4 所示的“基本视图”对话框。

说明：如果在“图纸页”对话框中没有选中 ☑ 自动启动视图创建 复选框，系统将不会自动弹出“基本视图”对话框。此时需要用户选择下拉菜单 插入(S) → 视图(W) → 基本(B)... 命令，进行视图的创建。

Step4. 定义基本视图参数。在“基本视图”对话框其余参数采用系统默认设置。

图 4.2.4 所示的“基本视图”对话框中的选项说明如下。

- 部件 区域：该区域主要用于选择要创建视图的部件，其中会显示“已加载的部件”和“最近访问的部件”的列表，也可以单击按钮选择其他的部件文件。
- 视图原点 区域：该区域主要用于定义视图在图形区的摆放位置，放置方法包括自动判断、水平、垂直于直线、叠加等方式。
- 模型视图 区域：该区域用于定义模型的视图方向，可从下拉列表中选择俯视图、前视图和右视图等 8 个方位；单击该区域的“定向视图工具”按钮，系统弹出“定向视图工具”对话框，通过该对话框，可以定义视图的方位，具体操作方法可参考后面的操作内容。
- 比例 下拉列表：用于在添加视图之前，为基本视图指定一个特定的比例。默认的视图比例与当前的图纸页比例一致。

- 设置区域：该区域主要用于完成视图样式的设置，单击该区域的按钮，系统弹出“视图样式”对话框，可设置该视图的具体样式。
- 非剖切区域：该区域主要用于选择要设为非剖切的组件对象。

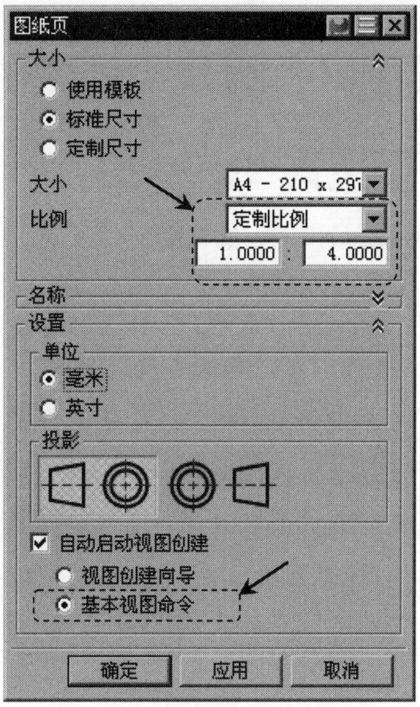

图 4.2.3 “图纸页”对话框

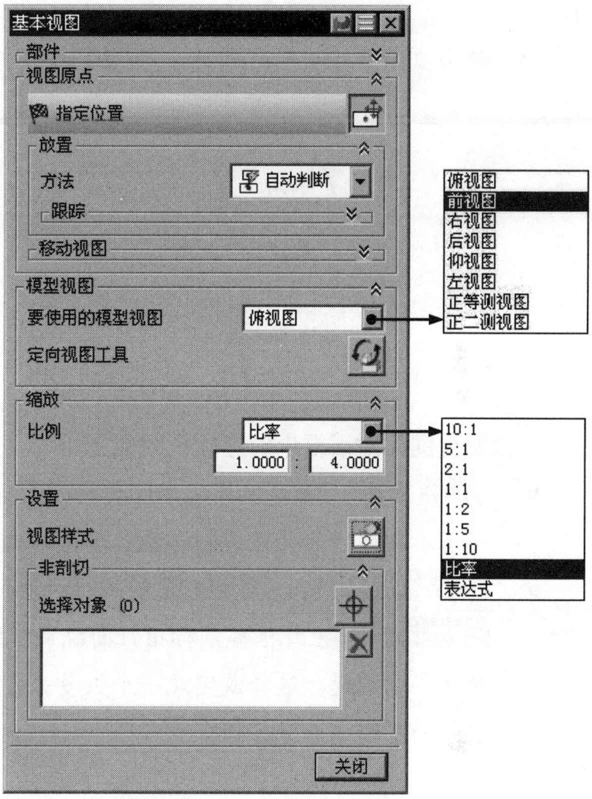

图 4.2.4 “基本视图”对话框

Step5. 放置视图。将鼠标指针移动到图形区中的合适位置，单击以放置主视图。

说明： 根据系统默认的设置，此时会自动弹出“投影视图”对话框，读者可以按照下节的内容继续进行操作。

4.2.2 创建投影视图

投影视图是以最后放置的基本视图作为父视图来产生的视图（用户也可以选择其他已经创建的视图来作为父视图），在放置时系统会自动判断出正交视图或辅助视图，或者由用户来设置投影的方向。下面紧接上一节的操作继续讲解创建投影视图的一般操作过程。

Step1. 创建俯视图。

（1）在系统弹出的“投影视图”对话框下，移动鼠标指针到图 4.2.5 所示的父视图的正下方位置，单击以放置俯视图。

（2）单击“投影视图”对话框中的关闭按钮，关闭该对话框。

Step2. 创建左视图。

（1）选择命令。选择下拉菜单 插入(S) → 视图(W) → 投影(J)... 命令（或单击“图纸”工具条中的按钮），系统弹出“投影视图”对话框。

（2）放置视图。移动鼠标指针到图 4.2.6 所示的父视图正右方的位置，单击以放置左视图。

（3）单击“投影视图”对话框中的 关闭 按钮，关闭该对话框。

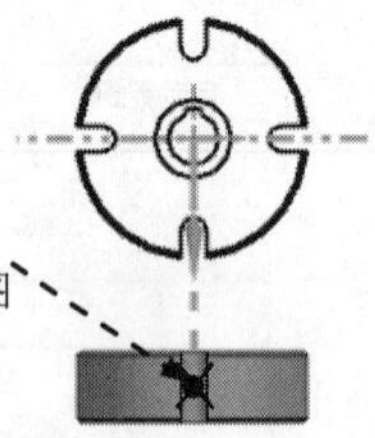

图 4.2.5　俯视图的放置

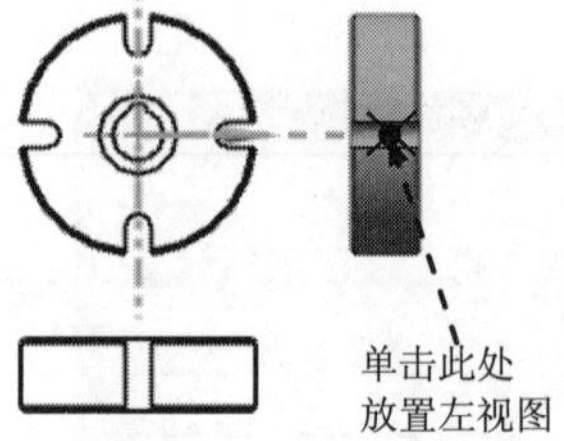

图 4.2.6　左视图的放置

“投影视图”对话框中的选项说明如下。

- 父视图 区域：该区域主要用于选择要投影视图的父视图，系统默认自动选择最后一个基本视图作为父视图，也可以单击“选择视图”按钮选择其他的基本视图。
- 矢量选项 下拉列表：用于定义铰链线的方向，包括 自动判断 和 已定义 两个选项。选择 自动判断 选项，系统根据鼠标指针围绕父视图的位置来自动判断方向；选择 已定义 选项时，需要通过选择或定义一个矢量来定义投影方向，需要注意的是投影方向垂直于所选择的矢量方向。

4.2.3　创建轴测视图

轴测视图的投影方向是与其他基本视图有明显区别的，通常在图纸上放置若干个轴测视图会有助于读图人员快速识别图纸上的零件模型，从而提高图纸的信息含量。创建轴测视图也是通过基本视图命令来完成的，下面继续前面的操作来讲解创建轴测视图的一般操作步骤。

Step1. 选择命令。选择下拉菜单 插入(S) → 视图(W) → 基本(B)... 命令（或单击“图纸”工具条中的按钮），系统弹出“基本视图”对话框。

Step2. 定义视图参数。在“基本视图”对话框 模型视图 区域中单击“定向视图工具”按钮，系统弹出图 4.2.7 所示的“定向视图工具”对话框和图 4.2.8 所示的“定向视图”预览窗口。

（1）在“定向视图”预览窗口中按住鼠标中键，旋转模型至图 4.2.8 所示的方位。

图 4.2.7 所示的“定向视图工具”对话框中的选项说明如下：

- 法向 区域：用于定义视图的法向方向，可以通过单击按钮或者从模型中选取矢量来进行定义。

- X 向区域：用于定义视图的水平方向，可以通过单击按钮或者从模型中选取矢量来进行定义。
- ☑ 关联方位复选框：用于定义视图平面和水平方向是否关联。

（2）在“定向视图工具”对话框中单击 确定 按钮，系统返回到“基本视图”对话框，在图纸中的合适位置单击以放置视图。

（3）系统自动弹出“投影视图”对话框，单击 关闭 按钮，关闭“投影视图”对话框。

图 4.2.7 “定向视图工具”对话框

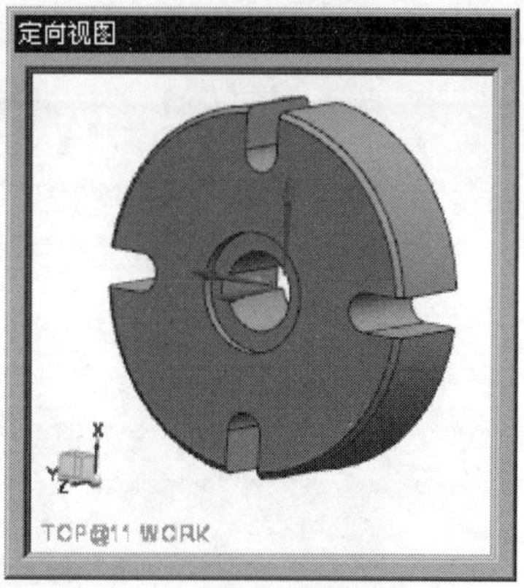

图 4.2.8 “定向视图”预览窗口

4.2.4 创建标准视图

使用“标准视图”命令可快速创建零件或装配体的标准方位视图，下面讲解创建标准视图的一般操作步骤。

Step1. 打开文件 D:\ugdc8.12\work\ch04.02.02\facer02.prt，系统进入制图环境，

Step2. 选择命令。选择下拉菜单 插入(S) → 视图(W) → 标准(A)... 命令，系统弹出图 4.2.9 所示的“标准视图”对话框。

Step3. 设置视图参数。在“标准视图”对话框中 类型 下拉列表中选择 基本视图 选项，在 布局 下拉列表中选择 前视图 / 俯视图 / 左视图 / 正等测视图 选项，在 放置 区域 选项 下拉列表中选择 中心 选项，然后在图形区中单击合适位置，系统放置所选布局的视图，结果如图 4.2.10 所示。

图 4.2.9 所示的“标准视图”对话框中的选项说明如下。

- 类型 下拉列表：该区域主要用于选择要放置视图的类型。选择 图纸视图 选项时创建空白的图纸视图；选择 基本视图 选项时创建基于 3D 模型的模型视图。
- 布局 下拉列表：用于定义标准视图的布局方式。
- 放置 区域：用于定义视图的放置方式，选择 中心 选项时，需要在图形区中选取一个点；选择 拐角 选项时，需要在图形区中指定两个对角点。

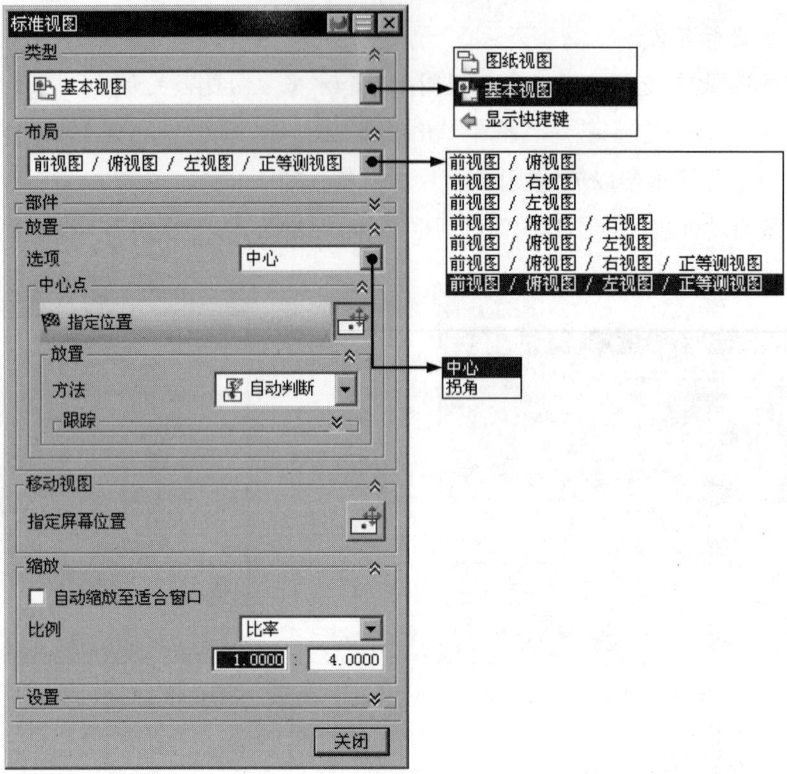

图 4.2.9 “标准视图”对话框

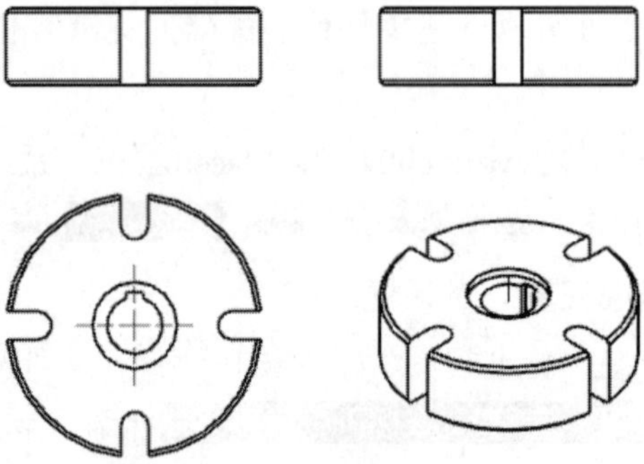

图 4.2.10 放置标准视图

4.2.5 视图创建向导

使用“视图创建向导”命令可快速创建零件或装配体的多个基本视图，在创建过程中，系统是以向导的方式一步步引导用户进行必要的参数设置，下面讲解使用视图创建向导的一般操作过程。

Step1. 打开文件 D:\ugdc8.12\work\ch04.02.03\down_base.prt，模型显示如图 4.2.11 所示。

Step2. 进入制图环境。选择下拉菜单 开始 → 制图(D)... 命令，进入制图环境。

Step3. 新建图纸页。选择下拉菜单 插入(S) ➡ 图纸页(H)... 命令（或单击“图纸”工具条中的按钮），系统弹出“图纸页”对话框，在对话框中选择图 4.2.12 所示的选项，然后单击 确定 按钮，系统弹出图 4.2.13 所示的“视图创建向导”对话框。

图 4.2.11　零件模型

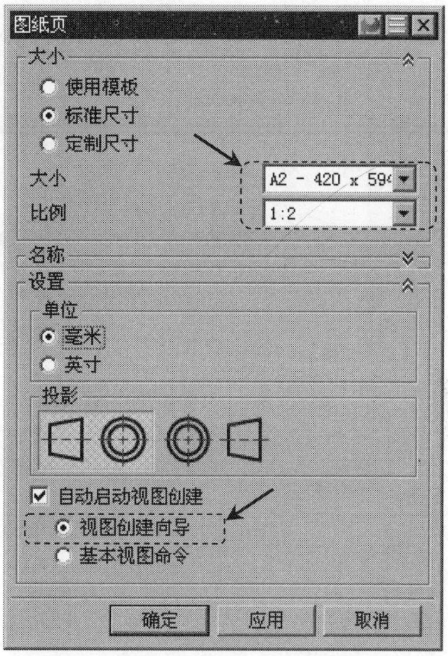

图 4.2.12　“图纸页”对话框

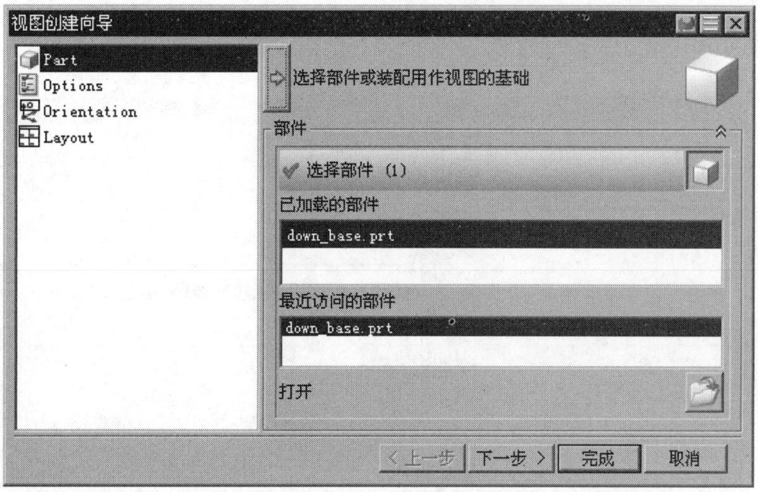

图 4.2.13　“视图创建向导”对话框（一）

Step4. 选择部件或装配。系统自动选择了当前打开的零件模型作为视图的基础模型，这里可单击 下一步 > 按钮，进入视图显示选项的设置界面。

Step5. 设置视图显示选项。这里采用图 4.2.14 所示参数设置，单击 下一步 > 按钮，进入指定父视图的设置界面。

图 4.2.14 “视图创建向导”对话框（二）

Step6. 指定父视图。在图 4.2.15 所示的“模型视图”列表框中选择 前视图 选项，单击 下一步 > 按钮，进入定义视图布局的设置界面。

说明： 如果“模型视图”列表框中的视图方位不合适，也可以单击按钮进行定义，具体操作方法可参考 4.2.3 节的内容。

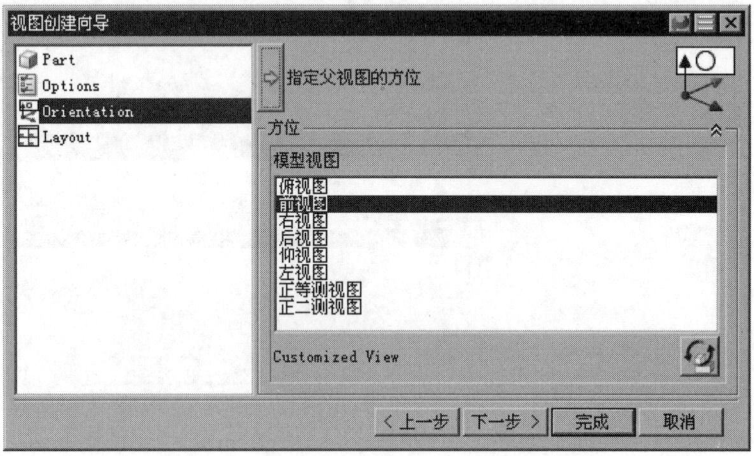

图 4.2.15 “视图创建向导”对话框（三）

Step7. 定义视图布局。在图 4.2.16 所示的 布局 区域中单击图中所示的 4 个视图按钮，其余参数采用系统默认设置，单击 完成 按钮，结果如图 4.2.17 所示。

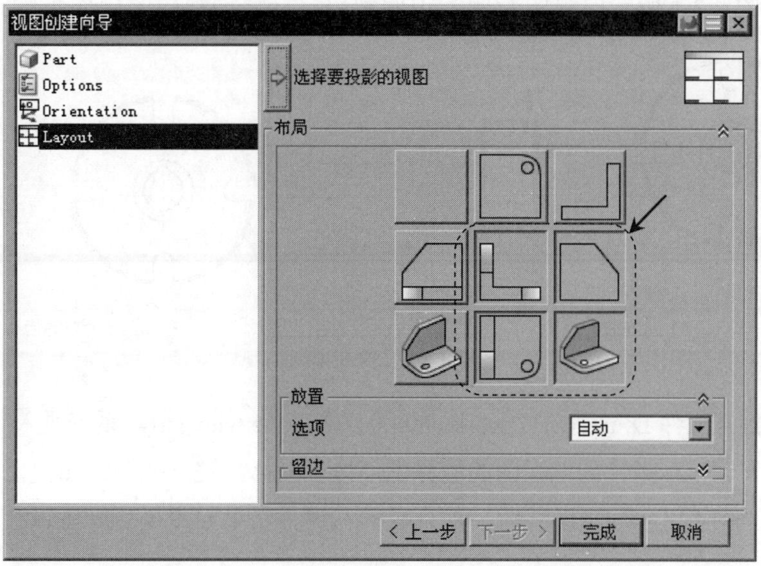

图 4.2.16 “视图创建向导”对话框（四）

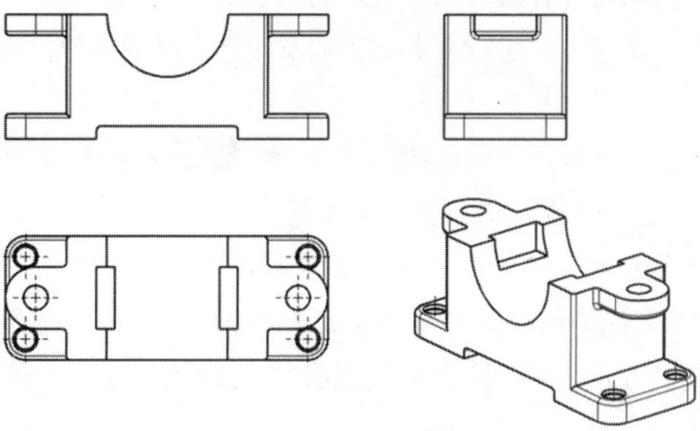

图 4.2.17 完成视图创建

4.3 视图的操作

4.3.1 移动和复制视图

1. 移动视图

UG NX 8.0 提供了比较方便的视图移动功能。将鼠标指针移至视图的视图边界上并按住左键，然后移动，此时系统会自动判断用户的意图，并显示图形辅助线动态对齐单个视图，当移动至适合的位置时，松开鼠标左键即可。

说明：如果视图边界没有显示出来，可通过下面的操作方法进行设置。显示视图边界的方法是：选择下拉菜单 首选项(P) → 制图(D)... 命令，系统弹出“制图首选项”对话框，在 视图 选项卡中选中 ☑ 显示边界 复选框，最后单击 确定 按钮完成设置。

下面以图 4.3.1 所示的视图为例，说明利用鼠标移动视图的操作步骤。

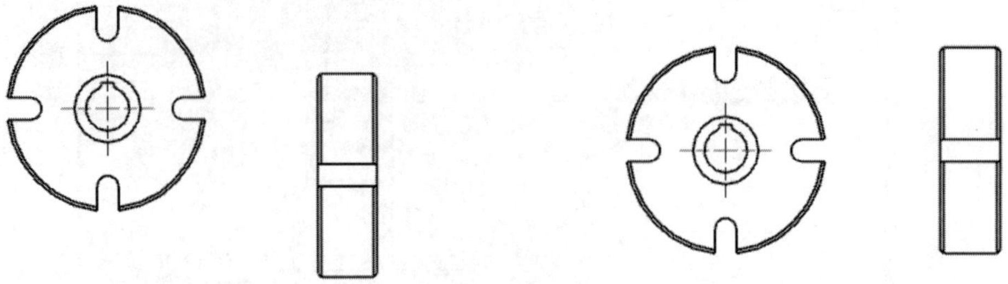

a）对齐前　　b）对齐后

图 4.3.1　移动视图

Step1. 打开文件 D:\ugdc8.12\work\ch04.03.01\Move_view.prt，系统进入制图环境。

Step2. 移动鼠标指针到左视图的边界上，按下鼠标左键，拖动视图向上方移动。

Step3. 当图形区出现辅助线时，松开鼠标左键，结果如图 4.3.1b 所示。

2. 复制视图

复制视图命令可以将现有的视图，通过选择“至一点”“水平”“竖直”“垂直于直线”和“至另一图纸”等多种方式进行复制。下面紧接着上面的操作，继续讲解复制视图的操作步骤。

Step1. 选择命令。选择下拉菜单 编辑(E) → 视图(W) → 移动/复制(M)... 命令，系统弹出图 4.3.2 所示的“移动/复制视图”对话框。

Step2. 选择要复制的视图。在“移动/复制视图”对话框中选中 ☑ 复制视图 复选框，在 视图名 文本框中输入复制后的视图名称“top2”，然后在图形区中选择要复制的主视图。

Step3. 选择复制方式。在“移动/复制视图”对话框中单击“竖直”按钮，选择“竖直”的复制方式。

Step4. 放置视图。移动鼠标指针到合适位置并单击，完成视图的复制。

Step5. 选择复制方式。在“移动/复制视图”对话框中单击“至另一图纸”按钮，选择“至另一图纸”的复制方式。

Step6. 选择图纸。在系统弹出的图 4.3.3 所示的“视图至另一图纸”对话框中选择 SHT2 选项，然后单击 确定 按钮完成视图的复制，结果如图 4.3.4 所示。

Step7. 单击“移动/复制视图”对话框中的 取消 按钮，关闭对话框。

图 4.3.2 所示的“移动/复制视图”对话框中的选项说明如下。

- ☑ 复制视图 复选框：选中该项表示为复制视图，取消选中该项表示为移动视图，当选中该项进行复制视图时，需要同时在其后的 视图名 文本框中输入必要的视图名称。
- ☑ 距离 复选框：用于定义移动或复制视图时的距离，选中后在其后的文本框中输入相应的数值。
- 下拉列表：用来定义方向矢量，仅在“垂直于直线”按钮被选中时有效。

- 取消选择视图按钮：用于取消已经选中的视图，此时可以继续选择其余视图进行相应的操作。

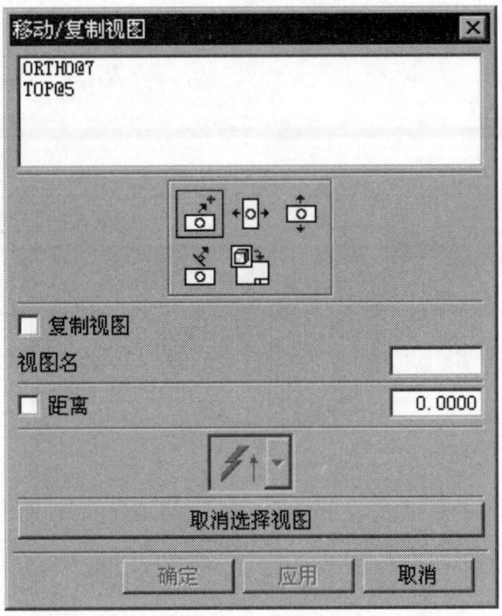

图 4.3.2　“移动/复制视图”对话框

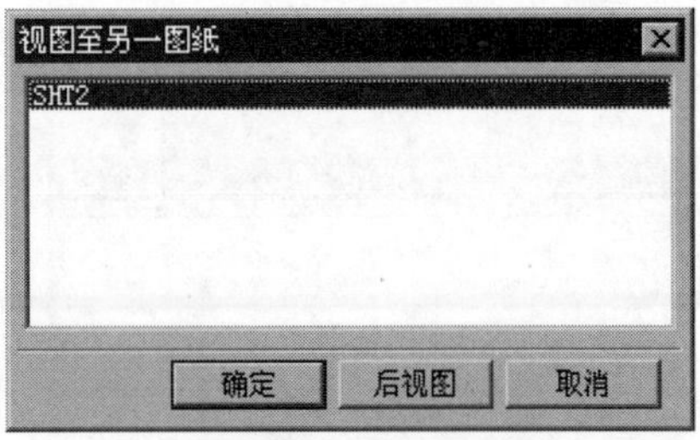

图 4.3.3　“视图至另一图纸”对话框

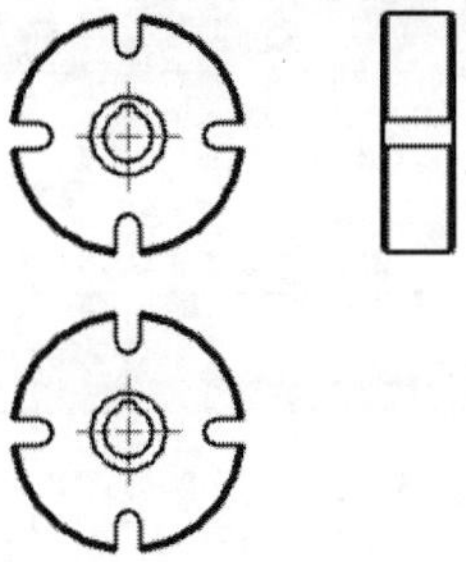

图 4.3.4 复制视图

4.3.2　对齐视图

UG NX 8.0 同时提供了比较方便的视图对齐功能。下面以图 4.3.5 所示的视图为例，来说明利用该命令对齐视图的一般操作步骤。

a）对齐前　　b）对齐后

图 4.3.5　对齐视图

说明：在视图对齐的操作中，都需要选取一个静止点或一个静止的视图作为参考，选取另外的一个要对齐的视图来进行对齐。

Step1. 打开文件 D:\ugdc8.12\work\ch04.03.02\Level_view.prt，系统进入制图环境。

Step2. 选择命令。选择下拉菜单 编辑(E) → 视图(W) → 对齐(A)... 命令，系统弹出图 4.3.6 所示的“对齐视图”对话框。

Step3. 定义模型点。选择 模型点 下拉列表中的 模型点 选项，确认“捕捉方式”工具条中的 按钮已被单击，选择图 4.3.7 所示的圆边线来定义模型点。

Step4. 选择要对齐的视图。选择图 4.3.7 所示的右侧视图为要对齐的视图。

Step5. 定义对齐方式。在“对齐视图”对话框中单击“水平”按钮，选择水平对齐的方式。

Step6. 单击 取消 按钮，完成视图的对齐。

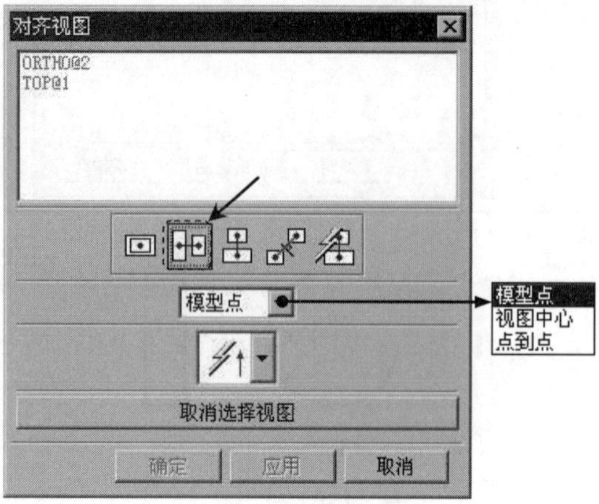

图 4.3.6 “对齐视图”对话框

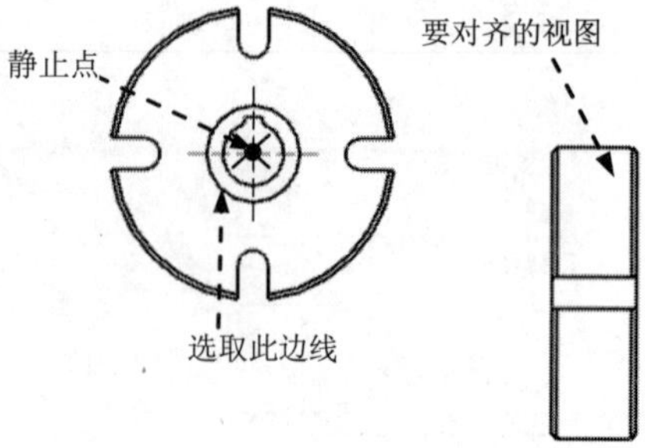

图 4.3.7 选择对齐对象

图 4.3.6 所示的“对齐视图”对话框中的选项及按钮说明如下。

- （叠加）：同时水平和垂直对齐视图，以便使它们重叠在一起。
- （水平）：将选定的视图水平对齐。
- （竖直）：将选定的视图垂直对齐。
- （垂直于直线）：将选定的视图与指定的参考线垂直对齐。
- （自动判断）：自动判断两个视图可能的对齐方式。
- 模型点：用来设置视图的对齐位置。
  - ☑ 模型点：通过选择模型上的一个点和一个需要对齐的视图来对齐视图。
  - ☑ 视图中心：通过选择两个视图并由系统判断视图的中心来对齐视图。
  - ☑ 点到点：通过选择两个视图中的点来对齐视图。

4.3.3 更新视图

在设计过程中，如果修改了零件模型的形状或尺寸，应该及时地进行必要的视图更新，以保证工程图处于最新的状态。下面以图 4.3.8 所示的工程图为例，说明更新视图的一般操作方法。

说明：

- 如果在制图首选项中关闭了“延迟视图更新”功能，视图将会自动更新。
- 如果当前图纸上有未被更新的视图，在图纸左下角将会出现“Out Of Date”字样，同时在“部件导航器”中相应的图纸节点前会出现图标。

Step1. 打开文件 D:\ugdc8.12\work\ch04.03.03\Update_view.prt，系统进入制图环境。

Step2. 选择下拉菜单 编辑(E) → 视图(W) → 更新(U)... 命令（或在“图纸”工具栏中单击按钮），系统弹出图 4.3.9 所示的“更新视图”对话框。

Step3. 此时系统自动选取了需要更新的视图，单击 确定 按钮，完成视图的更新。

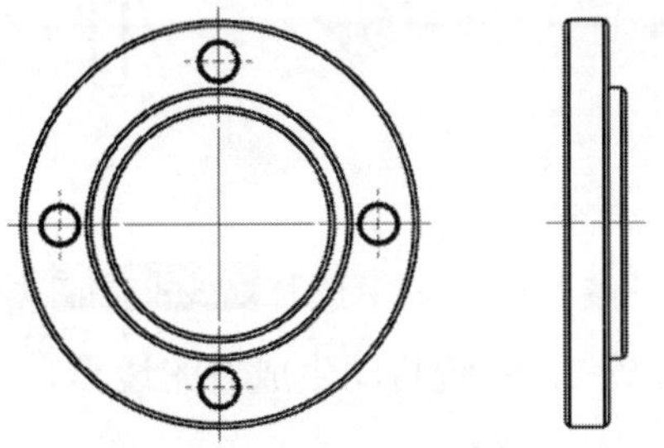

图 4.3.8 更新视图

图 4.3.9 “更新视图”对话框

图 4.3.9 所示的“更新视图”对话框的按钮及选项说明如下。

- □ 显示图纸中的所有视图 复选框：列出当前存在于部件文件中所有图纸页面上的所有视图，当该复选框被选中时，部件文件中的所有视图都在该对话框中可见并可供选择。如果取消选中该复选框，则只能选择当前显示的图纸页中的视图。
- 选择所有过时视图：用于选择工程图中的过时的视图。单击 应用 按钮之后，这些视图将进行更新。
- 选择所有过时自动更新视图：用于选择工程图中的所有过时的和设置为自动更新的视图。

4.3.4 删除视图

方法一：要将某个视图删除，可先选中该视图的边界并右击，然后在弹出的快捷菜单中选择 删除(D) 命令或直接按键盘上的<Delete>键。

方法二：在“部件导航器”中选中要删除的某个视图节点，右击，然后在弹出的快捷菜单中选择 删除(D) 命令或直接按键盘上的<Delete>键。

方法三：选择下列菜单 编辑(E) → 删除(D)... 命令，系统弹出“类选择”对话框，在部件导航器或图纸页中选择要删除的视图，最后单击 确定 按钮。

4.3.5 编辑视图边界

通过编辑视图边界，可以在视图中显示需要的几何部分，同时隐藏不需要的几何部分。

下面以图 4.3.10 所示的工程图为例，说明编辑视图边界的一般操作方法。

Step1. 打开文件 D:\ugdc8.12\work\ch04.03.05\Boundary.prt，系统进入制图环境。

Step2. 选择下拉菜单 编辑(E) → 视图(W) → 边界(B)... 命令，系统弹出图 4.3.11 所示的“视图边界”对话框。

a）编辑前　　b）编辑后

图 4.3.10　编辑视图边界

Step3. 在“视图边界”对话框中选择 TOP@1 选项，在下拉列表中选择 手工生成矩形 选项，然后在图 4.3.12 所示位置 1 按下鼠标左键并拖动到位置 2，系统自动生成新的边界。

Step4. 单击 取消 按钮，完成视图边界的编辑。

图 4.3.11　“视图边界”对话框

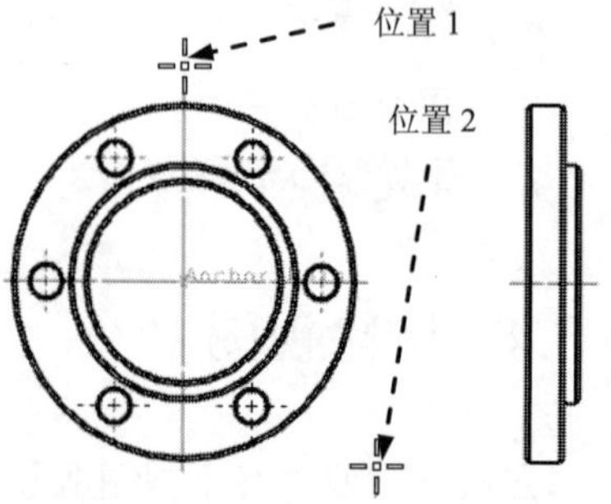

图 4.3.12　定义矩形边界

图 4.3.11 所示的“视图边界”对话框的按钮及选项说明如下。

- 手工生成矩形 下拉列表：定义视图边界的类型，包括 断裂线/局部放大图 、手工生成矩形 、自动生成矩形 和 由对象定义边界 等 4 个选项，基本类型视图的默认边界为 自动生成矩形 。其中 断裂线/局部放大图 类型适用于截断视图和局部放大图的创建，具体创建操作可参考其余章节的内容。由对象定义边界 类型通常用于在模型发生变化后使视图边界自动变化并包含所选择的对象。
- 锚点 按钮：用来定义视图在图纸上的固定位置，当模型发生变化后，视图仍保留在图纸的特定位置上。

- 包含的点按钮：用来定义包含在视图边界内的点，仅在由对象定义边界选项时可用。
- 包含的对象按钮：用来定义包含在视图边界内的几何对象，仅在由对象定义边界选项时可用。
- 重置按钮：用来恢复本次操作的参数设定。

4.3.6 视图相关的编辑

在 UG NX 8.0 的制图环境中，基于模型所创建的视图对象是与模型相关的。但有时根据制图标准的要求，还需要添加或删除某些制图对象，或者改变某些制图对象的显示状态等。下面介绍常见的与视图相关的编辑操作方法。

1. 扩展成员视图

在制图中的每个成员视图都有一个独立的空间，在这个空间中只能显示属于此成员视图的对象，当然用户也可以在此空间创建新的对象（线段或者其他曲线等），这些对象只与所在的成员视图相关，并不会显示在其他视图或者实体模型中。下面通过图 4.3.13 所示为例，来介绍在扩展成员视图下工作的一般操作方法。

a）前　　b）后

图 4.3.13 在扩展成员视图下工作

Step1. 打开文件 D:\ugdc8.12\work\ch04.03.06\expand.prt，进入制图环境。

Step2. 进入扩展模式。

（1）选择下拉菜单 视图(V) → 操作(O) → 扩展(X) 命令，系统弹出图 4.3.14 所示的“选择工作视图”对话框。

（2）在对话框的列表中选择图中所示的 ORTHO@7 选项，单击 确定 按钮，结果如图 4.3.15 所示，此时其他视图都看不到，同时屏幕下方出现“WORK In Member View”字样，说明已经进入了该成员视图的扩展模式。

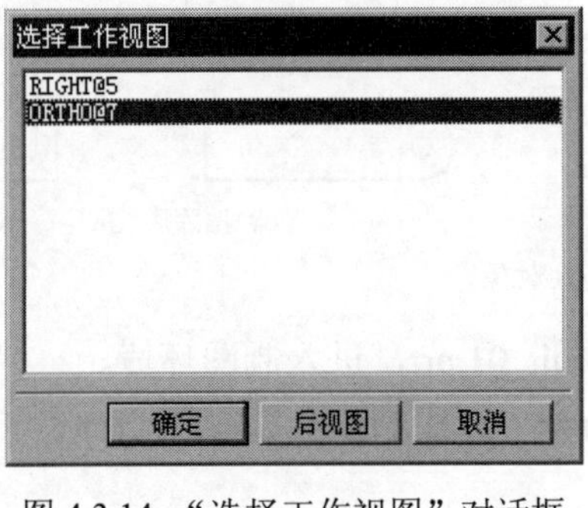

图 4.3.14 “选择工作视图”对话框

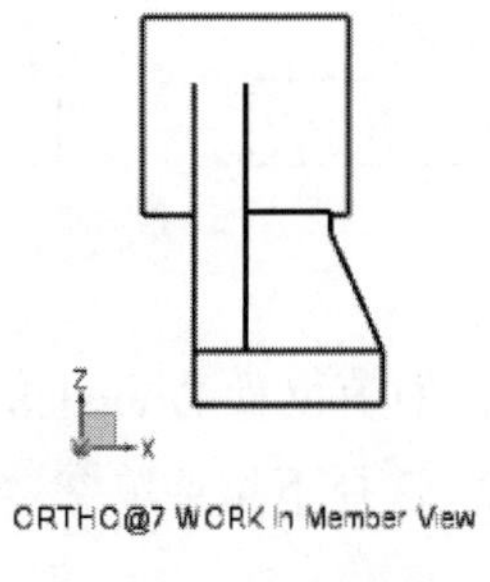

图 4.3.15 扩展视图

说明：用户也可以在图纸中选中视图的边界，右击，在弹出的快捷菜单中选择扩展命令，同样可以进入扩展模式。

Step3. 在任意工具条上右击，在弹出的快捷菜单中选择曲线选项，此时屏幕上出现“曲线”工具条。

说明：如果在弹出的快捷菜单中曲线选项前面已经出现✔标记，说明该工具条已经出现在屏幕上，此时就不需要再选择该选项了。

Step4. 单击“曲线”工具条中的“艺术样条”按钮，系统弹出“艺术样条”对话框；在对话框中类型下拉列表中选择通过点选项，选中☑封闭的复选框，绘制图 4.3.16 所示的样条曲线；单击〈确定〉按钮，完成曲线的绘制。

Step5. 在图纸的空白位置上右击，在弹出的快捷菜单中选择✔扩展(X)命令，退出扩展模式，此时图纸上的视图显示如图 4.3.13b 所示。

Step6. 选择下拉菜单开始 → 建模(M)...命令，进入建模环境，模型显示如图 4.3.17 所示。

说明：执行 Step5 和 Step6 后，可以看到在扩展模式下绘制的曲线只出现在成员视图中，不会出现在其他视图和模型环境中。

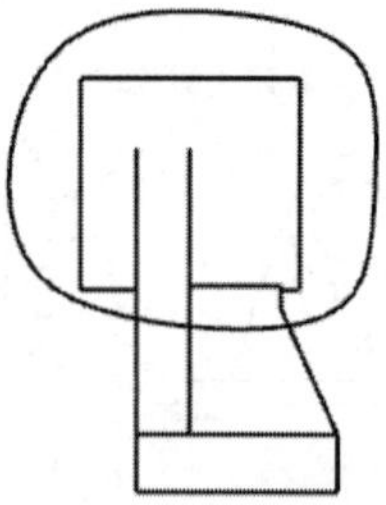

图 4.3.16　绘制曲线

图 4.3.17　建模环境下的模型

Step7. 选择下拉菜单文件(F) → 保存(S)命令，保存并关闭文件。

2．擦除对象

通过使用擦除对象命令，可以有选择地擦除成员视图中的一个或多个制图对象。需要注意的是，这些对象并不是永久地被删除，只是暂时在该视图中看不到，用户可以随时将其恢复为可见的状态。下面通过图 4.3.18 所示来介绍擦除对象的一般操作方法。

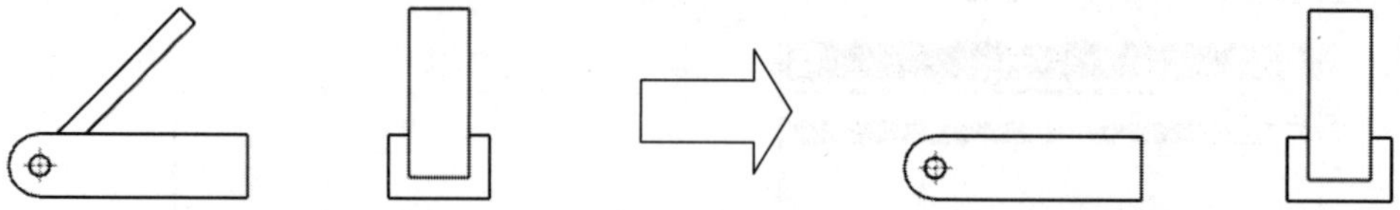

a）擦除前　　b）擦除后

图 4.3.18　擦除对象

Step1. 打开文件 D:\ugdc8.12\work\ch04.03.06\edit_01.prt，进入制图环境。

Step2. 选择下拉菜单编辑(E) → 视图(W) → 视图相关编辑(E)...命令，系统弹出

“视图相关编辑”对话框。

Step3. 在图纸中选取主视图，则“视图相关编辑”对话框中的编辑选项被激活，如图4.3.19所示。

说明：用户也可以直接选中视图的边界，右击，在弹出的快捷菜单中选择 视图相关编辑(V)... 命令，同样可以进入“视图相关编辑”对话框。

Step4. 在“视图相关编辑”对话框中单击 添加编辑 区域的“擦除对象”按钮，系统弹出图4.3.20所示的“类选择”对话框，在图纸上选取图4.3.21所示的3条边线。

Step5. 在“类选择”对话框中单击 确定 按钮，系统返回到“视图相关编辑”对话框，单击 确定 按钮，完成擦除对象，结果如图4.3.18b所示。

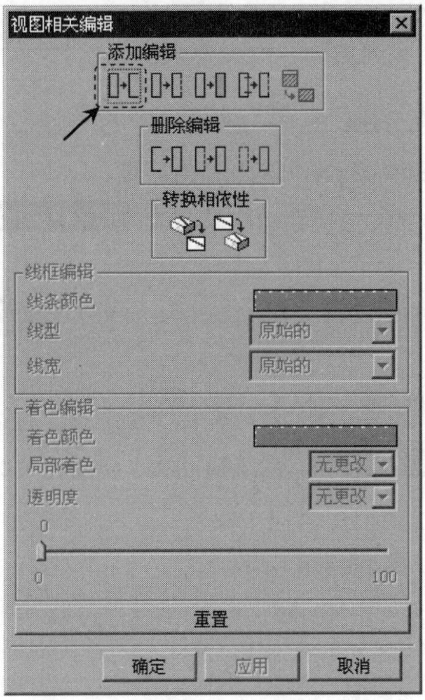

图4.3.19 “视图相关编辑”对话框

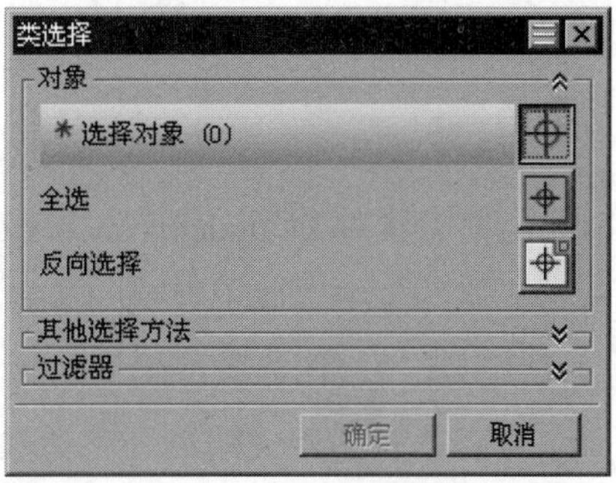

图4.3.20 “类选择”对话框

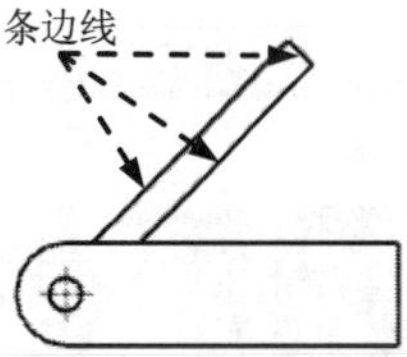

图4.3.21 选择对象

图4.3.19所示的“视图相关编辑”对话框的按钮及选项说明如下。

- 添加编辑 区域：在该区域选择要添加到成员视图的编辑类型，包括（擦除对象）、（编辑完全对象）、（编辑着色对象）、（编辑对象段）和（编辑剖视图背景）等5种类型。
- 删除编辑 区域：在该区域选择要删除的已经添加到成员视图的相关编辑，包括（删除选择的擦除）、（删除选择的编辑）和（删除所有的编辑）等3种类型。
- 转换相依性 区域：在该区域选择对象数据的转换类型，包括（模型转换到视图）和（视图转换到模型）。
- 线框编辑 区域：用来定义线框的颜色、线型和线宽，仅在选择“编辑完全对象”或“编辑对象段”后被激活。

- 着色编辑区域：用来定义着色的颜色和透明度等，仅在选择“编辑着色对象”后被激活。

3．编辑完全对象

通过使用编辑完全对象命令，可以有选择地对成员视图中的一个或多个制图对象进行显示属性的编辑，比如对象的颜色、线型、线宽等。下面通过图 4.3.22 所示来介绍编辑完全对象的一般操作方法。

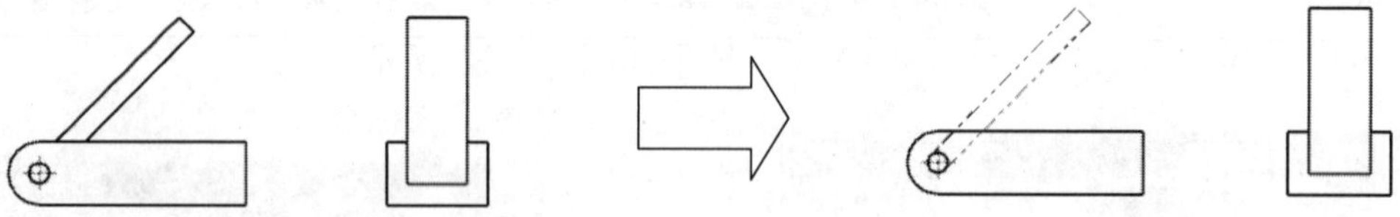

a）编辑前　　b）编辑后

图 4.3.22　编辑完全对象

Step1．打开文件 D:\ugdc8.12\work\ch04.03.06\edit_02.prt，进入制图环境。

Step2．在图纸中选取主视图的边界，右击，在弹出的快捷菜单中选择 视图相关编辑(V)... 命令，系统弹出“视图相关编辑”对话框。

Step3．在“视图相关编辑”对话框中单击添加编辑区域的“编辑完全对象”按钮，在线框编辑区域中设置图 4.3.23 所示的参数。

Step4．在“视图相关编辑”对话框中单击 应用 按钮，系统弹出“类选择”对话框，在图纸上选取图 4.3.24 所示的 3 条边线，单击 确定 按钮，系统返回到“视图相关编辑”对话框。

Step5．单击 确定 按钮，完成编辑，结果如图 4.3.22b 所示。

图 4.3.23　设置线框参数

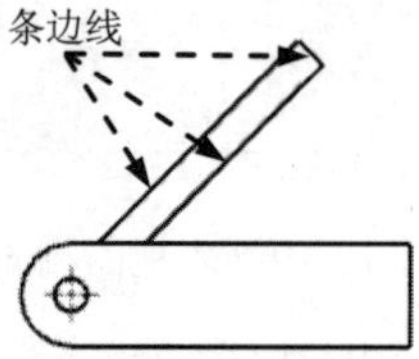

图 4.3.24　选择对象

4．编辑着色对象

通过使用编辑着色对象命令，可以有选择地对成员视图中的一个或多个制图对象进行颜色和透明度的编辑。需要注意的是，只有在视图样式中将渲染样式设为“完全着色”或“局部着色”才能看到编辑效果。下面通过图 4.3.25 所示来介绍编辑着色对象的一般操作方法。

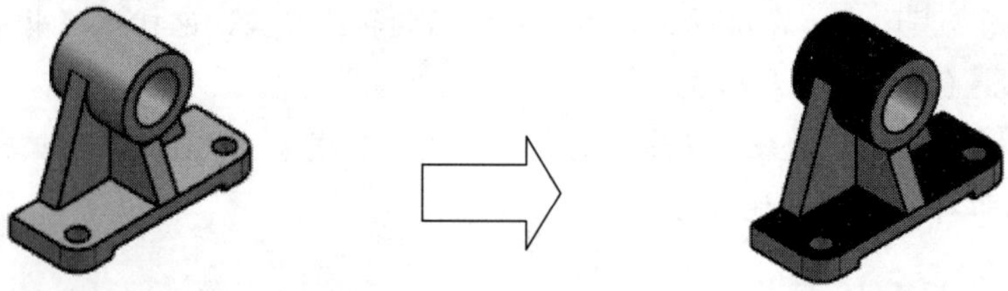

a）编辑前　　b）编辑后

图 4.3.25　编辑完全对象

Step1. 打开文件 D:\ugdc8.12\work\ch04.03.06\edit_03.prt，进入制图环境。

Step2. 在图纸中选取主视图的边界，右击，在弹出的快捷菜单中选择 视图相关编辑(V)... 命令，系统弹出“视图相关编辑”对话框。

Step3. 在“视图相关编辑”对话框中单击 添加编辑 区域的“编辑着色对象”按钮，系统弹出“类选择”对话框。

Step4. 在图纸上选取图 4.3.26 所示的 3 个面，在“类选择”对话框中单击 确定 按钮，系统返回到“视图相关编辑”对话框。

Step5. 在“视图相关编辑”对话框中 着色编辑 区域中设置图 4.3.27 所示的参数。

Step6. 单击 确定 按钮，完成编辑，结果如图 4.3.25b 所示。

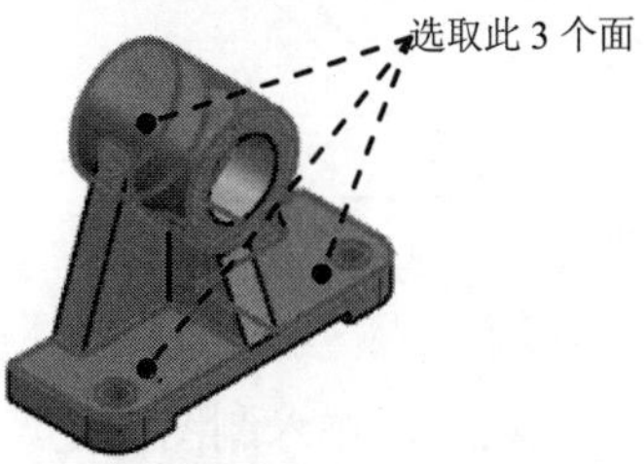

图 4.3.26 选择对象

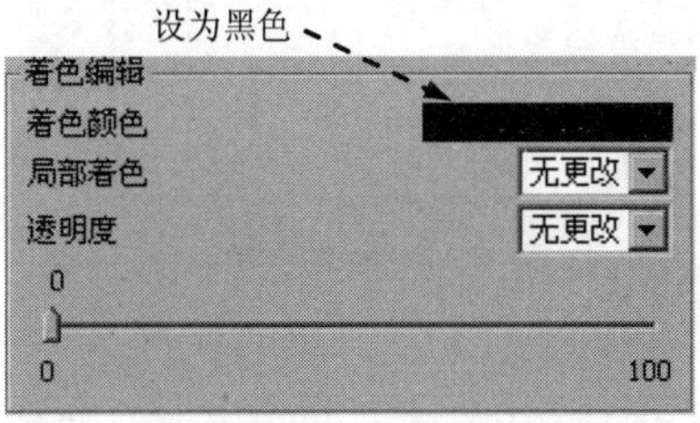

图 4.3.27 设置线框参数

5. 删除选择的擦除

在前面通过使用擦除对象命令，可以有选择地擦除成员视图中的一个或多个制图对象。这里可以使用删除选择的擦除命令，将这些擦除结果删除，从而恢复制图对象的最初状态。下面通过图 4.3.28 所示为例来介绍删除选择的擦除的一般操作方法。

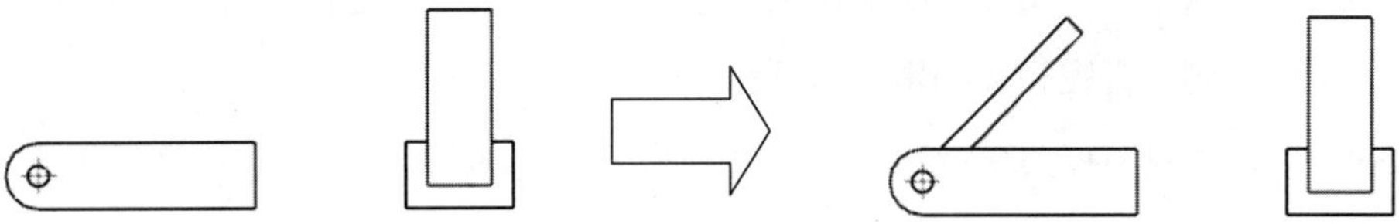

a）删除擦除前 b）删除擦除后

图 4.3.28 删除选择的擦除

Step1. 打开文件 D:\ugdc8.12\work\ch04.03.06\edit_05.prt，进入制图环境。

Step2. 选择下拉菜单 编辑(E) → 视图(W) → 视图相关编辑(E)... 命令，系统弹出“视图相关编辑”对话框。

Step3. 在图纸中选取主视图，则“视图相关编辑”对话框中的编辑选项被激活。

Step4. 在“视图相关编辑”对话框中单击 删除编辑 区域的“删除选择的擦除”按钮，系统弹出“类选择”对话框，在图纸上选取图 4.3.29 所示的 3 条边线。

说明：此时系统会自动显示已经擦除的对象，但其他成员视图中的被擦除的对象不会显示出来。

Step5. 在“类选择”对话框中单击 确定 按钮，系统返回到“视图相关编辑”对话框，单击“视图相关编辑”对话中的 确定 按钮，完成编辑，结果如图 4.3.28b 所示。

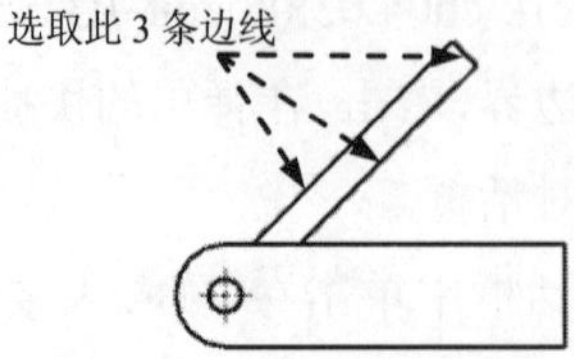

图 4.3.29　选择对象

6. 删除选择的编辑

删除选择的编辑命令用于恢复使用编辑完全对象命令修改过的对象的颜色、线型、线宽等。下面通过图 4.3.30 所示为例来介绍删除选择的编辑的一般操作方法。

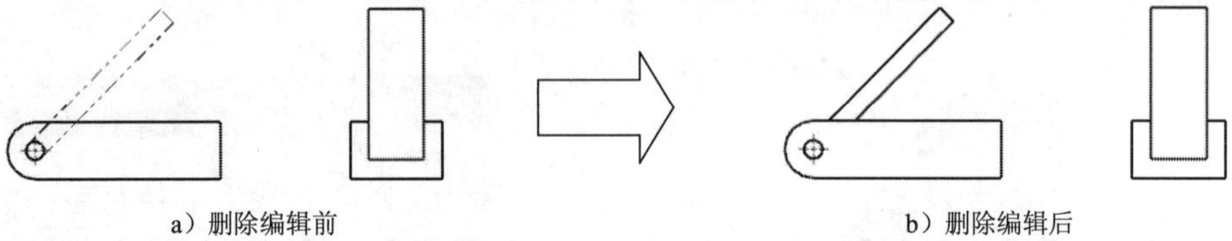

图 4.3.30　删除选择的编辑

Step1. 打开文件 D:\ugdc8.12\work\ch04.03.06\edit_06.prt，进入制图环境。

Step2. 在图纸中选取主视图的边界，右击，在弹出的快捷菜单中选择 视图相关编辑(V)... 命令，系统弹出“视图相关编辑”对话框。

Step3. 在“视图相关编辑”对话框中单击 添加编辑 区域的“编辑完全对象” 按钮，系统弹出“类选择”对话框。

Step4. 在图纸上选取图 4.3.31 所示的 3 条边线，单击“类选择”对话框中的 确定 按钮，系统返回到“视图相关编辑”对话框。

Step5. 单击“视图相关编辑”对话框中的 确定 按钮，完成编辑，结果如图 4.3.30b 所示。

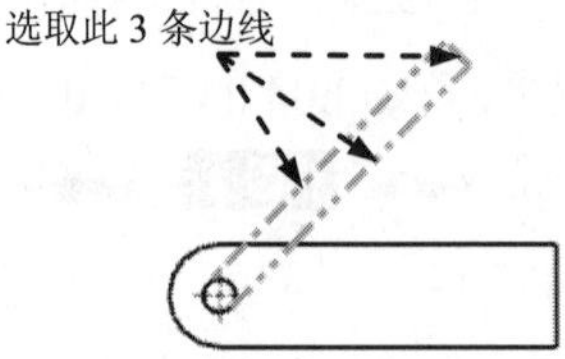

图 4.3.31　选择对象

7. 模型转换到视图

通过使用模型转换到视图命令，可以将原来属于模型的某些对象（比如基准的点、线等）转换为单个成员视图的专有数据。转换后，原来的对象在模型空间会消失，同时仅出现在转换到的某个成员视图中，其他成员视图中将不再显示该对象。下面以图 4.3.32 所示为例介绍将对象从模型转换到视图的一般操作方法。

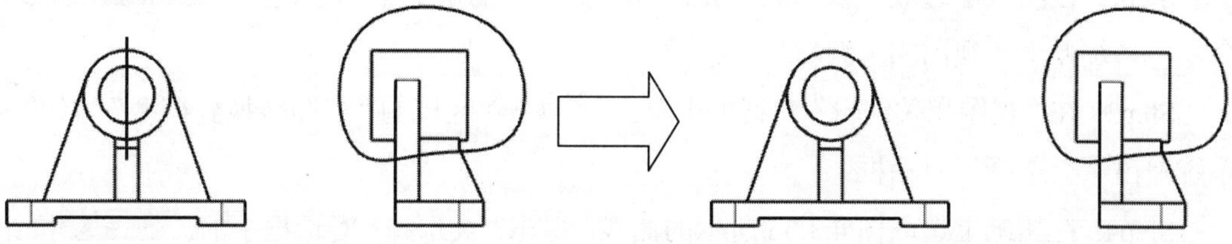

a）转换前　　　　b）转换后

图 4.3.32　模型转换到视图

Step1．打开文件 D:\ugdc8.12\work\ch04.03.06\edit_07.prt，进入制图环境。

Step2．在图纸中选取左视图的边界，右击，在弹出的快捷菜单中选择 视图相关编辑(V)... 命令，系统弹出“视图相关编辑”对话框。

Step3．在“视图相关编辑”对话框中单击 转换相依性 区域的“模型转换到视图”按钮，系统弹出“类选择”对话框。

Step4．在图纸上选取图 4.3.33 所示的边线，单击“类选择”对话框中的 确定 按钮，系统返回到“视图相关编辑”对话框。

说明：选择的对象等必须是“非关联”的对象，即在部件导航器中没有记录的对象。

Step5．单击“视图相关编辑”对话框中的 确定 按钮，完成编辑，结果如图 4.3.32b 所示。

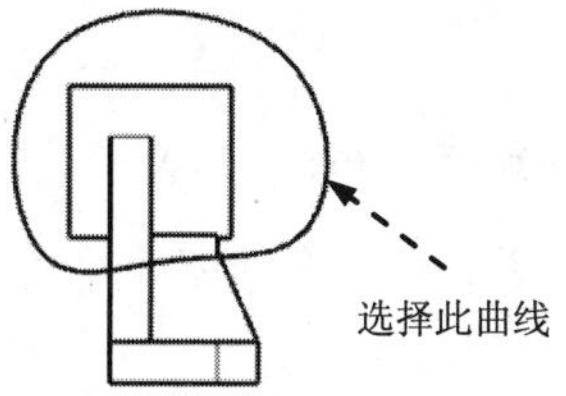

图 4.3.33　选择对象

8．视图转换到模型

视图转换到模型与模型转换到视图的结果正好相反，转换时是将原来属于单个成员视图的某些对象转换为实体模型的数据。转换后的对象会出现在模型空间，同时会出现在其他成员视图中。下面以图 4.3.34 所示为例介绍将对象从视图转换到模型的一般操作方法。

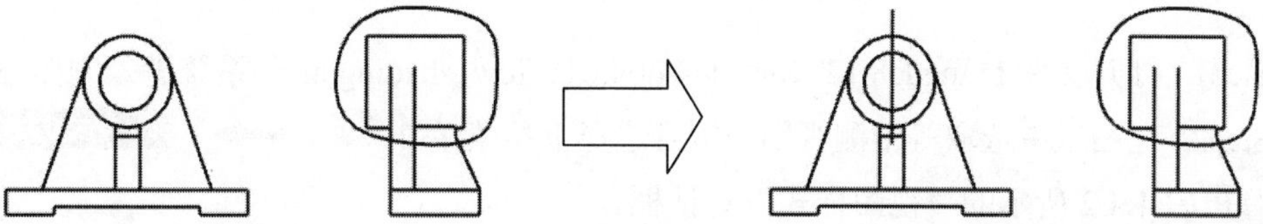

a）转换前　　　　b）转换后

图 4.3.34　视图转换到模型

Step1．打开文件 D:\ugdc8.12\work\ch04.03.06\edit_08.prt，进入制图环境。

Step2. 在图纸中选取左视图的边界，右击，在弹出的快捷菜单中选择 视图相关编辑(V)... 命令，系统弹出“视图相关编辑”对话框。

Step3. 在“视图相关编辑”对话框中单击 转换相依性 区域的“视图转换到模型”按钮，系统弹出“类选择”对话框。

Step4. 在图纸上选取图 4.3.35 所示的曲线，单击“类选择”对话框中的 确定 按钮，系统返回到“视图相关编辑”对话框。

Step5. 单击“视图相关编辑”对话框中的 确定 按钮，完成编辑，结果如图 4.3.34b 所示。

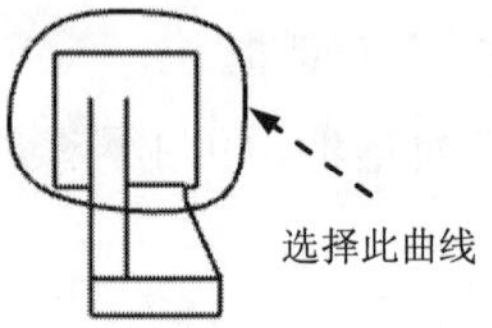

图 4.3.35　选择对象

4.4　视图的样式

4.4.1 视图的着色

在工程图环境中也可进行视图着色的设置，从而达到不同的设计目的。下面以图 4.4.1 所示的工程图为例，说明视图着色的一般操作方法。

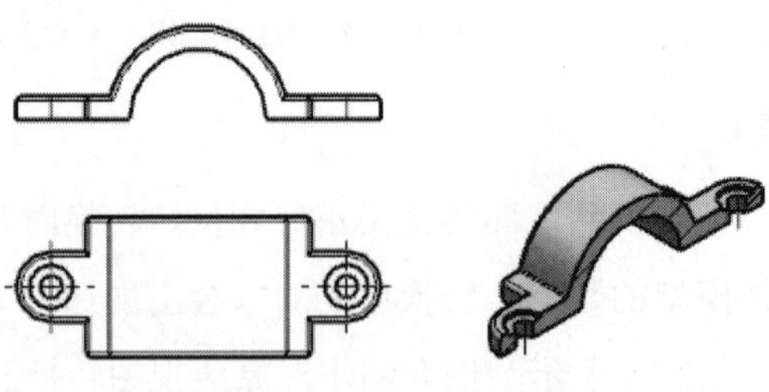

图 4.4.1　视图的着色

Step1. 打开文件 D:\ugdc8.12\work\ch04.04.01\View_shading.prt，系统进入制图环境。

Step2. 在图纸中选取等轴测视图，然后选择下拉菜单 编辑(E) → 样式(Y)... 命令，系统弹出图 4.4.2 所示的“视图样式”对话框。

说明：也可以双击视图的边界或者右击视图的边界，在弹出的快捷菜单中选择 样式(I)... 命令，此时系统弹出“视图样式”对话框。

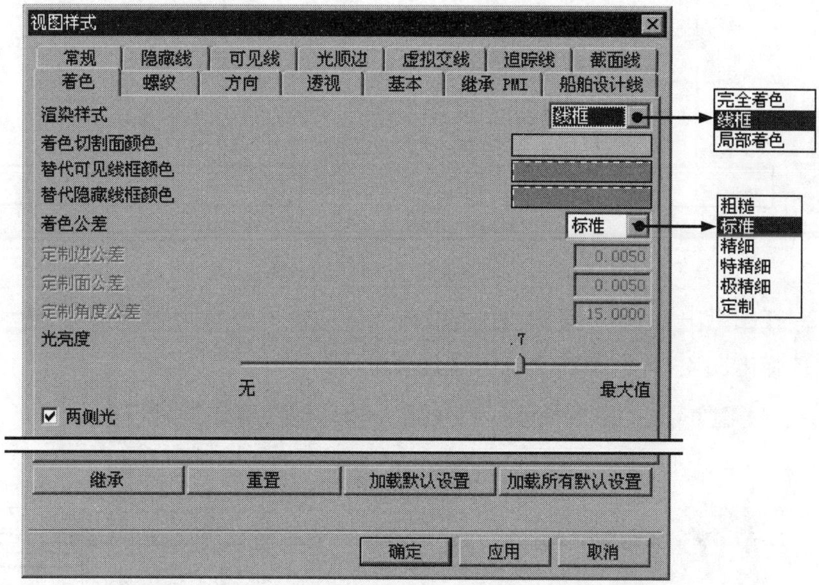

图 4.4.2 “视图样式”对话框的“着色”选项卡

Step3. 在“视图样式”对话框中单击 着色 选项卡，在 渲染样式 下拉列表中选取 完全着色 选项，其余采用系统默认设置参数。

Step4. 单击 确定 按钮，完成视图着色的编辑，结果如图 4.4.1 所示。

图 4.4.2 所示的“着色”选项卡的按钮及选项说明如下。

- 渲染样式 下拉列表：定义视图的渲染样式类型，包括 完全着色 、 线框 和 局部着色 等 3 种类型，默认类型为 线框 。
- 着色切割面颜色 按钮：用来指定一种颜色来控制视图中切割后截面的颜色。
- 替代可见线框颜色 按钮：用来指定一种颜色来代替可见线、光顺边、可见追踪线和虚拟交线的颜色。
- 替代隐藏线框颜色 按钮：用来指定一种颜色来代替视图中隐藏线和隐藏追踪线的颜色。
- 着色公差 下拉列表：用来指定着色的公差。当选取 定制 选项时，相应的定制文本框被激活，用户可输入具体数值。
- 光亮度 滑动条：用于指定着色面的光亮强度，通过鼠标拖动来改变。
- ☑ 两侧光 复选框：用来指定光线应用在着色面的正面还是背面，关闭该复选框，则光线不会应用在模型背面。

4.4.2 视图的隐藏线显示

一般工程图的视图不显示不可见的隐藏线，如果需要显示，可以通过修改视图样式来完成。下面以图 4.4.3 所示的工程图为例，说明显示隐藏线的一般操作方法。

Step1. 打开文件 D:\ugdc8.12\work\ch04.04.02\View_line.prt，系统进入制图环境。

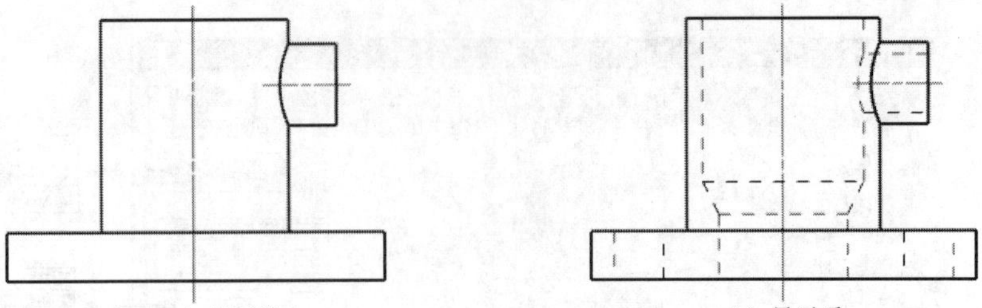

图 4.4.3　隐藏线的显示

Step2. 在图纸中选取图 4.4.3a 所示视图，然后选择下拉菜单 编辑(E) → 样式(Y)... 命令，系统弹出图 4.4.4 所示的“视图样式”对话框。

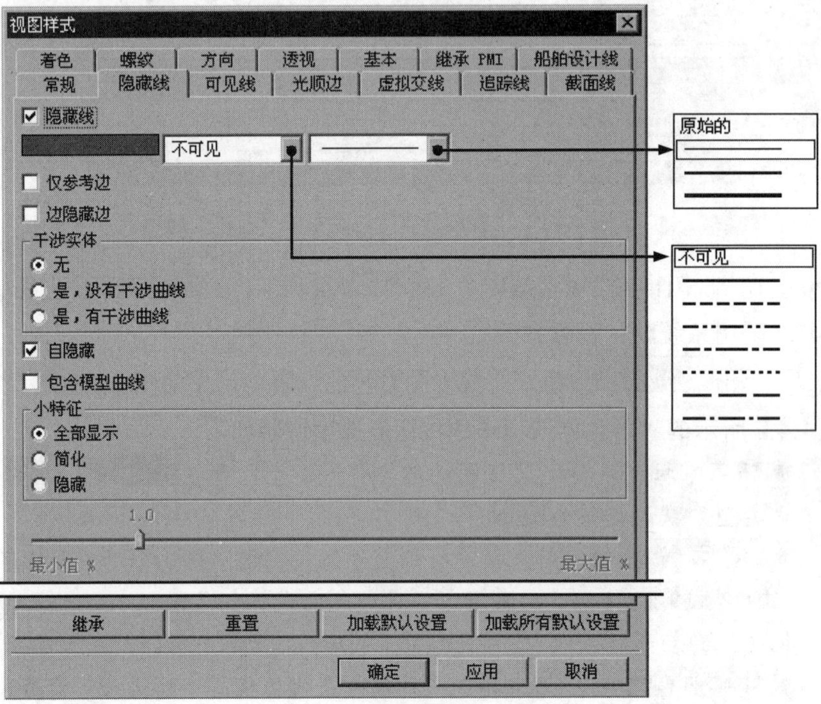

图 4.4.4　“隐藏线”选项卡

Step3. 在“视图样式”对话框中单击 隐藏线 选项卡，在线型下拉列表中选取 ------ 选项。

Step4. 单击 确定 按钮，完成隐藏线的显示，结果如图 4.4.3b 所示。

图 4.4.4 所示的“隐藏线”选项卡的按钮及选项说明如下。

- ☑ 隐藏线 复选框：用来定义隐藏线的状态，选中为开，取消选中为关闭。
- 颜色：用来定义隐藏线的颜色。
- 不可见 线型：用来定义隐藏线的线型。
- 宽度：用来定义隐藏线的宽度。
- ☐ 仅参考边 复选框：用来控制参考注释的隐藏边的显示状态。
- ☐ 边隐藏边 复选框：用来控制被其他重叠边线隐藏的边的显示状态。

- 干涉实体区域：用来控制有干涉实体时图纸视图中的隐藏线是否被正确显示。
- ☑ 自隐藏复选框：用来控制被自身实体隐藏的边。
- ☐ 包含模型曲线复选框：用来控制模型中的线框曲线或 2D 草图曲线的显示状态。
- 小特征区域：用来控制图纸中小特征的渲染状态。如果特征与模型的大小比例小于的指定的百分比，则要简化特征。

4.5 创建高级视图

4.5.1 局部放大图

局部放大图是将现有视图的某个部位单独放大，并建立一个新的视图，以便显示零件结构和便于标注尺寸。下面以图 4.5.1 所示为例，说明创建局部放大图的一般操作方法。

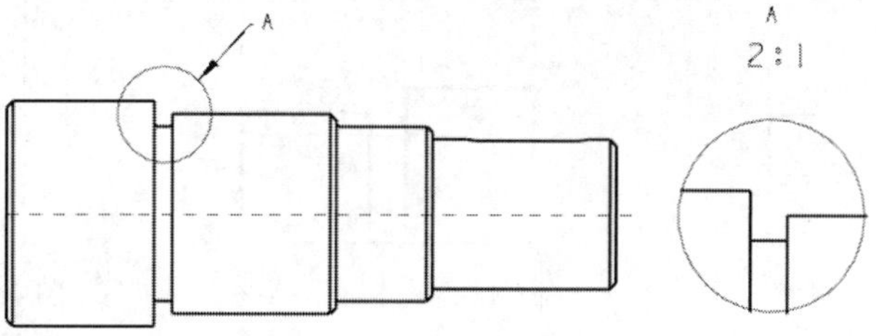

图 4.5.1 局部放大图

Step1. 打开文件 D:\ugdc8.12\work\ch04.05.01\detail_view.prt，系统进入制图环境。

Step2. 选择命令。选择下拉菜单 插入(S) ➡ 视图(W) ➡ 局部放大图(D)... 命令（或单击“图纸”工具条中的按钮），系统弹出“局部放大图”对话框。

Step3. 选择边界类型。在类型下拉列表中选择 圆形 选项。

Step4. 绘制放大范围。在图纸上单击图 4.5.2 所示的位置 1 指定圆边界的中心点，单击位置 2 指定边界点，绘制图 4.5.2 所示的圆作为放大范围。

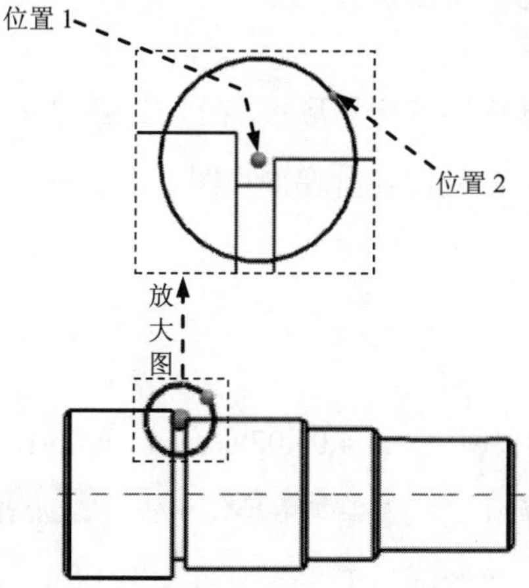

图 4.5.2 绘制放大范围

Step5. 定义父视图上的标签。在对话框父项上的标签区域的标签下拉列表中选择标签选项。

Step6. 放置视图。在图纸的合适位置单击以放置视图，然后单击关闭按钮，结果如图 4.5.1 所示。

“局部放大图”对话框的选项、按钮说明如下。

- 类型区域：用于定义绘制局部放大图边界的类型，包括圆形、按拐角绘制矩形和按中心和拐角绘制矩形3 种类型。
- 边界区域：用于定义创建局部放大图的边界位置。
- 比例下拉列表：用来定义局部放大图的放大比例。
- 父项上的标签区域：用于定义父视图边界上的标签类型，包括无、圆、注释、标签、内嵌和边界，显示效果分别如图 4.5.3~图 4.5.8 所示。

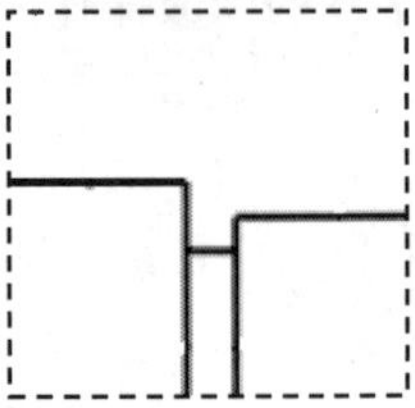

图 4.5.3 “无”标签

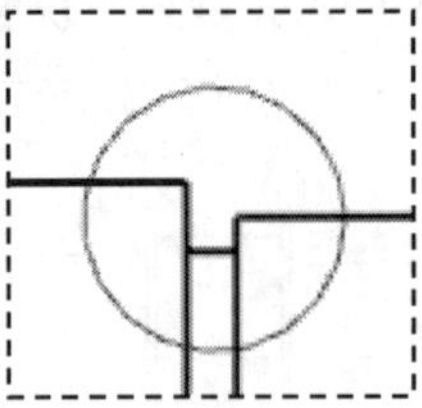

图 4.5.4 “圆”标签

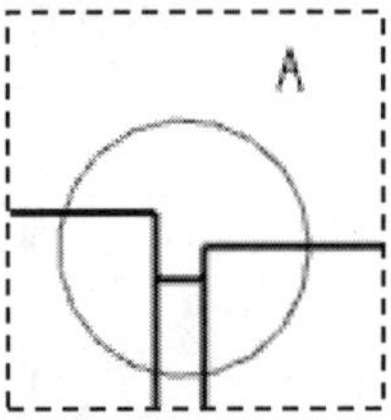

图 4.5.5 “注释”标签

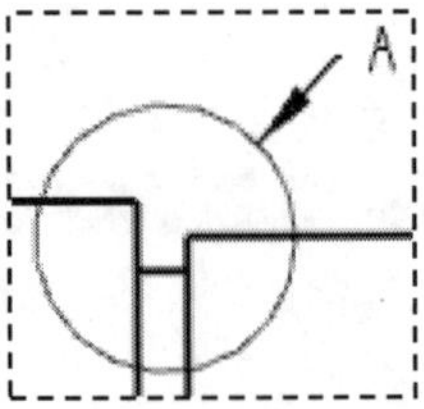

图 4.5.6 “标签”标签

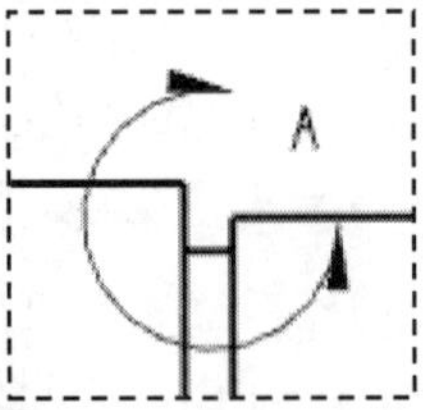

图 4.5.7 “内嵌”标签

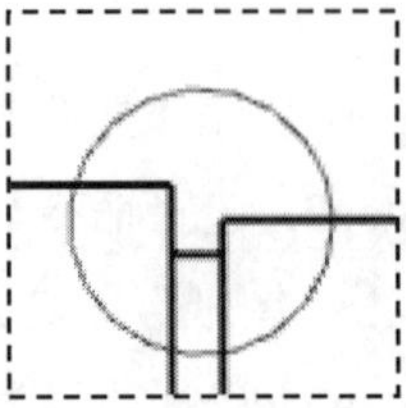

图 4.5.8 “边界”标签

4.5.2 简单/阶梯剖视图

剖视图通常用来表达零件的内部结构和形状，在 UG NX 8.0 中可以使用简单/阶梯剖视图命令，创建工程图中常见的全剖视图和阶梯剖视图。下面分别说明创建全剖视图和阶梯剖视图的一般操作方法。

1．创建全剖视图

Step1. 打开文件 D:\ugdc8.12\work\ch04.05.02\section_cut.prt，系统进入制图环境。

Step2. 选择命令。选择下拉菜单插入(S) → 视图(W) → 截面(S) → 简单/阶梯剖(S)...命令（或单击“图纸”工具条中的按钮），系统弹出图 4.5.9 所示“剖视图”对话框。

Step3. 在系统**选择父视图**的提示下，选择主视图作为创建全剖视图的父视图（图 4.5.10）。

Step4. 选择剖切位置。确认“捕捉方式”工具条中的按钮被按下，选取图 4.5.10 所示的圆，系统自动捕捉圆心位置，此时“剖视图”对话框显示为图 4.5.11 所示。

图 4.5.9 “剖视图”对话框（一）

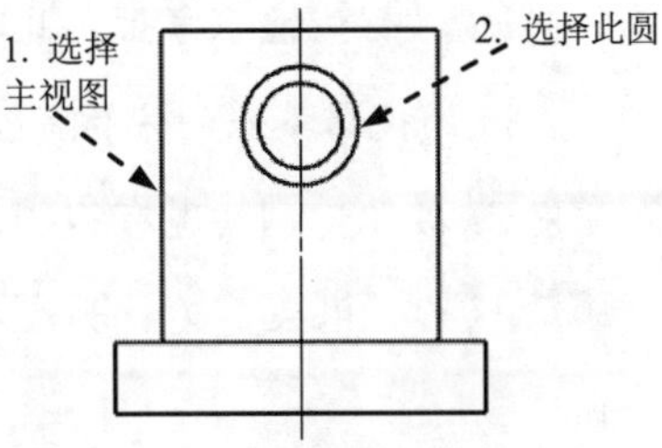

图 4.5.10 定义剖视图对象

Step5. 放置剖视图。在系统**指示图纸页上剖视图的中心**的提示下，在主视图的正右方单击放置剖视图，然后按<Esc>键结束，完成全剖视图的创建。

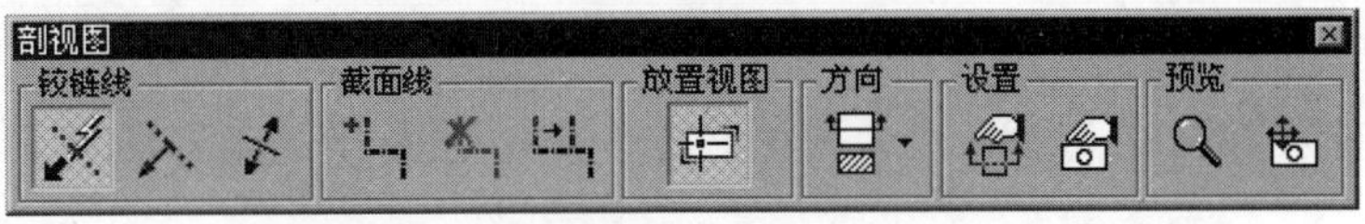

图 4.5.11 “剖视图”对话框（二）

图 4.5.11 所示的“剖视图”对话框的按钮说明如下。

- 铰链线区域：用于定义创建剖视图时铰链线的参数。
  - ☑ 按钮：自动判断铰链线是默认选项，即由系统根据所选元素来放置铰链线。
  - ☑ 按钮：设定由用户定义铰链线的矢量方向，选中后，其后会出现按钮。
  - ☑ 按钮：用于定义铰链线的矢量方向。
  - ☑ 按钮：用于反转截面线的箭头方向。

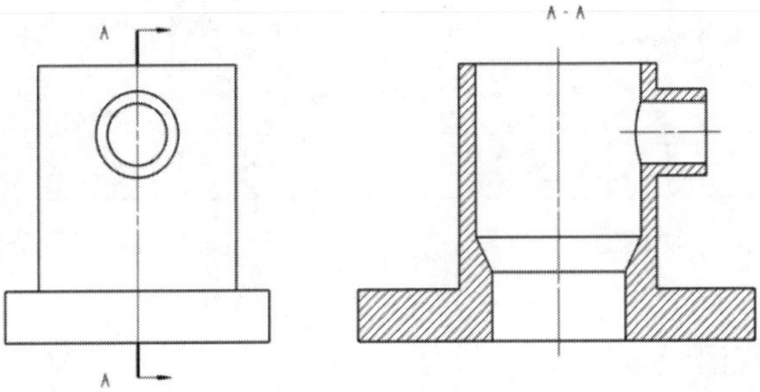

图 4.5.12 放置剖视图

- 截面线区域：用来定义截面线的参数。
  - ☑ 按钮：用来添加截面线的新的分段，此时将创建阶梯剖视图。
  - ☑ 按钮：用于删除截面线的单个分段，仅在添加段后才可用。

☑ 按钮：用于移动截面线的单个分段，包括剖切段、折弯段和箭头段。

- 方向 区域：用于定义剖视图的方位。

  ☑ 按钮：正交方位为默认选项，此时生成正交的剖视图（图 4.5.12）。

  ☑ 按钮：继承方位，此时需要选择一个视图作为参照，新生成的剖视图与所选的视图参照的方位完全相同。

  ☑ 按钮：剖切现有视图，此时剖切的结果显示在已经存在的其他视图上。

- 设置 区域：用来定义截面线和剖视图的样式，具体设置可参考本书第 2 章的相关内容。

- 预览 区域：用来预览结果和移动视图的位置。

  ☑ 按钮：用来预览剖视结果，单击该按钮后，系统弹出图 4.5.13 所示的“剖视图”对话框，用户可单击相应按钮来显示剖切平面、控制背景的显示、锁定放置方位等。例如单击 按钮显示剖切结果，此时对话框如图 4.5.14 所示。

  ☑ 按钮：用于在生成剖视图前移动父视图，单击后可拖动父视图到新的位置。

图 4.5.13 “剖视图”对话框（三）

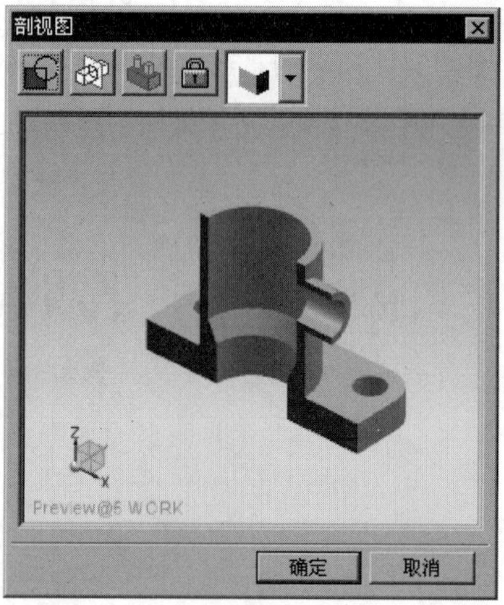

图 4.5.14 “剖视图”对话框（四）

2．创建阶梯剖视图

Step1. 打开文件 D:\ugdc8.12\work\ch04.05.02\section_ladder.prt，系统进入制图环境。

Step2. 选择命令。选择下拉菜单 插入(S) → 视图(W) → 截面(S) → 简单/阶梯剖(S)... 命令（或单击“图纸”工具条中的 按钮），系统弹出“剖视图”对话框，如图 4.5.10 所示。

Step3. 在系统 选择父视图 的提示下，选择图 4.5.15 所示的视图作为创建剖视图的父视图。

Step4. 选择剖切位置。确认“捕捉方式”工具条中的按钮被按下，选取图 4.5.15 所示的圆 1，系统自动捕捉圆心位置。

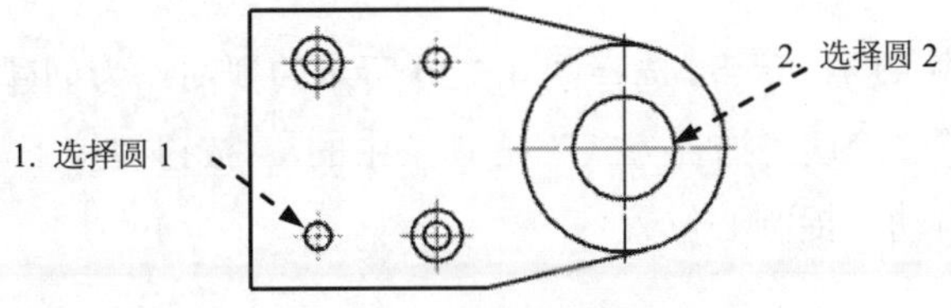

图 4.5.15 定义剖视图对象

Step5. 添加剖切段。单击“剖视图”对话框中的“添加段”按钮（图 4.5.16 所示），确认“捕捉方式”工具条中的按钮被按下，然后选取图 4.5.15 所示的圆 2，系统自动捕捉圆心位置。

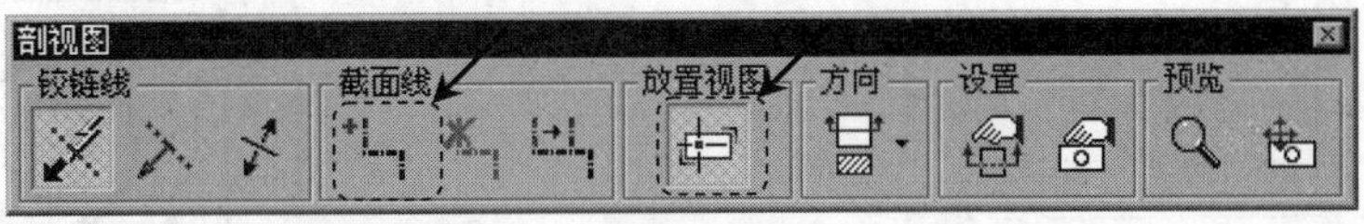

图 4.5.16 “剖视图”对话框（二）

Step6. 放置剖视图。用“剖视图”对话框中的“放置视图”按钮（图 4.5.16 所示），在父视图的正上方单击放置剖视图，然后按<Esc>键结束，完成剖视图的创建，结果如图 4.5.17 所示。

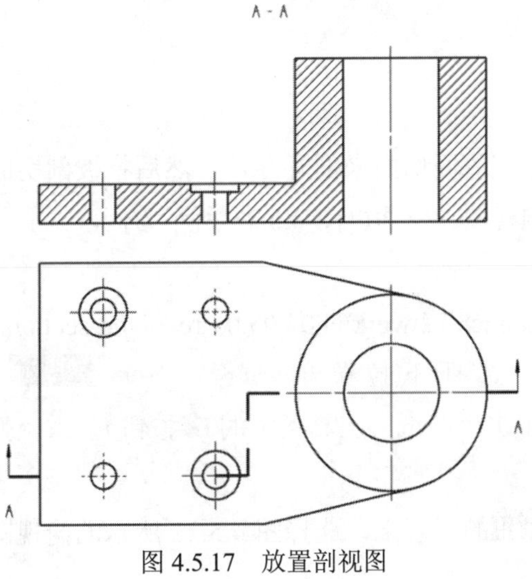

图 4.5.17 放置剖视图

4.5.3 半剖视图

半剖视图通常用来表达对称零件，一半剖视图表达了零件的内部结构，另一半视图则可以表达零件的外形。下面以图 4.5.18 所示为例，说明创建半剖视图的一般操作方法。

Step1. 打开文件 D:\ugdc8.12\work\ch04.05.03\half_view.prt，系统进入制图环境。

Step2. 选择命令。选择下拉菜单 插入(S) → 视图(W) → 截面(S) → 半剖(H)... 命令（或单击“图纸”工具条中的按钮），系统弹出“半剖视图”对话框（图 4.5.19 所示）。

Step3. 在系统选择父视图的提示下，选择图 4.5.20 所示的视图作为创建剖视图的父视图。

Step4. 选择剖切位置。确认“捕捉方式”工具条中的按钮被按下，选取图 4.5.20 所示的圆边线 2 次，系统自动捕捉圆心位置。

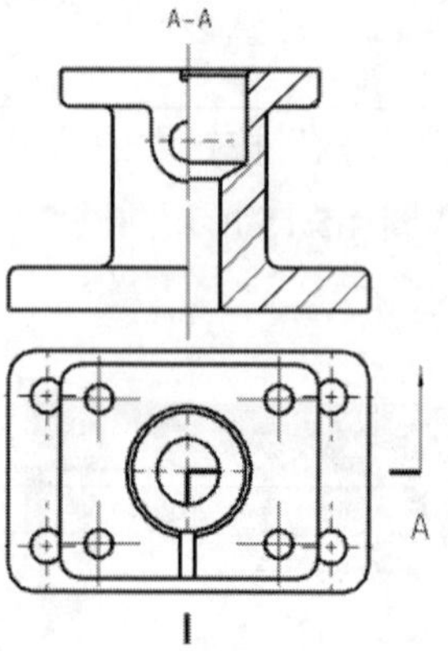

图 4.5.18　半剖视图

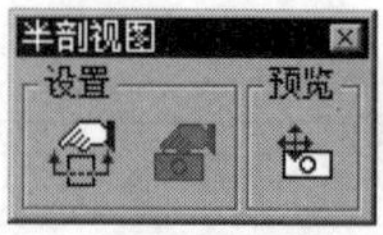

图 4.5.19　“半剖视图”对话框

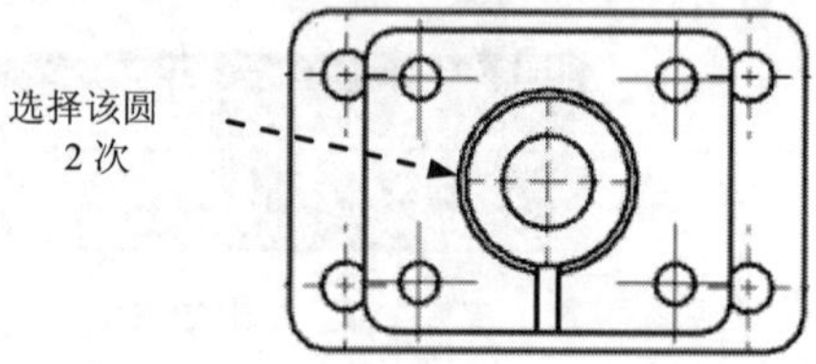

图 4.5.20　定义剖视图对象

Step5. 放置剖视图。在父视图的正上方单击放置剖视图，然后按<Esc>键结束，完成剖视图的创建，结果如图 4.5.18 所示。

4.5.4　旋转剖视图

旋转剖视图是采用相交的剖切面来剖开零件，然后将被剖切面剖开的结构等旋转到同一个平面上进行投影的剖视图。下面以图 4.5.21 所示为例，说明创建旋转剖视图的一般操作方法。

Step1. 打开文件 D:\ugdc8.12\work\ch04.05.04\revolved-section_cut.prt。

Step2. 选择命令。选择下拉菜单 插入(S) → 视图(W) → 截面(S) → 旋转剖(R)... 命令（或单击“图纸”工具条中的按钮），系统弹出“旋转剖视图”对话框。

Step3. 在系统选择父视图的提示下，选择图 4.5.22 所示的俯视图作为创建旋转剖视图的父视图。

Step4. 选择剖切位置。

（1）确认“捕捉方式”工具条中的按钮被按下，选取图 4.5.22 所示的圆弧边线 1 定义旋转中心。

（2）确认“捕捉方式”工具条中的按钮被按下，选取图 4.5.22 所示的圆弧边线 2 定义第一个剖切位置。

（3）确认“捕捉方式”工具条中的⊙按钮被按下，选取图 4.5.22 所示的圆弧边线 3 定义第二个剖切位置。

Step5. 放置剖视图。在系统**指出图纸上剖视图的中心**的提示下，单击父视图的正上方完成视图的放置。

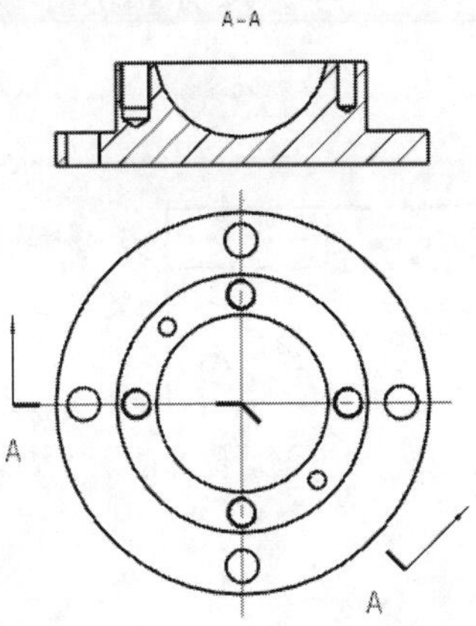

图 4.5.21　旋转剖视图

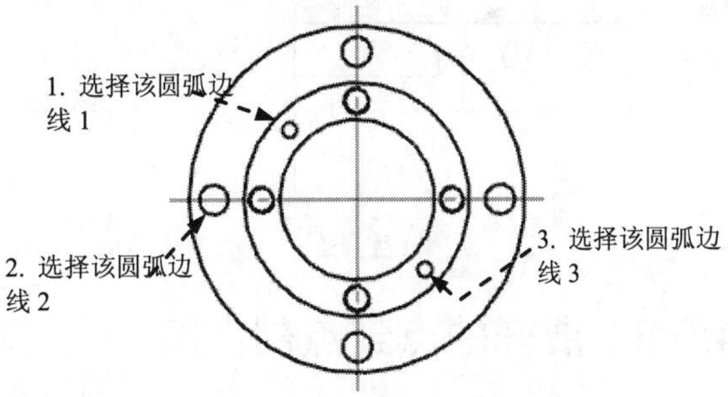

图 4.5.22 定义剖视图对象

4.5.5　转折剖视图

转折剖视图可以创建一个无折弯的多段剖切视图，所生成的视图与父视图为正交对齐。下面以图 4.5.23 所示为例，说明创建转折剖视图的一般操作方法。

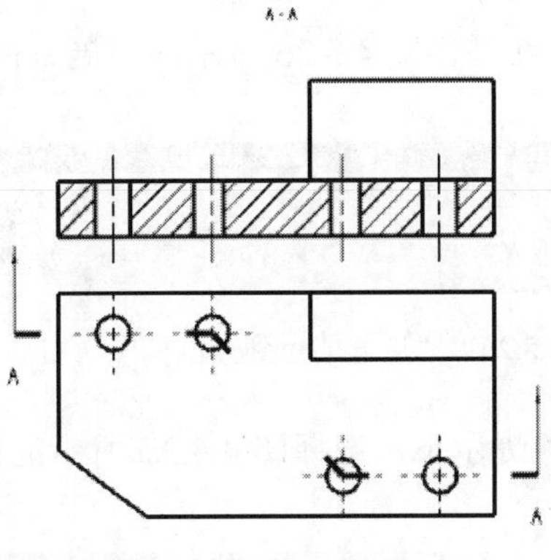

图 4.5.23　折叠剖视图

Step1. 打开文件 D:\ ugdc8.12\work\ch04.05.05\folded-section.prt。

Step2. 选择命令。选择下拉菜单 插入(S) → 视图(W) → 截面(S) → 折叠剖(F)... 命令，系统弹出“折叠剖视图”对话框。

Step3. 在系统**选择父视图**的提示下，选择图 4.5.24 所示的俯视图作为创建转折剖视图的父视图。

Step4. 定义铰链线。选取图 4.5.24 所示的模型边线，单击按钮确保铰链线箭头，如图 4.5.24 所示。

Step5. 选择剖切位置。确认“捕捉方式”工具条中的按钮被按下，依次选取图 4.5.25 所示的圆弧边线 1、2、3、4，单击鼠标中键完成剖切位置的定义。

Step6. 放置剖视图。在系统指出图纸上剖视图的中心的提示下，单击父视图的正上方完成视图的放置。

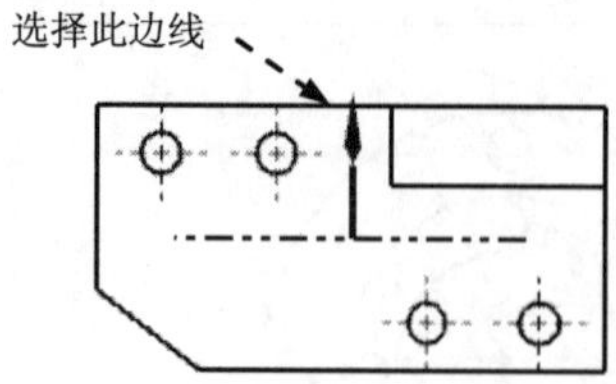

图 4.5.24　定义铰链线

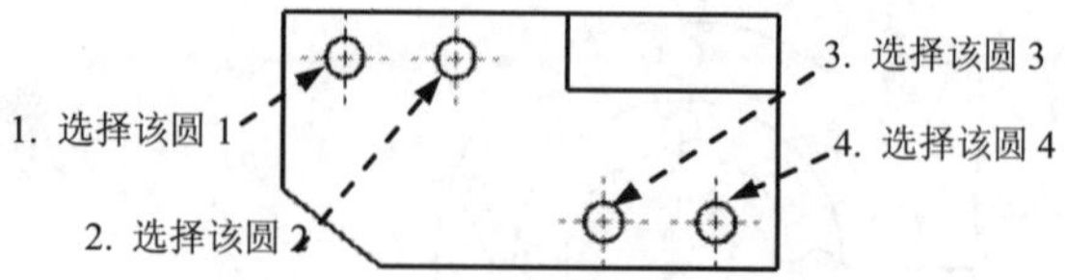

图 4.5.25　定义剖切位置

4.5.6　展开的点到点剖视图

展开的点到点剖视图可以创建一个无折弯的多段剖视图，创建时通过点构造器来定义剖切线的每个旋转点的位置，系统顺序连接旋转点来创建剖切线的每个剖切段，每个段会在与铰链线平行的平面上被展开。下面来说明创建展开的点到点剖视图的一般操作方法。

Step1. 打开文件 D:\ugdc8.12\work\ch04.05.06\unfolded_ponit_to_point.prt，系统进入制图环境。

Step2. 选择命令。选择下拉菜单 插入(S) → 视图(W) → 截面(S) → 展开的点到点剖(U)... 命令，系统弹出图 4.5.26 所示的“展开的点到点剖视图”对话框。

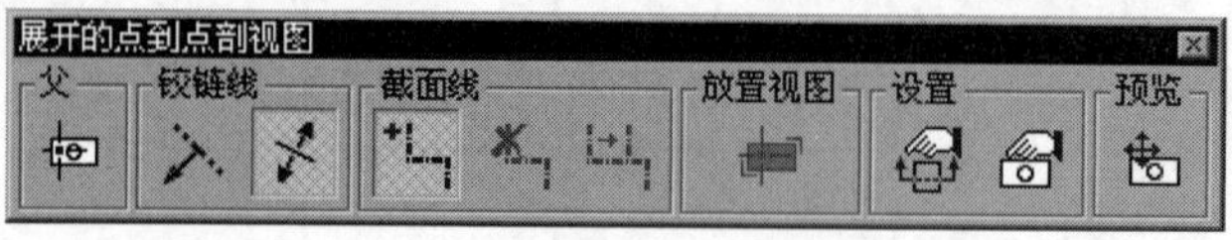

图 4.5.26　“展开的点到点剖视图”对话框

Step3. 在系统选择父视图的提示下，选择图 4.5.27 所示的俯视图作为创建展开的点到点剖视图的父视图。

Step4. 定义铰链线。在系统定义铰链线 – 选择对象以自动判断矢量的提示下，选取图 4.5.27 所示的模型边线，单击按钮确保铰链线箭头如图 4.5.27 所示。

Step5. 选择剖切位置。确认“捕捉方式”工具条中的按钮被按下，依次选取图 4.5.28 所示的圆弧边线 1、2、3，单击鼠标中键完成剖切位置的定义。

Step6. 放置剖视图。在系统指出图纸上剖视图的中心的提示下，单击父视图的正上方完成视图的放置，结果如图 4.5.29 所示。

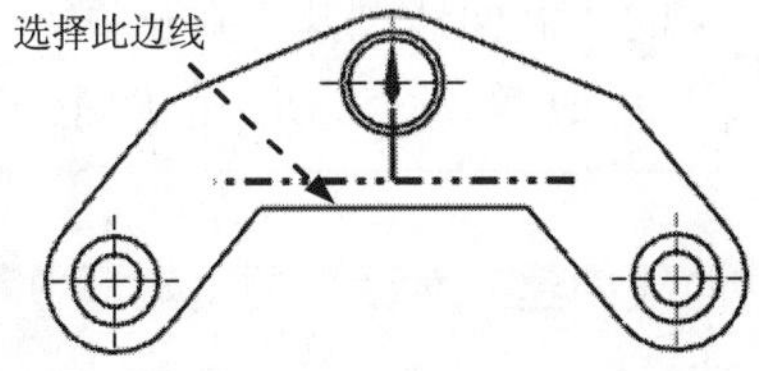

图 4.5.27　定义铰链线

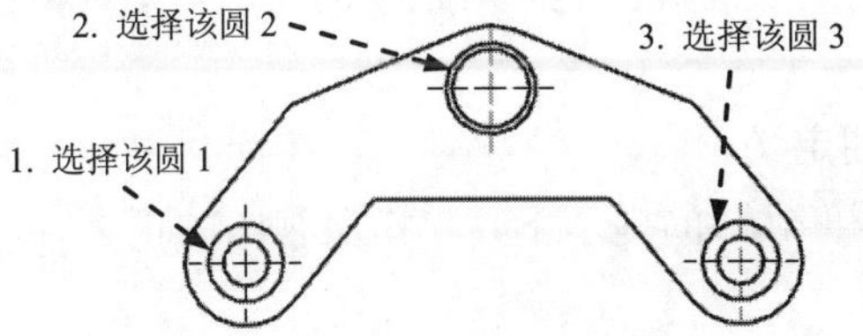

图 4.5.28　定义剖切位置

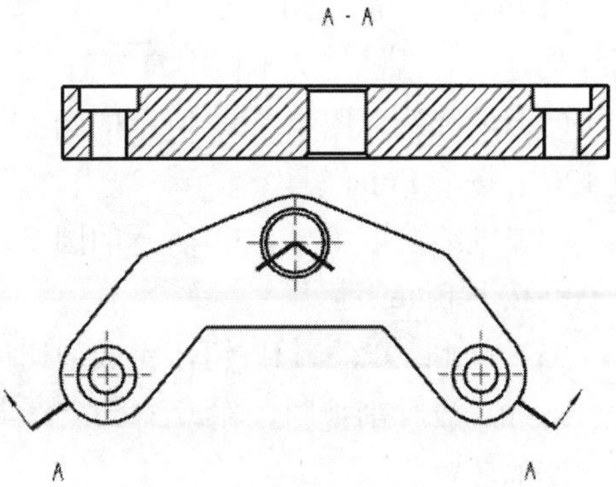

图 4.5.29　展开的点到点剖视图

4.5.7　展开的点和角度剖视图

展开的点和角度剖视图可以创建一个无折弯的多段剖视图，创建时通过点构造器来定义剖切线的每个旋转点的位置，并通过输入一个角度值来更改剖切段的角度。下面以图 4.5.30 所示为例，说明创建展开的点和角度剖视图的一般操作方法。

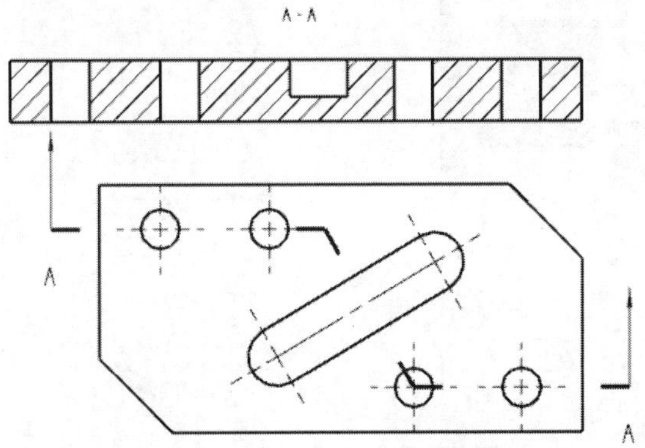

图 4.5.30　展开的点和角度剖视图

Step1. 打开文件 D:\ugdc8.12\work\ch04.05.07\unfolded_ponit_and_angle.prt，系统进入制图环境。

Step2. 选择命令。选择下拉菜单 插入(S) → 视图(W) → 截面(S) → 展开的点和角度剖(N)... 命令，系统弹出图 4.5.31 所示的"展开剖视图 - 线段和角度"对话框。

Step3. 在系统选择父视图的提示下，选择图 4.5.32 所示的俯视图作为父视图。

Step4. 定义铰链线。在系统定义铰链线 - 选择对象以自动判断矢量的提示下，选取图 4.5.32 所示的模型边线，单击 矢量反向 按钮确保铰链线箭头如图 4.5.32 所示。

Step5. 选择剖切位置。

（1）单击 应用 按钮，系统弹出图 4.5.33 所示的“截面线创建”对话框。

（2）确认“捕捉方式”工具条中的⊙按钮被按下，选取图 4.5.34 所示的圆 1，并在“截面线创建”对话框的文本框中角度输入值 0。

（3）继续选取图 4.5.34 所示的圆 2，并在“截面线创建”对话框的文本框中角度输入值 120 并按下 Enter 键。

（4）继续选取图 4.5.34 所示的圆 3，并在“截面线创建”对话框的文本框中角度输入值 0 并按下 Enter 键。

（5）单击 确定 按钮，完成剖切位置的定义。

Step6. 放置剖视图。在系统**指出图纸上剖视图的中心**的提示下，单击父视图的正上方，完成视图的放置。

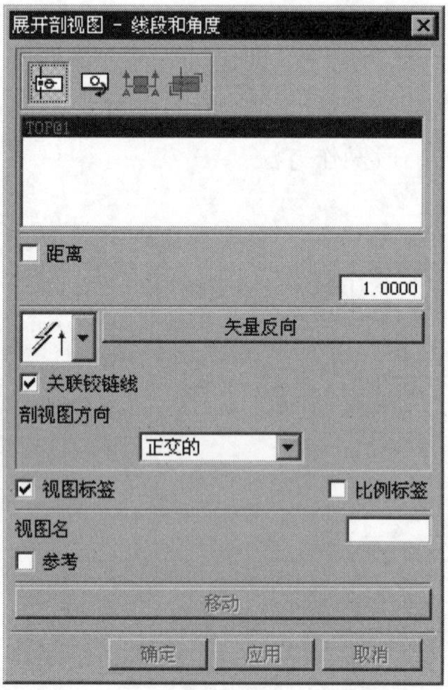

图 4.5.31 “展开剖视图 – 线段和角度”对话框

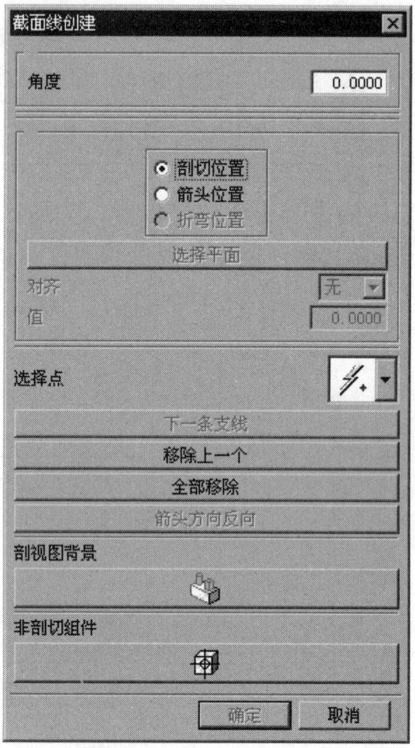

图 4.5.33 “截面线创建”对话框

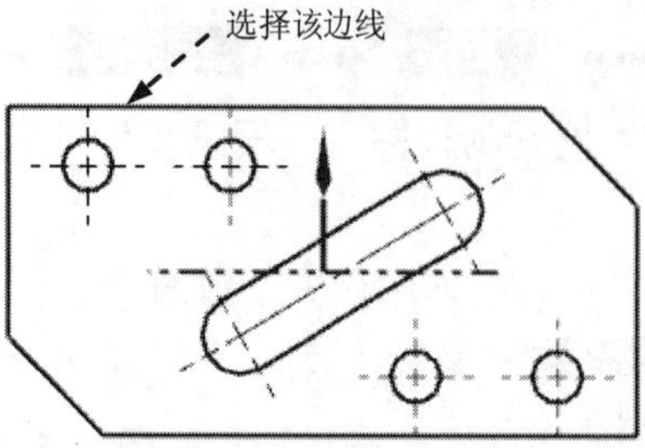

图 4.5.32 定义铰链线

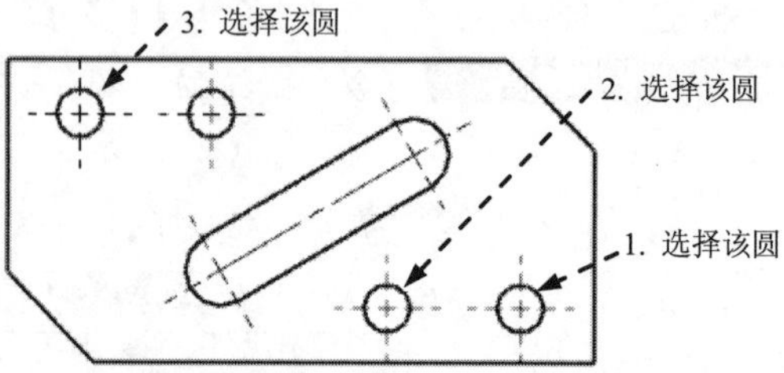

图 4.5.34 定义剖切位置

图 4.5.31 所示的“展开剖视图 – 线段和角度”对话框的选项、按钮说明如下：

- □距离 文本框：用于定义父视图和新创建的剖视图之间的距离。

- 下拉列表：用来定义铰链线上的箭头方向。
- 关联铰链线复选框：用来定义剖视图的方向是否和铰链线相关联。
- 正交的下拉列表：用来定义剖视图的方位。
- 视图标签复选框：用来定义是否显示视图的名称标签。
- 比例标签复选框：用来定义是否显示视图的比例标签。
- 视图名文本框：用于定义新创建的剖视图的名称。
- 参考复选框：用来定义剖视图的显示状态是活动的还是参考的。如果选中该复选框，则剖视图变成参考视图，此时视图中的几何体不再显示，并且直到再次激活之前不会被更新。
- 移动按钮：在完成剖视图的初次放置后被激活，此时单击该按钮后，可以在图纸上定义剖视图的新位置。

图 4.5.33 所示的“截面线创建”对话框的选项、按钮说明如下：

- 角度文本框：用于定义在选定的旋转点处的剖切段的角度。
- 剖切位置单选项：用来定义剖切线中每个剖切段的位置，通过选择点来产生剖切段，默认的第一段与铰链线平行，后面的剖切段则与前一个剖切段相垂直。
- 箭头位置单选项：用来定义剖切线中箭头段的位置，通过单击适当的位置来产生。
- 选择点下拉列表：用来定义创建剖切线中每个旋转点时的捕捉类型，系统默认为自动判断的点。
- 移除上一个按钮：用来移除上一个选取的旋转点。
- 全部移除按钮：用来移除全部的旋转点。
- 按钮：用来定义剖视图的背景元素。
- 按钮：用来定义剖视图中不需要剖切的组件。

4.5.8 定向剖视图

使用“定向剖视图”命令可以创建真实的 3D 或 2D 剖视图。在 3D 剖切中，剖切矢量自动判断为沿曲线的选定位置处曲线的副法向，而 2D 剖切的剖切矢量定义为视图法向。下面以图 4.5.35 所示为例，说明创建定向剖视图的一般操作方法。

Step1. 打开文件 D:\ugdc8.12\work\ch04.05.08\oriented_setion.prt，系统进入制图环境。

Step2. 选择命令。选择下拉菜单 插入(S) → 视图(W) → 截面(S) → 定向剖(T)... 命令，系统弹出图 4.5.36 所示的“截面线创建”对话框。

Step3. 选择剖切类型。在“截面线创建”对话框中选中 3D 剖切单选项。

Step4. 定义剖切方向。此时系统自动选中了剖切方向单选项，在系统选择点位置处的曲线的提示下，选择图 4.5.37 所示的模型边线，此时会出现剖切方向的箭头，如有必要可单击箭头方向反向按钮，确保箭头方向向下。

Step5. 定义箭头位置。此时系统自动选中了箭头位置单选项，在系统选择对象以自动判断点的提示下，依次单击图 4.5.38 所示的位置 1 和位置 2。

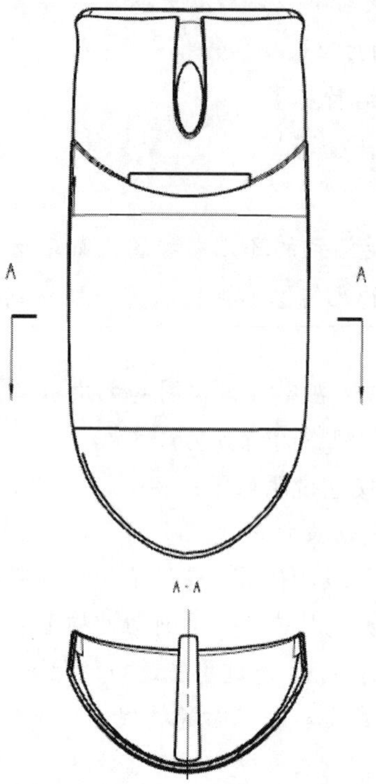

图 4.5.35　定向剖视图（3D）

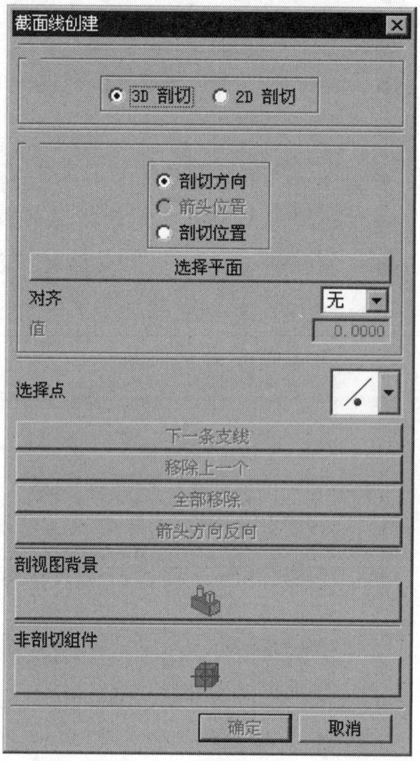

图 4.5.36　“截面线创建”对话框

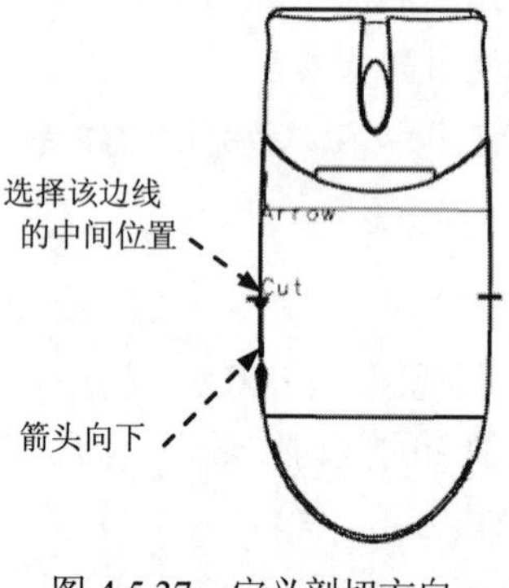

图 4.5.37　定义剖切方向

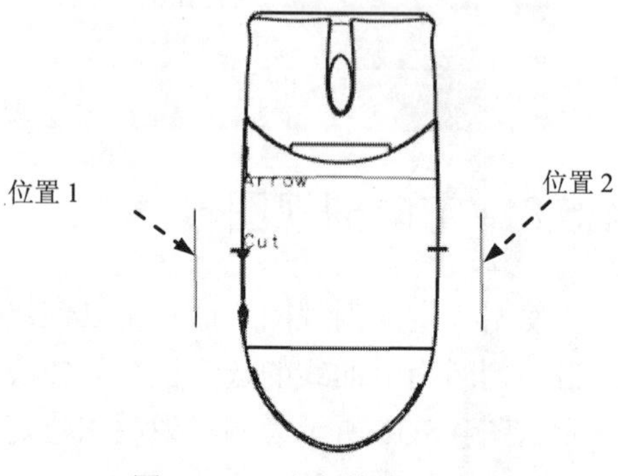

图 4.5.38　定义箭头位置

Step6. 选择剖切位置。采用系统默认的剖切位置（即所选的模型边线的位置）。

Step7. 放置剖视图。单击 确定 按钮，系统弹出图 4.5.39 所示的“定向剖视图”对话框，采用系统默认的参数设置，在系统 指出图纸上剖视图的中心 的提示下，单击父视图的正下方，完成视图的放置。

图 4.5.36 所示的“截面线创建”对话框的部分选项、按钮说明如下：

- 3D 剖切 单选项：定义剖切类型为 3D，此时剖切方向为所选曲线的副法线方向。
- 2D 剖切 单选项：定义剖切类型为 2D，此时剖切方向垂直于曲线的投影。

- 剖切方向 单选项：通过选取曲线上的点来确定剖切方向。
- 箭头位置 单选项：用来定义剖切线的两端箭头段的位置，单击适当的点位置来生成。
- 剖切位置 单选项：用来定义剖切线的位置，通过选择点来产生剖切段，系统默认的位置为确定剖切方向时的点位置。

Step8. 结束操作。在“截面线创建”对话框中单击 取消 按钮，结束操作，结果如图 4.5.35 所示。

说明：所选择的剖切位置不同，定向剖视图的结果也不同，读者可参考本书 4.7 节编辑剖切线的方法进行调整，此处不再赘述。图 4.5.40 所示为“2D 剖切”的效果。

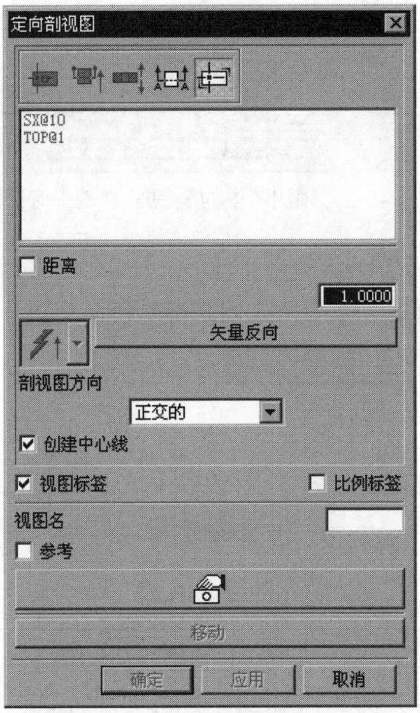

图 4.5.39 “定向剖视图”对话框

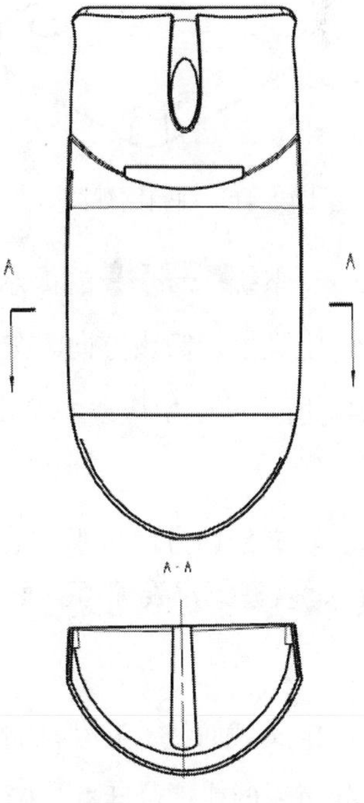

图 4.5.40 定向剖视图（2D）

4.5.9 轴测剖视图

轴测剖视图是通过轴测图创建的一个全剖或者阶梯剖视图，剖切线显示在轴测图中。下面以图 4.5.41 所示为例，说明创建轴测剖视图的一般操作方法。

Step1. 打开文件 D:\ugdc8.12\work\ch04.05.09\pictorial_section.prt，系统进入制图环境。

Step2. 选择命令。选择下拉菜单 插入(S) → 视图(W) → 截面(S) → 轴测剖(P)... 命令，系统弹出图 4.5.42 所示的“轴测图中的全剖/阶梯剖”对话框。

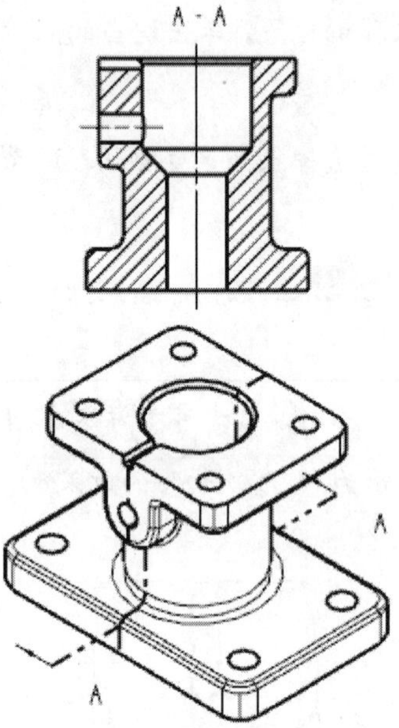

图 4.5.41 轴测剖视图

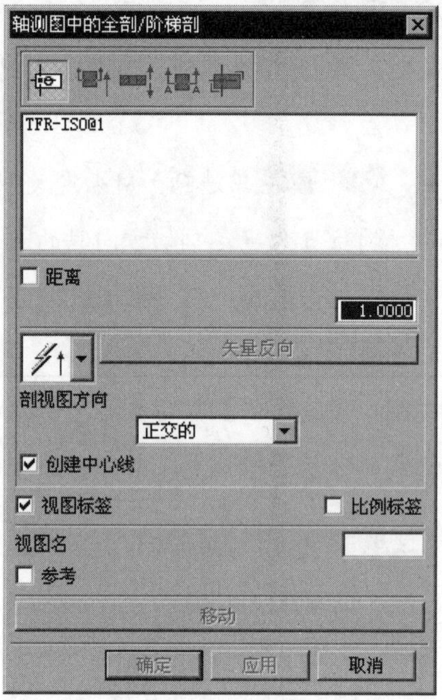

图 4.5.42 “轴测图中的全剖/阶梯剖”对话框

Step3. 在系统选择父视图的提示下，选择图 4.5.43 所示的轴测图作为父视图。

Step4. 定义投影箭头方向。在系统定义箭头方向矢量 - 选择对象以自动判断矢量的提示下，选取图 4.5.44 所示的模型边线，单击矢量反向按钮确保箭头方向如图 4.5.43 所示。

Step5. 定义剖切方向矢量。在“轴测图中的全剖/阶梯剖”对话框中单击应用按钮，在系统定义剖切方向矢量 - 选择对象以自动判断矢量的提示下，从剖视图方向下拉列表中选择 ZC 选项。

Step6. 定义截面线。在“轴测图中的全剖/阶梯剖”对话框中单击应用按钮，系统弹出“截面线创建”对话框，确认 剖切位置单选项被选中，选取图 4.5.44 所示的圆弧边线。

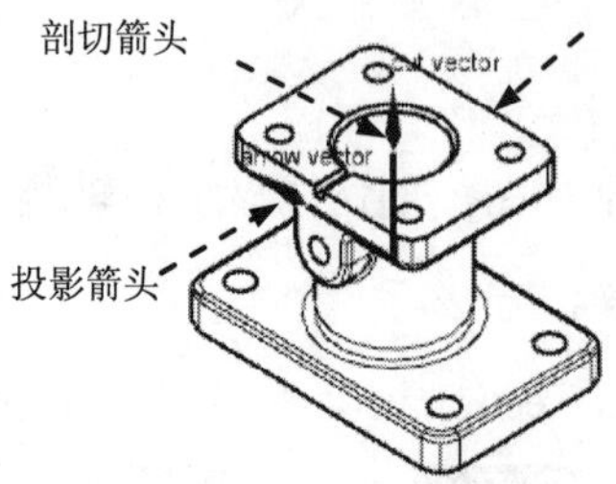

图 4.5.43 定义方向

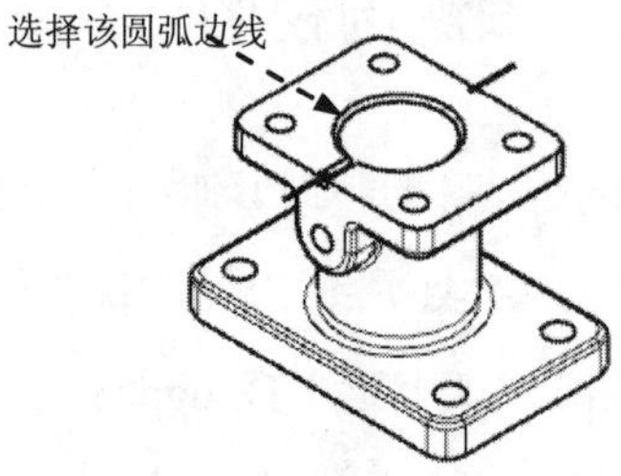

图 4.5.44 定义截面线

Step7. 放置剖视图。单击“截面线创建”对话框中的确定按钮，在系统指出图纸上剖视图的中心的提示下，单击合适位置，完成视图的放置。

Step8. 结束操作。在“轴测图中的全剖/阶梯剖”对话框中单击 取消 按钮，结束操作，结果如图 4.5.41 所示。

说明：系统默认产生的轴测剖视图是沿着投影箭头方向来放置的，并且剖切线两端的箭头位置较远，读者可参考本章 4.7 节的内容调整箭头段的位置和适当移动视图，此处不再赘述。

4.5.10 半轴测剖视图

半轴测剖视图是通过轴测图创建的一个半剖视图，剖切线显示在轴测图中。下面以图 4.5.45 所示为例，说明创建半轴测剖视图的一般操作方法。

Step1. 打开文件 D:\ugdc8.12\work\ch04.05.10\Half_pictorial.prt，系统进入制图环境。

Step2. 选择命令。选择下拉菜单 插入(S) → 视图(W) → 截面(S) → 半轴测剖(I)... 命令，系统弹出图 4.5.46 所示的“轴测图中的半剖”对话框。

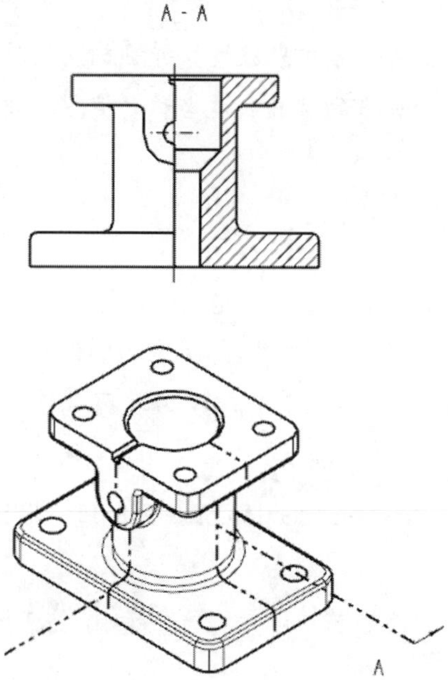

图 4.5.45 半轴测剖视图

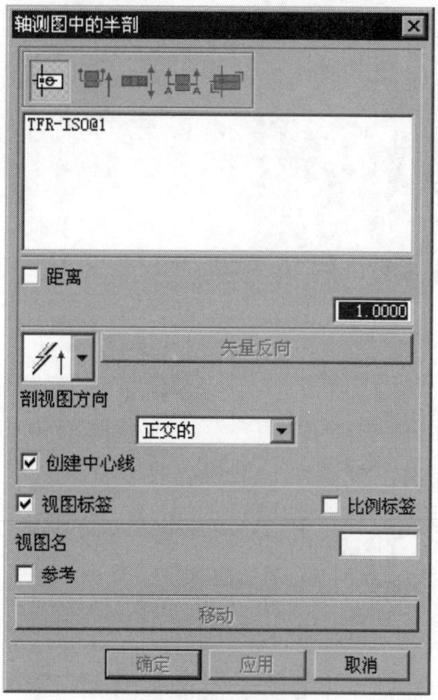

图 4.5.46 “轴测图中的半剖”对话框

Step3. 在系统选择父视图的提示下，选择图 4.5.43 所示的轴测图作为父视图。

Step4. 定义投影箭头方向。在系统定义箭头方向矢量 - 选择对象以自动判断矢量的提示下，从剖视图方向下拉列表中选择 YC 选项，并单击 应用 按钮。

Step5. 定义剖切方向矢量。在系统定义剖切方向矢量 - 选择对象以自动判断矢量的提示下，从剖视图方向下拉列表中选择 ZC 选项，此时父视图上的箭头方向如图 4.5.47 所示，单击 应用 按钮，此时系统弹出“截面线创建”对话框，。

Step6. 定义折弯位置。确认“截面线创建”对话框中的 折弯位置 单选项被选中，选取

图 4.5.48 所示的模型边线 1 的中点。

Step7. 定义剖切位置。确认“截面线创建”对话框中的 剖切位置 单选项被选中，选取图 4.5.48 所示的模型边线 2 的中点。

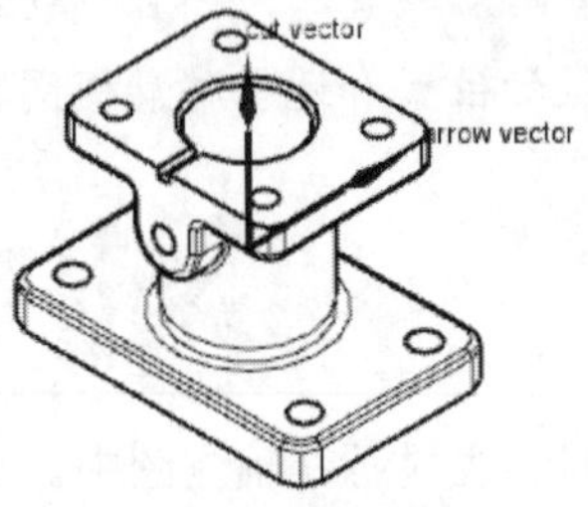

图 4.5.47　定义矢量方向

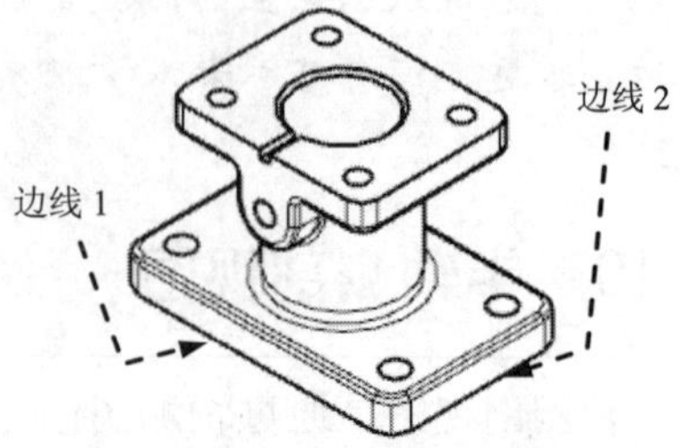

图 4.5.48　定义截面线

Step8. 放置剖视图。单击“截面线创建”对话框中的 确定 按钮，在系统 指出图纸上剖视图的中心 的提示下，单击合适位置，完成视图的放置。

Step9. 结束操作。在“轴测图中的半剖”对话框中单击 取消 按钮，结束操作，结果如图 4.5.45 所示。

说明：系统默认产生的轴测剖视图是沿着投影箭头方向来放置，并且剖切线的箭头位置较远，读者可参考本章 4.7 节的内容进行调整箭头段的位置和适当移动视图，此处不再赘述。

4.5.11　局部剖视图

局部剖视图是通过移除零件的某个局部区域的材料来查看内部结构的剖视图，创建时需要提前绘制封闭或开放的曲线来定义要剖开的区域。下面以图 4.5.49 所示为例，说明创建局部剖视图的一般操作方法。

Step1. 打开文件 D:\ugdc8.12\work\ch04.05.11\breakout_section.prt，系统进入制图环境。

Step2. 绘制草图曲线。

（1）在半剖视图的边界上右击，在系统弹出的快捷菜单中选择 活动草图视图 命令，此时将激活半剖视图为草图视图。

（2）单击“草图工具”工具条中的“艺术样条”按钮，系统弹出“艺术样条”对话框，选择 通过点 类型，绘制图 4.5.50 所示的样条曲线，单击对话框中的 < 确定 > 按钮。

（3）单击“草图工具”工具条中的 完成草图 按钮，完成草图绘制。

Step3. 选择下拉菜单 插入(S) → 视图(W) → 截面(S) → 局部剖(O)... 命令（或单击“图纸”工具条中的按钮），系统弹出“局部剖”对话框（图 4.5.51 所示）。

Step4. 创建局部剖视图。

（1）选择视图。在“局部剖”对话框中选中 创建 单选项，在系统 选择一个生成局部剖的视图的提示下选取半剖视图，此时对话框变成如图 4.5.52 所示。

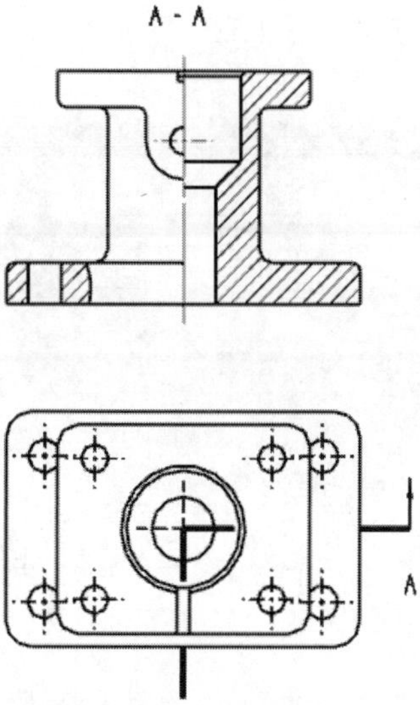

图 4.5.49 局部剖视图

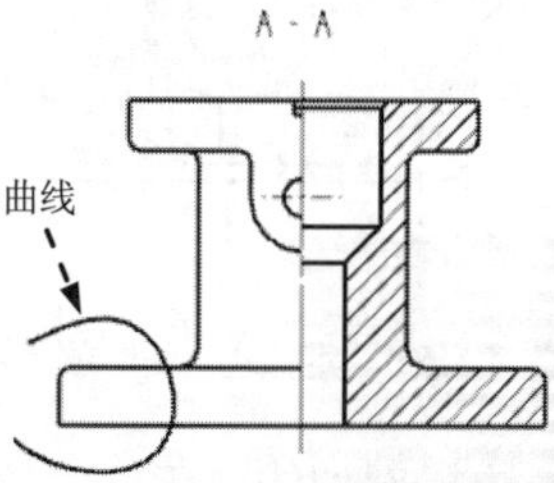

图 4.5.50 绘制样条曲线

图 4.5.51 “局部剖”对话框（一）

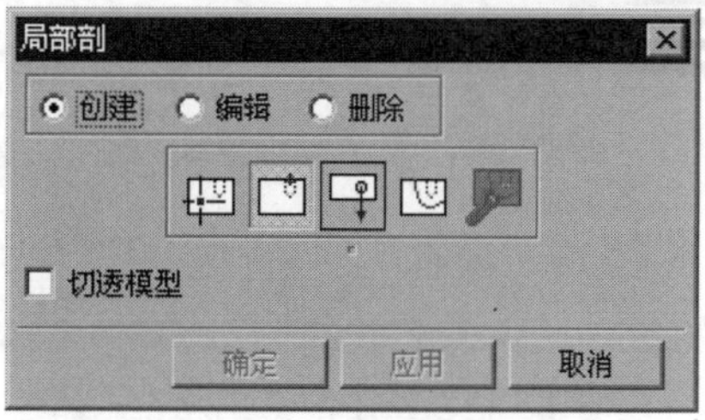

图 4.5.52 “局部剖”对话框（二）

图 4.5.52 所示的“局部剖”对话框的选项、按钮说明如下：

- 创建 单选项：选中该单选项，表示当前操作是创建一个新的局部剖视图。
- 编辑 单选项：选中该单选项，表示当前操作是编辑一个已经存在的局部剖视图。
- 删除 单选项：选中该单选项，表示当前操作是删除一个已经存在的局部剖视图，此时可以根据系统提示选取要删除的一个局部剖视图。
- 按钮：激活后选取要生成局部剖的视图。
- 按钮：激活后选取局部剖的基点，一般从其他视图中选取点等来确定。
- 按钮：激活后定义局部剖的去除材料的方向，系统默认为所选视图的法线方向。
- 按钮：激活后定义局部剖的剖切线，需要提前绘制。
- 切透模型 复选框：选中时表示使用选择的局部区域来切透整个模型。

（2）定义基点。在系统 选择对象以自动判断点 的提示下，确认“捕捉方式”工具条中的 按钮被按下，选取图 4.5.53 所示的圆弧边线，此时对话框变成如图 4.5.54 所示。

（3）定义拉伸的矢量方向。接受系统的默认拉伸方向（图 4.5.53 所示），单击鼠标中键确认。

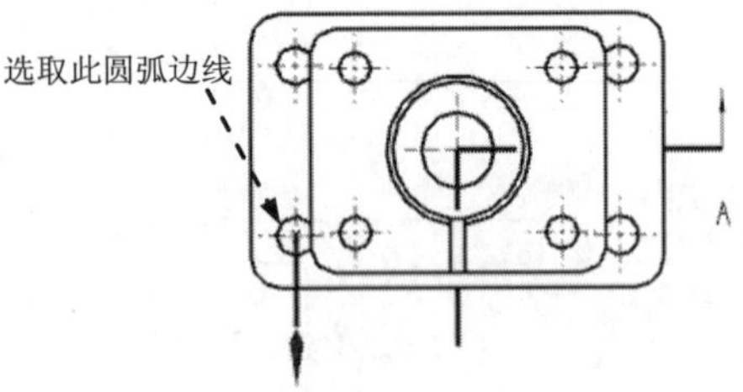

图 4.5.53　定义基点和拉伸矢量

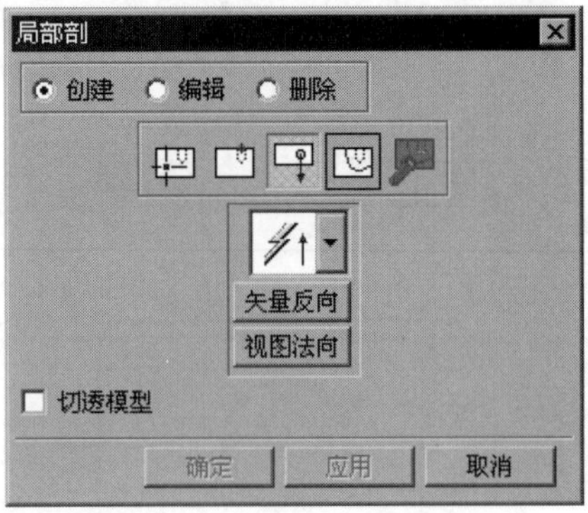

图 4.5.54　“局部剖”对话框（三）

（4）选择剖切线。确认“局部剖”对话框中的“选择曲线”按钮 被按下，选择前面绘制的样条曲线作为剖切线，单击鼠标中键确认，此时对话框变成如图 4.5.55 所示，在半剖视图中的曲线自动封闭且出现边界点（图 4.5.56 所示）。

图 4.5.55　“局部剖”对话框（四）

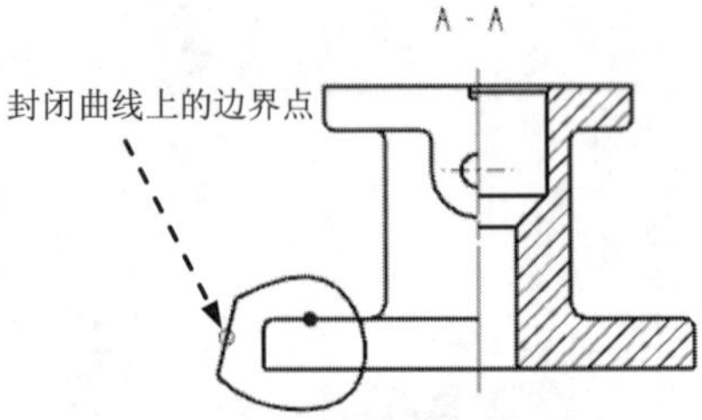

图 4.5.56　局部剖视图

说明： 在选择剖切线后，如果所选的曲线不封闭，系统会自动添加直线来封闭，此时该直线上会出现边界点。单击边界点，然后移动鼠标指针到新的位置再单击，就可以调整边界的形状和大小。

（5）单击 应用 按钮，再单击 取消 按钮，完成局部剖视图的创建。

4.5.12　断开视图

断开视图是通过创建、修改带有多个边界的压缩视图，由于视图边界发生了变化，因而视图的显示几何体也会随之改变。下面以图 4.5.57 所示为例，说明创建断开视图的一般操作方法。

Step1．打开文件 D:\ugdc8.12\work\ch04.05.12\view_break.prt，系统进入制图环境。

Step2. 选择下拉菜单插入(S) ➡ 视图(W) ➡ 断开视图(K)...命令（或单击“图纸”工具条中的按钮），系统弹出“断开视图”对话框（图 4.5.58 所示）。

Step3. 创建断开视图。

（1）选择视图。在系统选择视图的提示下，选取要断开的模型视图。

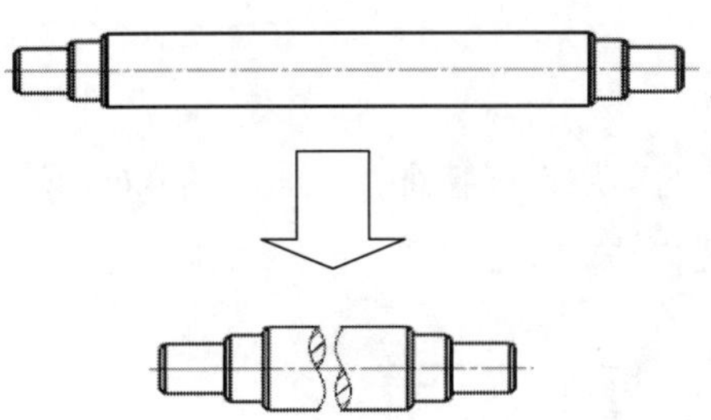

图 4.5.57 断开视图

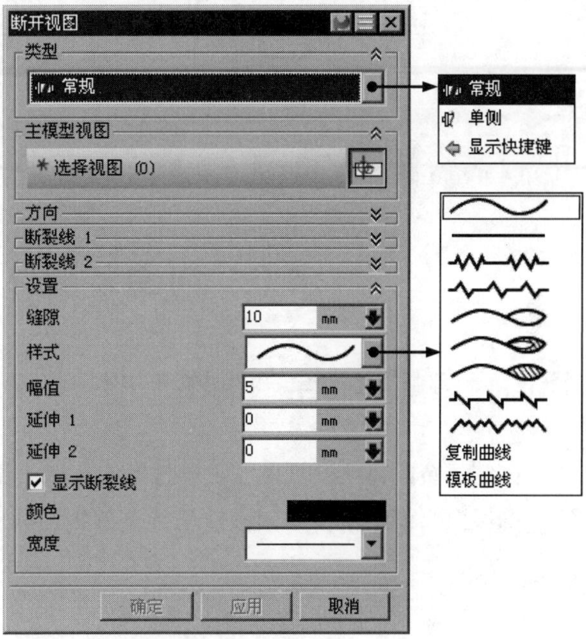

图 4.5.58 “断开视图”对话框

图 4.5.58 所示的“断开视图”对话框的选项、按钮说明如下：

- 常规选项：选择此类型创建的断开视图为两侧断开。
- 单侧选项：选择此类型创建的断开视图为单侧断开。
- 方向区域：定义断开视图的断开方向，可以通过单击其下的指定矢量来确定。
- 断裂线 1区域：用来定义第 1 条断裂线的位置，可以通过单击其下的“点构造器”来指定。
- 断裂线 2区域：用来定义第 2 条断裂线的位置，可以通过单击其下的“点构造器”来指定。
- 设置区域：用来定义断裂线的样式。
  - ☑ 缝隙文本框：用来定义两条断裂线间的距离。
  - ☑ 样式下拉列表：用来定义两条断裂线的线型。
  - ☑ 幅值文本框：用来定义断裂线的弯曲程度。
  - ☑ 延伸 1文本框：用来定义断裂线的一端超出视图实体轮廓的长度。
  - ☑ 延伸 2文本框：用来定义断裂线的另一端超出视图实体轮廓的长度。

（2）定义断裂线样式。在“断开视图”对话框中的样式下拉列表中选择选项，在缝隙文本框中输入值 12，其余参数采用系统默认设置。

（3）定义断裂线位置。确认“捕捉方式”工具条中的按钮被按下，依次选取图 4.5.59 所示的圆弧边线。

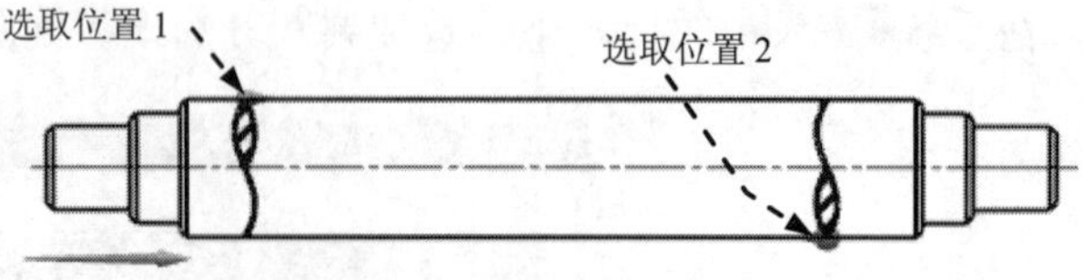

图 4.5.59　定义断裂线位置

（4）单击 确定 按钮，完成断开视图的创建。

4.6　创建装配体工程图视图

4.6.1　装配体的全剖视图

在创建装配体全剖视图时，有时需要选取不剖切的零部件或特征。下面以图 4.6.1 所示的全剖视图为例，来说明创建装配体全剖视图的一般操作方法。

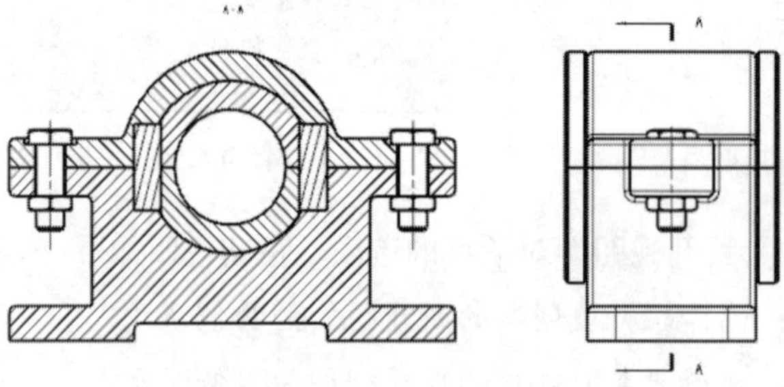

图 4.6.1　装配全剖视图

Step1. 打开文件 D:\ugdc8.12\work\ch04.06.01\asm-1.prt，系统进入制图环境。

Step2. 选择命令。选择下拉菜单 插入(S) → 视图(W) → 截面(S) → 简单/阶梯剖(S)... 命令（或单击“图纸”工具条中的按钮），系统弹出“剖视图”对话框。

Step3. 在系统选择父视图的提示下，选择图 4.6.2 所示的视图作为创建全剖视图的父视图，此时“剖视图”对话框显示为图 4.6.3 所示。

Step4. 选择剖切位置。确认“捕捉方式”工具条中的按钮被按下，选取图 4.6.2 所示的边线中点。

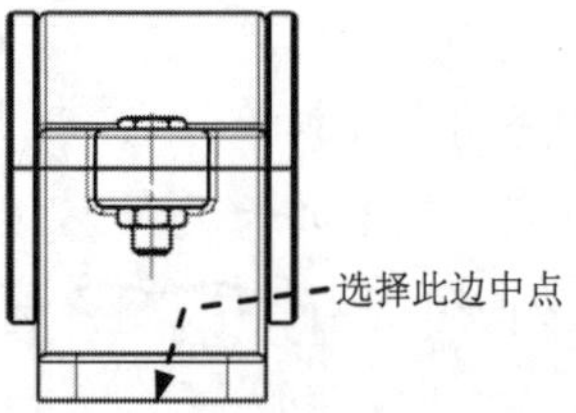

图 4.6.2　定义剖切位置

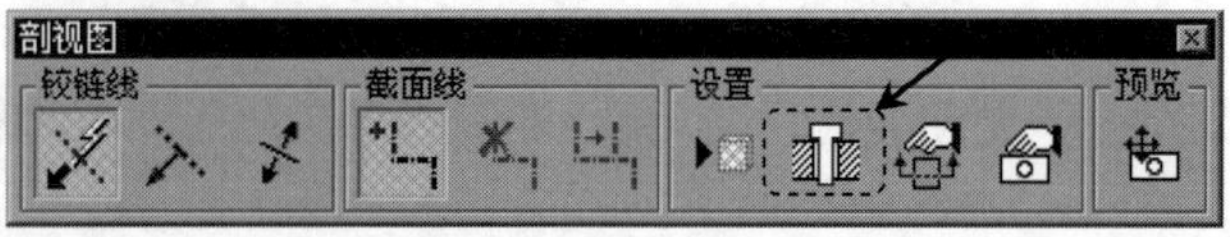

图 4.6.3　“剖视图”对话框

Step5. 定义非剖切组件。

(1) 单击图 4.6.3 所示的“非剖切组件/实体”按钮，系统弹出图 4.6.4 所示的“类选择”对话框。

(2) 将资源条切换到“装配导航器”页面，按住<Ctrl>键，选取图 4.6.5 所示的 4 个组件，单击“类选择”对话框的 确定 按钮

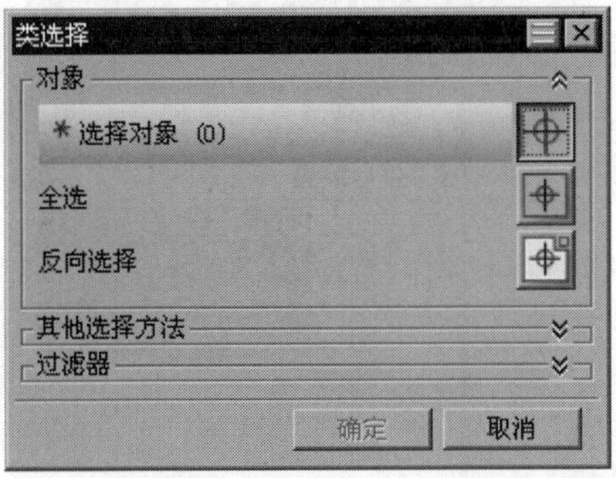

图 4.6.4 “类选择”对话框

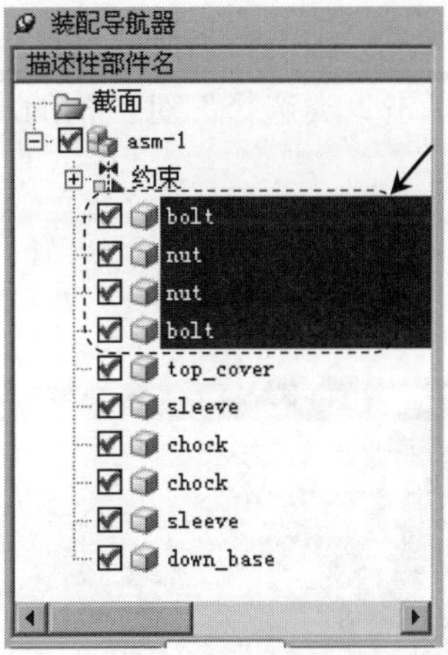

图 4.6.5 装配导航器

Step6. 放置剖视图。在系统 指示图纸页上剖视图的中心 的提示下，在主视图的正左方单击放置剖视图，然后按<Esc>键结束，完成全剖视图的创建。

4.6.2 装配体的半剖视图

下面以图 4.6.6 所示为例，说明创建装配体的半剖视图的一般操作方法。

Step1. 打开文件 D:\ugdc8.12\work\ch04.06.02\asm-2.prt，系统进入制图环境。

Step2. 选择命令。选择下拉菜单 插入(S) → 视图(W) → 截面(S) → 半剖(H)... 命令（或单击“图纸”工具条中的按钮），系统弹出“半剖视图”对话框。

Step3. 在系统 选择父视图 的提示下，选择图 4.6.7 所示的视图作为创建剖视图的父视图，此时“半剖视图”对话框显示为图 4.6.8 所示。

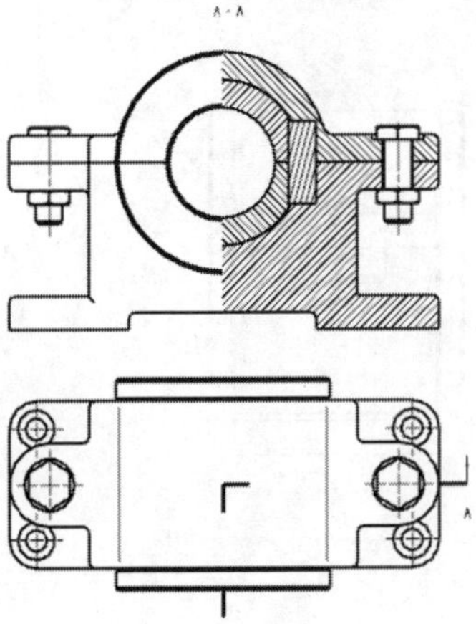

图 4.6.6 半剖视图

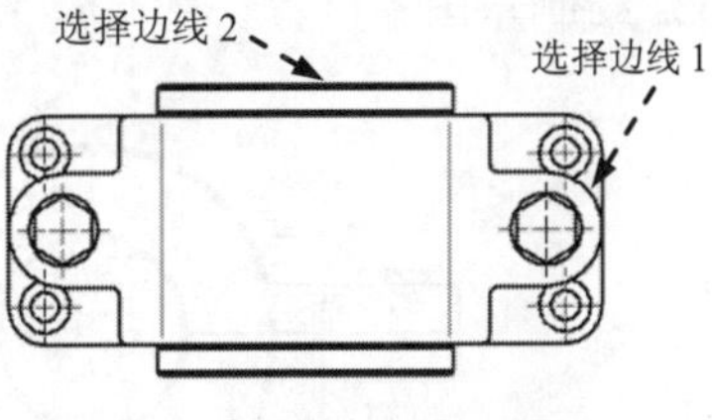

图 4.6.7 定义剖视图对象

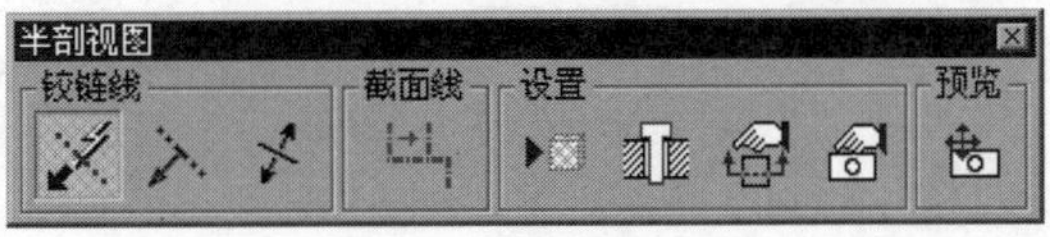

图 4.6.8 “半剖视图”对话框

Step4. 选择剖切位置。确认“捕捉方式”工具条中的⊙按钮被按下，依次选取图 4.6.7 所示的边线 1 和 2，系统自动捕捉圆心位置。

Step5. 定义非剖切组件。

（1）单击“半剖视图”对话框中的“非剖切组件/实体”按钮，系统弹出图 4.6.9 所示的“类选择”对话框。

（2）将资源条切换到“装配导航器”页面，按住<Ctrl>键，选取图 4.6.10 所示的 4 个组件，单击“类选择”对话框的 确定 按钮。

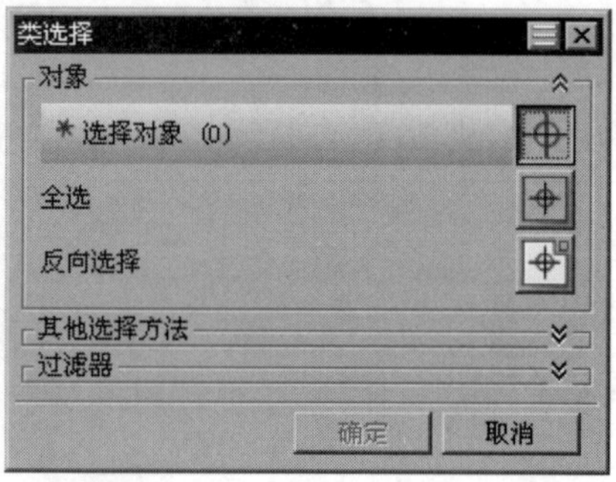

图 4.6.9 “类选择”对话框

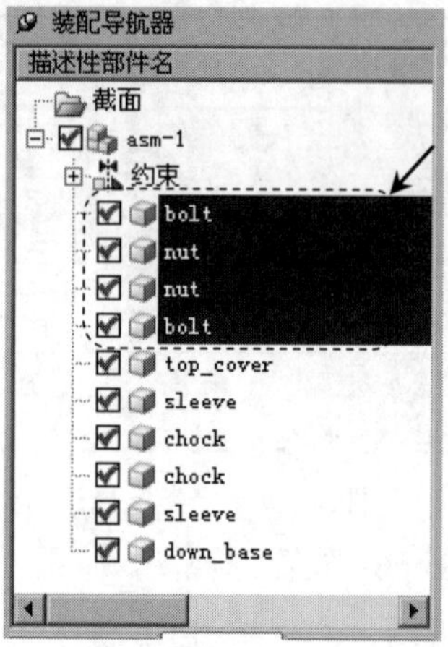

图 4.6.10 装配导航器

Step6. 放置半剖视图。在父视图的正上方单击放置半剖视图，然后按<Esc>键结束，完成半剖视图的创建，结果如图 4.6.6 所示。

4.6.3 装配体的局部剖视图

下面以图 4.6.11 所示为例，说明创建装配体的局部剖视图的一般操作方法。

Step1. 打开文件 D:\ugdc8.12\work\ch04.06.03\asm-3.prt，系统进入制图环境。

Step2. 绘制草图曲线。

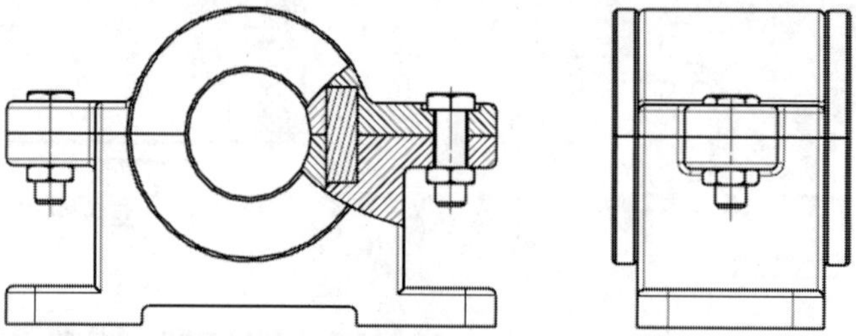

图 4.6.11 局部剖视图

（1）在主视图的边界上右击，在系统弹出的快捷菜单中选择 活动草图视图 命令，此时将激活主视图为草图视图。

（2）单击“草图工具”工具条中的“艺术样条”按钮，系统弹出“艺术样条”对话框，选择 通过点 类型，绘制图 4.6.12 所示的封闭样条曲线，单击对话框中的 < 确定 > 按钮。

（3）单击“草图工具”工具条中的 完成草图 按钮，完成草图绘制。

Step3. 选择下拉菜单 插入(S) → 视图(W) → 截面(S) → 局部剖(O)... 命令（或单击“图纸”工具条中的按钮），系统弹出“局部剖”对话框。

Step4. 创建局部剖视图。

（1）选择视图。在“局部剖”对话框中选中 创建 单选项，在系统 选择一个生成局部剖的视图 的提示下选取主视图。

（2）定义基点。在系统 选择对象以自动判断点 的提示下，确认“捕捉方式”工具条中的按钮被按下，选取图 4.6.13 所示的边线中点。

（3）定义拉伸的矢量方向。接受系统的默认拉伸方向（图 4.6.13 所示），单击鼠标中键确认。

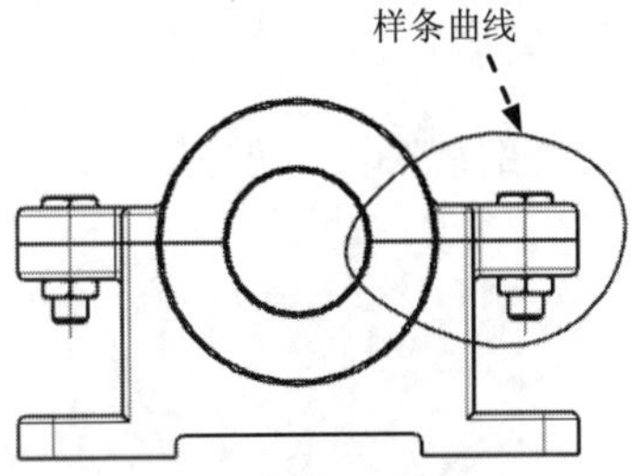

图 4.6.12 绘制样条曲线

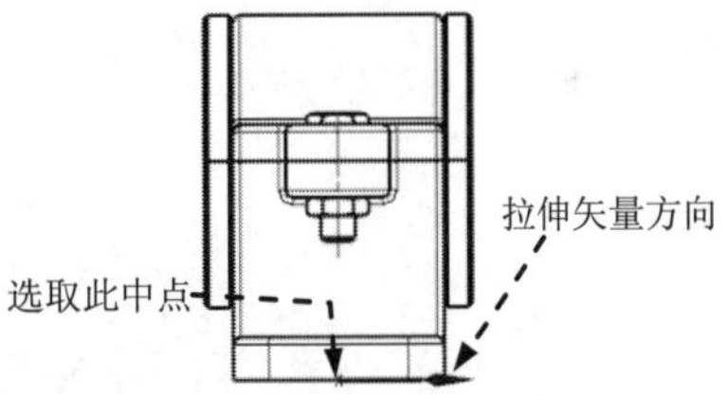

图 4.6.13 定义基点和拉伸矢量

（4）选择剖切线。确认“局部剖”对话框中的“选择曲线”按钮被按下，选择前面绘制的样条曲线作为剖切线，单击鼠标中键确认。

说明：由于所选曲线已经封闭，此时系统会提示 边界不可编辑。请选择“应用”或“取消”。。

（5）单击 应用 按钮，再单击 取消 按钮，完成局部剖视图的创建。

Step5. 编辑非剖切组件。

（1）选择命令。下拉菜单 编辑(E) → 视图(W) → 视图中剖切(C)... 命令，系统弹出图 4.6.14 所示的“视图中剖切”对话框。

（2）选择视图。在图纸中选择前面创建了局部剖视图的主视图。

（3）选择组件。在“视图中剖切”对话框中单击 体或组件 区域的 * 选择对象 (0)，然后将资源条切换到“装配导航器”页面，按住<Ctrl>键，选取图 4.6.15 所示的 4 个组件。

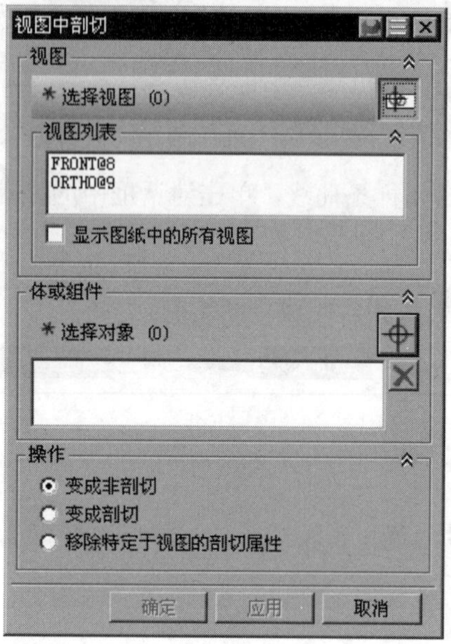

图 4.6.14　“视图中剖切”对话框

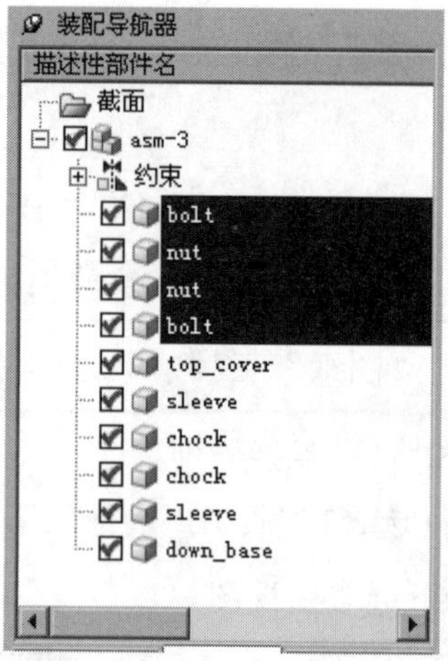

图 4.6.15　选择组件

（4）定义操作。在“视图中剖切”对话框中选择 变成非剖切 单选项，单击 确定 按钮，结果如图 4.6.11 所示。

4.6.4　装配体轴测视图的剖视图

下面以图 4.6.16 所示为例，说明创建装配体轴测视图的剖视图的一般操作方法。

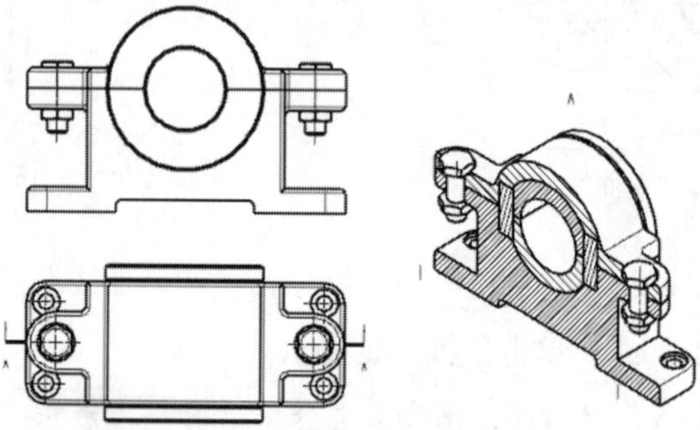

图 4.6.16　轴测图中的全剖视图

Step1. 打开文件 D:\ugdc8.12\work\ch04.06.04\asm-4.prt，系统进入制图环境。

Step2. 选择命令。选择下拉菜单 插入(S) → 视图(W) → 截面(S) → 简单/阶梯剖(S)... 命令（或单击“图纸”工具条中的 按钮），系统弹出“剖视图”对话框。

Step3. 在系统 选择父视图 的提示下，选择图 4.6.17 所示的视图作为创建全剖视图的父视图，此时“剖视图”对话框显示为图 4.6.18 所示。

Step4. 选择剖切位置。确认“捕捉方式”工具条中的按钮被按下，选取图 4.6.17 所示的圆弧边线。

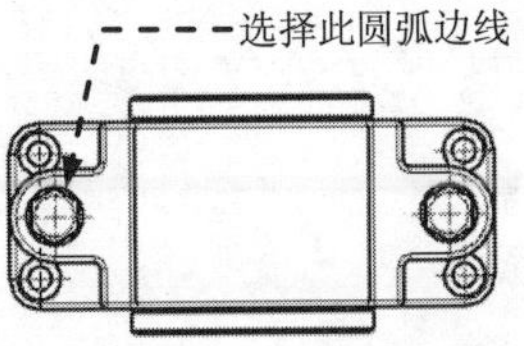

图 4.6.17 定义剖切位置

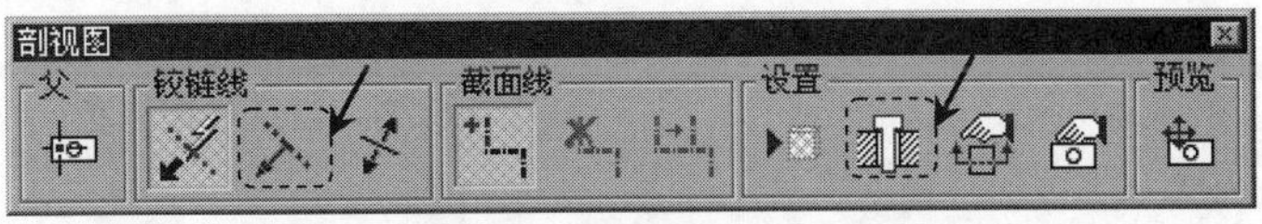

图 4.6.18 “剖视图”对话框

Step5. 定义剖切方向。单击图 4.6.18 所示的“定义铰链线”按钮，然后在其后出现的下拉列表中选择-XC选项。

Step6. 定义非剖切组件。

（1）单击图 4.6.18 所示的“非剖切组件/实体”按钮，系统弹出图 4.6.19 所示的“类选择”对话框。

（2）将资源条切换到“装配导航器”页面，按住<Ctrl>键，选取图 4.6.20 所示的 4 个组件，单击“类选择”对话框的 确定 按钮。

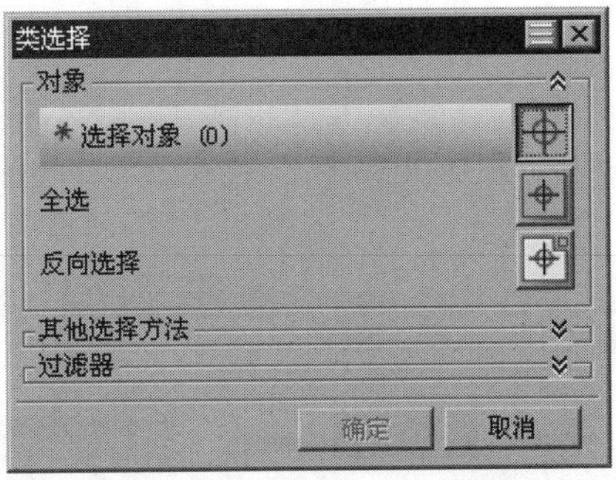

图 4.6.19 “类选择”对话框

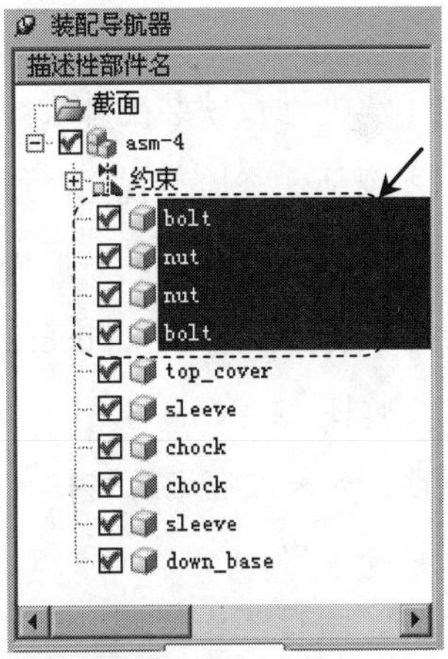

图 4.6.20 装配导航器

Step7. 定义视图方位。

（1）在“剖视图”对话框中的下拉列表中选择“剖切现有视图”选项（图 4.6.21 所示）。

（2）在系统选择要剖切的视图的提示下，选取轴测视图，然后按<Esc>键结束，完成剖视图的创建。

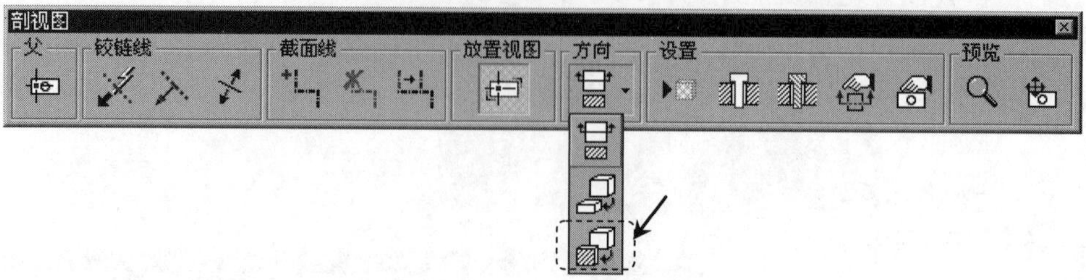

图 4.6.21　定义视图方位

Step8. 编辑轴测图的视图样式。

说明： 因为在前面生成的轴测图的剖视图中，局部剖面线显示不正确，所以需要编辑视图样式。

（1）在图纸中选取轴测视图，然后选择下拉菜单 编辑(E) → 样式(Y)... 命令，系统弹出“视图样式”对话框。

（2）在“视图样式”对话框中单击 截面线 选项卡，然后选中 ☑ 隐藏剖面线 复选框，其余采用系统默认参数。

（3）单击 确定 按钮，完成剖面线的编辑。

4.6.5　爆炸图视图

为了清晰地反映装配体中零件的位置关系，可以通过创建其爆炸图视图来达到目的。爆炸图视图是一个模型视图，通常采用轴测视图的方位。下面以图 4.6.22 所示为例，说明创建装配体爆炸图视图的一般操作方法。

Step1. 打开文件 D:\ugdc8.12\work\ch04.06.05\asm-5.prt，系统进入建模环境并显示已经创建的爆炸图。

说明： 如果没有进入建模环境，可以选择下拉菜单 开始 → 建模(M)... 命令，进入到建模环境中。

Step2. 保存工作视图。选择下拉菜单 视图(V) → 操作(O) → 另存为(A)... 命令，系统弹出图 4.6.23 所示的“保存工作视图”对话框，在 名称 文本框中输入“EXP-1”，并单击 确定 按钮。

Step3. 进入制图环境。选择下拉菜单 开始 → 制图(D)... 命令，进入制图环境。

Step4. 创建视图。

（1）选择命令。选择下拉菜单 插入(S) → 视图(W) ▸ → 基本(B)... 命令（或单击“图纸”工具条中的 按钮），系统弹出“基本视图”对话框。

（2）定义视图参数。在“基本视图”对话框 模型视图 区域的 要使用的模型视图 下拉列表中选择 EXP-1 选项，其余参数采用系统默认设置。

（3）放置视图。在图纸上的合适位置单击以放置视图。

（4）在系统弹出的“投影视图”对话框中单击 关闭 按钮，关闭此对话框。

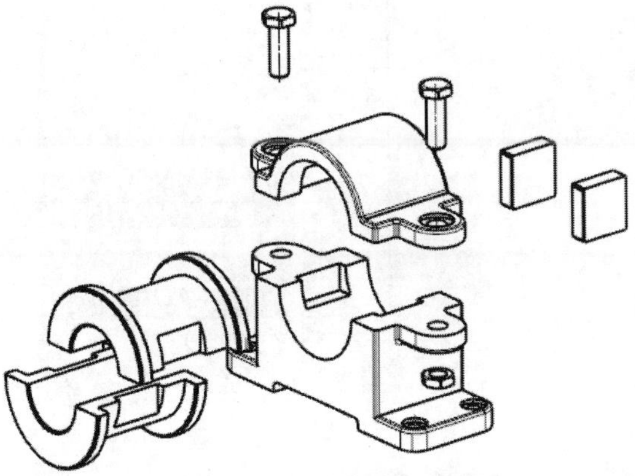

图 4.6.22 爆炸视图

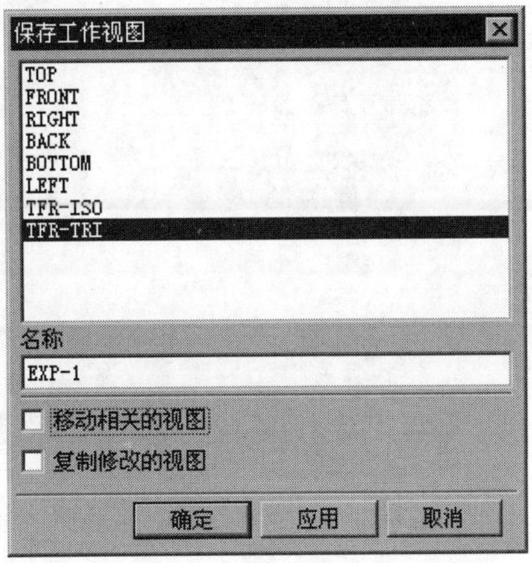

图 4.6.23 “保存工作视图”对话框

4.6.6 隐藏/显示组件

1. 隐藏视图中的组件

通过“隐藏视图中的组件”命令，可以在指定的装配工程图视图中隐藏所选的组件。下面以图 4.6.24 所示为例，介绍在装配体工程图视图中隐藏组件的一般操作方法。

Step1. 打开工程图文件 D:\ugdc8.12\work\ch04.06.06\asm-6.prt，系统进入制图环境。

Step2. 选择命令。选择下拉菜单 编辑(E) ➡ 视图(W) ▸ ➡ 隐藏视图中的组件(H)... 命令，系统弹出图 4.6.25 所示的“隐藏视图中的组件”对话框。

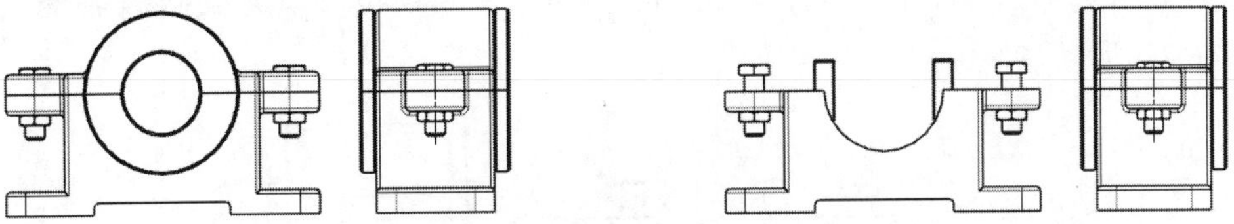

a）隐藏前　　b）隐藏后

图 4.6.24 隐藏组件

Step3. 选择要隐藏的组件。将资源条切换到“装配导航器”页面，按住<Ctrl>键，选取图 4.6.26 所示的 3 个组件。

Step4. 选择视图。在“隐藏视图中的组件”对话框中单击区域的 * 选择视图 (0)，然后在图样中选择主视图（或者从 视图列表 列表框中选择 ORTHO@9 选项）。

说明：

- 在隐藏组件后，组件只在所选视图中隐藏，而在其他视图仍保持可见。
- 可以同时在多个视图进行组件的隐藏，方法是按住<Shift>键在 视图列表 列表框中同时选择多个视图进行组件的隐藏，或者在图样中连续选取要隐藏组件的多个视图。

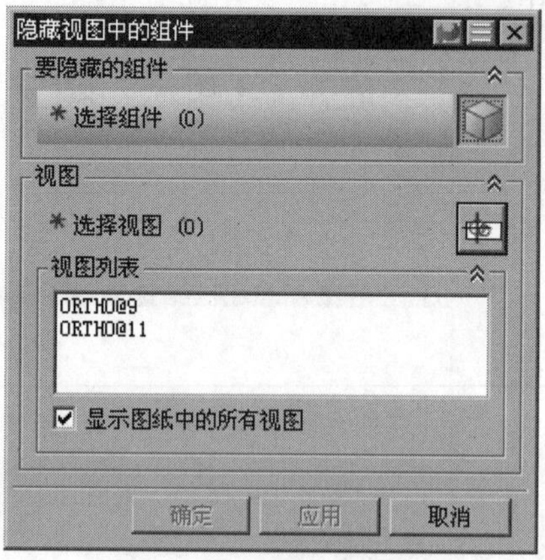

图 4.6.25 “隐藏视图中的组件”对话框

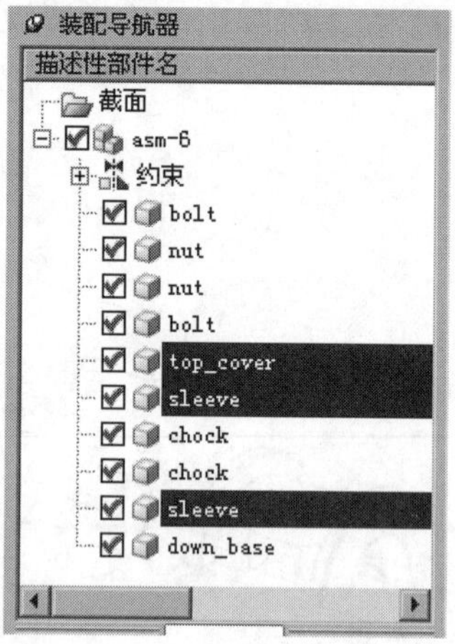

图 4.6.26 选择组件

Step5. 在“隐藏视图中的组件”对话框中单击 确定 按钮，完成组件的隐藏，结果如图 4.6.24b 所示。

2. 显示视图中的组件

下面将紧接着上面的操作，继续说明显示视图中的组件的操作方法。

Step1. 选择命令。选择下拉菜单 编辑(E) → 视图(W) → 显示视图中的组件(M)... 命令，系统弹出“显示视图中的组件”对话框。

Step2. 选择视图。在“显示视图中的组件”对话框中单击区域的 * 选择视图 (0)，然后在图样中选择主视图（或者从 视图列表 列表框中选择 ORTHO@9 选项）。

Step3. 选择要显示的组件。在 要显示的组件 列表框中选择第一个“SLEEVE”选项。

Step4. 在“显示视图中的组件”对话框中单击 确定 按钮，完成组件的显示，结果如图 4.6.27 所示。

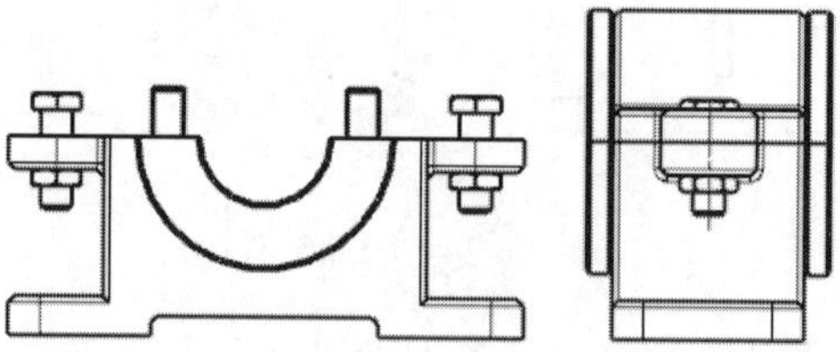

图 4.6.27 显示组件后

4.6.7 修改组件的线型

在装配体工程图中有时需要将部分组件的显示线型改变，从而达到一定的设计目的。在 UG NX 8.0 中可以通过预先定义“渲染集”的方法来实现。下面以图 4.6.28 所示为例，介绍在装配体工程图视图中通过定义渲染集来改变组件的显示线型的一般操作方法。

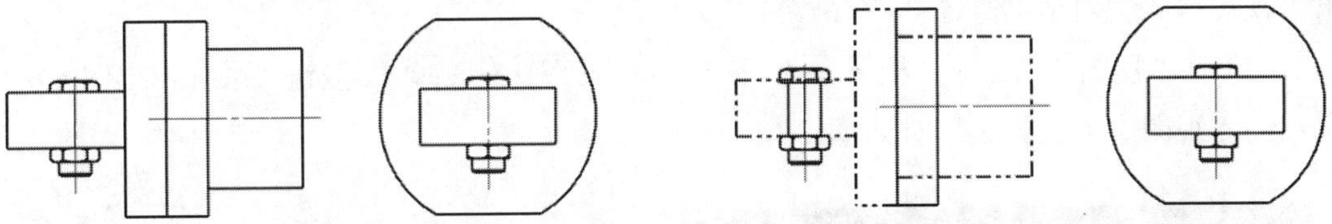

a）修改前　　　　b）修改后

图 4.6.28　修改组件的线型

Step1. 打开工程图文件 D:\ugdc8.12\work\ch04.06.07\asm-7.prt，系统进入制图环境。

Step2. 选择命令。选择下拉菜单 首选项(P) → 视图(V)... 命令，系统弹出图 4.6.29 所示的“视图首选项”对话框。

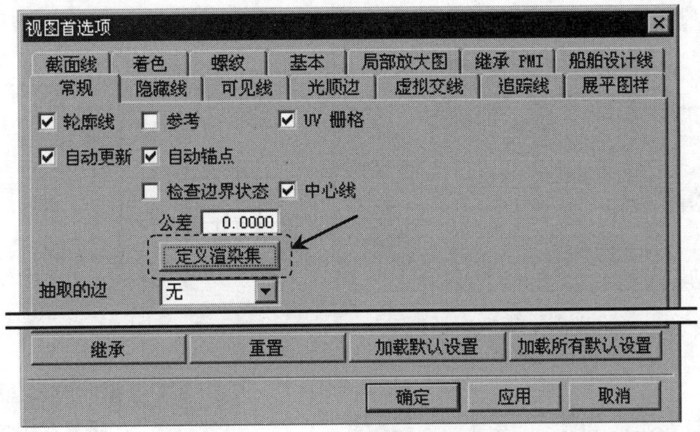

图 4.6.29　“视图首选项”对话框

Step3. 定义渲染集。

（1）单击“视图首选项”对话框 常规 选项卡中的 定义渲染集 按钮，系统弹出图 4.6.30 所示的“定义渲染集”对话框。

（2）创建新集。在“定义渲染集”对话框 当前集 文本框中输入名称 aaa，单击 创建 按钮。

（3）添加渲染集对象。单击 选择实体 按钮，系统弹出“选择实体”对话框，在图样中选择图 4.6.31 所示的组件，单击“选择实体”对话框中的 确定 按钮，系统返回到“定义渲染集”对话框。

说明：定义渲染集所包含的对象时，可以同时选择多个组件。

（4）定义线型。在图 4.6.32 所示的“定义渲染集”对话框中单击 可见线 按钮，从线型下拉列表中选择 —··—··— 选项；单击 隐藏线 按钮，从线型下拉列表中选择 ------- 选项；单击 确定 按钮，完成线型的定义。

（5）单击“视图首选项”对话框中的 确定 按钮，完成渲染集的定义。

Step4. 编辑视图样式。

（1）在图纸中右击主视图的边界，在弹出的快捷菜单中选择 样式(Y)... 命令，系统弹出“视图样式”对话框。

（2）在“视图样式”对话框常规选项卡中单击定义视图的渲染集按钮，系统弹出图 4.6.33 所示的“视图中的渲染集”对话框。

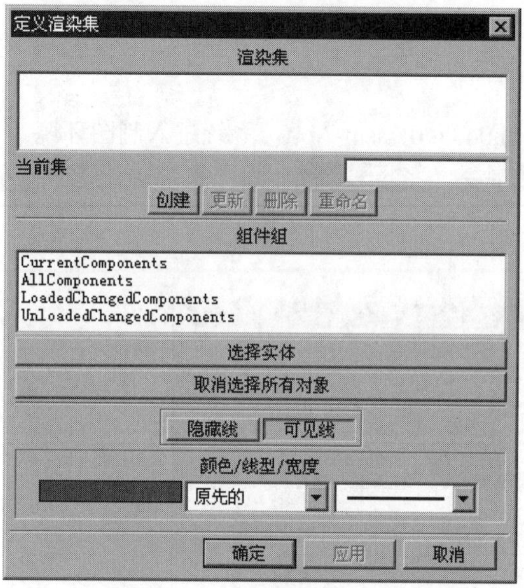

图 4.6.30 “定义渲染集”对话框

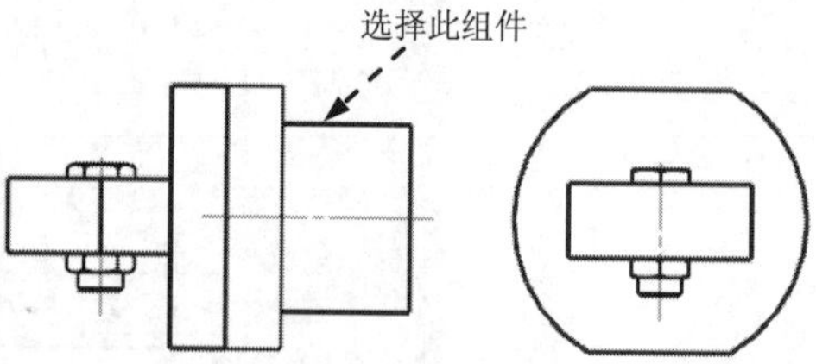

图 4.6.31 选择实体

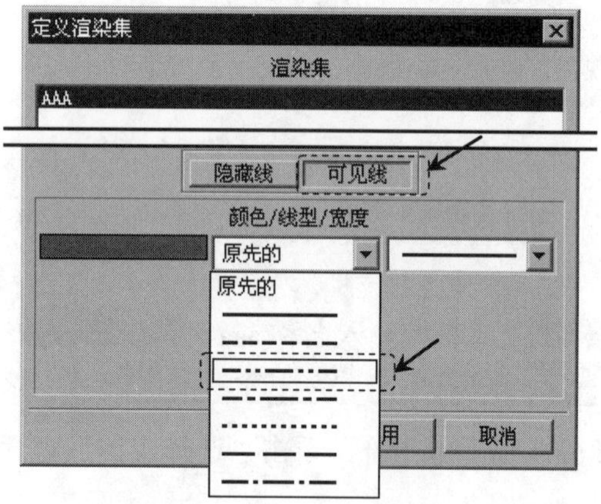

图 4.6.32 定义线型

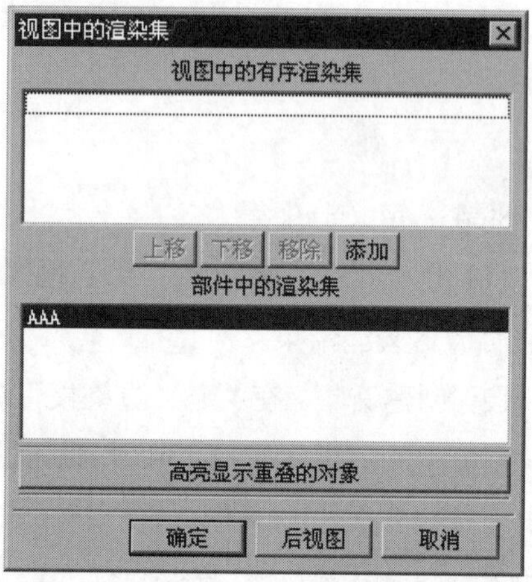

图 4.6.33 “视图中的渲染集”对话框

（3）在部件中的渲染集列表框中选择AAA选项，然后单击添加按钮，此时AAA选项移动到视图中的有序渲染集列表框中。

（4）单击“视图中的渲染集”对话框中的确定按钮，系统返回到“视图样式”对话框。

（5）单击“视图样式”对话框中的确定按钮，结果如图 4.6.28b 所示。

说明：已经定义的渲染集可以应用在不同的视图中，用户可根据需要创建多个不同的渲染集。

4.7 剖视图的编辑

当剖视图创建完成后，系统自动生成的一些项目有时难以满足使用者需要，这需要进行手动修改，下面介绍有关编辑剖视图的操作。

4.7.1 移动截面线的段

下面以图 4.7.1 所示为例，介绍移动截面线中的段的一般操作方法。

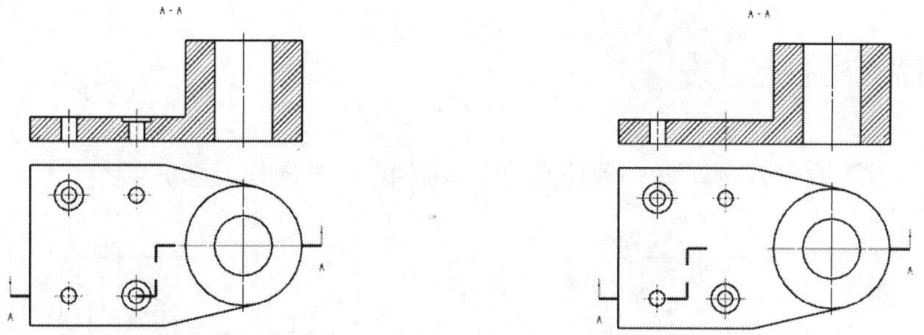

a）修改前　　b）修改后

图 4.7.1 移动截面线的段

Step1. 打开工程图文件 D:\ugdc8.12\work\ch04.07.01\move_segment.prt，系统进入制图环境。

Step2. 选择命令。选择下拉菜单 编辑(E) → 视图(W) → 截面线(L)... 命令，系统弹出“截面线”对话框。

Step3. 选择要编辑的剖视图。单击“截面线”对话框中的 选择剖视图 按钮，然后在图样中选择唯一的剖视图（也可从对话框的列表框中进行选择），此时对话框显示为图 4.7.2 所示。

Step4. 选择操作。在“截面线”对话框中选择 ⊙ 移动段 单选项，在图样中选择图 4.7.3 所示的截面段，单击图 4.7.3 所示的位置。

Step5. 在“截面线”对话框中单击 应用 按钮，然后单击 取消 按钮，结果如图 4.7.1b 所示。

说明：

- 本例是移动截面线中的折弯段，用户也可以选择截面段或箭头段进行移动。
- 如果视图没有自动更新，可以选择 编辑(E) → 视图(W) → 更新(U)... 命令进行更新，具体操作可参考前面章节介绍，以下不再赘述。

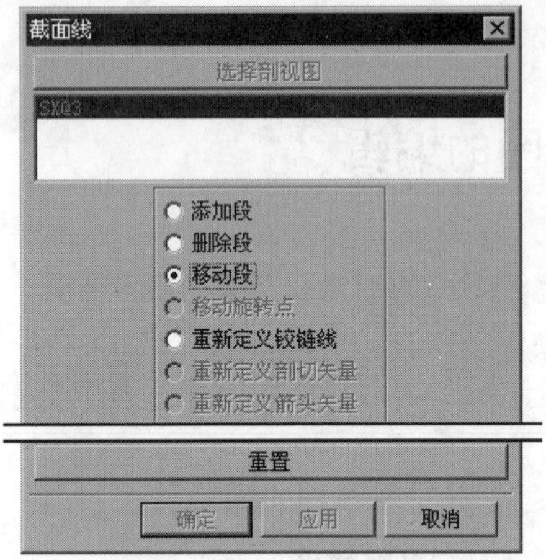

图 4.7.2 “截面线”对话框

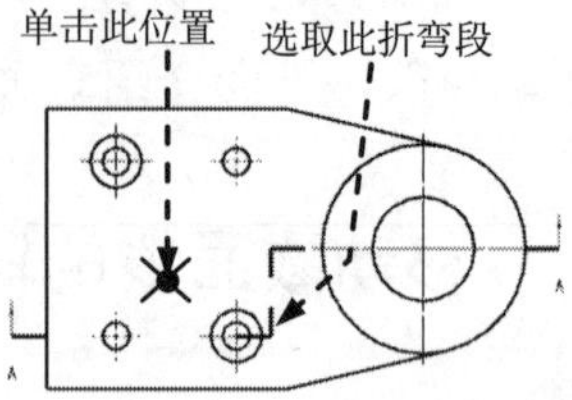

图 4.7.3 选择段

4.7.2 删除截面线的段

下面以图 4.7.4 所示为例，介绍删除截面线中段的一般操作方法。

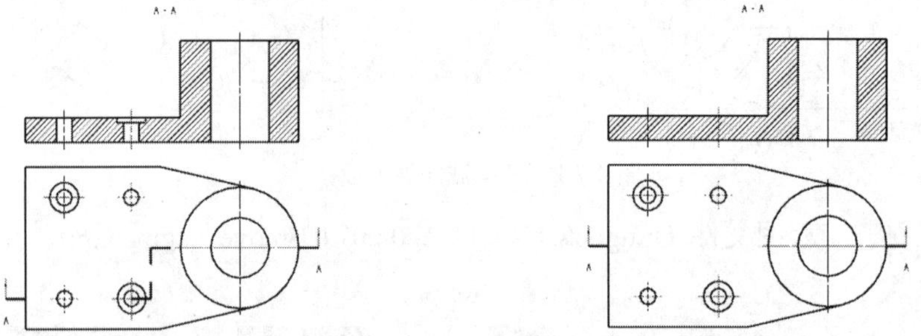

a）修改前　　b）修改后

图 4.7.4 删除截面线的段

Step1. 打开工程图文件 D:\ugdc8.12\work\ch04.07.02\dele_segment.prt，系统进入制图环境。

Step2. 选择命令。选择下拉菜单 编辑(E) → 视图(W) → 截面线(L)... 命令，系统弹出“截面线”对话框。

Step3. 选择要编辑的剖视图。单击“截面线”对话框中的 选择剖视图 按钮，然后在图纸中选择唯一的剖视图（也可从对话框的列表框中进行选择）。

Step4. 选择操作。在“截面线”对话框中选择 删除段 单选项，然后在图样中选择图 4.7.5 所示的截面线段。

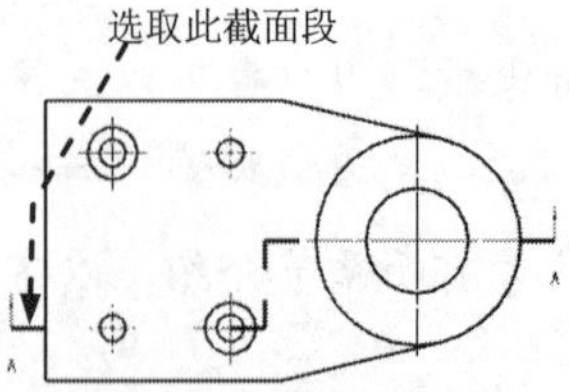

图 4.7.5 选择段

Step5. 在“截面线”对话框中单击 应用 按钮，然后单击 取消 按钮，结果如图 4.7.4b 所示。

4.7.3　添加截面线的段

下面以图 4.7.6 所示为例，介绍添加截面线中截面段的一般操作方法。

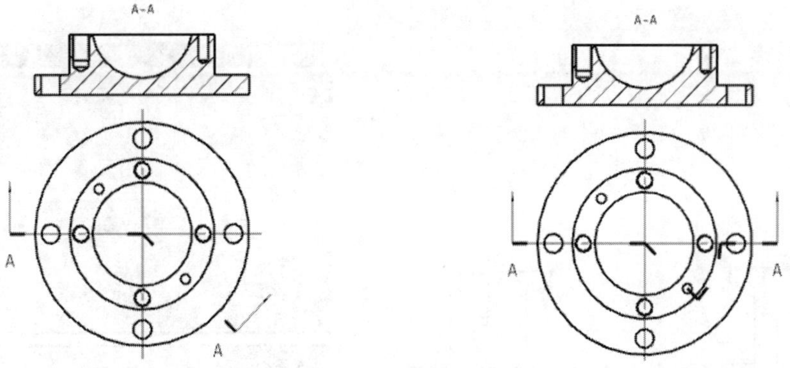

a）修改前　　b）修改后

图 4.7.6　添加截面线的段

Step1. 打开工程图文件 D:\ugdc8.12\work\ch04.07.03\add_segment.prt，系统进入制图环境。

Step2. 选择命令。选择下拉菜单 编辑(E) → 视图(W) ▸ → 截面线(L)... 命令，系统弹出“截面线”对话框。

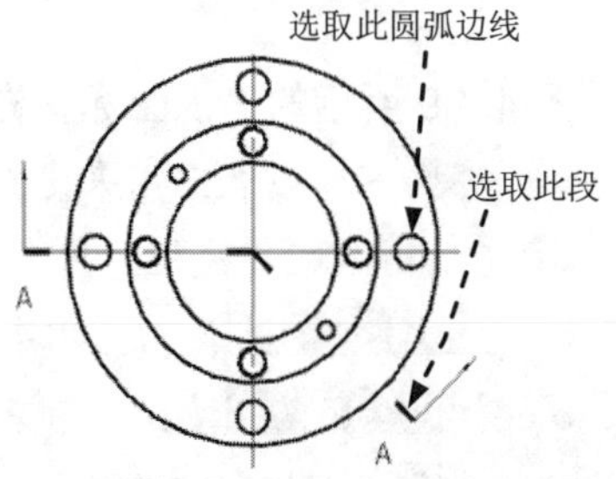

图 4.7.7　选择段

Step3. 选择要编辑的剖视图。单击“截面线”对话框中的 选择剖视图 按钮，然后在图样中选择唯一的剖视图（也可从对话框的列表框中进行选择）。

Step4. 选择操作。在“截面线”对话框中选择 ⊙ 添加段 单选项，然后在图样中选择图 4.7.7 所示的圆弧边线，系统自动捕捉圆心。

Step5. 在系统提示 选择要移动的段 下，选择图 4.7.7 所示的截面段，单击 应用 按钮，然后单击 取消 按钮，结果如图 4.7.6b 所示。

4.7.4　编辑剖视图的标签样式

下面以图 4.7.8 所示为例，介绍编辑剖视图的标签样式的一般操作方法。

Step1. 打开工程图文件 D:\ugdc8.12\work\ch04.07.04\edit_view_label.prt，系统进入制图

环境。

Step2. 选择命令。在图纸中右击视图标签“A-A”，在弹出的快捷菜单中选择 编辑视图标签(V)... 命令，系统弹出图 4.7.9 所示的“视图标签样式”对话框。

Step3. 设置标签。在“视图标签样式”对话框中的 字母大小比例因子 文本框中输入数值 2，在 字母 文本框中输入文本 B，其余参数采用默认设置。

Step4. 在“视图标签样式”对话框中单击 确定 按钮，结果如图 4.7.7 所示。

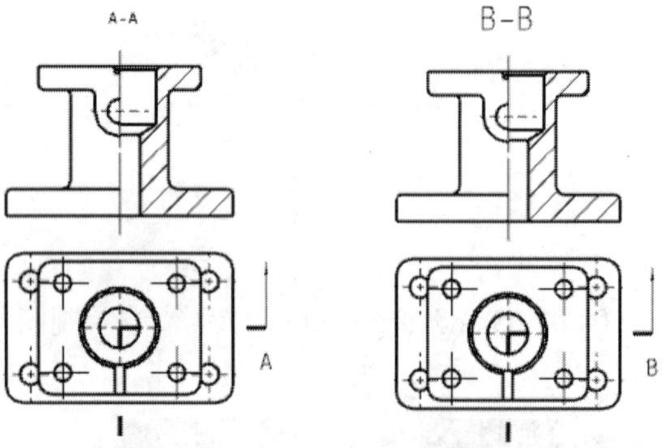

a）编辑前　　b）编辑后

图 4.7.8　编辑视图标签

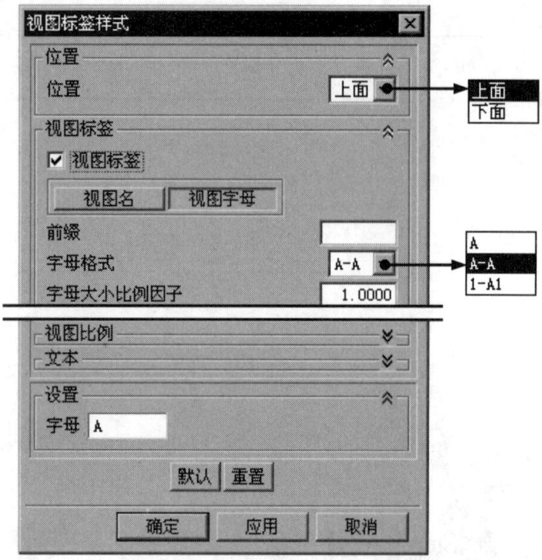

图 4.7.9　“视图标签样式”对话框

图 4.7.9 所示的“视图标签样式”对话框的选项、按钮说明如下：

- 位置 下拉列表：用来定义视图标签的位置，默认为视图的上面。
- ☑ 视图标签 复选框：用来定义是否显示视图的名称标签。
- 视图名 按钮：用来定义视图标签显示的内容是视图的名称。
- 视图字母 按钮：用来定义视图标签显示的内容是视图的字母。
- 前缀 文本框：用于输入视图标签中字母前面出现的文本内容。
- 字母格式 下拉列表：用来定义视图标签中字母的组合方式。
- 字母大小比例因子 文本框：用来定义视图标签中字母的大小比例。
- 视图比例 区域：用来定义是否显示视图比例以及显示的位置和格式等内容。
- 文本 区域：用来定制或定义视图标签的文本属性等。
- 字母 文本框：用于定义视图标签的字母内容。
- 默认 按钮：单击此按钮，可将参数恢复为系统默认设置。
- 重置 按钮：单击此按钮，可将参数恢复为本次修改最初的参数设置。

4.8　工程图视图范例

4.8.1　范例1——创建基本视图

范例概述

本范例是一个简单的工程图视图制作范例，通过本例的学习，读者可以熟悉创建基本视图的一般操作步骤。本范例创建结果如图4.8.1所示。

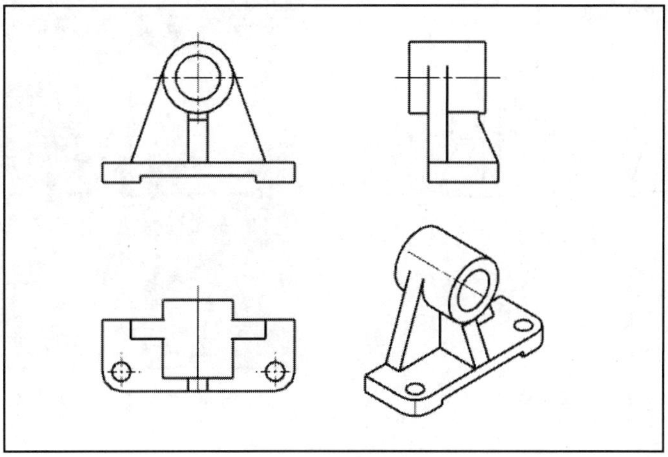

图4.8.1　创建基本视图

Step1. 打开文件D:\ugdc8.12\work\ch04.08\ex01.prt，进入建模环境，零件模型如图4.8.2所示。

Step2. 进入制图环境。选择下拉菜单 开始 → 制图(D)... 命令，进入制图环境。

Step3. 新建图纸页。选择下拉菜单 插入(S) → 图纸页(H)... 命令（或单击“图纸”工具条中的按钮），系统弹出“图纸页”对话框，在对话框中选择图4.8.3所示的选项，单击 确定 按钮。

Step4. 创建主视图。

（1）选择命令。选择下拉菜单 插入(S) → 视图(W) → 基本(B)... 命令（或单击“图纸”工具条中的按钮），系统弹出“基本视图”对话框。

（2）定义基本视图参数。在“基本视图”对话框 模型视图 区域的 要使用的模型视图 下拉列表中选择 右视图 选项，其余参数采用系统默认设置。

（3）放置视图。在图纸页的合适位置单击以放置视图。

Step5. 创建俯视图和左视图。

（1）此时系统自动弹出“投影视图”对话框，采用默认设置，在主视图的正下方单击放置俯视图。

（2）继续在主视图的正右方单击放置左视图。

（3）单击 关闭 按钮，关闭“投影视图”对话框，此时结果如图 4.8.4 所示。

图 4.8.2　零件模型

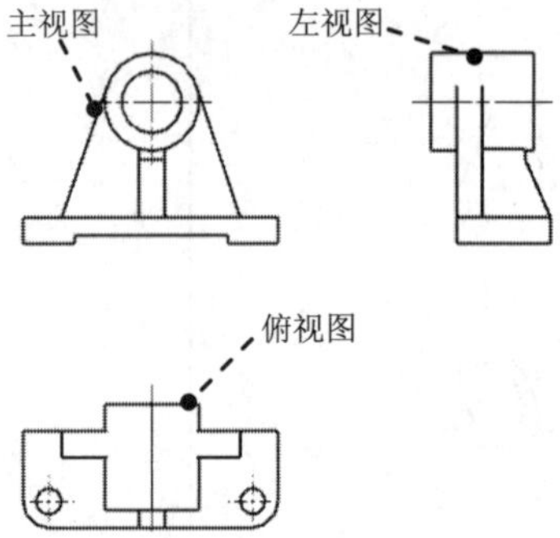

图 4.8.4　放置视图

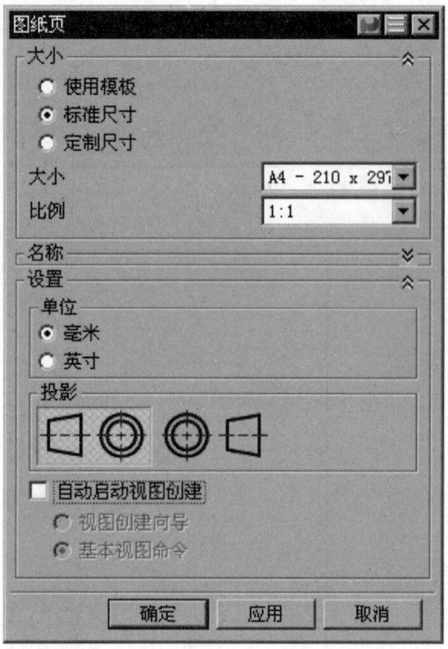

图 4.8.3　“图纸页”对话框

Step6. 放置轴测图。

（1）选择下拉菜单 插入(S) ➡ 视图(W) ➡ 基本(B)... 命令，系统弹出“基本视图”对话框。

（2）定义基本视图参数。在“基本视图”对话框 模型视图 区域的 要使用的模型视图 下拉列表中选择 正等测视图 选项，其余参数采用系统默认设置。

（3）放置视图。在图纸的合适位置单击以放置轴测视图，结果如图 4.8.1 所示。

Step7. 选择下拉菜单 文件(F) ➡ 保存(S) 命令，保存文件。

4.8.2　范例 2——创建半剖和全剖视图

范例概述

本范例介绍了全剖、半剖视图的创建过程；创建的关键在于剖视图父视图的选择和剖切线的绘制，在学习本范例时，请读者注意总结。本范例创建结果如图 4.8.5 所示。

Step1. 打开文件 D:\ugdc8.12\work\ch04.08\ex02.prt，进入建模环境，零件模型如图 4.8.6 所示。

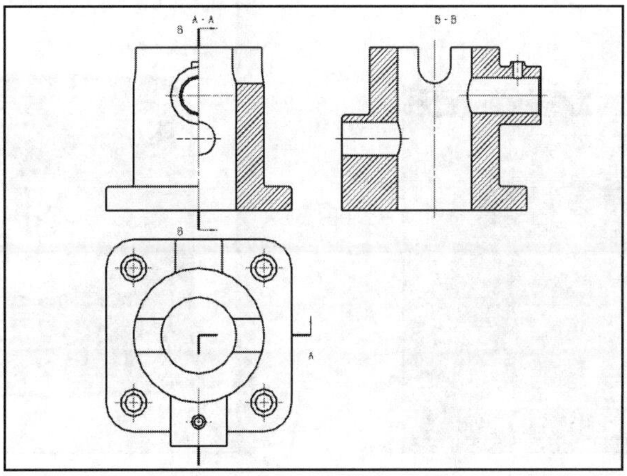

图 4.8.5 创建全剖视图和半剖视图

Step2. 进入制图环境。选择下拉菜单 开始 → 制图(D)... 命令，进入制图环境。

Step3. 新建图纸页。选择下拉菜单 插入(S) → 图纸页(H)... 命令（或单击“图纸”工具条中的按钮），系统弹出“图纸页”对话框，在对话框中选择图 4.8.7 所示的选项，单击 确定 按钮。

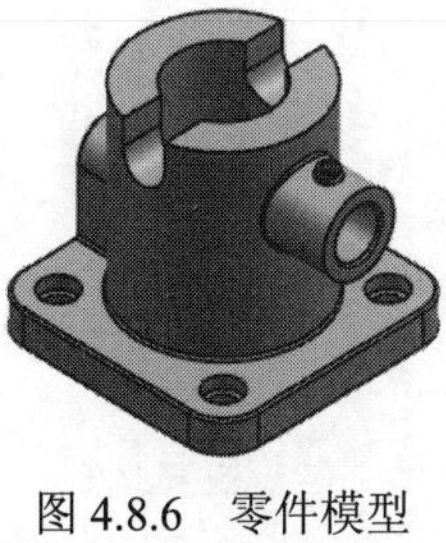

图 4.8.6 零件模型

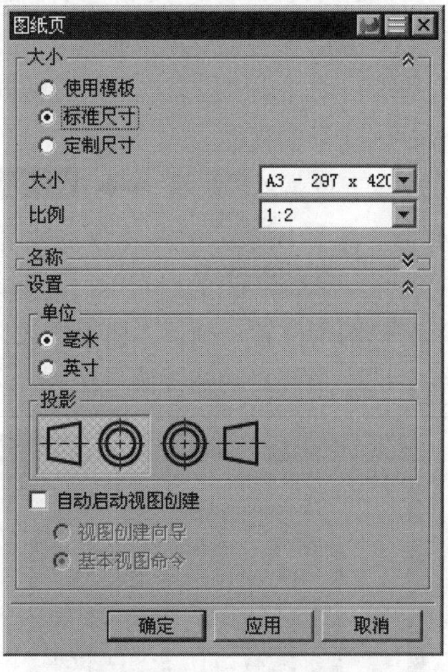

图 4.8.7 “图纸页”对话框

Step4. 创建俯视图。

（1）选择命令。选择下拉菜单 插入(S) → 视图(W) ▸ → 基本(B)... 命令（或单击“图纸”工具条中的按钮），系统弹出“基本视图”对话框。

（2）定义视图参数。在“基本视图”对话框 模型视图 区域的 要使用的模型视图 下拉列表中选择 俯视图 选项，单击“定向视图工具”按钮，系统弹出图 4.8.8 所示的“定向视图工具”对话框和图 4.8.9 所示的“定向视图”预览窗口。

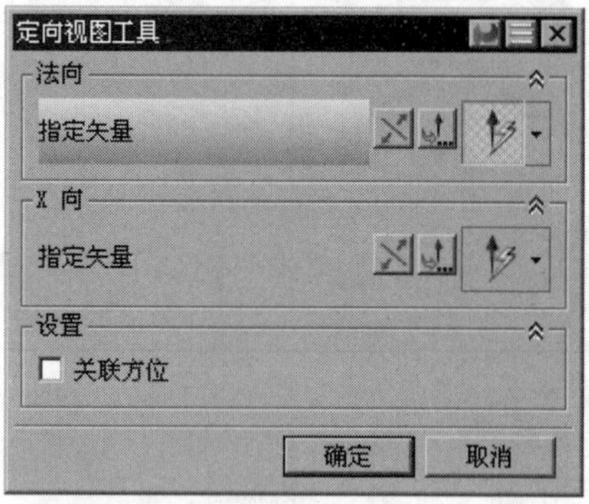

图 4.8.8 “定向视图工具”对话框

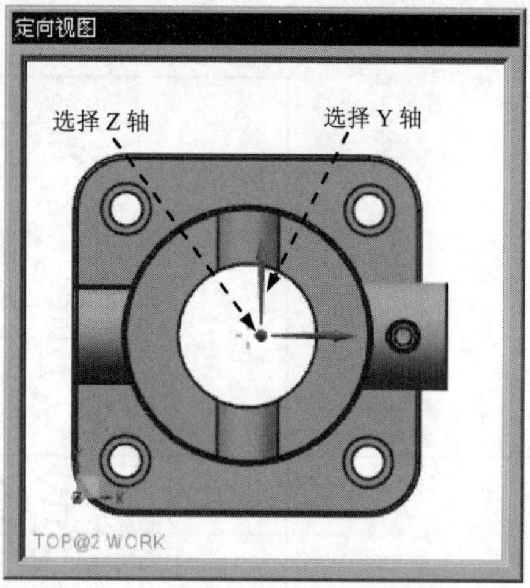

图 4.8.9 “定向视图”预览窗口

（3）定义视图法向。在“定向视图工具”对话框中单击法向区域的指定矢量，在“定向视图”预览窗口中选择图 4.8.9 所示的 Z 轴。

（4）定义视图 X 向。在“定向视图工具”对话框中单击X 向区域的指定矢量，在“定向视图”预览窗口中选择图 4.8.9 所示的 Y 轴，此时“定向视图”预览窗口显示如图 4.8.10 所示。

（5）在“定向视图工具”对话框中单击确定按钮，系统返回到“基本视图”对话框，在图纸中的合适位置单击以放置视图。

（6）系统自动弹出“投影视图”对话框，单击关闭按钮，关闭“投影视图”对话框。

Step5. 创建半剖视图。

（1）选择下拉菜单插入(S) → 视图(W) → 截面(S) → 半剖(H)...命令（或单击“图纸”工具条中的按钮），系统弹出“半剖视图”对话框。

（2）在系统选择父视图的提示下，选择前面创建的视图作为剖视图的父视图。

（3）选择剖切位置。确认“捕捉方式”工具条中的按钮被按下，选取图 4.8.11 所示的圆边线 2 次，系统自动捕捉圆心位置。

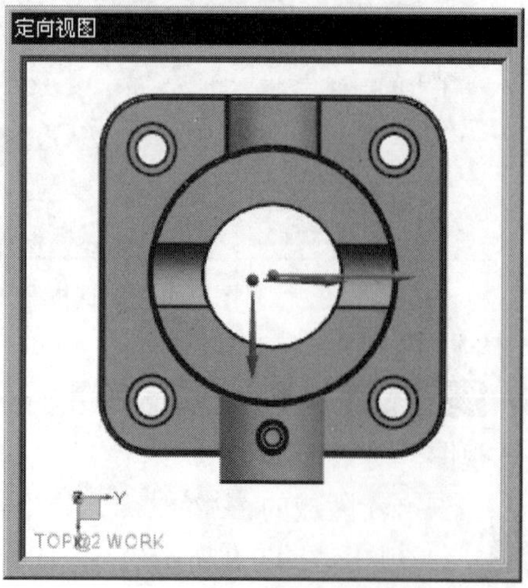

图 4.8.10 定义视图方向

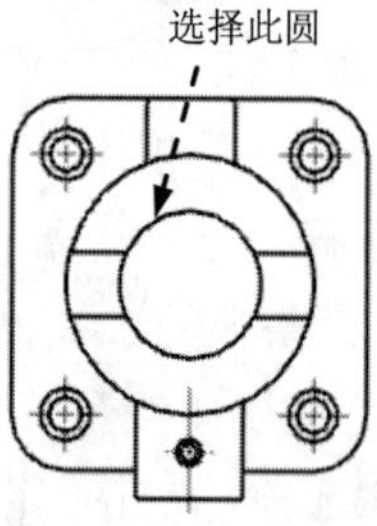

图 4.8.11 选择剖切位置

（4）放置剖视图。在父视图的正上方单击放置剖视图，然后按<Esc>键结束，完成剖视图的创建，结果如图 4.8.12 所示。

Step6. 创建全剖视图。

（1）选择下拉菜单 插入(S) → 视图(W) → 截面(S) → 简单/阶梯剖(S)... 命令（或单击“图纸”工具条中的按钮），系统弹出“剖视图”对话框。

（2）在系统 选择父视图 的提示下，选择前面创建的半剖视图作为父视图。

（3）选择剖切位置。确认“捕捉方式”工具条中的按钮被按下，选取图 4.8.13 所示的圆边线，系统自动捕捉圆心位置。

（4）放置剖视图。在父视图的正右方单击放置视图，然后按<Esc>键结束，完成剖视图的创建，结果如图 4.8.13 所示。

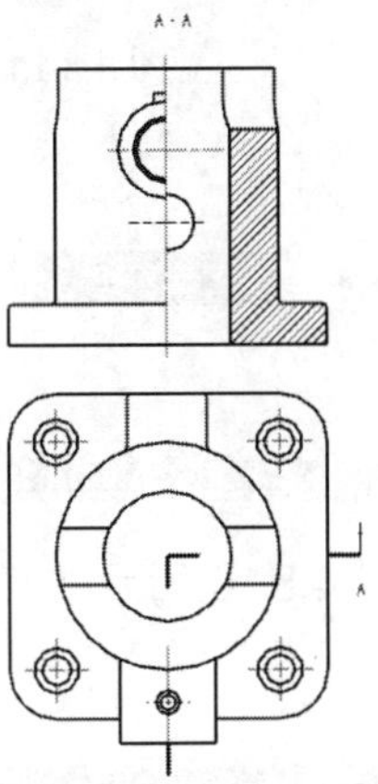

图 4.8.12 创建半剖视图

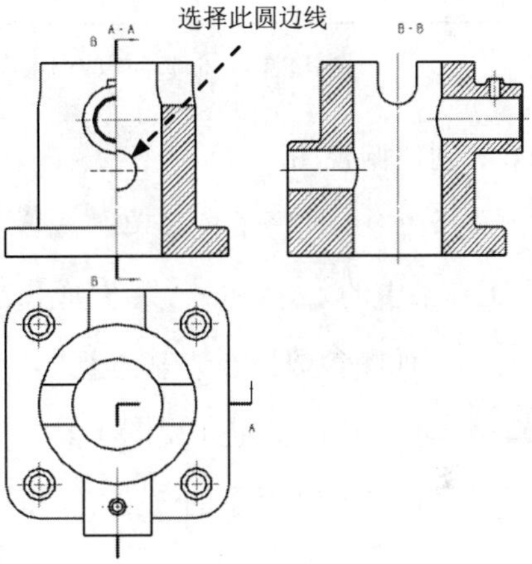

图 4.8.13 创建全剖视图

Step7. 选择下拉菜单 文件(F) → 保存(S) 命令，保存文件。

4.8.3 范例 3——创建阶梯剖和局部剖视图

范例概述

本范例介绍了创建阶梯剖和局部剖视图的创建过程；创建的关键在于父视图的选择和剖切线的绘制，在学习本范例时，请读者注意总结。本范例的工程图视图如图 4.8.14 所示。

Step1. 打开文件 D:\ugdc8.12\work\ch04.08\ex03.prt，进入建模环境，零件模型如图 4.8.15 所示。

Step2. 进入制图环境。选择下拉菜单 开始 → 制图(D)... 命令，进入制图环境。

Step3. 新建图纸页。选择下拉菜单 插入(S) → 图纸页(H)... 命令（或单击“图纸”

工具条中的按钮），系统弹出“图纸页”对话框，单击确定按钮。

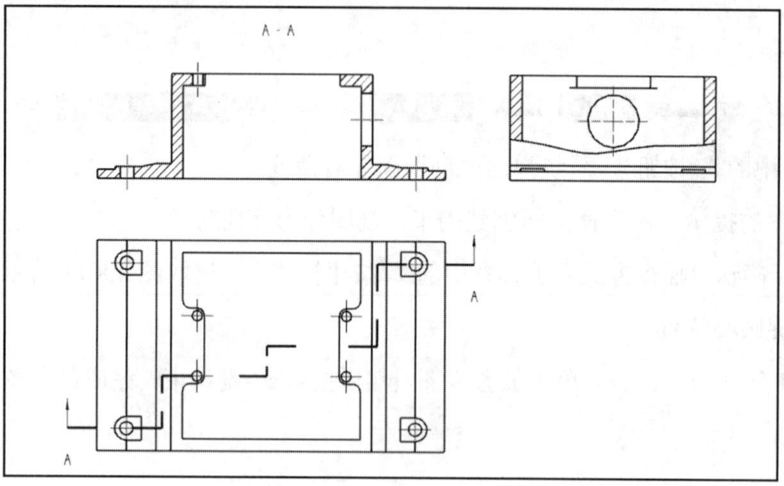

图 4.8.14　创建阶梯和局部剖视图

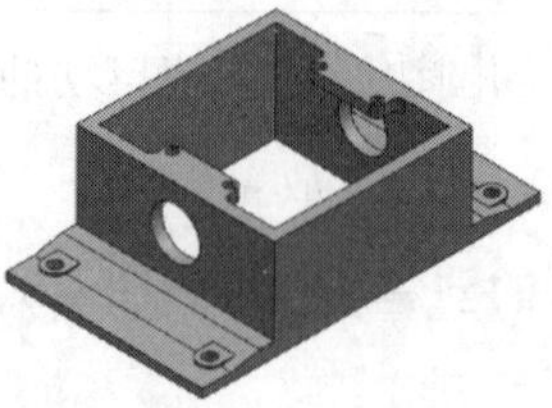

图 4.8.15　零件模型

Step4. 创建俯视图。

（1）选择命令。选择下拉菜单插入(S) → 视图(W) ▸ → 基本(B)... 命令（或单击“图纸”工具条中的按钮），系统弹出“基本视图”对话框。

（2）定义视图参数。在“基本视图”对话框模型视图区域的要使用的模型视图下拉列表中选择俯视图选项，单击“定向视图工具”按钮，系统弹出图 4.8.16 所示的“定向视图工具”对话框和图 4.8.17 所示的“定向视图”预览窗口。

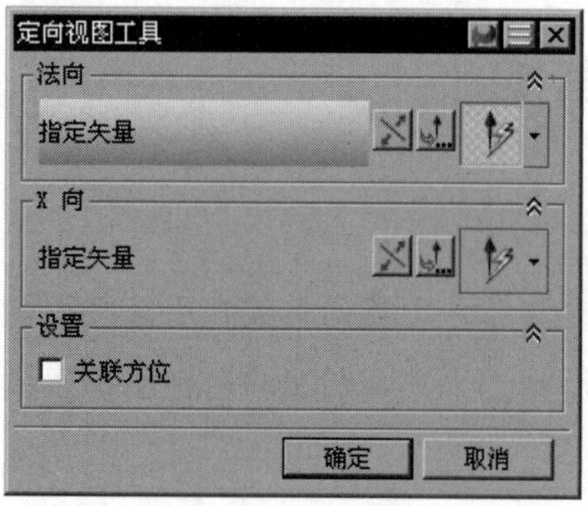

图 4.8.16　“定向视图工具”对话框

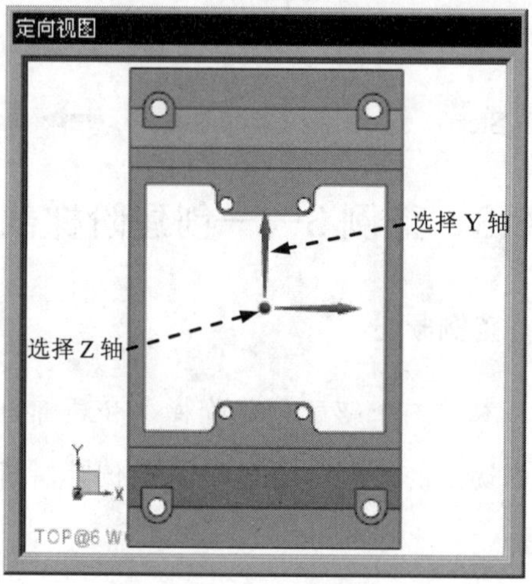

图 4.8.17　“定向视图”预览窗口

（3）定义视图法向。在“定向视图工具”对话框中单击法向区域的指定矢量，在“定向视图”预览窗口中选择图 4.8.17 所示的 Z 轴。

（4）定义视图 X 向。在“定向视图工具”对话框中单击X 向区域的指定矢量，在“定向视图”预览窗口中选择图 4.8.17 所示的 Y 轴，此时“定向视图”预览窗口显示如图 4.8.18 所示。

（5）在“定向视图工具”对话框中单击 确定 按钮，系统返回到“基本视图”对话框，在图纸中的合适位置单击以放置视图。

（6）系统自动弹出“投影视图”对话框，单击 关闭 按钮，关闭“投影视图”对话框。

Step5. 创建阶梯剖视图。

（1）选择下拉菜单 插入(S) → 视图(W) → 截面(S) → 简单/阶梯剖(S)... 命令（或单击“图纸”工具条中的按钮），系统弹出“剖视图”对话框。

（2）在系统 选择父视图 的提示下，选择前面创建的视图作为剖视图的父视图。

（3）定义剖切方向。在“剖视图”对话框中单击“定义铰链线”按钮，其后出现下拉列表，在下拉列表中选择 -XC 选项。

（4）选择剖切位置。确认“捕捉方式”工具条中的按钮被按下，选取图 4.8.19 所示的圆边线 1，系统自动捕捉圆心位置。

（5）添加剖切段。单击“剖视图”对话框中的“添加段”按钮，确认“捕捉方式”工具条中的和按钮被按下，然后依次选取图 4.8.19 所示的圆 2、中点和圆 3，单击中键确认。

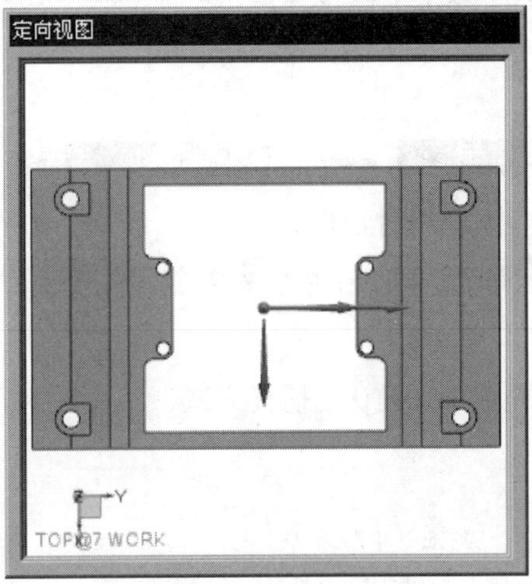

图 4.8.18 定义视图方向

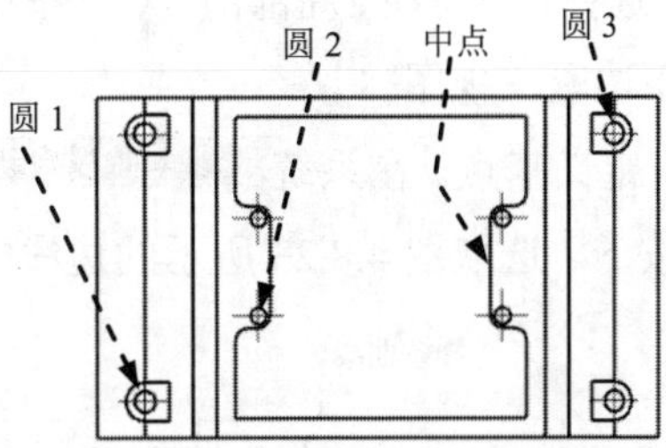

图 4.8.19 选择剖切位置

（6）放置剖视图。在父视图的正上方单击放置剖视图，然后按<Esc>键结束，完成剖视图的创建，结果如图 4.8.20 所示。

Step6. 创建左视图。

（1）选择命令。在图样中单击阶梯剖视图的边界（或在“部件导航器”中选中该视图），选择下拉菜单 插入(S) → 视图(W) → 投影(J)... 命令，系统弹出“投影视图”对话框。

（2）放置视图。移动鼠标指针到阶梯剖视图的正右方，单击以放置左视图。

（3）单击“投影视图”对话框中的 关闭 按钮，关闭该对话框，结果如图 4.8.21 所示。

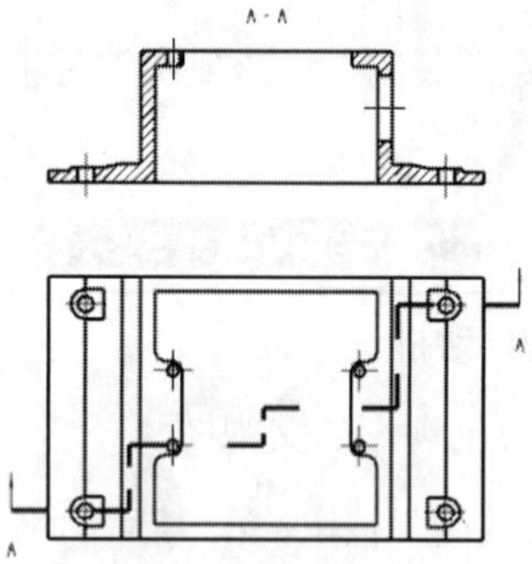

图 4.8.20　创建阶梯剖视图

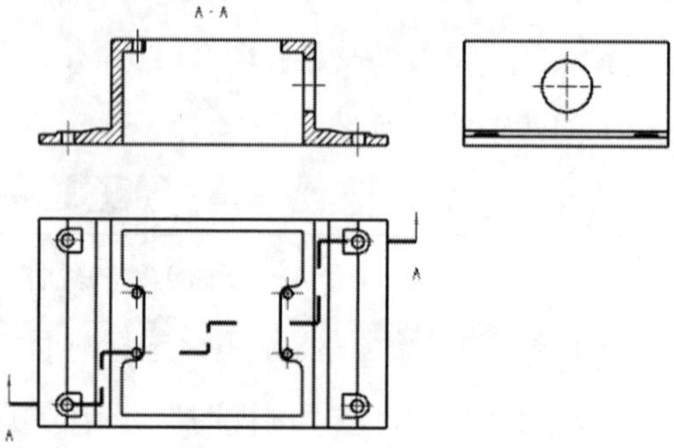

图 4.8.21　创建左视图

Step7. 绘制草图曲线。

（1）在左视图的边界上右击，在系统弹出的快捷菜单中选择 活动草图视图 命令，此时将激活左视图为草图视图。

（2）单击“草图工具”工具条中的“艺术样条”按钮，系统弹出“艺术样条”对话框，选择 通过点 类型，绘制图 4.8.22 所示的样条曲线，单击对话框中的 < 确定 > 按钮。

（3）单击“草图工具”工具条中的 完成草图 按钮，完成草图绘制。

Step8. 创建局部剖视图。

（1）选择下拉菜单 插入(S) → 视图(W) → 截面(S) → 局部剖(O)... 命令（或单击“图纸”工具条中的按钮），系统弹出“局部剖”对话框。

（2）选择视图。在“局部剖”对话框中选中 创建 单选项，在系统 选择一个生成局部剖的视图 的提示下选取左视图。

（3）定义基点。在系统 选择对象以自动判断点 的提示下，确认“捕捉方式”工具条中的按钮被按下，选取图 4.8.23 所示的边线中点。

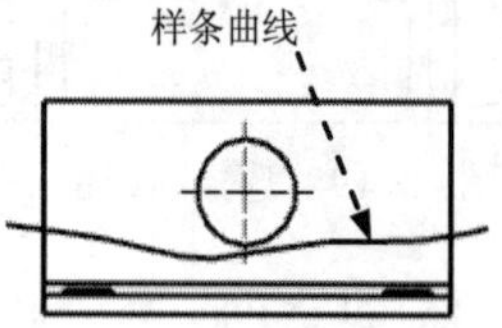

图 4.8.22　绘制样条曲线

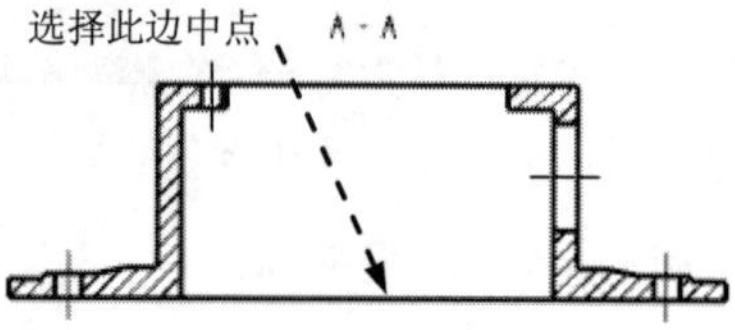

图 4.8.23　定义基点

（4）定义拉伸的矢量方向。接受系统的默认拉伸方向，单击鼠标中键确认。

（5）选择剖切线。确认“局部剖”对话框中的“选择曲线”按钮被按下，选择前面绘制的样条曲线作为剖切线，单击鼠标中键确认，此时样条曲线自动封闭且出现边界点（图

4.8.24 所示）。

（6）修改边界曲线。

① 单击图 4.8.24 所示的边界点，然后单击图 4.8.24 所示的位置 1，此时边界曲线显示为 4.8.26 所示。

② 单击图 4.8.25 所示的边界点，然后单击图 4.8.25 所示的位置 2，此时边界曲线显示为 4.8.26 所示。

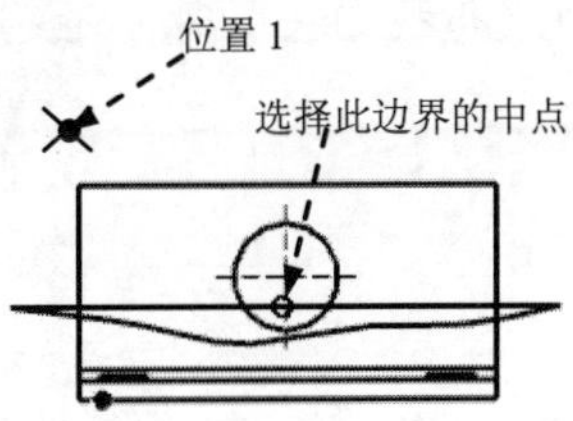

图 4.8.24 修改边界曲线（一）

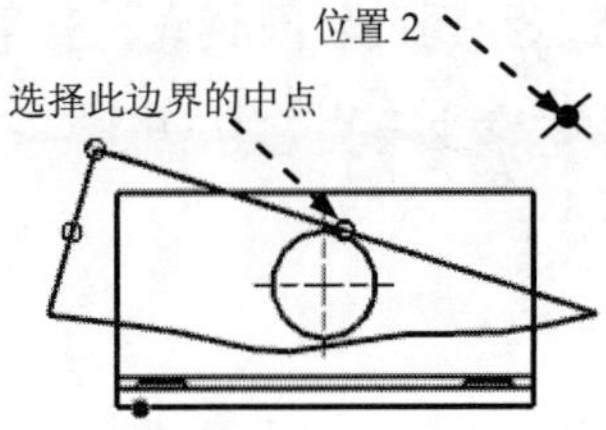

图 4.8.25 修改边界曲线（二）

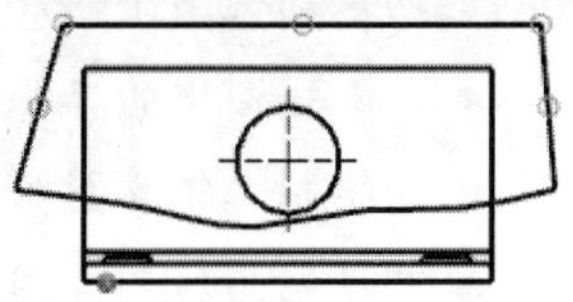

图 4.8.26 修改边界曲线（三）

（7）单击 应用 按钮，再单击 取消 按钮，完成局部剖视图的创建。

Step9. 选择下拉菜单 文件(F) → 保存(S) 命令，保存文件。

第 5 章　工程图中的二维草图

本章提要　在 UG NX 8.0 的工程图环境中，用户可以直接使用草图绘制工具在图纸页上创建草图曲线，而不需要进入视图的扩展模式。当草图曲线与视图关联时，还可以关联地约束到视图中的几何体上。本章主要内容包括：

- 工程图中的二维草图概述。
- 绘制二维草图曲线。
- 投影曲线到视图。

5.1　工程图中的二维草图概述

使用基于 3D 模型的视图生成方法来创建的工程图一般都可以满足用户的要求，但是 UG NX 8.0 也为用户提供了草图绘制功能，这样用户就可以表达更多的模型信息。利用工程图模块中的草图绘制功能，用户可以在没有零件模型的情况下直接绘制一个完整的工程图，这其中包括曲线的绘制、编辑、区域的填充及线型的修改等。

工程图环境中的草图绘制工具与建模环境中的草图绘制工具的使用方法是相同的，故本书中关于草图绘制工具的使用将不进行具体介绍，而只对工程图特有的草图绘制命令和技巧进行说明（草图绘制的具体操作请参考本系列丛书的相关书籍）。在工程图环境中绘制草图曲线时，首先需要确定草图绘制平面，系统默认的草图绘制平面为当前活动的图纸页，用户通过激活某个视图为活动草图视图，然后选择下拉菜单 插入(S) → 草图曲线(S) ▸ 命令，即可绘制或编辑草图。

5.2　绘制草图曲线

5.2.1　在图纸页上绘制草图曲线

Step1. 打开文件 D:\ugdc8.12\work\ch05.02\sketch_curve_01.prt，进入制图环境。

Step2. 确认“部件导航器”显示如图 5.2.1 所示，此时图纸页“SHT1”为活动的。

Step3. 选择下拉菜单 插入(S) → 草图曲线(S) ▸ → ⊙ 多边形(Y)... 命令（或单击

“草图工具”工具条中的⊙按钮），系统弹出“多边形”对话框。

Step4. 在系统提示**选择点以指定中心**和**选择点以指定大小**下，单击图纸上的两个点放置多边形，单击关闭按钮，关闭“多边形”对话框。

Step5. 单击“草图工具”工具条中的完成草图按钮，完成草图绘制，此时“部件导航器”显示为图 5.2.2 所示。

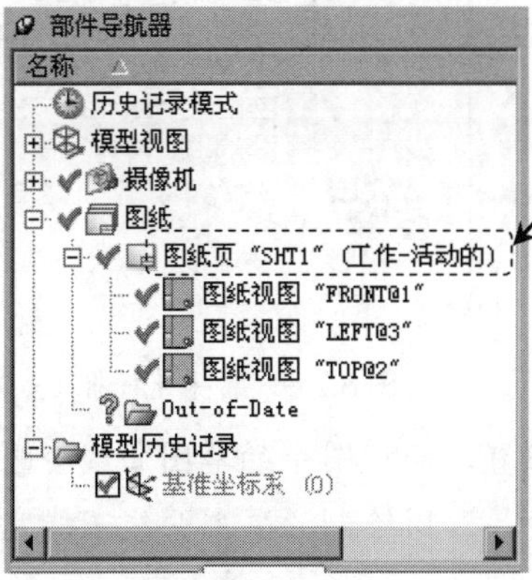

图 5.2.1 部件导航器 （一）

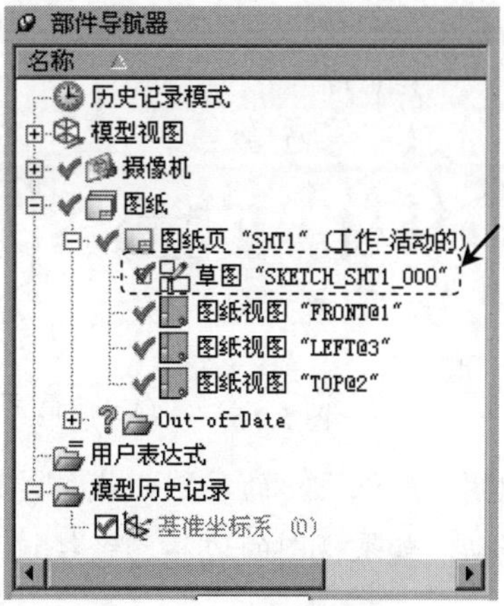

图 5.2.2 部件导航器（二）

5.2.2 在视图中绘制草图曲线

Step1. 打开文件 D:\ugdc8.12\work\ch05.02\sketch_curve_02.prt，进入制图环境。

Step2. 在“部件导航器”中右击图 5.2.3 所示的图纸视图 “FRONT@1”节点，在弹出的快捷菜单中选择活动草图视图命令，此时“部件导航器”显示为图 5.2.4 所示。

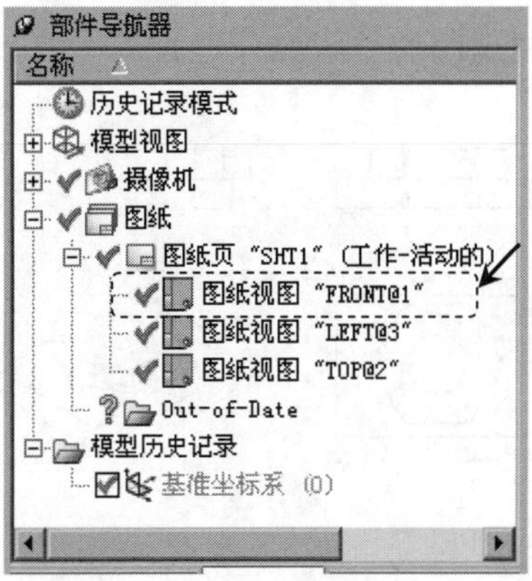

图 5.2.3 部件导航器 （三）

图 5.2.4 部件导航器（四）

Step3. 选择下拉菜单插入(S) → 草图曲线(S) → 多边形(Y)...命令(或单击“草图工具”工具条中的⊙按钮)，系统弹出“多边形”对话框。

Step4. 在系统提示**选择点以指定中心**和**选择点以指定大小**下，在图 5.2.5 所示的前视图边界内部和外部分别单击两个点放置多边形，单击关闭按钮，关闭“多边形”对话框。

Step5. 单击“草图工具”工具条中的 完成草图 按钮，完成草图绘制，此时“部件导航器”显示为图 5.2.6 所示。

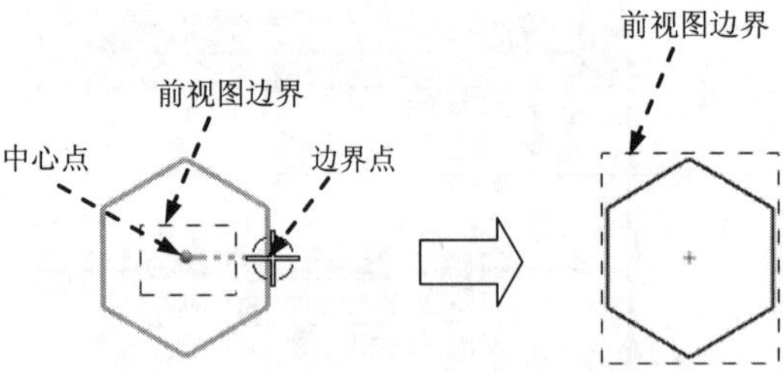

图 5.2.5　绘制多边形

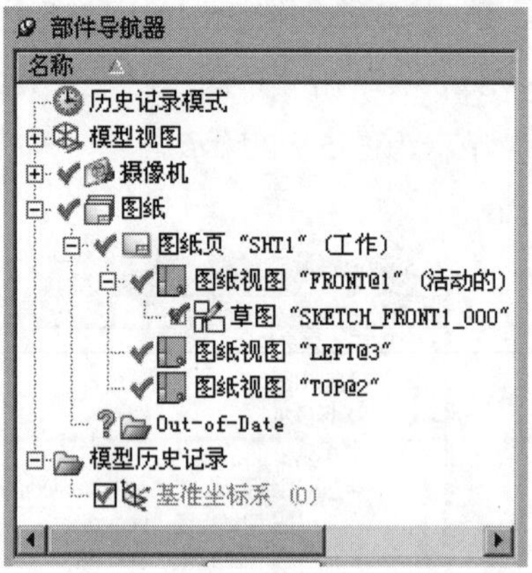

图 5.2.6　部件导航器（五）

说明：图纸页中的草图曲线总是固定在绘制的位置，而视图中的草图曲线会跟随视图进行移动。如果视图的边界已经经过了调整，可能会导致所绘制的草图曲线不能完全显示出来。

5.3　投影草图曲线至视图

使用投影到视图命令可以将一个视图的草图曲线投影到其他视图中，投影时可以选择一个或两个垂直于源视图的平面。需要注意的是，要投影的对象必须是和视图相关的，即该对象属于视图的一部分，同时源视图必须具有方位和空间连续性。

下面通过图 5.3.1 所示为例，讲解投影草图曲线到视图的一般操作过程。

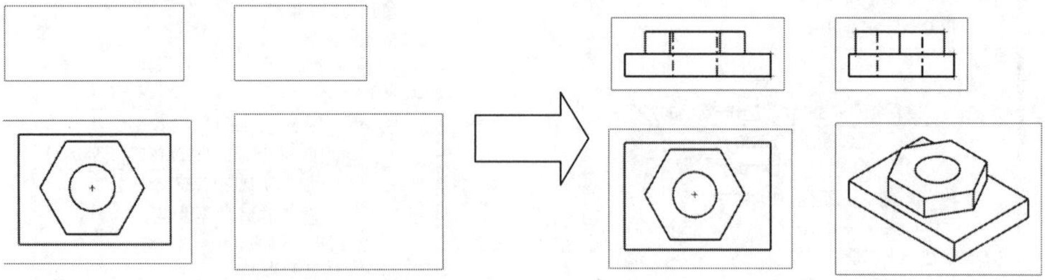

a）投影前　　　　b）投影后

图 5.3.1　投影到视图

Task1．打开文件

打开文件 D:\ugdc8.12\work\ch05.03\project2view.prt，进入制图环境。

Task2．投影矩形草图曲线

Step1. 选择下拉菜单插入(S) → 草图曲线(S) → 投影至视图(W)...命令，系统弹出“投影到视图”对话框。

Step2. 在“投影到视图”对话框中类型下拉列表选择在两个平面上选项。

Step3. 确认“投影到视图”对话框中* 选择曲线或点 (0)被激活，选择图 5.3.2 所示的 2 条草图曲线，单击鼠标中键确认。

Step4. 确认“投影到视图”对话框中* 选择视图 (0)被激活，在图纸上选择其余三个视图（或者从视图列表中进行选择）。

Step5. 在“投影到视图”对话框中投影平面 1区域的方法下拉列表中选择深度值选项，在其下的值文本框中输入值-40。

Step6. 在“投影到视图”对话框中投影平面 2区域的方法下拉列表中选择深度值选项，在其下的值文本框中输入值-20，按回车键，此时图纸如图 5.3.3 所示。

Step7. 在“投影到视图”对话框中展开设置区域，设置如图 5.3.4 所示的曲线类型参数。

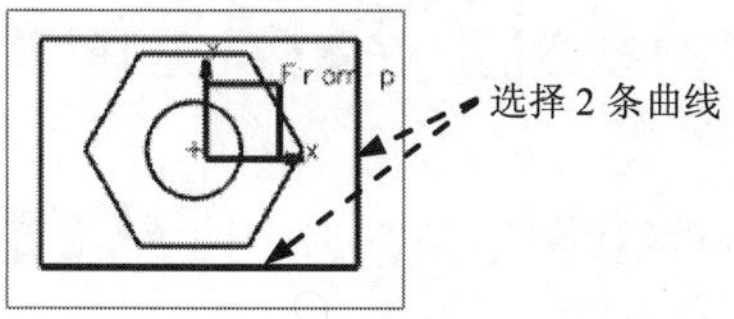

图 5.3.2 选择草图曲线

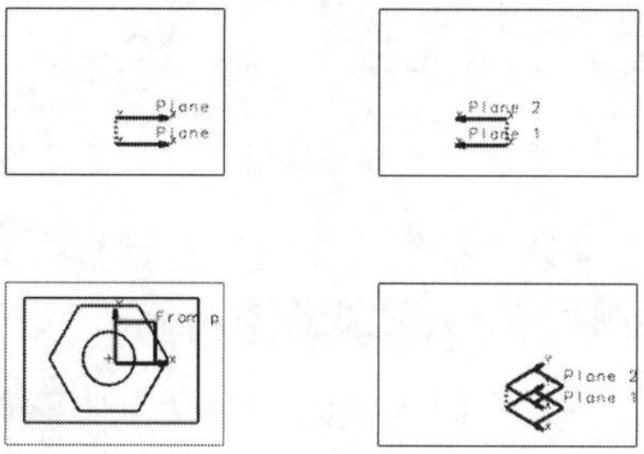

图 5.3.3 定义投影平面

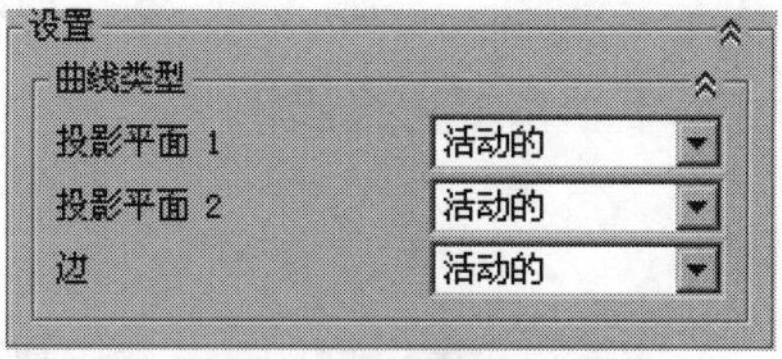

图 5.3.4 设置曲线类型

“投影到视图”对话框中的部分选项说明如下：

- 类型下拉列表：用于设置投影的类型，包括在两个平面上和在一个平面上两种类型。
- 投影平面 1区域：只在选择在两个平面上类型时被激活，如果选择在一个平面上类型，则显示为投影平面。此区域用于定义投影平面在空间的位置。
  ☑ 方法下拉列表：用来定义设置投影平面的方法，包括自动判断和深度值两个选项。当选择自动判断选项时，用户需要指定矢量、点和视图来确定投影平面的位置；当选择深度值选项时，用户需要给定深度值来确定投影平面。
- 设置区域：主要用来定义投影后曲线的类型。
  ☑ 投影平面 1下拉列表：定义在投影平面 1 的位置上投影得到的曲线的类型，包括“活动的”、“参考”和“无”。其中“无”表示不投影，“参考”的曲线为双点画线的参考线，“活动的”则是和源对象属性一致的曲线。

☑ 投影平面 2 下拉列表：参看 投影平面 1 的解释。

☑ 边 下拉列表：定义在投影平面之间的边类型，参看 投影平面 1 的解释。

Step8. 在“投影到视图”对话框中单击 应用 按钮，结果如图 5.3.5 所示。

Step9. 在“投影到视图”对话框中 类型 下拉列表选择 在一个平面上 选项。

Step10. 确认“投影到视图”对话框中 * 选择曲线或点 (0) 被激活，选择图 5.3.6 所示的 2 条草图曲线，单击鼠标中键确认。

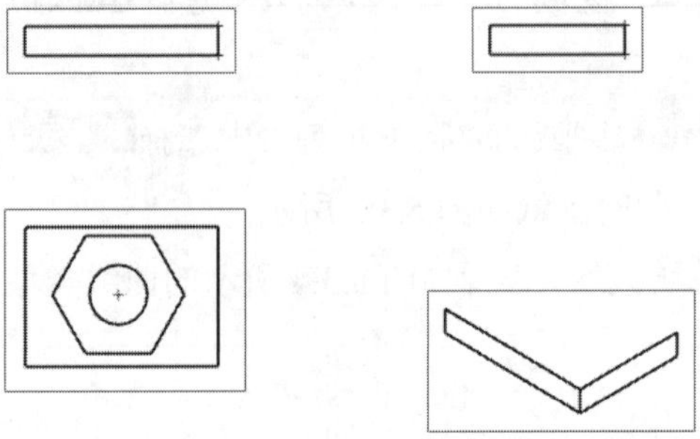

图 5.3.5 投影结果（一）

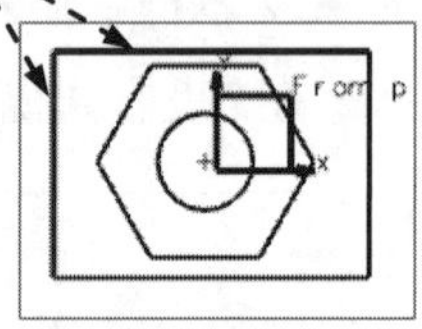

图 5.3.6 选择草图曲线

Step11. 确认“投影到视图”对话框中 * 选择视图 (0) 被激活，在图样上选择等轴测视图（或者从 视图列表 中选择 TFR-ISO@4 选项）。

Step12. 在“投影到视图”对话框中 投影平面 区域的 方法 下拉列表中选择 深度值 选项，在其下的 值 文本框中输入值-20，按回车键。

Step13. 在“投影到视图”对话框中 设置 区域 投影平面 下拉列表选择 活动的 选项。

Step14. 在“投影到视图”对话框中单击 < 确定 > 按钮，结果如图 5.3.7 所示。

Task3．投影多边形草图曲线

Step1. 选择下拉菜单 插入(S) → 草图曲线(S) ▸ → 投影至视图(W)... 命令，系统弹出“投影到视图”对话框。

Step2. 在“投影到视图”对话框中 类型 下拉列表选择 在两个平面上 选项。

Step3. 确认“投影到视图”对话框中 * 选择曲线或点 (0) 被激活，选择图 5.3.8 所示的多边形草图曲线，单击鼠标中键确认。

Step4. 确认“投影到视图”对话框中 * 选择视图 (0) 被激活，在图样上选择其余三个视图（或者从 视图列表 中进行选择）。

Step5. 在“投影到视图”对话框中 投影平面 1 区域的 方法 下拉列表中选择 深度值 选项，在其下的 值 文本框中输入值 0。

Step6. 在“投影到视图”对话框中 投影平面 2 区域的 方法 下拉列表中选择 深度值 选项，在其下的 值 文本框中输入值-20。

Step7. 在“投影到视图”对话框中设置区域设置曲线类型均为活动的类型。

Step8. 在“投影到视图”对话框中单击< 确定 >按钮，结果如图 5.3.9 所示。

Step9. 在 “部件导航器”中双击图 5.3.10 所示的草图节点，激活该草图。

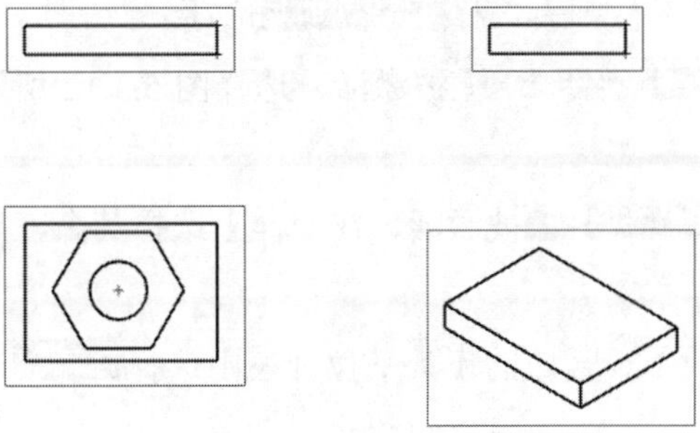

图 5.3.7 投影结果（二）

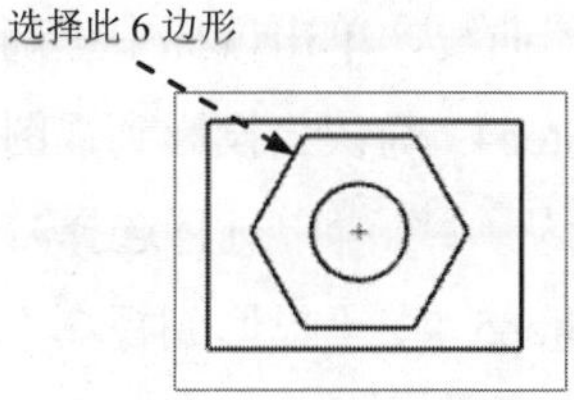

图 5.3.8 选择草图曲线

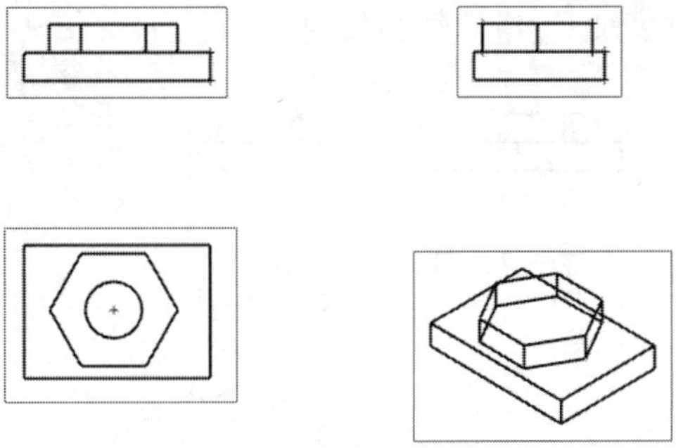

图 5.3.9 投影结果（三）

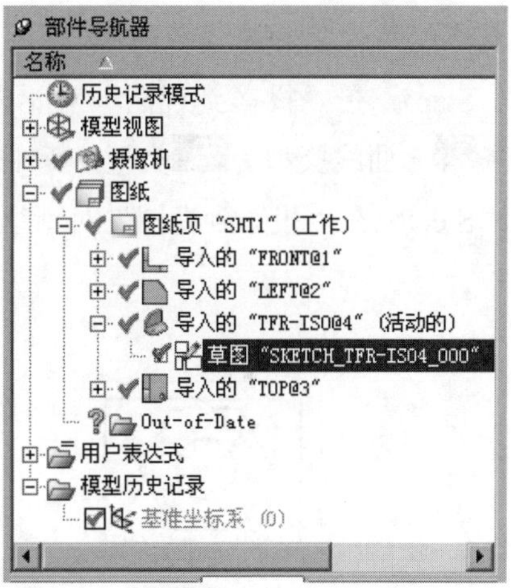

图 5.3.10 部件导航器

Step10. 选择下拉菜单编辑(E) → 草图曲线(K)... ▸ → 快速修剪(Q)...命令（或从“草图工具”工具条中单击按钮），系统弹出“快速修剪”对话框。

Step11. 在草图中选择多余的线条进行修剪，单击“草图工具”工具条中的完成草图按钮，结果如图 5.3.11b 所示。

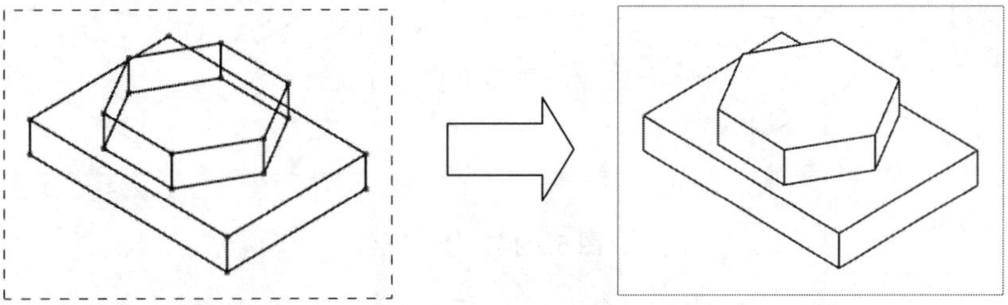

a）修改前 b）修改后

图 5.3.11 修剪曲线

Task4．投影圆形草图曲线

Step1. 选择下拉菜单 插入(S) → 草图曲线(S) ▸ → 投影至视图(W)... 命令，系统弹出“投影到视图”对话框。

Step2. 在“投影到视图”对话框中 类型 下拉列表选择 在两个平面上 选项。

Step3. 确认“投影到视图”对话框中 * 选择曲线或点 (0) 被激活，选择图 5.3.12 所示的圆形草图曲线，单击鼠标中键确认。

Step4. 确认“投影到视图”对话框中 * 选择视图 (0) 被激活，在图样上选择其余三个视图（或者从 视图列表 中进行选择）。

Step5. 在“投影到视图”对话框中 投影平面 1 区域的 方法 下拉列表中选择 深度值 选项，在其下的 值 文本框中输入值 0。

Step6. 在“投影到视图”对话框中 投影平面 2 区域的 方法 下拉列表中选择 深度值 选项，在其下的 值 文本框中输入值-40。

Step7. 在“投影到视图”对话框中 设置 区域设置 投影平面 1 曲线类型为 活动的 类型，投影平面 2 曲线类型为 无 类型，边 曲线类型为 参考 类型。

Step8. 在“投影到视图”对话框中单击 < 确定 > 按钮，结果如图 5.3.13 所示。

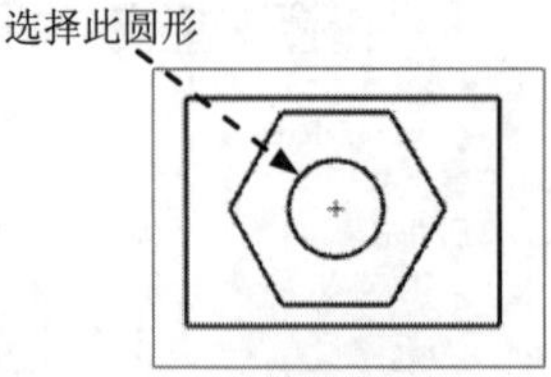

图 5.3.12 选择草图曲线

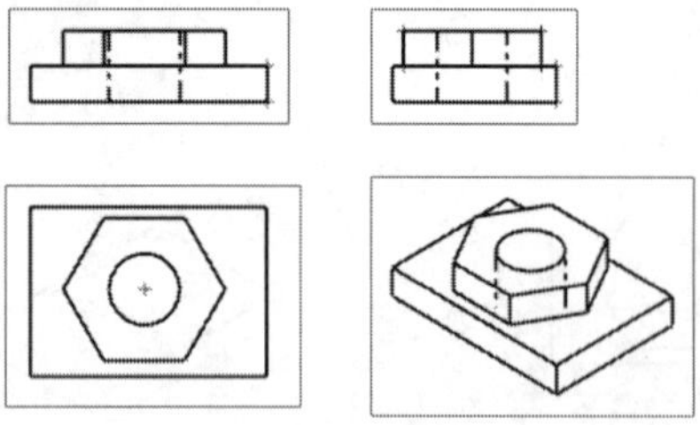

图 5.3.13 投影结果（四）

Task5．整理草图曲线

参照 Task2 中的操作方法，修剪等轴测视图中的多余曲线，结果如图 5.3.14 所示。

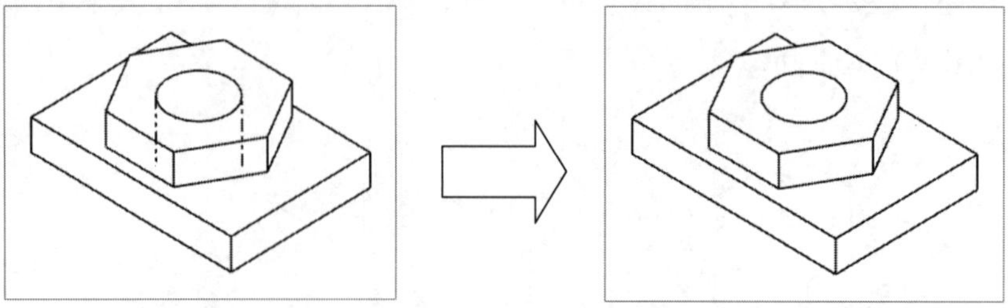

a）修改前　　b）修改后

图 5.3.14 修剪曲线

第 6 章 工程图的标注

本章提要

工程图的标注是工程图的一个重要组成部分。使用 UG 创建工程图，除了创建所需视图之外，还需对视图进行相关的标注，如加工要求的尺寸精度、形位公差和表面粗糙度等。本章将着重介绍有关工程图的标注知识，主要内容包括：

- 工程图标注概述。
- 尺寸标注。
- 注释文本和基准特征符号。
- 形位公差和表面粗糙度符号。
- 中心线、标识符号和用户定义符号。

6.1 工程图标注概述

工程图的标注是工程图的一个重要组成部分。在产品的研发、设计和制造等过程中的设计要求，如加工要求的尺寸精度、形位公差和表面粗糙度等，都需要借助工程图中相应的视图和标注将其表达清楚。UG 工程图具有方便、强大的尺寸标注功能。

6.2 尺 寸 标 注

6.2.1 尺寸标注命令

UG NX 8.0 为用户提供了一个方便、快捷的尺寸标注功能，下面对尺寸标注的下拉菜单、工具条和有关对话框进行介绍。

1. 下拉菜单和工具条

选择下拉菜单 插入(S) → 尺寸(M) ▸ 命令，系统弹出图 6.2.1 所示的“尺寸”菜单。或者通过选择图 6.2.2 所示的“尺寸”工具条上的命令按钮进行尺寸标注（工具条中没有的按钮可以定制）。

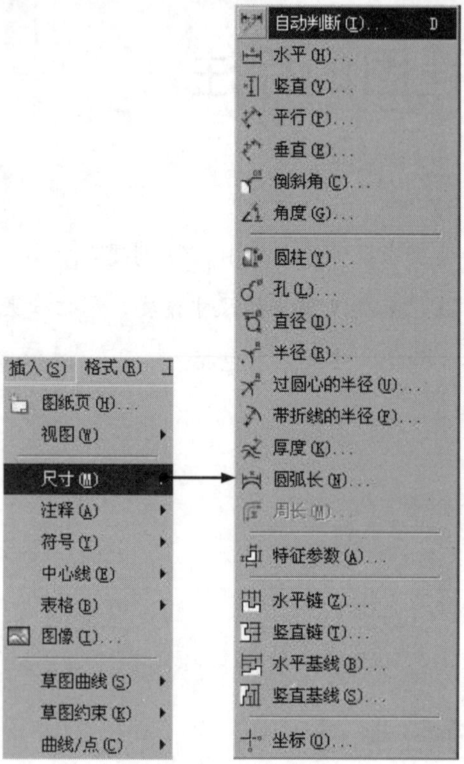

图 6.2.1 “尺寸”菜单

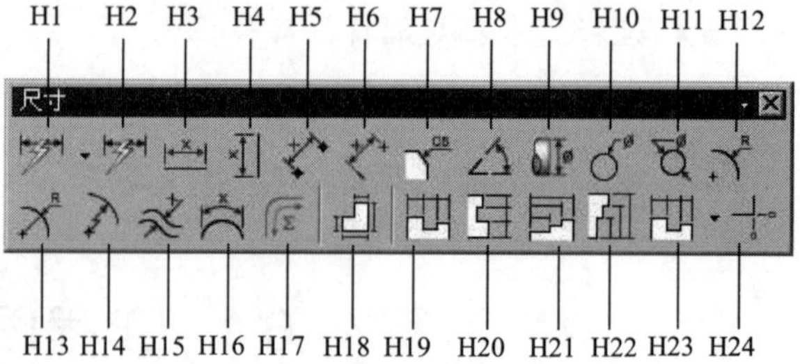

图 6.2.2 “尺寸”工具条

图 6.2.2 所示的“尺寸”工具条的说明如下：

H1：默认为“自动判断尺寸”，其下拉列表中包括了所有标注的方式。

H2：创建系统自动判断的尺寸，系统根据用户选取的对象以及光标位置智能地判断尺寸类型。

H3：在两个选定对象之间创建一个水平尺寸。

H4：在两个选定对象之间创建一个竖直尺寸。

H5：在两个选定对象之间创建一个平行尺寸。

H6：在一条直线或中心线与一个定义的点之间创建一个垂直尺寸。

H7：创建倒斜角尺寸。

H8：在两条不平行的直线之间创建一个角度尺寸。

H9：创建一个等于两个对象或点位置之间的线性距离的圆柱尺寸。

H10：创建圆形特征的单一指引线的直径尺寸。

H11：标注圆或弧的直径的尺寸，包含有双向的箭头。

H12：创建半径尺寸，此半径尺寸使用一个从尺寸值到弧的短箭头。

H13：创建过圆心的半径尺寸，此半径尺寸从弧的中心绘制一条延伸线到箭头。

H14：对极其大的半径圆弧创建一条折叠的指引线半径尺寸，其中心可以在绘图区之外。

H15：创建厚度尺寸，该尺寸测量两个圆弧或两个样条之间的距离。

H16：创建一个测量圆弧周长的圆弧长尺寸。

H17：创建周长约束以控制选定直线和圆弧的集体长度。

H18：将孔和螺纹的参数（以标注的形式）或草图尺寸继承到图纸页。

H19：允许用户创建一组水平尺寸，其中每个尺寸都与相邻尺寸共享其端点。

H20：允许用户创建一组竖直尺寸，其中每个尺寸都与相邻尺寸共享其端点。

H21：允许用户创建一组水平尺寸，其中每个尺寸都共享一条公共基准线。

H22：允许用户创建一组竖直尺寸，其中每个尺寸都共享一条公共基准线。

H23：链式尺寸或基线尺寸下拉菜单，包含 H19~H22 的 4 个选项。

H24：包含允许用户创建坐标尺寸的选项。

2. 标注命令工具条

在尺寸菜单或工具条中选择某一标注尺寸命令后，系统弹出相应的工具条。下面以图 6.2.3 所示的“水平尺寸”工具条为例进行说明。

图 6.2.3 “水平尺寸”工具条

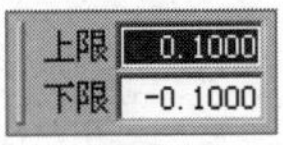

图 6.2.4 公差输入框

图 6.2.3 所示的“水平尺寸”工具条的按钮及选项说明如下：

- ：用于设置尺寸公差样式，包括“无公差”、“双向公差”等样式。
- ：用于设置尺寸的精度，选择 1 表示保留 1 位小数，最多保留 6 位小数。
- ：用于设置尺寸的公差数值，单击后弹出图 6.2.4 所示的公差输入框。
- ：用于设置尺寸公差的精度，选择 2 表示保留 2 位小数，最多保留 6 位小数。
- ：单击该按钮，系统弹出“文本编辑器”对话框，用于编辑符号和附加文本。
- ：单击该按钮，系统弹出“尺寸标注样式”对话框，用于设置尺寸样式等参数。
- ：用于重置所有设置，即恢复默认状态。
- ：用于设置新尺寸是否与其他尺寸堆叠。
- ：用于设置新尺寸是否自动与其他尺寸水平或竖直对齐。

3. “文本编辑器”对话框

在某个标注命令工具条中单击按钮，系统弹出图 6.2.5 所示的“文本编辑器”对

话框。

图 6.2.5 所示的“文本编辑器”对话框的选项功能说明如下：

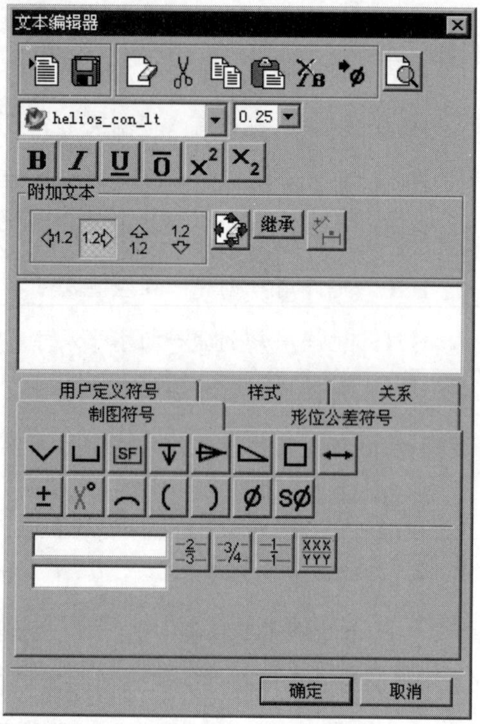

图 6.2.5 “文本编辑器”对话框

- 按钮：用于将一个文本文件中的文字插入到当前输入区的光标位置。
- 按钮：用于将当前输入区中的文字保存到一个文件中。
- 按钮：用于将当前输入区中的文字全部清除。
- 按钮：用于将当前输入区中文字的格式等属性进行清除。
- 按钮：当用户输入了某些制图符号或形位公差符号时，可以通过单击该按钮在这些符号之间进行顺序切换。
- 按钮：用于预览当前输入区中文字的效果。
- helios_con_lt 下拉列表：用于设置字体，先在输入区中选中部分或全部文字，然后再选择合适的字体类型。
- 0.25 下拉列表：用于设置字体的比例因子。
- 附加文本区域：用来定义尺寸的附加文本，包含“之前”、“之后”、“上面”和“下面”4 个附加文本。
- 按钮：用于清除所有的附加文本。
- 继承按钮：用于从其他尺寸中继承文本属性。
- 制图符号选项卡：提供工程制图的常用符号和分数输入。
- 形位公差符号选项卡：提供工程制图的形位公差符号的输入。
- 样式选项卡：用来定义文本的倾斜角度和粗细。
- 关系选项卡：用来定义文本中要引用的关系式、部件属性等。
- 用户定义符号选项卡：用来定义文本中要插入的用户定义的符号。

6.2.2 创建尺寸标注

下面分别介绍常用的尺寸标注的操作方法。

1. 水平尺寸

水平尺寸可以标注两点之间的水平距离，在选择该类型后，用户可以选择一个对象、两个点或一个对象与一个点等多种方式来进行标注，标注效果如图 6.2.6 所示。

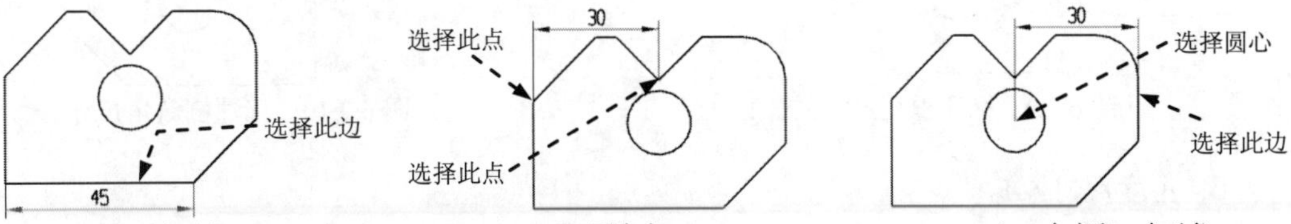

a）一个对象　　b）两个点　　c）一个点和一个对象

图 6.2.6　标注水平尺寸

2. 竖直尺寸

竖直尺寸可以标注两点之间的竖直距离，在选择该类型后，用户可以选择一个对象、两个点或一个对象与一个点等多种方式来进行标注，标注效果如图 6.2.7 所示。

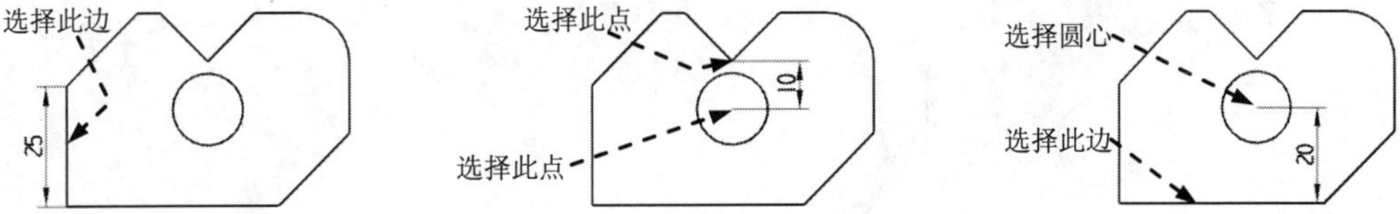

a）一个对象　　b）两个点　　c）一个点和一个对象

图 6.2.7　标注竖直尺寸

3. 平行尺寸

平行尺寸可以标注两点之间的平行距离，在选择该类型后，用户可以选择一个对象的点或两个点的方式来进行标注，标注效果如图 6.2.8 所示。

a）一个对象　　b）两个点

图 6.2.8　标注平行尺寸

4. 垂直尺寸

垂直尺寸可以标注点到直线之间的垂直距离，在选择该类型后，用户应首先选择一个直线对象，然后再选择直线外一点，标注效果如图 6.2.9 所示。

5. 倒斜角尺寸

倒斜角尺寸可以标注直线的水平或竖直距离及倾斜角度，在选择该类型后，用户应选择一个直线对象，标注效果如图 6.2.10 所示。

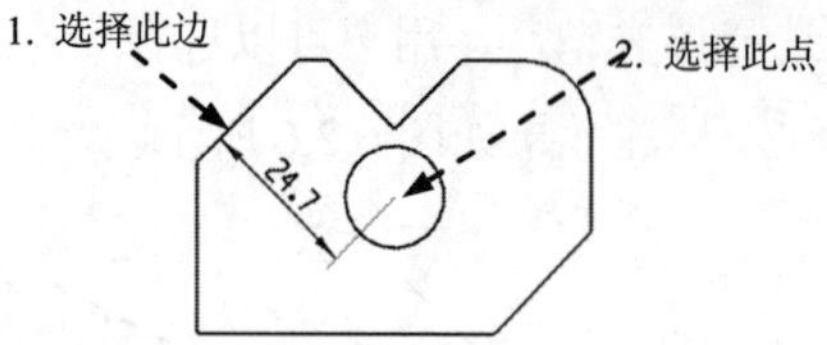

图 6.2.9　标注垂直尺寸

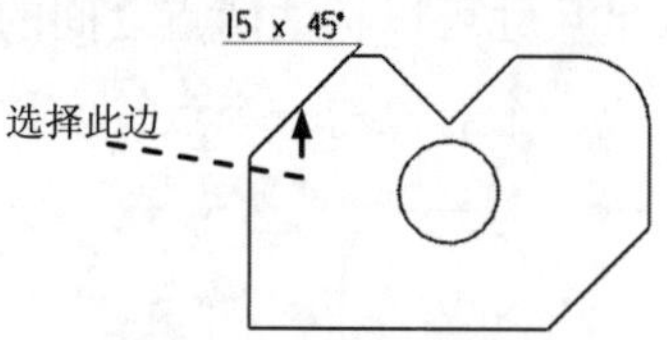

图 6.2.10　标注倒斜角尺寸

6. 角度尺寸

角度尺寸可以标注两条直线之间的夹角，选择直线的顺序与标注结果无关，标注效果如图 6.2.11 所示。

7. 直径尺寸

直径尺寸可以标注孔的直径，标注效果如图 6.2.12 所示。

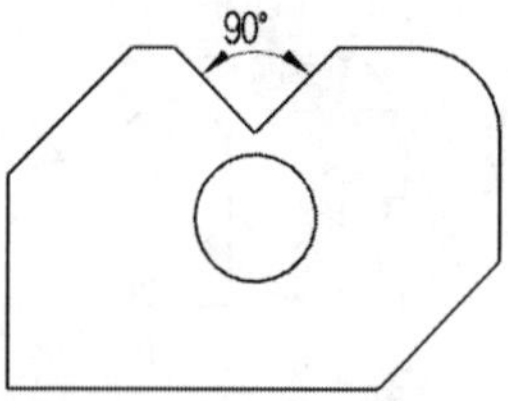

图 6.2.11　标注角度尺寸

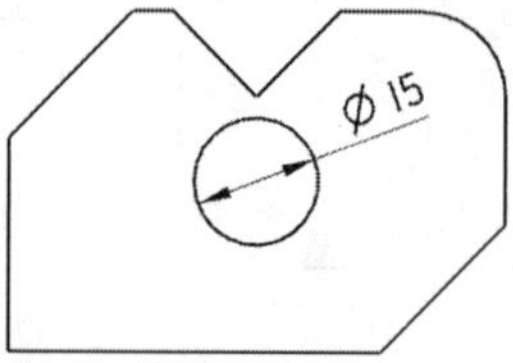

图 6.2.12　标注直径尺寸

8. 过圆心的半径尺寸

过圆心的半径尺寸可以标注圆的半径尺寸，此时有尺寸线通过圆心，标注效果如图 6.2.13 所示。

9. 带折线的半径尺寸

带折线的半径尺寸适合标注较大圆弧的半径尺寸，此时尺寸线指向圆弧的偏置中心点，标注效果如图 6.2.14 所示。

10. 圆柱尺寸

圆柱尺寸可以使用线性标注的形式标注圆柱的直径尺寸，标注效果如图 6.2.15 所示。

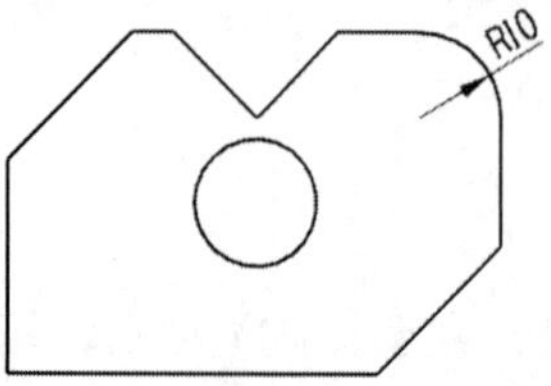

图 6.2.13　标注过圆心的半径尺寸

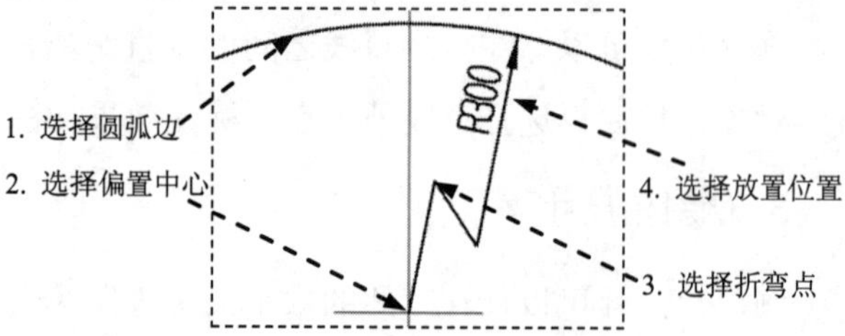

图 6.2.14　标注带折线的半径尺寸

a）标注在圆形投影　　b）标注在侧面投影

图 6.2.15　标注圆柱尺寸

11. 水平链尺寸

水平链尺寸可以标注在水平方向上的一系列的首尾相接的线性尺寸，标注效果如图 6.2.16 所示。

12. 水平基线尺寸

水平基线尺寸可以标注在水平方向上的一个尺寸系列，该系列的所有尺寸具有同一条标注基线，标注效果如图 6.2.17 所示。

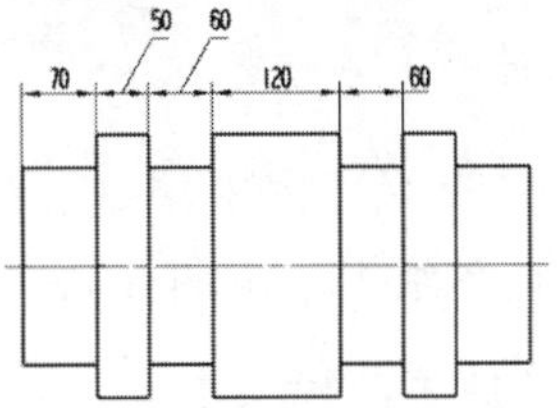

图 6.2.16　标注水平链尺寸

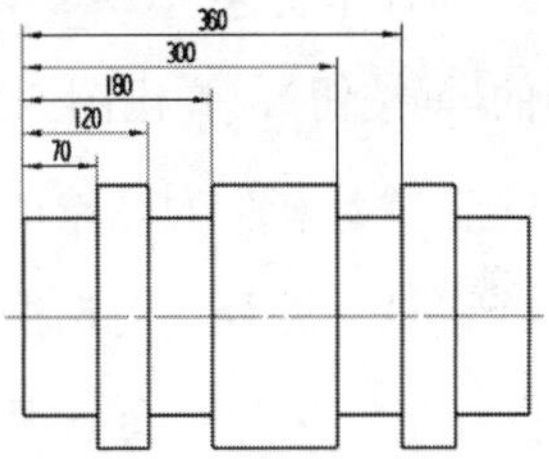

图 6.2.17　标注水平基线尺寸

13. 竖直链尺寸

竖直链尺寸可以标注在竖直方向上的一系列的首尾相接的线性尺寸，标注效果可参考水平链尺寸的结果。

14. 竖直基线尺寸

竖直基线尺寸可以标注在竖直方向上的一个尺寸系列，该系列的所有尺寸具有同一条标注基线，标注效果可参考水平基线尺寸的结果。

15. 坐标尺寸

坐标尺寸可以标注一个点相对于坐标原点的水平和竖直距离，在标注时用户需要首先定义坐标原点，标注效果如图 6.2.18 所示。

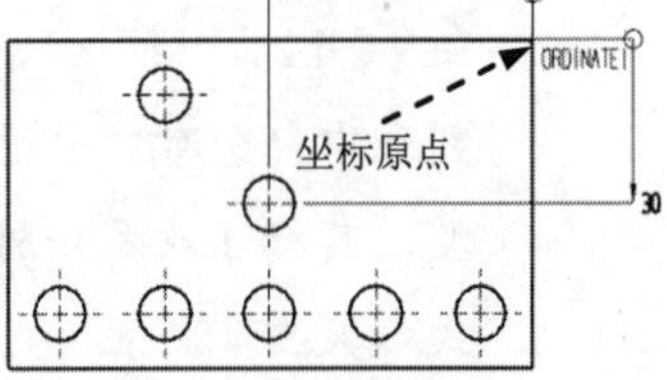

图 6.2.18　标注坐标尺寸

6.3 注释文本

6.3.1 创建注释文本

在工程图中通常会有必要的文字说明，即技术要求，如工件的热处理要求、装配要求等。下面以图 6.3.1 所示为例，来讲解创建注释文本的一般操作方法。

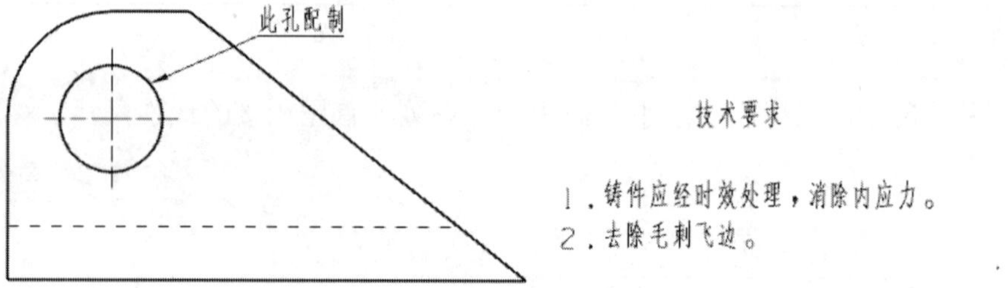

图 6.3.1 标注注释文本

Step1. 打开文件 D:\ugdc8.12\work\ch06.03\note.prt，系统进入制图环境。

Step2. 选择下拉菜单 插入(S) → 注释(A) → A 注释(N)... 命令（或单击“注释”工具条中的 A 按钮），弹出图 6.3.2 所示的“注释”对话框。

Step3. 在“注释”对话框的文字输入区中清除已有文字，然后输入文字“此孔配制”。

Step4. 确认“注释”对话框中的 指定位置 被激活，在图纸上单击图 6.3.3 所示的位置 1 并拖动鼠标指针，此时会出现指引线，然后单击位置 2 放置注释文本。

说明：如果直接在图纸上单击某个位置，将会创建不带指引线的注释文本。用户可以通过编辑注释的方式来给注释文本添加几条必要的指引线。

Step5. 在“注释”对话框中展开 编辑文本 区域（图 6.3.4 所示），单击 按钮清除文本，然后在文本输入区重新输入图 6.3.5 所示的文字内容。

Step6. 确认“注释”对话框中的 指定位置 被激活，在图纸上单击合适位置放置注释文本，结果如图 6.3.1 所示。

Step7. 在“注释”对话框中单击 关闭 按钮（或者单击鼠标中键），结束命令。

图 6.3.1 所示的“注释”对话框的部分按钮及选项说明如下：

- 指引线 区域：该区域（图 6.3.6 所示）主要定义指引线的类型和样式。在 类型 下拉列表中包含有“普通”、“全圆符号”、“标志”、“基准”和“以圆点终止”5 种类型，其标注效果分别如图 6.3.7a~e 所示，选择不同的指引线类型会具有不同的样式参数。
- 编辑文本 区域：该区域（图 6.3.8 所示）主要包括了清除、剪切、粘贴、复制文本等功能。

- 格式化区域：该区域（图 6.3.9 所示）主要定义文本字体、文本比例因子、文本格式等。

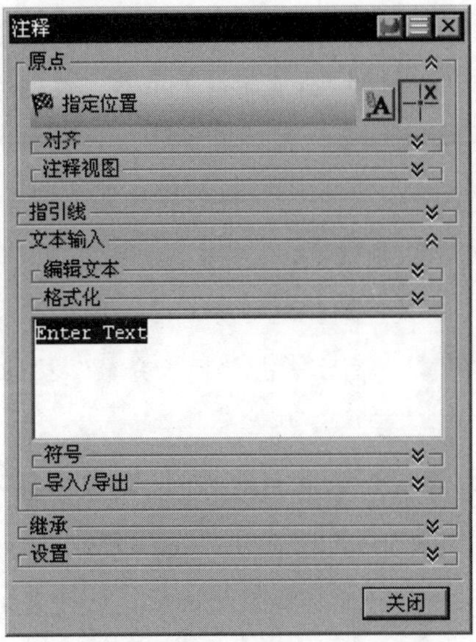

图 6.3.2 “注释”对话框

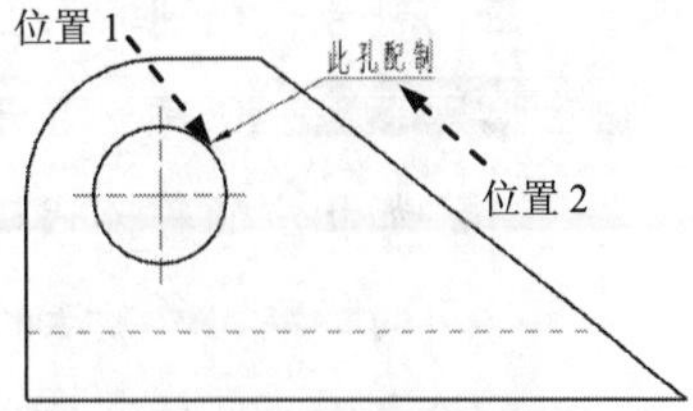

图 6.3.3 注释文本

图 6.3.4 “编辑文本”区域

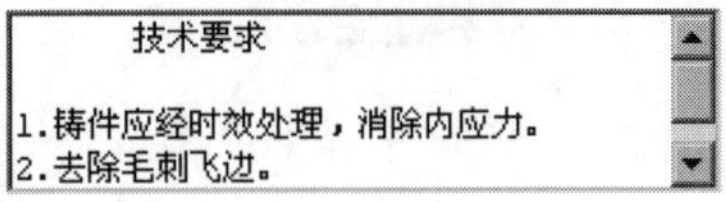

图 6.3.5 输入文本

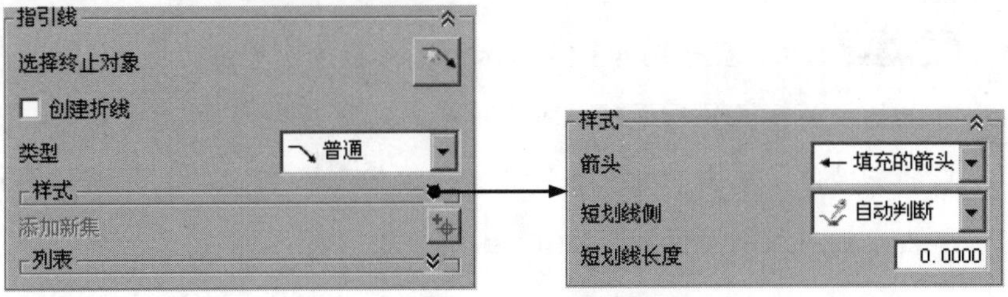

图 6.3.6 “指引线”区域

a）普通 b）全圆符号 c）标志 d）基准 e）以圆点终止

图 6.3.7 指引线类型

图 6.3.8 “编辑文本”区域

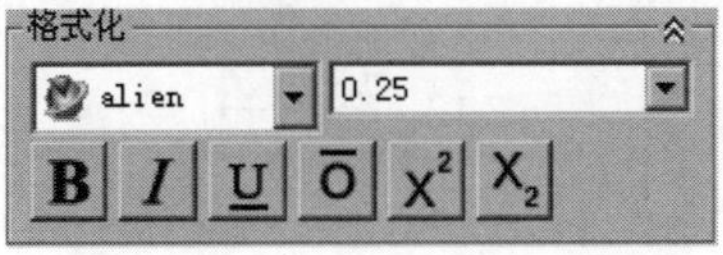

图 6.3.9 “格式化”区域

- 符号区域：该区域提供了“制图”、“形位公差”、“分数”、 “定制符号”、“用户定义”和“关系”几个类型的符号。
  - ☑ 制图选项：显示图 6.3.10 所示的制图符号，单击某个符号按钮即可添加相应的符号代码到输入区中。
  - ☑ 形位公差选项：显示图 6.3.11 所示的形位公差符号，单击某个符号按钮即可添加相应的符号代码到输入区中。需要注意的是，在标准下拉列表中选择不同的标准，所激活的符号按钮有所不同；单击“验证框语法”按钮，可以检查输入区的形位公差框的语法是否符合规范。
  - ☑ 分数选项：显示图 6.3.12 所示的分数符号。通过分别在上部文本和下部文本中输入数值，并选择合适的分数类型，最后单击“插入分数”按钮1/2即可在输入区中添加分数。
  - ☑ 定制符号选项：选择此选项后，可以在符号库中选取用户自定义的符号。
  - ☑ 用户定义选项：显示图 6.3.13 所示的用户定义符号。在符号库下拉列表中提供了“显示部件”、“当前目录”和“实用工具目录”选项。从列表框中选择某种符号后，单击“插入符号”按钮，可将相应的符号代码添加到输入区中。
  - ☑ 关系选项：显示图 6.3.14 所示的关系符号。单击“插入表达式”按钮，可以插入关系式的结果值；单击“插入对象属性”按钮，可以插入某个对象的属性值；单击“插入部件属性”按钮，可以插入当前部件的属性值；单击“插入图纸页区域”按钮，可以插入图纸页的属性值。

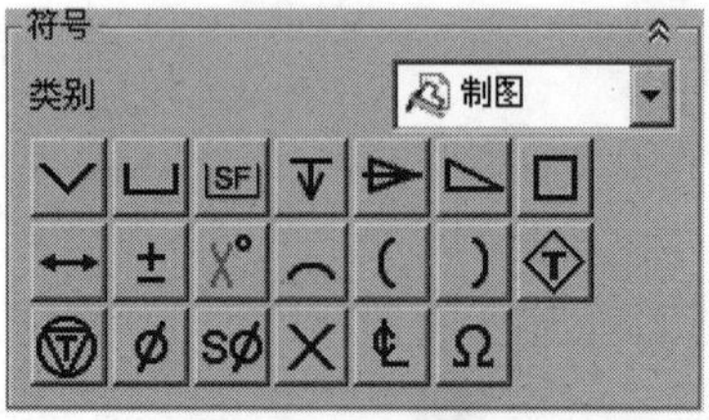

图 6.3.10 制图符号

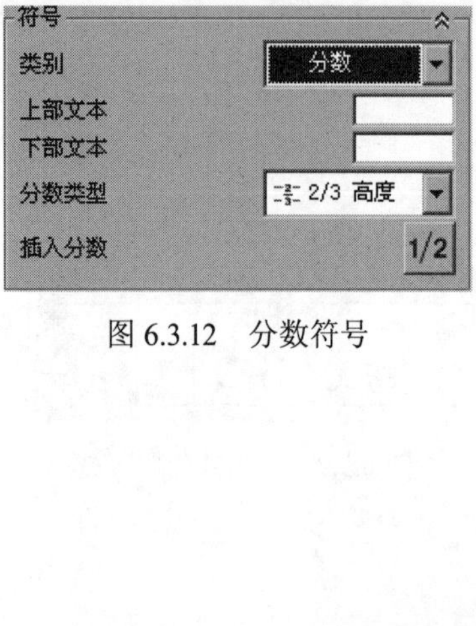

图 6.3.12 分数符号

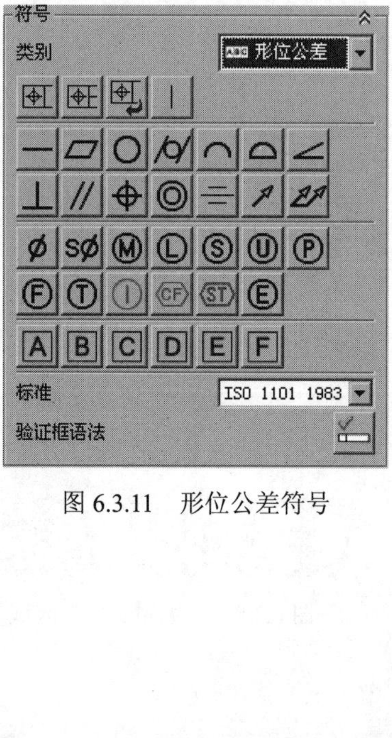

图 6.3.11 形位公差符号

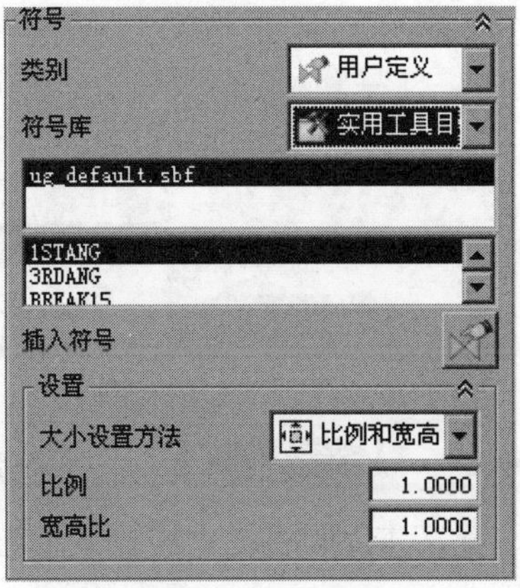

图 6.3.13 用户定义符号

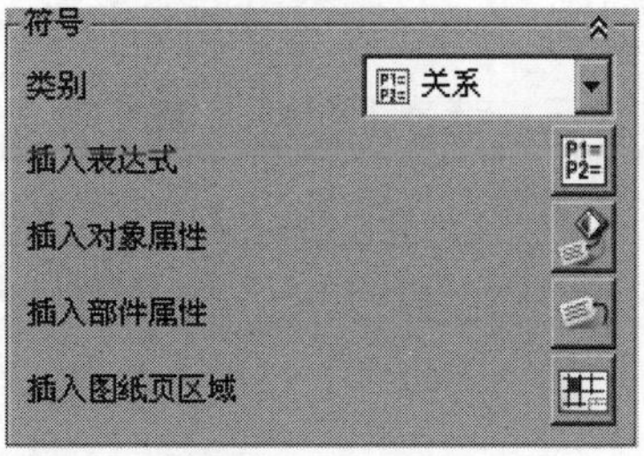

图 6.3.14 关系符号

- 导入/导出区域：该区域（图 6.3.15 所示）主要用于导入和导出文本内容。单击“插入文件中的文本”按钮，系统弹出“从文件中读取注释”的对话框，此时选择提前创建的文本文件，即可将文本内容导入到输入区中；单击“注释另存为文本文件”按钮，系统弹出“保存注释至文件”的对话框，此时输入文件名称，即可将输入区中的文本内容进行保存。
- 继承区域：在图 6.3.16 所示的该区域中，单击“选择注释”按钮，然后选择图纸中提前创建的其他注释文本，即可将其他注释文本的属性等参数继承过来。

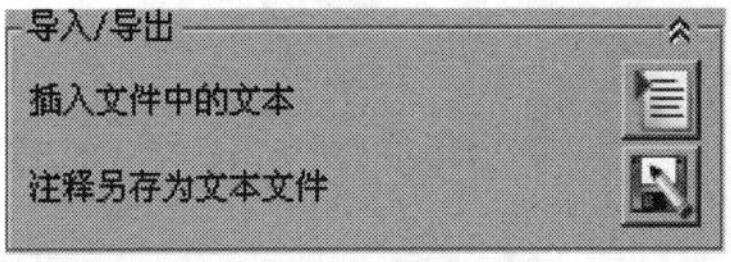

图 6.3.15 “导入/导出”区域

图 6.3.16 “继承”区域

- 设置区域：该区域（图 6.3.17 所示）主要设置文本的样式、斜体角度、粗体宽度和文本对齐的方式。单击“样式”按钮，系统弹出“样式”对话框，用户可以详细地设置文字的字符大小、间距因子、宽高比、字体、字体粗细等参数。

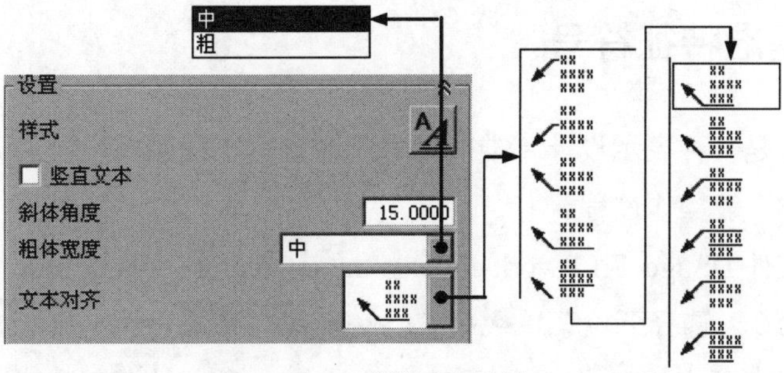

图 6.3.17 “设置”区域

6.3.2 编辑注释文本

要编辑某个注释文本，可以采用以下的方法来完成：

方法一：在图纸中直接双击要编辑的注释文本。

方法二：在图纸中右击要编辑的注释文本，在弹出的快捷菜单中选择 编辑(E)... 命令。

方法三：选择下拉菜单 编辑(E) → 注释(A) → 注释对象(O) 命令，然后在图纸中选取要编辑的注释文本，系统弹出“注释”对话框，即可进行注释文本的编辑。

方法四：选择下拉菜单 编辑(E) → 注释(A) → 文本(E)... 命令，系统弹出图 6.3.18 所示的“文本”对话框，在图纸中选取要编辑的注释文本，即可进行注释文本的编辑。

图 6.3.18 “文本”对话框

注意：*在方法一、二、三中系统弹出的是“注释”对话框，在方法四中系统弹出的是“文本”对话框。*

6.4 基准特征符号

6.4.1 创建基准特征符号

基准特征符号是一种表示设计基准的符号，在创建工程图中也是必要的。下面介绍创建基准特征符号的一般操作过程。

Step1. 打开文件 D:\ugdc8.12\work\ch06.04\datum_feature_symbol.prt。

Step2. 选择命令。选择下拉菜单 插入(S) → 注释(A) → 基准特征符号(R)... 命令（或单击“注释”工具栏中的 按钮），系统弹出图 6.4.1 所示的“基准特征符号”对话框。

Step3. 创建基准。在 基准标识符 区域的 字母 文本框中输入 A，其余采用默认设置。

Step4. 确认“基准特征符号”对话框中的 指定位置 被激活，选择图 6.4.2 所示的标注位置按下鼠标左键并拖动到放置位置，单击放置基准符号。

Step5. 在“基准特征符号”对话框中单击 关闭 按钮（或者单击鼠标中键），结果如图 6.4.2 所示。

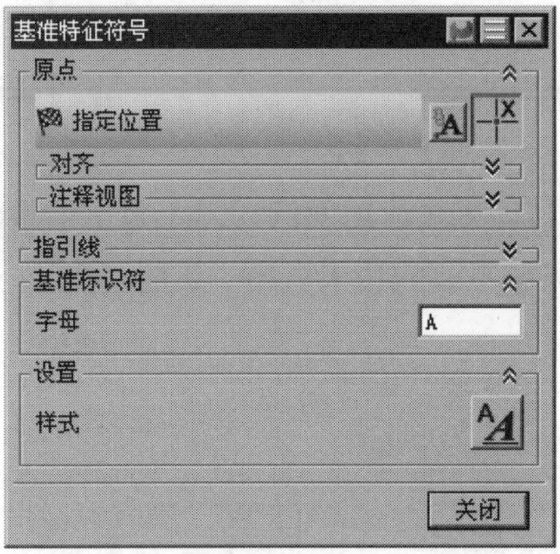

图 6.4.1 “基准特征符号”对话框

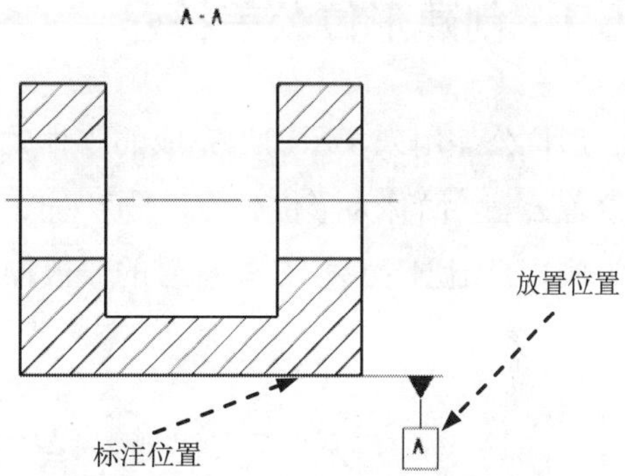

图 6.4.2 标注基准特征符号

说明：基准特征符号的样式与制图标准有关，有关样式的定制方法可参考制图标准一节的相关内容。

6.4.2 编辑基准特征符号

要编辑基准特征符号，可以采用以下的方法来完成：

方法一：在图纸中直接双击要编辑的基准特征符号。

方法二：在图纸中右击要编辑的基准特征符号，在弹出的快捷菜单中选择 编辑(E)... 命令。

方法三：选择下拉菜单 编辑(E) → 注释(A) → 注释对象(O) 命令，然后在图纸中选取要编辑的基准特征符号，系统弹出“基准特征符号”对话框，即可进行基准特征符号的编辑。

方法四：选择下拉菜单 编辑(E) → 注释(A) → 文本(E)... 命令，系统弹出“文本”对话框，在图纸中选取要编辑的基准特征符号，此时对话框显示为图 6.4.3 所示，可以编辑基准特征符号的文本。

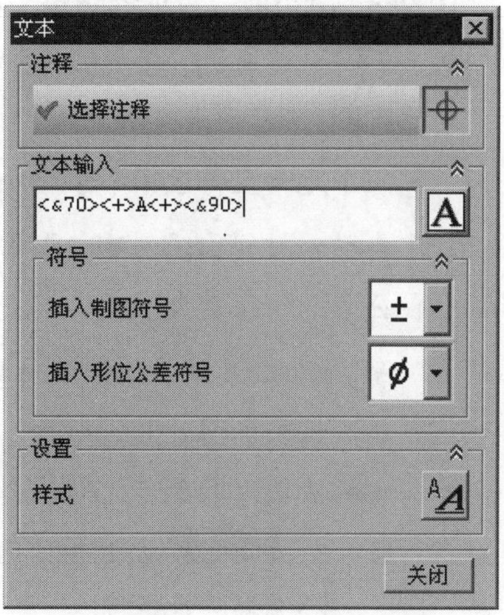

图 6.4.3 “文本”对话框

注意：在方法一、二、三中系统弹出的是“基准特征符号”对话框。在方法四中系统弹出的是“文本”对话框，此时只能对文本进行编辑。

6.5 形位公差符号

6.5.1 创建形位公差符号

形位公差用来表示加工完成的零件的实际几何与理想几何之间的误差，包括形状公差和位置公差，简称为形位公差，是工程图中非常常见和重要的技术参数。下面以图 6.5.1 所示为例，介绍创建形位公差符号的一般操作过程。

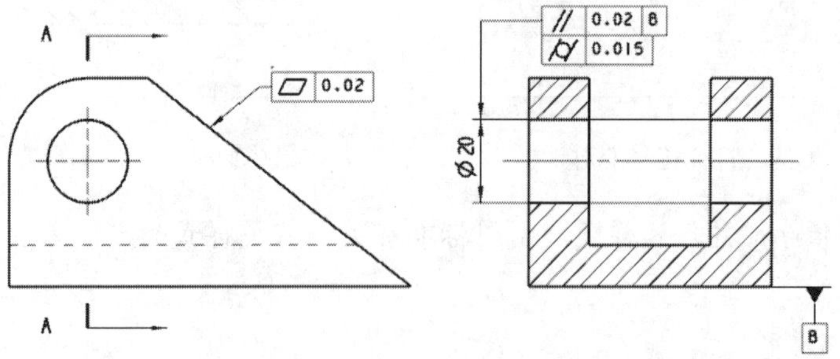

图 6.5.1 标注形位公差符号

Step1. 打开文件 D:\ugdc8.12\work\ch06.05\feature_control.prt。

Step2. 创建平面度公差。

（1）选择下拉菜单 插入(S) → 注释(A) → 特征控制框(E)... 命令（或单击“注释”工具栏中的按钮），系统弹出图 6.5.2 所示的“特征控制框”对话框。

图 6.5.2 所示的“特征控制框”对话框中的部分选项及按钮说明如下：

- 特性 下拉列表：用来选择形位公差的类型，系统默认为 直线度 类型。
- 框样式 下拉列表：用来选择框的样式，包含 单框 和 复合框 两种类型。如果在同一个元素上标注多个形位公差时，应选择 单框 类型并多次添加，添加时系统会自动吸附到已经创建的形位公差框上，添加结果如图 6.5.3a 所示。如果多行形位公差的特征类型相同，只是公差值或基准不同，可以采用 复合框 类型，此时会激活图 6.5.4 所示的列表区域，在列表框中选择某个选项后即可进行相应的定义，添加结果如图 6.5.3b 所示。
- 公差 区域：用于定义形位公差的数值和相关符号。

☑ 单位基础值 复选框：选中该复选框，会激活其下的 长度 文本框，此时可定义公差的长度范围。

☑ 下拉列表：用来定义公差值的前缀符号，包括直径符号Ø、球体直径符号SØ和正方形符号□。

☑ 0.0 文本框：用来输入公差的数值。

☑ 下拉列表：用来定义公差值的后缀符号，包括最小实体状态符号Ⓛ、最大实体状态符号Ⓜ和不考虑特征大小符号Ⓢ。

- 公差修饰符 区域：用来定义公差值的修饰符号。
- 第一基准参考 区域：用来定义公差值的第一个参考基准。

☑ 下拉列表：用来定义第一个基准的符号，可从列表中选择或手工输入。

☑ 下拉列表：用来定义第一个基准符号的后缀符号。

- 第二基准参考 和 第三基准参考 区域：与 第一基准参考 区域相似，不再赘述。
- 文本 区域：用来定义显示在公差特征框上的文本内容，可插入相关制图等符号。
- 设置 区域：用来定义公差特征框中的文字样式。

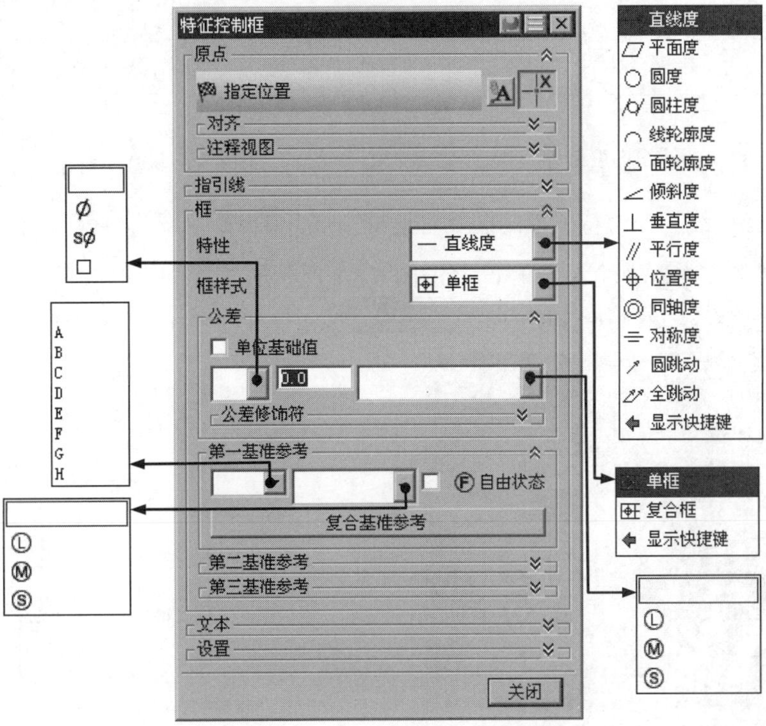

图 6.5.2　“特征控制框”对话框

a）组合的单框　　b）复合框

图 6.5.3　形位公差框样式

图 6.5.4　复合框的列表

（2）定义公差。在特性下拉列表中选择平面度选项，在框样式下拉列表中选择单框选项，在公差区域的0.0文本框中输入值 0.02，其余采用默认设置。

（3）放置公差框。确认“特征控制框”对话框中的指定位置被激活，选择图 6.5.5 所示的边线按下鼠标左键并拖动到放置位置，单击此位置以放置形位公差框。

Step3. 创建平行度公差。

（1）在“特征控制框”对话框中特性下拉列表中选择平行度选项，在框样式下拉列表中选择单框选项，在公差区域的0.0文本框中输入值 0.02，在第一基准参考区域中下拉列表中选择B选项，其余采用默认设置。

（2）放置公差框。确认“特征控制框”对话框中的指定位置被激活，选择图 6.5.6 所示的尺寸按下鼠标左键并拖动，此时出现公差框预览。

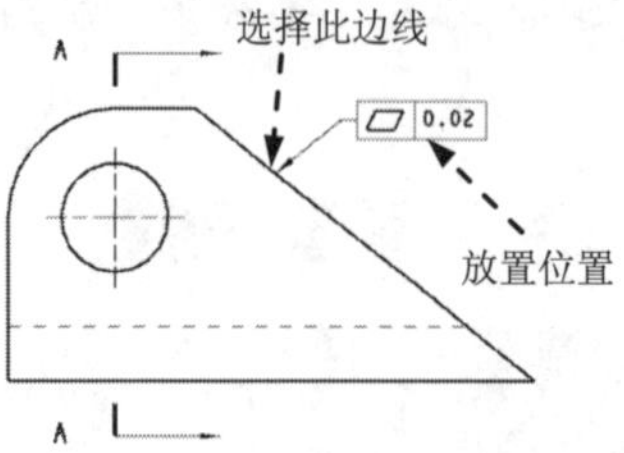

图 6.5.5　标注平面度公差

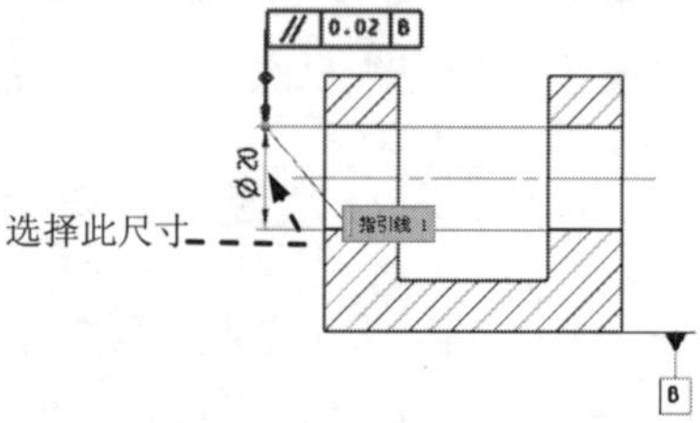

图 6.5.6 标注平行度公差

（3）调整指引线。在“特征控制框”对话框中展开指引线区域的样式区域（图 6.5.7 所示），在短划线长度文本框中输入值 15，单击图 6.5.8 所示的放置位置以放置形位公差框。

（4）在“特征控制框”对话框中单击关闭按钮（或者单击鼠标中键），结束命令。

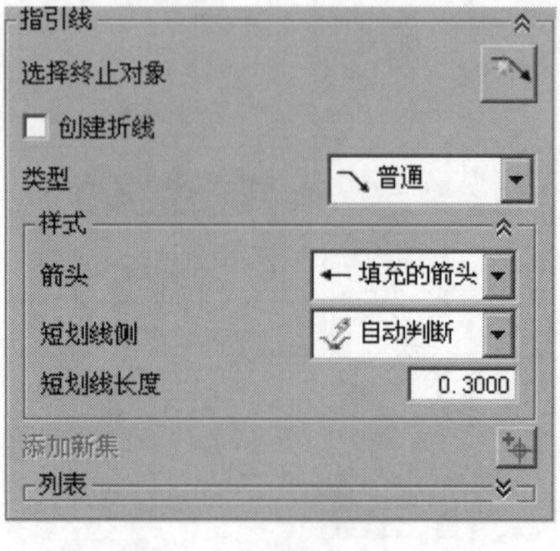

图 6.5.7　“指引线”区域

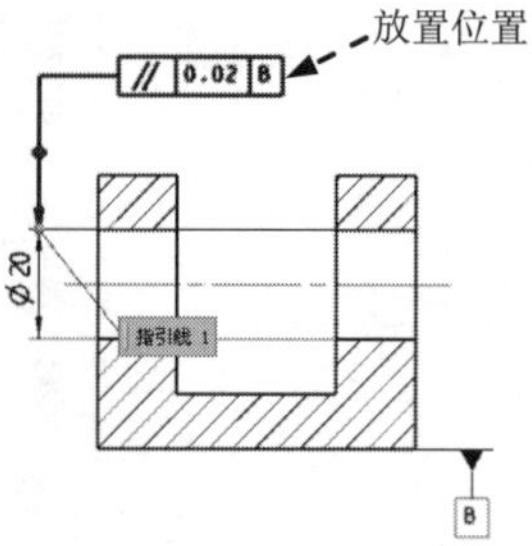

图 6.5.8　放置形位公差

Step4. 添加圆柱度公差。

（1）选择下拉菜单插入(S) → 注释(A) → 特征控制框(E)...命令（或单击“注释”工具栏中的按钮），系统弹出“特征控制框”对话框。

（2）定义公差。在特性下拉列表中选择圆柱度选项，在框样式下拉列表中选择单框选项，在公差区域的0.0文本框中输入值 0.015，在第一基准参考区域中下拉列表中选择空白选项，其余采用默认设置。

（3）放置公差框。确认“特征控制框”对话框中的 指定位置 被激活，移动鼠标指针到图 6.5.9 所示的位置，系统自动进行捕捉放置，单击此位置以放置形位公差框。

（4）调整指引线。在“特征控制框”对话框中展开 指引线 区域的 样式 区域，在 短划线长度 文本框中输入值 15，单击图 6.5.9 所示的放置位置以放置形位公差框。

（5）在“特征控制框”对话框中单击 关闭 按钮（或者单击鼠标中键），结果如图 6.5.1 所示。

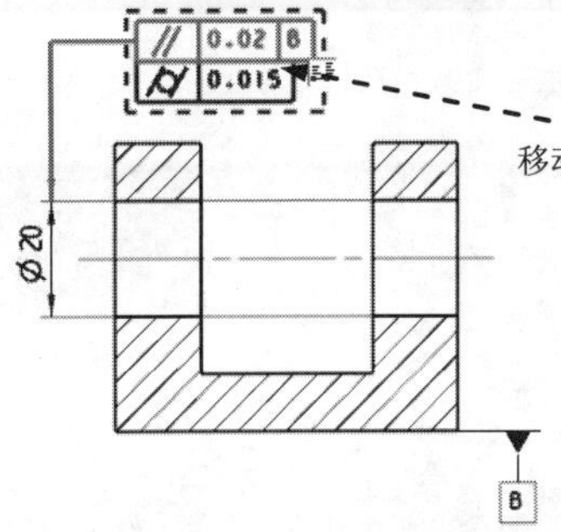

图 6.5.9　放置形位公差

6.5.2　编辑形位公差符号

要编辑形位公差符号，可以采用以下方法来完成：

方法一：在图样中直接双击要编辑的形位公差符号。

方法二：在图样中右击要编辑的形位公差符号，在弹出的快捷菜单中选择 编辑(E)... 命令。

方法三：选择下拉菜单 编辑(E) → 注释(A) → 注释对象(O) 命令，然后在图样中选取要编辑的形位公差符号，系统弹出“特征控制框”对话框，即可进行编辑。

编辑形位公差符号和创建形位公差的对话框一样，操作方法也相同，故此处不再赘述。

6.6　表面粗糙度符号

表面粗糙度是指零件表面在横断面上的微小峰谷的不平度，是机械零件图样中非常重要的技术参数，它对于加工工艺、成本、零件精度和寿命等都有重要的影响。我国国家标准中规定了表面粗糙度符号的详细标注方法，在进行标注时应注意遵循标准的要求。下面介绍创建表面粗糙度符号的一般操作过程。

Step1. 打开文件 D:\ugdc8.12\work\ch06.06\surface_finish_symbol.prt。

Step2. 选择命令。选择下拉菜单 插入(S) → 注释(A) → 表面粗糙度符号(S)... 命令，系统弹出图 6.6.1 所示的“表面粗糙度”对话框。

Step3. 设置图 6.6.1 所示的表面粗糙度参数，然后选取图 6.6.2 所示的边线中点放置符号。

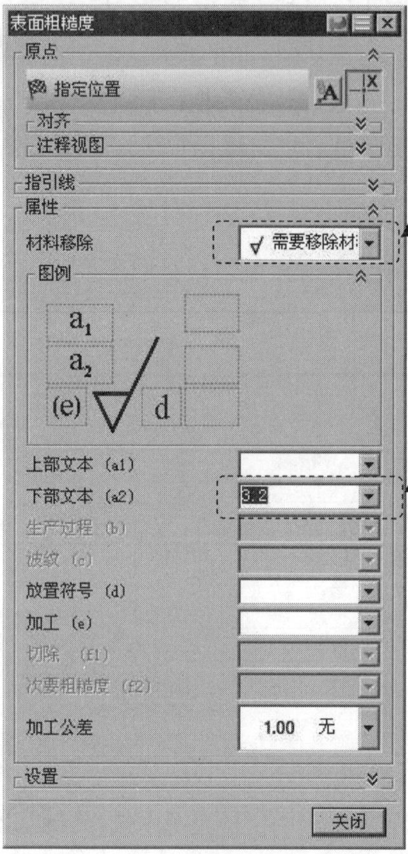

图 6.6.1 “表面粗糙度”对话框

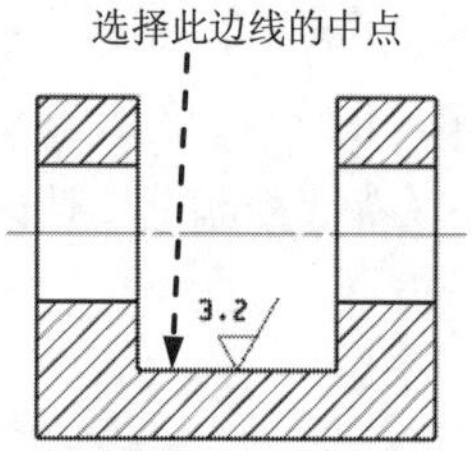

图 6.6.2 放置符号

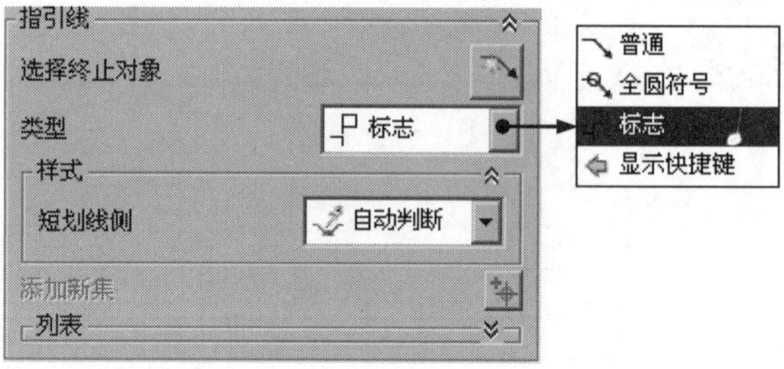

图 6.6.3 “指引线”区域

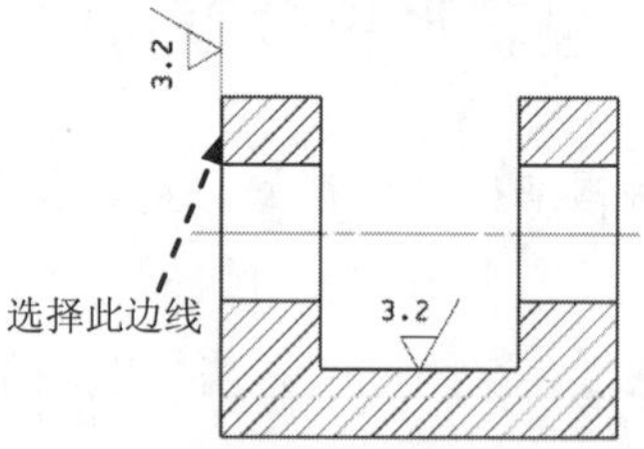

图 6.6.4 放置符号

Step4. 定义指引线类型。在“表面粗糙度”对话框中展开指引线区域（图 6.6.3 所示），在类型下拉列表中选择标志选项，然后选取图 6.6.4 所示的边线拖动鼠标并放置符号。

Step5. 在“表面粗糙度”对话框中展开设置区域（图 6.6.5 所示），选中☑反转文本复选框，然后选取图 6.6.6 所示的边线拖动鼠标并放置符号。

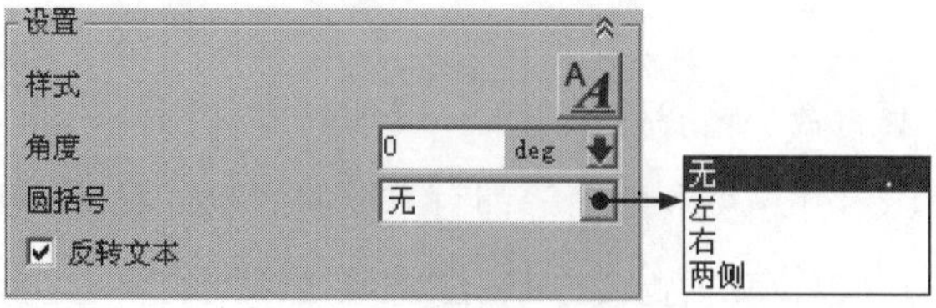

图 6.6.5 “设置”区域

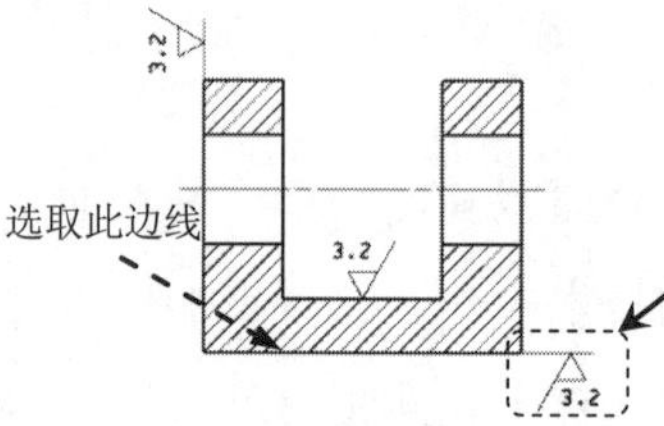

图 6.6.6 放置符号

Step6. 在“表面粗糙度”对话框中单击关闭按钮（或者单击鼠标中键），结果如图 6.6.6 所示。

图 6.6.1 所示的“表面粗糙度”对话框中的按钮及选项说明如下：

- 原点区域：用来设置原点位置和表面粗糙度符号的对齐方式。用户激活该区域的指定位置后，可以在图样上选取标注元素进行标注，可以连续选取多个要标注的元素对象。

● 指引线区域：用来设置指引线的样式和指引点。

☑ 按钮：用来定义指引线的引出对象。

☑ □ 创建折线复选框：用来定义指引线的是否可以是折线。

☑ 类型下拉列表：用来定义指引线的类型。选择三种类型的标注结果分别如图 6.6.7a、图 6.6.7b 和图 6.6.7c 所示。需要注意的是，当选择标志类型时，指引线不带箭头样式。

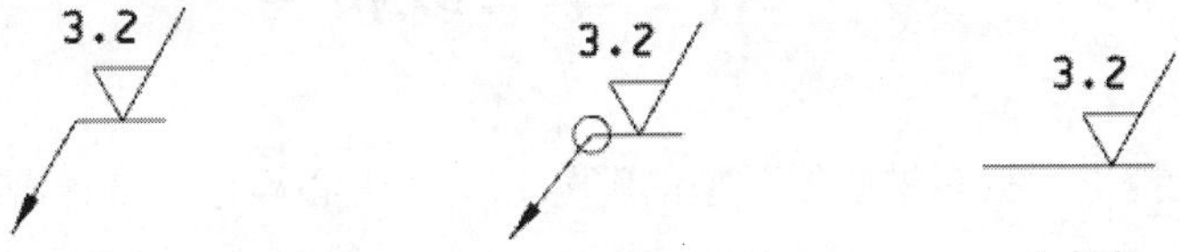

a）箭头　　b）全圆符号　　c）标志

图 6.6.7　指引线类型

☑ 样式区域：用来定义指引线的箭头样式、短画线的长度和放置侧。

● 属性区域：用于设置表面粗糙度符号的类型和值属性。

☑ 材料移除下拉列表：系统提供了 9 种类型的表面粗糙度符号。选择相应的表面粗糙度类型，会激活此区域中不同的参数设置选项，并显示在“图例”区域中。

● 设置区域：该区域用于设置表面粗糙度符号的文本样式、旋转角度、圆括号及文本是否反转等参数。

☑ 角度文本框：用来定义粗糙度符号的放置角度。图 6.6.8a~e 所示分别为角度 0、60、90、150 和 180 的标注效果。

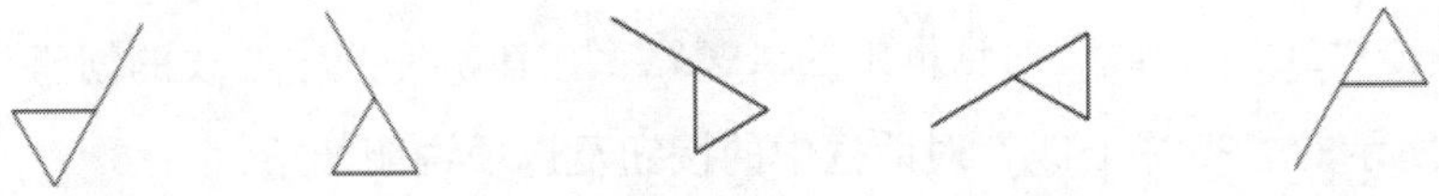

a）角度 0°　　b）角度 60°　　c）角度 90°　　d）角度 150°　　e）角度 180°

图 6.6.8 旋转角度

☑ 圆括号下拉列表：用来定义粗糙度符号中是否包含圆括号。图 6.6.9a~d 所示为 4 种不同的标注效果。

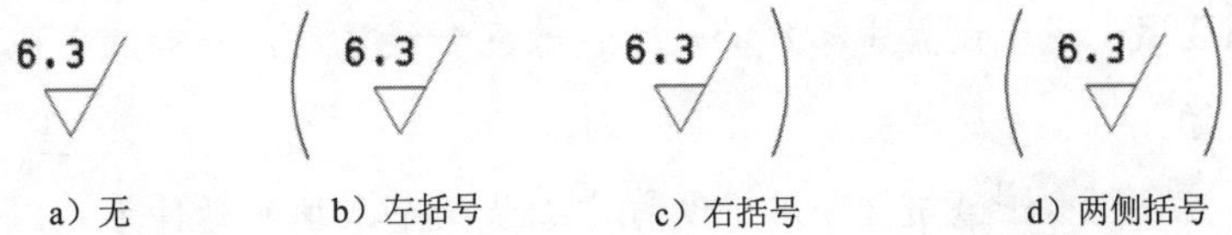

a）无　　b）左括号　　c）右括号　　d）两侧括号

图 6.6.9　圆括号

☑ 反转文本复选框：用来定义粗糙度符号中的文本是否需要翻转。图 6.6.10a~d 所示为 4 种不同的标注效果。

a）角度 0°、不反转　　b）角度 0°、反转　　c）角度 90°、不反转　　d）角度 90°、反转

图 6.6.10　反转文本

6.7　中心线符号

UG NX 8.0 提供了很多中心线类型的符号，例如中心标记、螺栓圆、圆形、对称、2D 中心线和 3D 中心线，可以进一步丰富和完善工程图。

6.7.1　2D 中心线

2D 中心线通过选择两条边、两条曲线或者两个点来创建。下面介绍创建 2D 中心线的一般操作过程。

Step1. 打开文件 D:\ugdc8.12\work\ch06.07\2D_centerline.prt。

Step2. 选择命令。选择下拉菜单 插入(S) → 中心线(E) → 2D 中心线... 命令，系统弹出图 6.7.1 所示的“2D 中心线”对话框。

Step3. 定义中心线。在类型下拉列表中选择 从曲线 选项，依次选择图 6.7.2 所示的两条边线，在尺寸区域选中☑ 单独设置延伸复选框，此时中心线的两个端点上显示出两个箭头，分别拖动两个箭头调整中心线长度，结果如图 6.7.3 所示。

Step4. 单击“2D 中心线”对话框中的 < 确定 > 按钮，完成中心线的创建。

图 6.7.1 所示的“2D 中心线”对话框中的按钮及选项说明如下：

- 类型下拉列表：用于设置创建 2D 中心线的方式。
  - ☑ 从曲线选项：选择此选项，用户通过选择两条边线来创建中心线。
  - ☑ 根据点选项：选择此选项，用户通过选择两个点线来创建中心线。
- 继承区域：用于设置中心线参数的继承。
- 设置区域：用于设置中心线的尺寸、颜色和线宽度，一般应参照制图标准的规定来设置。
  - ☑ ☑ 单独设置延伸复选框：用于设置中心线两个末端的延伸方式，选中此复选框后，中心线两端会出现控制箭头，此时用户可拖动箭头改变中心线的长度。

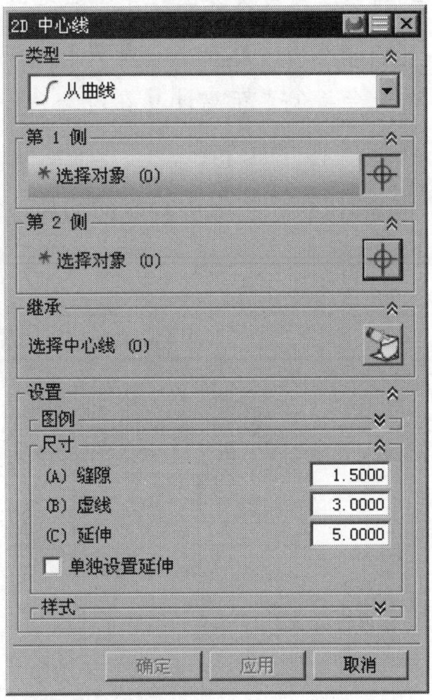

图 6.7.1 “2D 中心线”对话框

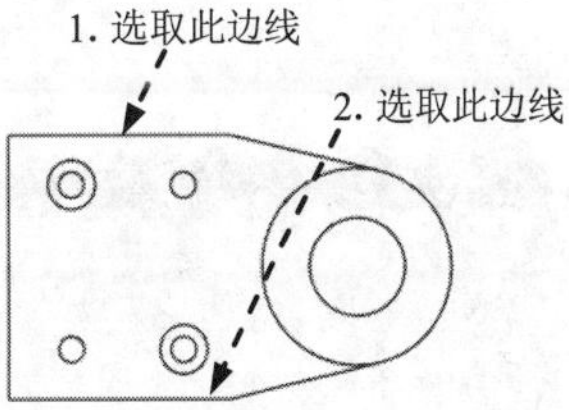

图 6.7.2 选取边线

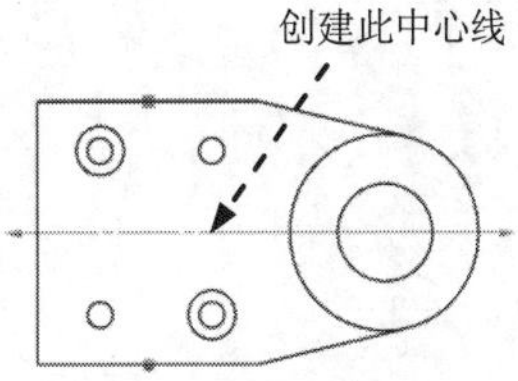

图 6.7.3 创建中心线

6.7.2 3D 中心线

3D 中心线通过选择扫掠面或分析面来创建的中心线符号，用户可以选择圆柱面、圆锥面、直纹面、拉伸面、回转面、环面等等。下面介绍创建 3D 中心线的一般操作过程。

Step1. 打开文件 D:\ugdc8.12\work\ch06.07\3D_centerline.prt。

Step2. 选择命令。选择下拉菜单 插入(S) → 中心线(E) → 3D 中心线... 命令，系统弹出图 6.7.4 所示的“3D 中心线”对话框。

图 6.7.4 所示的“3D 中心线”对话框中的按钮及选项说明如下：

- 按钮：用于选择创建 3D 中心线的圆柱面或圆锥面等等。
- 对齐中心线 复选框：在创建多条 3D 中心线时，如果选中该复选框，则第一条中心线的端点投影到其他面的轴上，其余的中心线与第一条中心线对齐。取消该复选框时，则可以创建具有各自不同长度的中心线。
- 方法 下拉列表：定义创建中心线时的偏置方法，包括有 无 、距离 和 对象 等选项。
  - ☑ 无 选项：表示不进行中心线的偏置。
  - ☑ 距离 选项：选择该选项，会激活 偏置距离 文本框，用户可输入偏置距离的数值，此时创建的中心线和选择 无 选项时从外观看没有任何区别，但在标注尺寸时系统会将偏置距离计算在内。
  - ☑ 对象 选项：选择该选项，会激活 * 选择对象 (0)，用户需要选择某个制图对象来定义偏置位置，此时的偏置距离是偏置位置与实际圆柱中心线之间的垂直距离。与选择距离选项时类似，此时创建的中心线和选择无选项时从外观看没有任何区别，但在标注尺寸时系统会将偏置距离计算在内。

Step3. 定义中心线。在图样上选择图 6.7.5 所示的圆柱面。

Step4. 单击“3D 中心线”对话框中的< 确定 >按钮，完成中心线的创建，结果如图 6.7.6 所示。

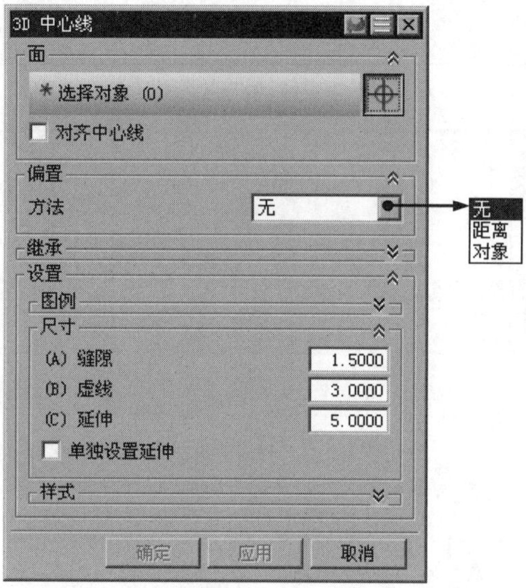

图 6.7.4 “3D 中心线”对话框

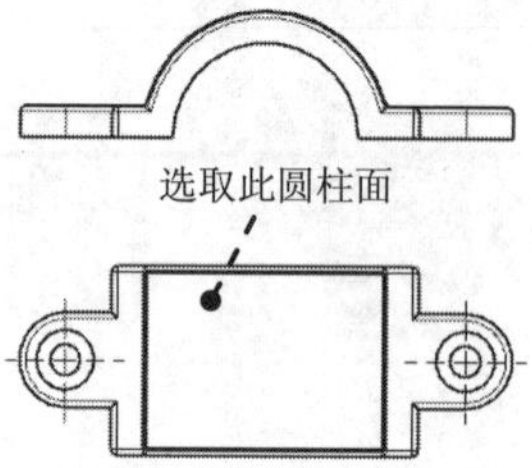

图 6.7.5 选取面

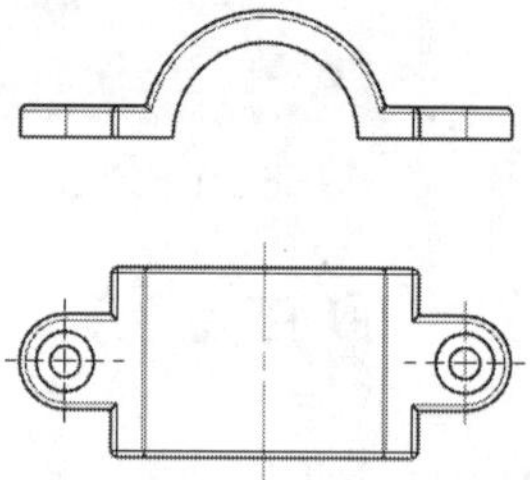

图 6.7.6 创建 3D 中心线

6.7.3 中心标记

使用中心标记命令可以创建通过点或圆弧的中心标记符号。下面介绍创建中心标记符号的一般操作过程。

Step1. 打开文件 D:\ugdc8.12\work\ch06.07\center_mark.prt。

Step2. 选择命令。选择下拉菜单插入(S) → 中心线(E) → 中心标记(M)...命令，系统弹出图 6.7.7 所示的“中心标记”对话框。

Step3. 选择圆弧。在图样上选择图 6.7.8 所示的圆弧 1，此时中心标记如图 6.7.8 所示，依次选取其余的 2 个圆弧。

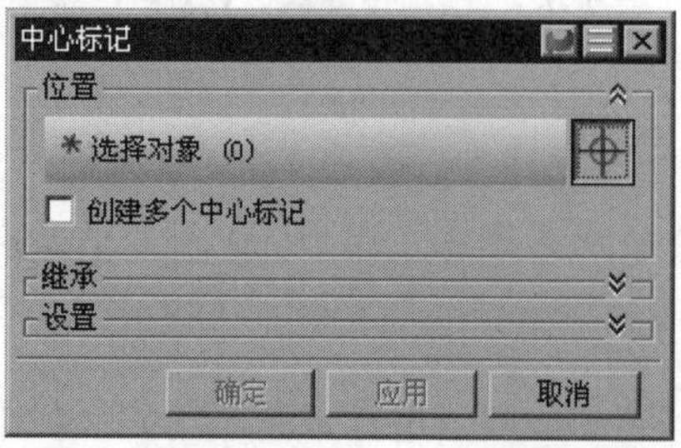

图 6.7.7 “中心标记”对话框

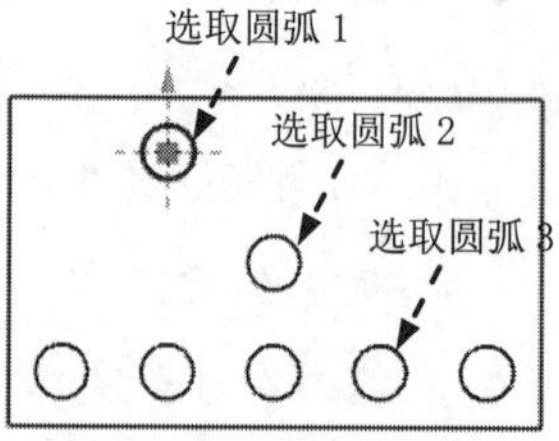

图 6.7.8 选取圆弧

Step4. 单击“中心标记”对话框中的 < 确定 > 按钮，结果如图 6.7.9 所示。

说明：

- 如果在 Step3 选中 ☑ 创建多个中心标记 复选框，则结果如图 6.7.10 所示。
- 如果在选中 ☑ 创建多个中心标记 复选框后，选择的中心点不在同一条线上，系统将无法创建中心线。

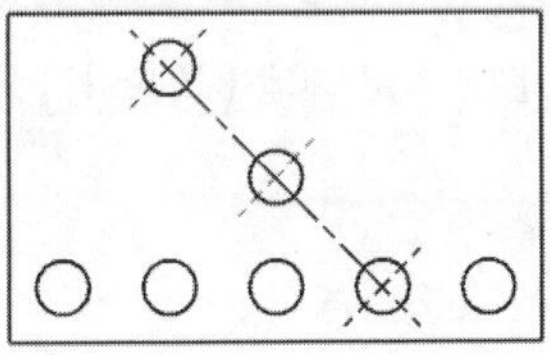

图 6.7.9 中心标记

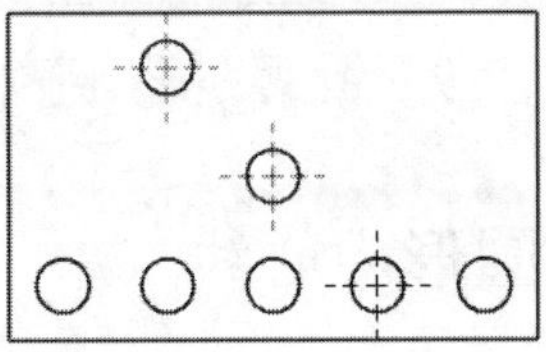

图 6.7.10 独立的中心标记

6.7.4 螺栓圆中心线

使用螺栓圆中心线命令可以创建通过点或圆弧的完整或不完整的螺栓圆符号，在创建时应注意按照逆时针方向来选择通过点。下面介绍通过 3 个或更多点创建螺栓圆符号的一般操作过程。

Step1. 打开文件 D:\ugdc8.12\work\ch06.07\bolt_circle.prt。

Step2. 选择命令。选择下拉菜单 插入(S) → 中心线(E) → 螺栓圆(B)... 命令，系统弹出图 6.7.11 所示的“螺栓圆中心线”对话框。

Step3. 选择类型。在“螺栓圆中心线”对话框下拉列表中选择 通过 3 个或更多点 选项。

Step4. 选择通过点。确认“捕捉”工具条中的 ⊙ 被激活，在图样上依次选择图 6.7.12 所示的 4 个圆弧。

Step5. 单击“螺栓圆中心线”对话框中的 < 确定 > 按钮，结果如图 6.7.13 所示。

说明：如果取消选中 ☐ 整圆 复选框，则创建的螺栓圆中心线如图 6.7.14 所示。

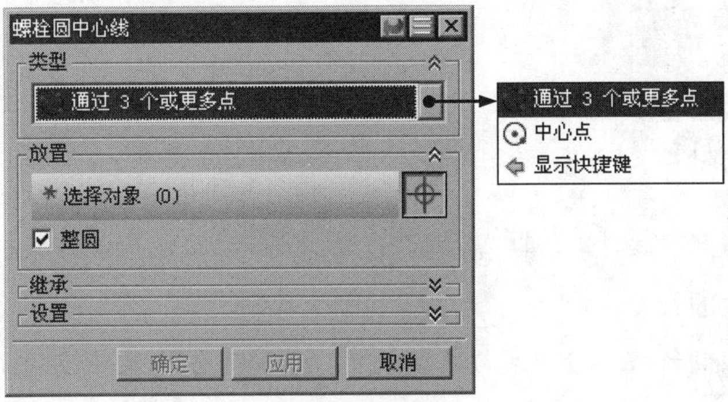

图 6.7.11 “螺栓圆中心线”对话框

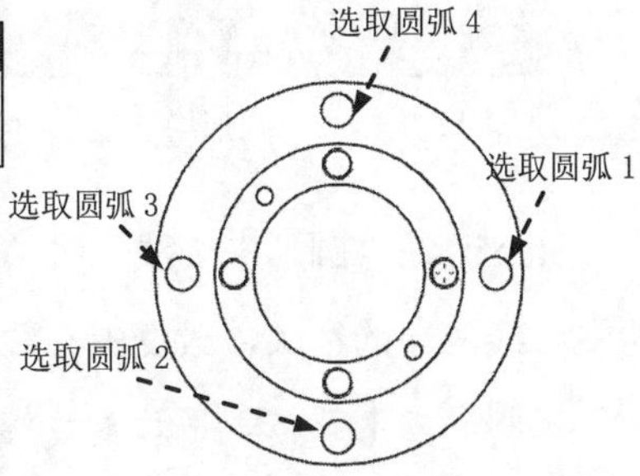

图 6.7.12 选取圆弧

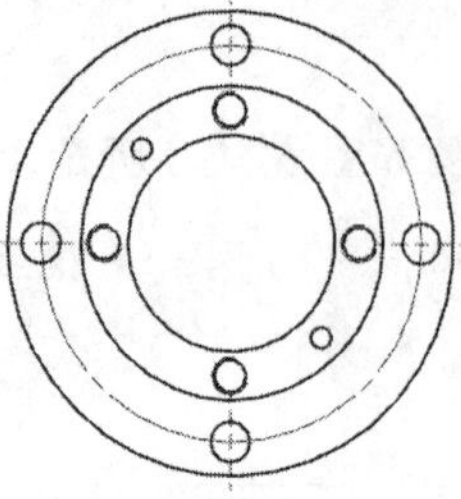

图 6.7.13　螺栓圆中心线

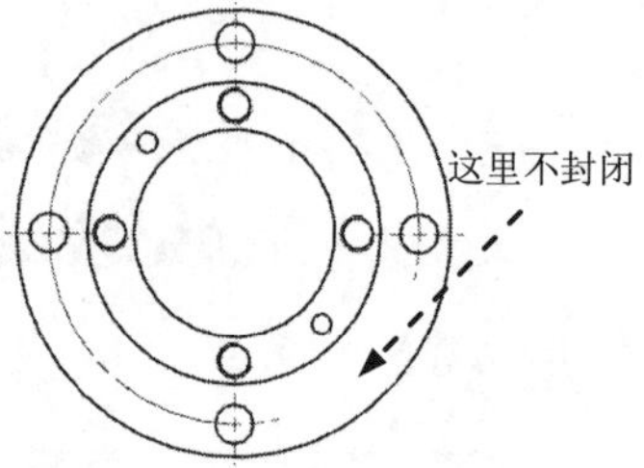

图 6.7.14 非整圆的螺栓圆

6.7.5　圆形中心线

创建圆形中心线与螺栓圆中心线的方法类似，所产生的圆形中心线只是通过所选的点，并不会在所选点的位置产生额外的中心线，在创建时同样应注意按照逆时针方向来选择通过点。下面介绍通过中心点创建圆形中心线的一般操作过程。

Step1. 打开文件 D:\ugdc8.12\work\ch06.07\circle.prt。

Step2. 选择命令。选择下拉菜单 插入(S) → 中心线(E) → 圆形(C)... 命令，系统弹出图 6.7.15 所示的“圆形中心线”对话框。

Step3. 选择类型。在“圆形中心线”对话框下拉列表中选择 中心点 选项。

Step4. 选择通过点。确认“捕捉”工具条中的 ⊙ 被激活，在图样上依次选择图 6.7.16 所示的 2 个圆弧，取消选中 □ 整圆 复选框，此时显示的圆形中心线如图 6.7.16 所示。

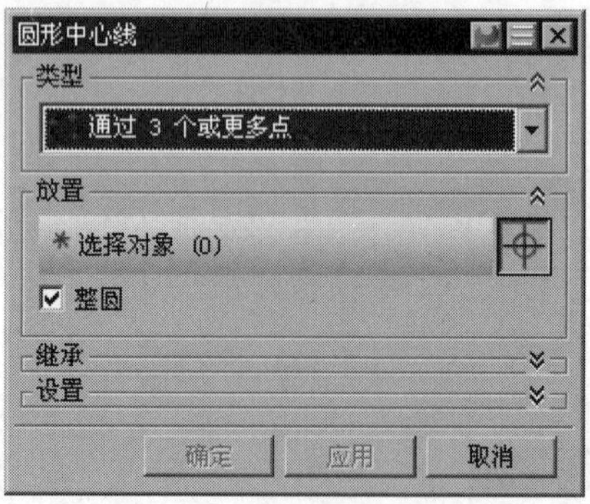

图 6.7.15　“圆形中心线”对话框

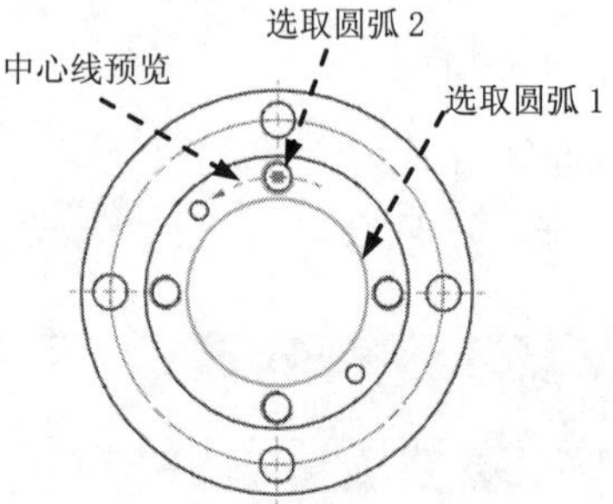

图 6.7.16　选取圆弧

Step5. 在“圆形中心线”对话框中展开 设置 区域，选中 ☑ 单独设置延伸 复选框，并分别拖动中心线两端的箭头，改变中心线的长度。

说明：如果在这里单击某一端的箭头，会出现动态输入框，用户可以输入相应的弧长数值来确定中心线的长度。

Step6. 单击“圆形中心线”对话框中的 < 确定 > 按钮，结果如图 6.7.17 所示。

说明：如果选中 ☑ 整圆 复选框，则创建的圆形中心线如图 6.7.18 所示。

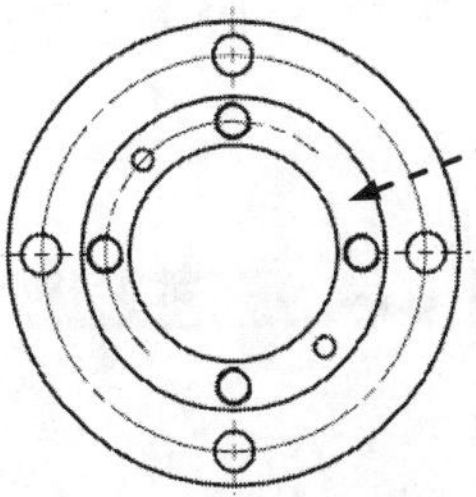

图 6.7.17 非整圆的圆形中心线

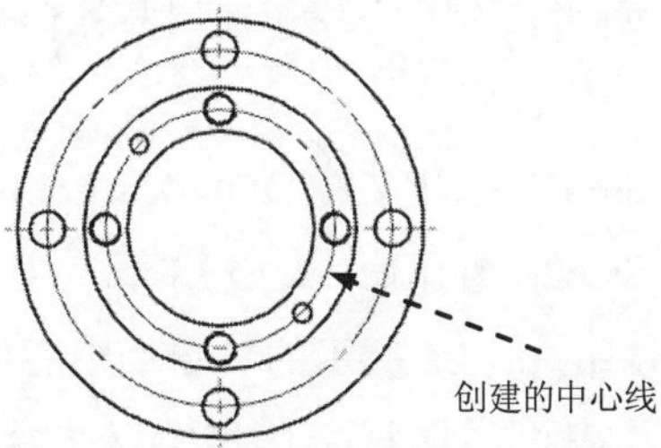

图 6.7.18 整圆的圆形中心线

6.7.6 对称中心线

使用对称中心线命令可以创建对称中心线，用来指明几何体中的对称位置。下面介绍创建对称中心线的一般操作过程。

Step1. 打开文件 D:\ugdc8.12\work\ch06.07\symmtrical.prt。

Step2. 选择命令。选择下拉菜单 插入(S) → 中心线(E) → 对称(S)... 命令，系统弹出“对称中心线”对话框。

Step3. 定义对称中心线。在“对称中心线”对话框中 类型 下拉列表中选择 起点和终点 选项，在图样上依次选择图 6.7.19 所示的 2 个圆弧的圆心点。

Step4. 在“对称中心线”对话框中选中 ☑ 单独设置延伸 复选框，分别拖动对称中心线两端的箭头改变其长度。

Step5. 单击“对称中心线”对话框中的 应用 按钮，结果如图 6.7.20 所示。

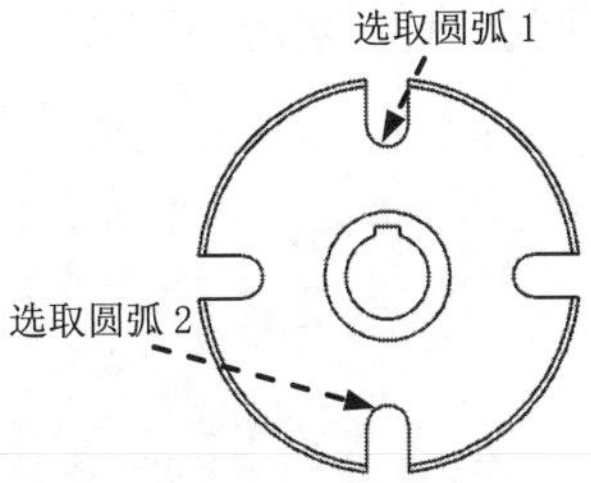

图 6.7.19 定义起始点

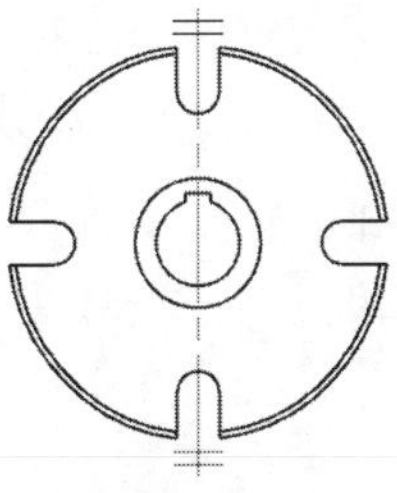

图 6.7.20 对称中心线（一）

Step6. 在“对称中心线”对话框中 类型 下拉列表中选择 从面 选项，在图样上选择图 6.7.21a 所示的圆柱面投影，单击“对称中心线”对话框中的 < 确定 > 按钮，结果如图 6.7.21b 所示。

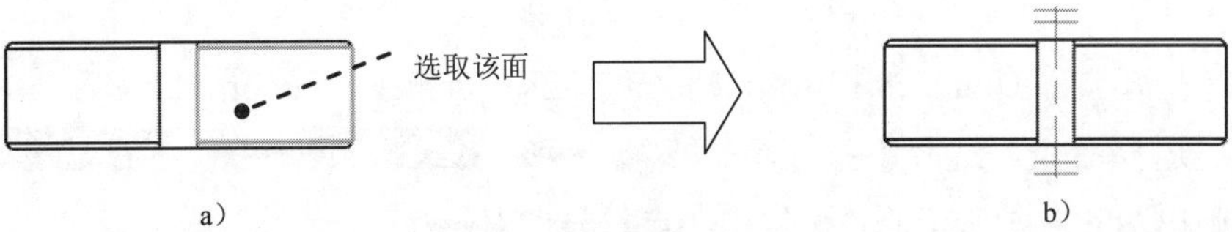

图 6.7.21 对称中心线（二）

6.7.7 自动中心线

使用自动中心线命令可以由系统自动判断圆孔和圆柱等制图对象，并生成对应的中心线，创建后的中心线和使用其他命令创建的中心线并无区别。下面介绍创建自动中心线的一般操作过程。

Step1. 打开文件 D:\ugdc8.12\work\ch06.07\auto_centerline.prt。

Step2. 选择命令。选择下拉菜单 插入(S) → 中心线(E) → 自动(A)... 命令，系统弹出图 6.7.22 所示的“自动中心线”对话框。

Step3. 在图样上选择图 6.7.23 所示的 2 个视图，单击“自动中心线”对话框中的 < 确定 > 按钮，结果如图 6.7.23 所示。

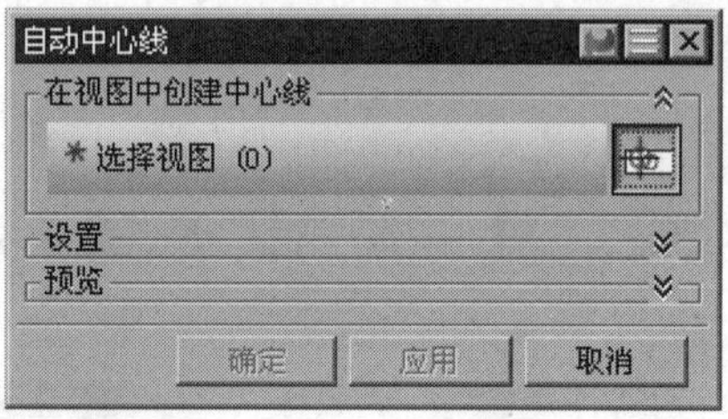

图 6.7.22 “自动中心线”对话框

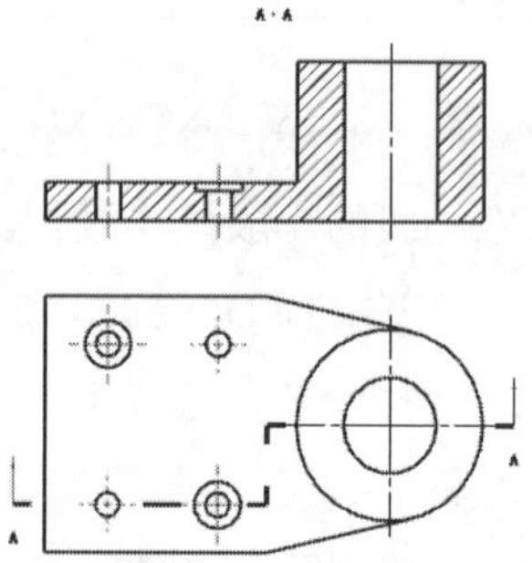

图 6.7.23 自动中心线

6.7.8 偏置中心点符号

使用偏置中心点符号命令可以为圆弧对象创建一个中心点，这个中心点并不是该圆弧的真实中心点。该偏置中心点符号尤其适合在标注大尺寸圆弧时的情况。当移动与偏置中心点相关联的圆弧时，偏置中心点将得到更新。在选择该偏置中心点标注有关尺寸时，尺寸数值是按照圆弧的真实中心点来计算的。下面以图 6.7.24 所示为例，介绍创建偏置中心点符号的一般操作过程。

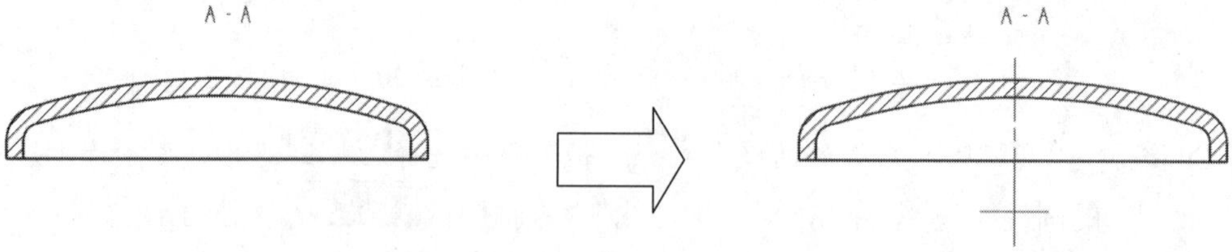

a）创建前　　b）创建后

图 6.7.24 创建偏置中心点符号

Step1. 打开文件 D:\ugdc8.12\work\ch06.07\offset_center_point.prt。

Step2. 选择命令。选择下拉菜单 插入(S) → 中心线(E) → 偏置中心点符号(O)... 命令，系统弹出图 6.7.25 所示的“偏置中心点符号”对话框。

图 6.7.25 所示的“偏置中心点符号”对话框常用的按钮及选项说明如下：

- 按钮：用来选择需要产生偏置中心点的制图对象。
- 偏置 下拉列表：用于定义偏置中心点的偏置距离的计算方法。

☑ 从圆弧算起的水平距离：选择该选项，偏置中心点将放置在水平方向上，偏置距离是从圆弧边缘开始计算的。

☑ 从中心算起的水平距离：选择该选项，偏置中心点将放置在水平方向上，偏置距离是从圆弧中心开始计算的。

☑ 从某个位置算起的水平距离：选择该选项，偏置中心点将放置在水平方向上，用户需要额外指定一个光标位置，此时偏置距离是从该光标位置到圆弧中心计算的。

☑ 从圆弧算起的竖直距离：选择该选项，偏置中心点将放置在竖直方向上，偏置距离是从圆弧边缘开始计算的。

☑ 从中心算起的竖直距离：选择该选项，偏置中心点将放置在竖直方向上，偏置距离是从圆弧中心开始计算的。

☑ 从某个位置算起的竖直距离：选择该选项，偏置中心点将放置在竖直方向上，用户需要额外指定一个光标位置，此时偏置距离是从该光标位置到圆弧中心计算的。

● 距离文本框：用来定义偏置距离。注意输入的数值可以是正值或负值，但不能大于圆弧的半径数值，如图 6.7.26 所示。

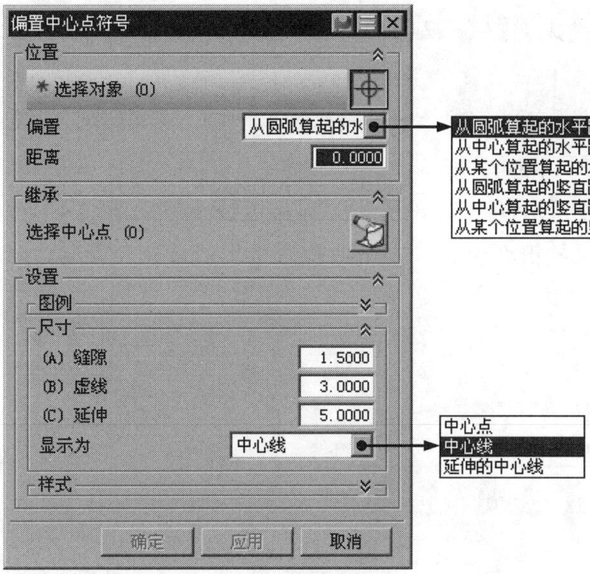

图 6.7.25 “偏置中心点符号”对话框

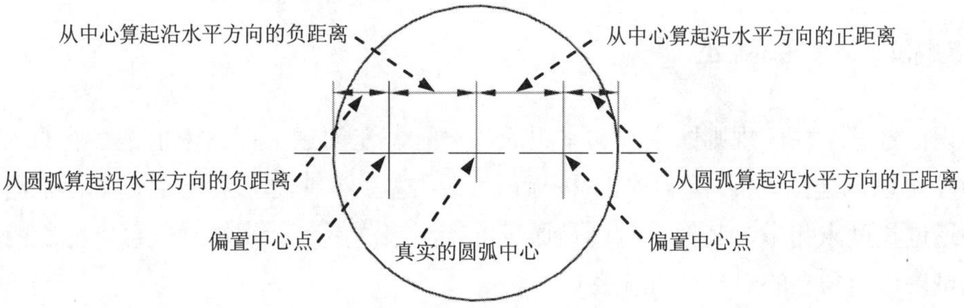

图 6.7.26 偏置中心点

- 按钮：用来选择要继承的中心点符号。
- 显示为下拉列表：用来控制偏置中心点的显示模式，包含中心点、中心线和延伸的中心线等 3 种模式。需要注意的是，制图标准中定义的样式不同，其结果会有差异，图 6.7.27a~c 所示为 ISO 制图标准的标注效果。

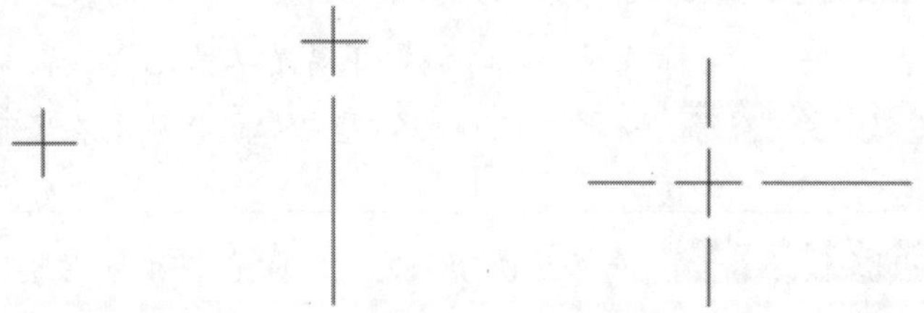

a）中心点　　b）中心线（竖直距离）　　c）延伸的中心线（水平距离）

图 6.7.27　偏置中心点显示模式

Step3. 设置符号参数。在“偏置中心点符号”对话框偏置下拉列表中选择从圆弧算起的竖直距离选项，在距离文本框中输入值 30，在尺寸区域中显示为下拉列表中选择延伸的中心线选项，其余采用系统默认参数。

Step4. 在图样中选取图 6.7.28 所示的圆弧边线，单击“偏置中心点符号”对话框中的< 确定 >按钮，结果如图 6.7.24b 所示。

Step5. 标注尺寸。

（1）选择下拉菜单插入(S) → 尺寸(M) → 带折线的半径(F)...命令，系统弹出“带折线的半径尺寸”工具条。

（2）在图样中选取图 6.7.28 所示的圆弧边线，然后选取刚刚创建的偏置中心点符号，单击图 6.7.29 所示的折叠位置，在合适位置单击放置该尺寸。

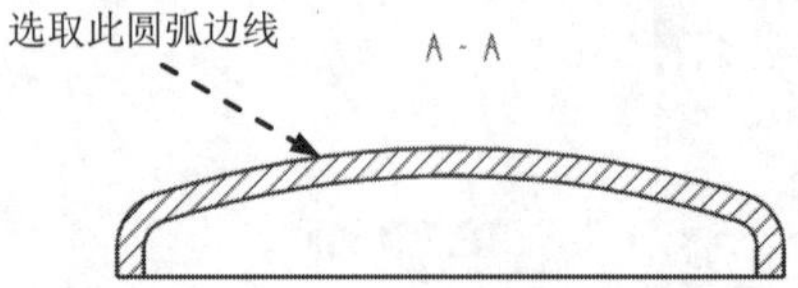

图 6.7.28　选取圆弧边线

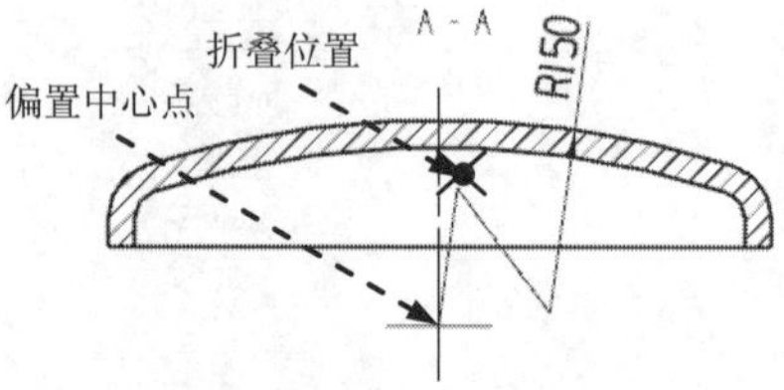

图 6.7.29　标注尺寸

6.8　标 识 符 号

6.8.1　标识符号概述

标识符号是一种由规则图形和文本组成的符号，在创建工程图中也是必要的。在 UG NX 8.0 中可以创建图 6.8.1 所示的 11 种标识符号类型，其中圆形符号通过直径来测量，圆角方块通过长度来测量，其他符号则是通过外接圆来测量。标识符号既可以与制图对象关联，也可以作为独立的符号放置在图样上。

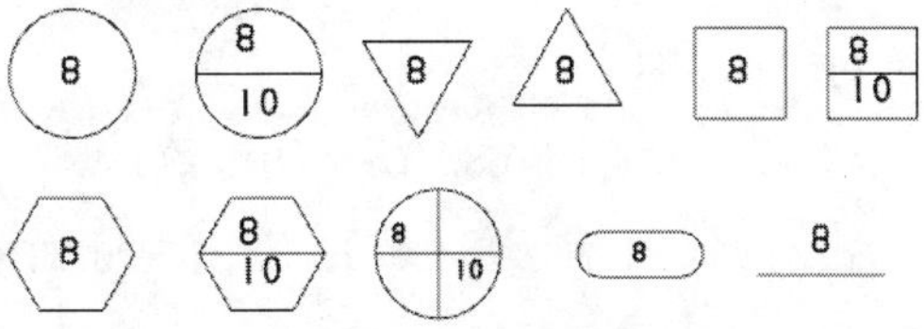

图 6.8.1　标识符号类型

6.8.2　创建标识符号

下面以图 6.8.2 所示为例来介绍创建标识符号的一般操作过程。

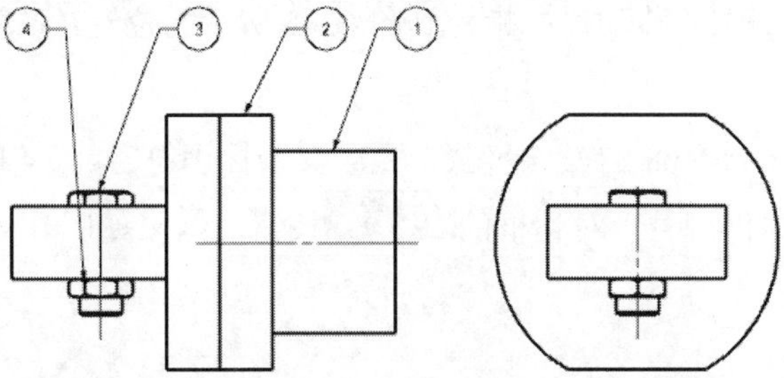

图 6.8.2　创建标识符号

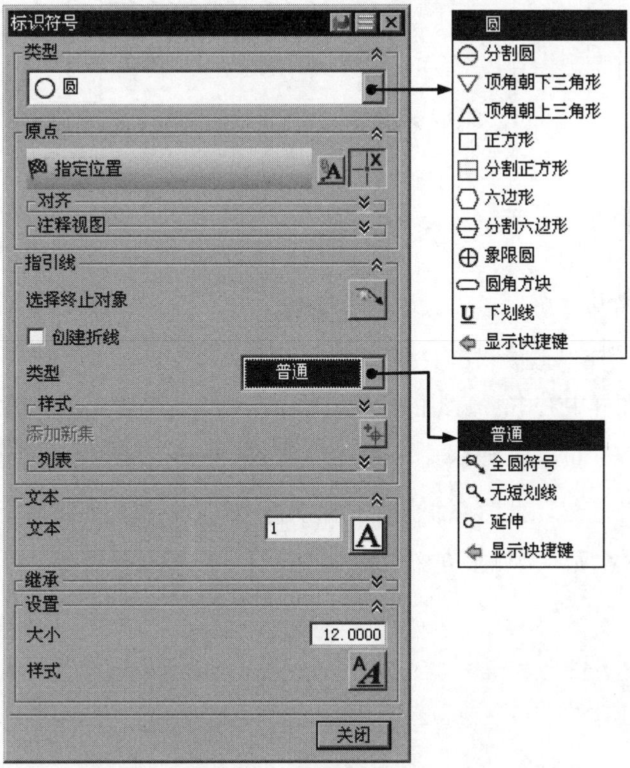

图 6.8.3　“标识符号”对话框

Step1．打开文件 D:\ugdc8.12\work\ch06.08\id_symbol.prt。

Step2. 选择命令。选择下拉菜单 插入(S) → 注释(A) → 标识符号(I)... 命令，系统弹出图 6.8.3 所示的“标识符号”对话框。

Step3. 定义第 1 个符号参数。设置图 6.8.3 所示的参数。

Step4. 指定指引线。单击对话框中 指引线 区域的“选择终止对象”按钮，选择图 6.8.4 所示的点为引线的放置点。

Step5. 放置标识符号。单击图 6.8.4 所示的放置位置以放置标识符号。

Step6. 定义第 2 个符号参数。在 文本 区域的 文本 文本框中输入值 2，其余参数保持不变。

Step7. 单击对话框中 指引线 区域的“选择终止对象”按钮，选择图 6.8.5 所示的点为引线的放置点。

Step8. 放置标识符号。移动鼠标指针到图 6.8.5 所示的位置，系统自动捕捉到第一个标识符号并与之对齐。

Step9. 参照 Step6~ Step8 的操作步骤，完成其余标识符号 3、4 的标注。

Step10. 单击“标识符号”对话框的 关闭 按钮，结果如图 6.8.2 所示。

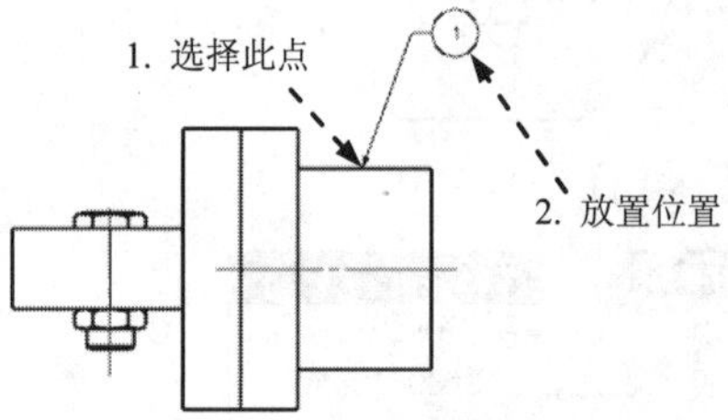

图 6.8.4　创建第一个标识符号

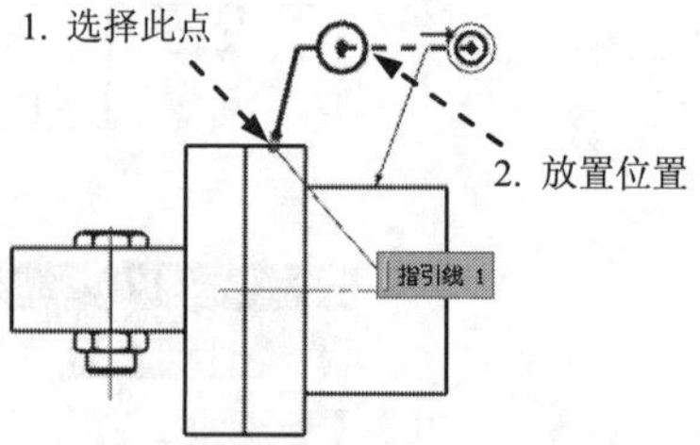

图 6.8.5　创建第二个标识符号

6.8.3　编辑标识符号

要编辑标识符号，可以采用以下的方法来完成：

方法一：在图样中直接双击要编辑的标识符号。

方法二：在图样中右击要编辑的标识符号，在弹出的快捷菜单中选择 编辑(E)... 命令。

方法三：选择下拉菜单 编辑(E) → 注释(A) → 注释对象(O) 命令，然后在图样中选取要编辑的标识符号，此时系统弹出“标识符号”对话框，即可进行标识符号的编辑。

下面以图 6.8.6 所示为例来介绍编辑标识符号的一般操作过程。

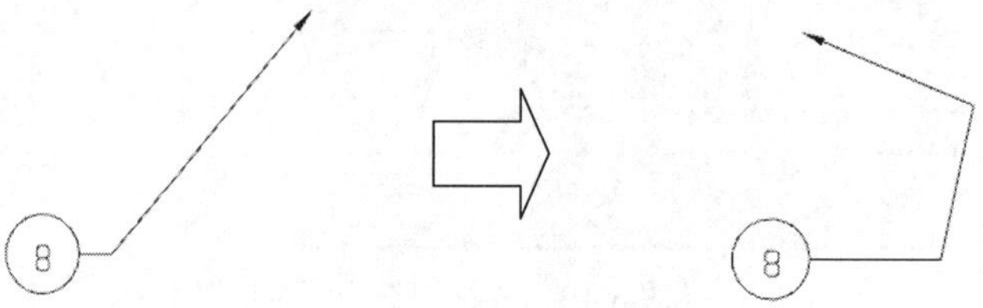

a）编辑前　　b）编辑后

图 6.8.6　编辑标识符号

Step1. 打开文件 D:\ugdc8.12\work\ch06.08\ID_edit.prt。

Step2. 选择命令。选择下拉菜单 编辑(E) ➡ 注释(A) ➡ 注释对象(O) 命令，然后在图样中选取唯一的标识符号，系统弹出“标识符号”对话框。

Step3. 编辑短画线长度。在图 6.8.7a 中拖动短画线的箭头向右移到图中所示的新位置（也可在 短划线长度 文本框中输入数值 20），结果如图 6.8.7b 所示。

a）编辑前　　b）编辑后

图 6.8.7　编辑短画线长度

Step4. 调整指引线端点。单击图 6.8.7b 中所示的位置，此时指引线的箭头位置发生改变，如图 6.8.8a 所示。

Step5. 添加折线。在“标识符号”对话框中单击“指定折线位置”按钮，结果如图 6.8.8b 所示。

说明：单击按钮后，如果在图样中连续单击就可以添加多段折线。

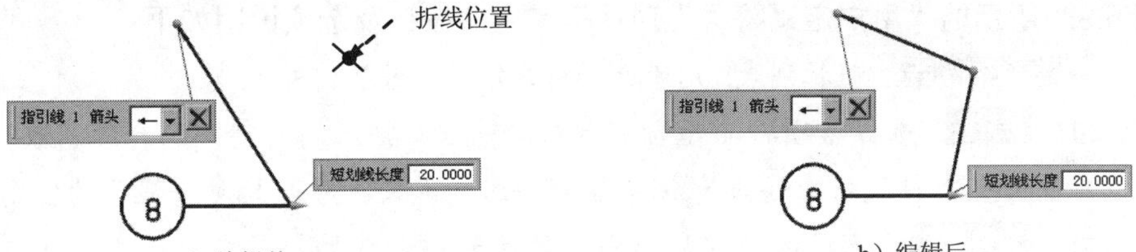

a）编辑前　　b）编辑后

图 6.8.8　添加折线

Step6. 单击“标识符号”对话框的 关闭 按钮，结果如图 6.8.2 所示

6.9　用户定义符号

UG NX 8.0 提供了常见符号的标注命令，有时这些命令也不能满足制图的需要。通过用户自定义符号命令可以在图样上放置已经创建好的各种符号，这些符号存放在自定义符号库中。在图样上的用户定义符号既可以单独出现，也可以添加到现有的制图对象中。

下面首先介绍添加用户定义符号的一般操作过程。

Step1. 打开文件 D:\ugdc8.12\work\ch06.09\user_defined_symbol.prt。

Step2. 选择命令。选择下拉菜单 插入(S) ➡ 符号(Y) ➡ 用户定义(U)... 命令，系统弹出图 6.9.1 所示的“用户定义符号”对话框。

Step3. 选择符号。在 使用的符号来自： 下拉列表中选择 当前目录 或 实用工具目录 选项，设置图 6.9.1 所示的参数。

Step4. 放置符号。单击“用户定义符号”对话框中的按钮，选择图 6.9.2 所示的尺寸和放置位置。

Step5. 单击 取消 按钮，结果如图 6.9.3 所示。

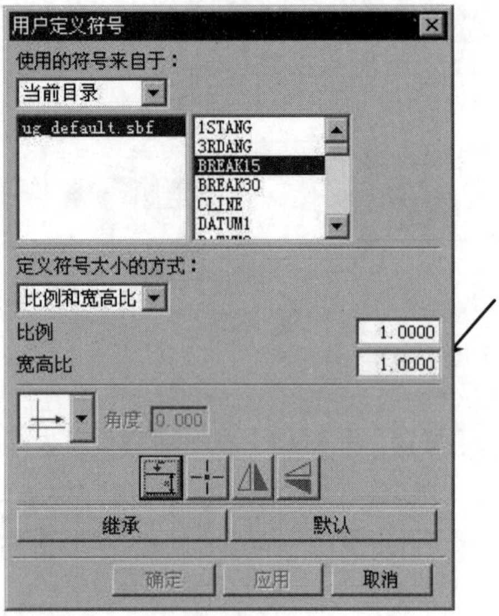

图 6.9.1 “用户定义符号”对话框

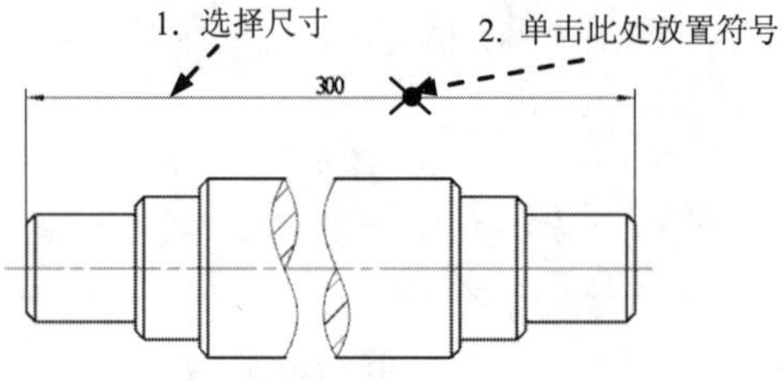

图 6.9.2 放置位置

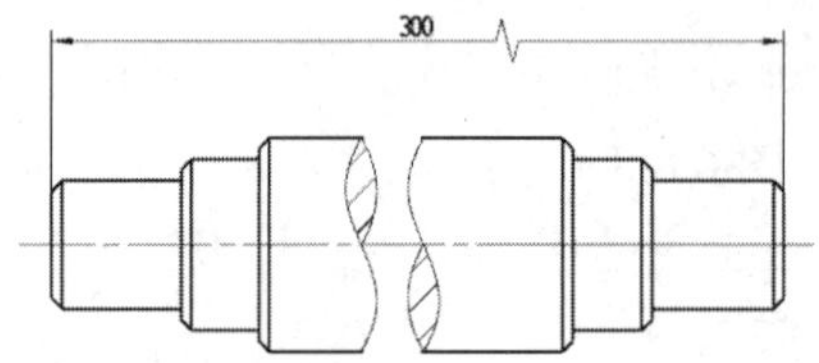

图 6.9.3 添加用户定义符号

图 6.9.1 所示的“用户定义符号”对话框常用的按钮及选项说明如下：

- 使用的符号来自于：下拉列表：用于选择用户定义符号从何处加载。

  ☑ 部件：选择该项将显示当前部件文件中所插入的所定义的符号列表。如果当前打开的部件文件中还没有插入任何的用户定义符号，此时将显示为空白。

  ☑ 当前目录：选择该项将显示当前目录的中定义的符号文件列表。当前目录是 UG 启动的默认工作目录，此时系统会自动在该目录中查找*.sbf 类型的文件，并将其中包含的自定义符号显示在列表框中。

  ☑ 实用工具目录：选择该项将显示实用工具目录中的符号文件列表。实用工具目录是指 UG 的公用目录，此时的默认符号文件为 ug_default.sbf 文件。

- 定义符号大小的方式：：定义符号的大小，可以使用长度和高度或比例和宽高比来定义符号的大小。选择不同的定义符号大小的方式，会激活相应的参数输入框。
- 符号方向下拉列表：用于对图样上的独立出现的符号进行放置方向的定位。

  ☑ ：独立出现的符号放置方向为水平。

  ☑ ：独立出现的符号放置方向为竖直。

  ☑ ：独立出现的符号放置方向与所选择的直线平行。

  ☑ ：独立出现的符号放置方向从符号原点指向另外指定的一点。

  ☑ ；独立出现的符号放置方向与 XC 轴成一定角度，此时会激活角度文本框。

- （添加到制图对象中）：添加到制图对象中。用来将符号添加到制图对象中去，此时符号和制图对象融为一体，此时符号会与所选择的制图对象相关联。如果关联的制图对象移动了位置，则符号也会随之移动。

- （独立的符号）：用来将符号单独放置在图样上的某个位置。
- （水平翻转）：用来将选择的用户定义符号进行水平方向的翻转，仅在选择已经创建的用户定义符号后被激活。
- （竖直翻转）：用来将选择的用户定义符号进行竖直方向的翻转，仅在选择已经创建的用户定义符号后被激活。
- 继承：用来设置符号的属性是从其他符号继承过来的，单击此按钮，需要选择已经创建的用户定义符号。
- 默认：用来将符号的属性恢复为最初定义时的参数。

6.10 工程图标注综合范例

6.10.1 范例 1

范例概述

本范例是一个简单零件的工程图标注范例，主要运用了尺寸的标注、注释的标注、基准的标注、几何公差和表面粗糙度的标注及对这些标注进行编辑与修改等知识。通过本例的练习，读者可以学习对工程图进行多种标注的一般过程以及掌握一些标注的技巧。范例完成的效果图如图 6.10.1 所示。

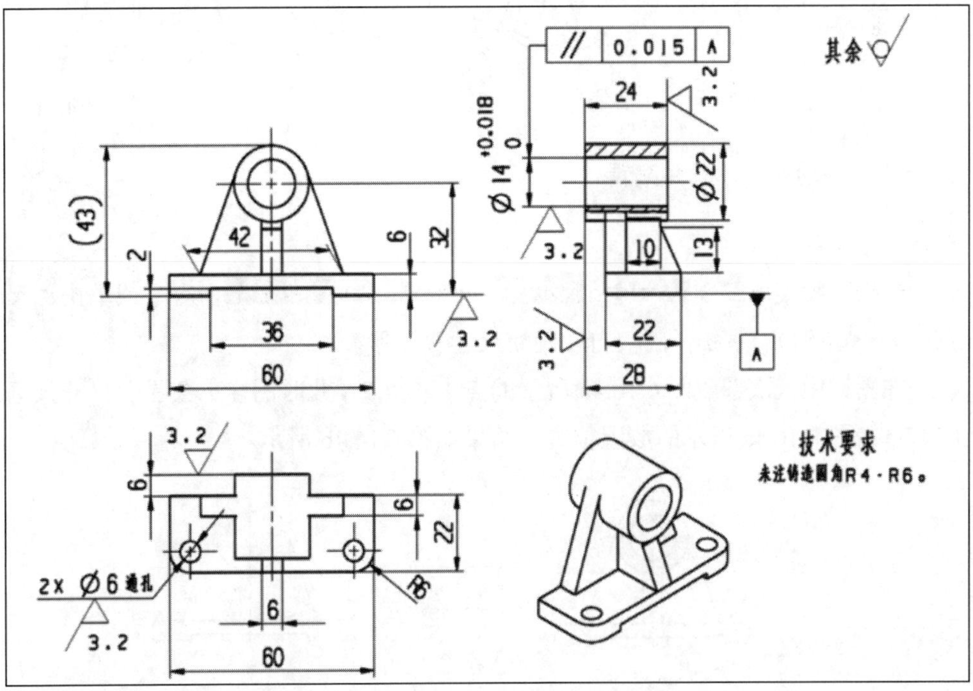

图 6.10.1 范例 1 完成的效果图

Stage1．打开工程图文件

打开文件 D:\ugdc8.12\work\ch06.10.01\base.prt，进入制图环境。

Stage2．创建中心线

Step1．选择下拉菜单 插入(S) → 中心线(E) → 自动(A)... 命令，系统弹出“自动中心线”对话框。

Step2．在系统提示 选择视图以创建中心线 下，在图样上选取出轴测图之外的 3 个视图，单击“自动中心线”对话框中的 < 确定 > 按钮，结果如图 6.10.2 所示。

Step3．调整中心线长度。双击主视图的中心线，系统弹出“中心标记”对话框。在对话框的区域中选中 ☑ 单独设置延伸 复选框，然后拖动竖直中心线的下箭头调整其长度，结果如图 6.10.3 所示。

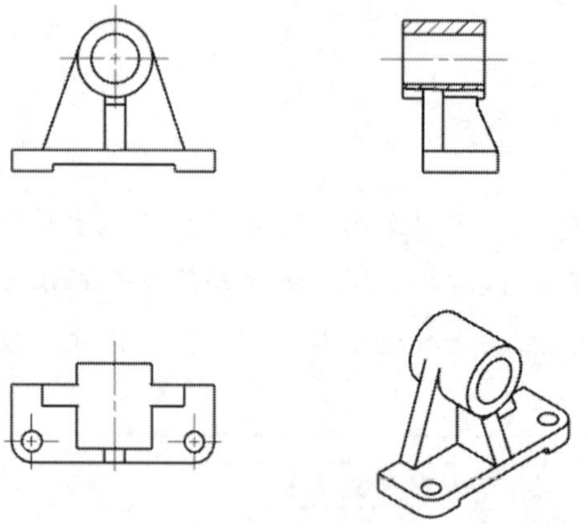

图 6.10.2　创建中心线

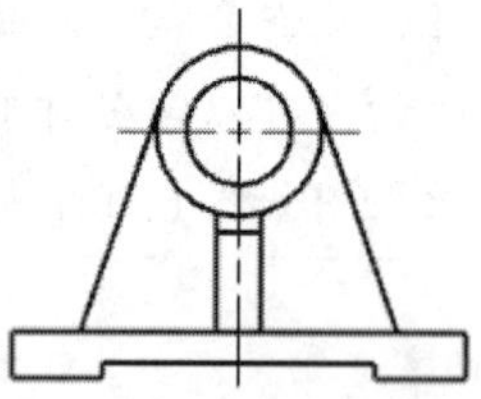

图 6.10.3　调整中心线

Stage3．手动标注尺寸并编辑

Step1．手动标注尺寸（一）。

（1）选择下拉菜单 插入(S) → 尺寸(M) ▸ → 自动判断(I)... 命令（或单击“尺寸”工具条中的 按钮），系统弹出“自动判断尺寸”工具条。

（2）在图样中依次选取图 6.10.4a 所示的点 1 和点 2，此时图样上会显示尺寸预览。

（3）单击图 6.10.4a 所示的放置位置，结果如图 6.10.4b 所示。

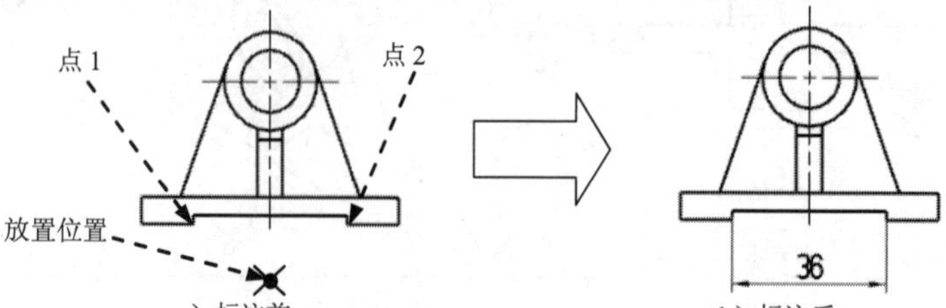

a）标注前　b）标注后

图 6.10.4　标注尺寸（一）

（4）参照上述的操作方法，分别选择图 6.10.5 所示的尺寸的对应引出点，进行尺寸的标注，结果如图 6.10.5 所示。

（5）在图样中依次选取图 6.10.6 所示的端点 1 和交点 2，此时图样上会显示尺寸预览，在“自动判断尺寸”工具条中的 1.00 下拉列表中选择 (1.00) 选项，单击合适位置放置标注，结果如图 6.10.6 所示。

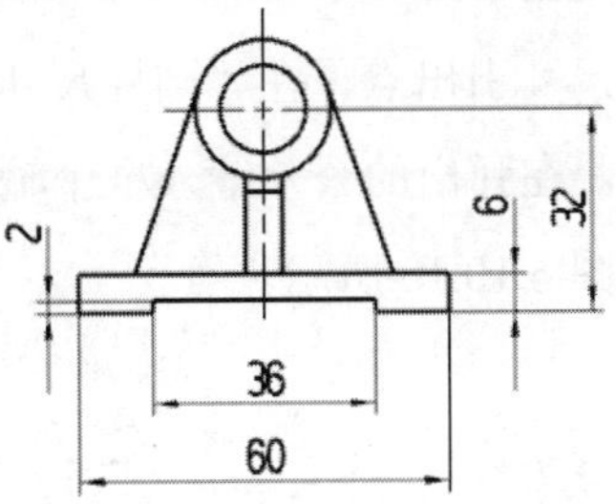

图 6.10.5 标注尺寸（二）

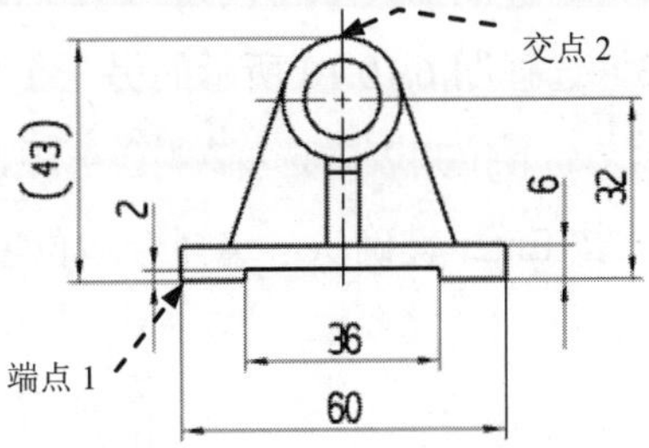

图 6.10.6 标注尺寸（三）

（6）在图样中依次选取图 6.10.7 所示的点 1 和点 2，在“自动判断尺寸”工具条中单击“重置”按钮，单击“尺寸标注样式”按钮，系统弹出“尺寸标注样式”对话框；在对话框中单击 直线/箭头 选项卡，在 F 文本框中输入值 30，单击 确定 按钮；在图样上选择合适位置单击放置标注，按 ESC 键结束命令，结果如图 6.10.7 所示。

Step2. 手动标注尺寸（二）。

（1）选择下拉菜单 插入(S) → 尺寸(M) → 水平基线(B)... 命令，系统弹出“水平基线尺寸”工具条。

（2）在图样中依次选取图 6.10.8a 所示的点 1、点 2 和点 3，此时图样上会显示尺寸预览，右击，在弹出的快捷菜单中选择 反向偏置 命令。

（3）单击合适的放置位置，结果如图 6.10.8b 所示。

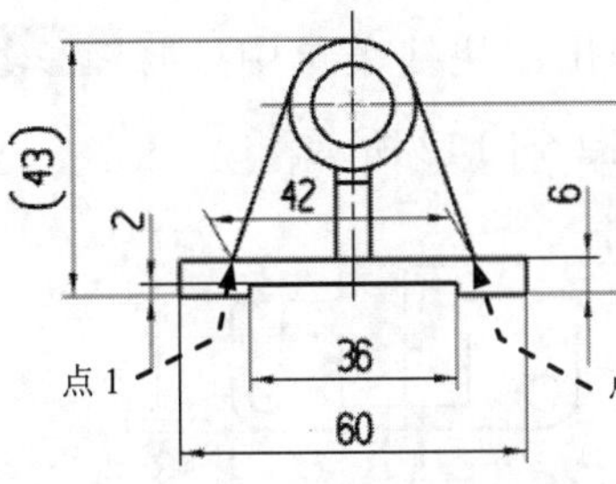

图 6.10.7 标注尺寸（四）

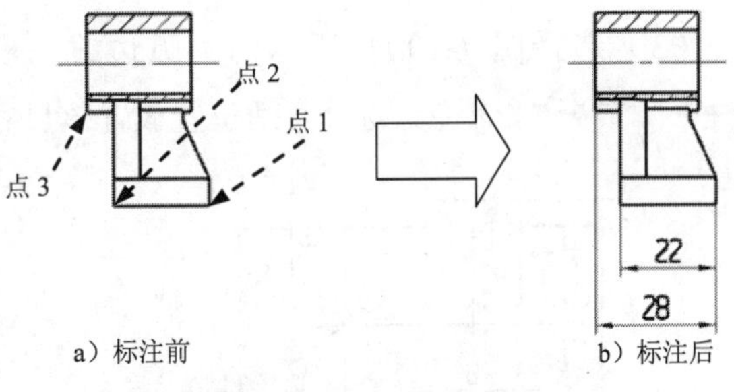

a）标注前 b）标注后

图 6.10.8 标注尺寸（五）

Step3. 手动标注尺寸（三）。

（1）选择下拉菜单 插入(S) → 尺寸(M) → 自动判断(I)... 命令（或单击“尺寸”工具条中的按钮），系统弹出“自动判断尺寸”工具条。

（2）参照 Step1 的操作方法，分别选择图 6.10.9 所示的 3 个尺寸的对应引出点，进行尺寸的标注，结果如图 6.10.9 所示。

Step4. 手动标注尺寸（四）。

（1）选择下拉菜单 插入(S) → 尺寸(M) ▸ → 圆柱(Y)... 命令（或单击“尺寸”工具条中的按钮），系统弹出“圆柱尺寸”工具条。

（2）选择图 6.10.10 所示的 2 个点，标注直径尺寸 22。

（3）选择图 6.10.10 所示的另一个直径尺寸 14 的尺寸引出点，在“圆柱尺寸”工具条中的 1.00 下拉列表中选择 1.00 $^{+.05}_{-.00}$ 选项，单击 ±.XX 按钮，在弹出的公差输入框中输入上限值 0.018 并按 Enter 键确认，选择合适位置单击，结果如图 6.10.10 所示。

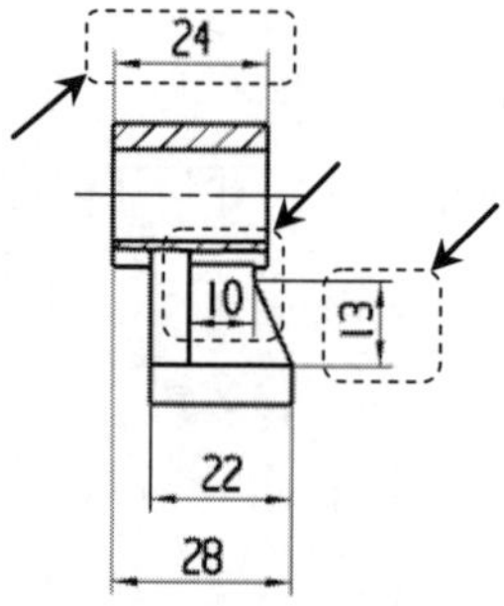

图 6.10.9　标注尺寸（六）

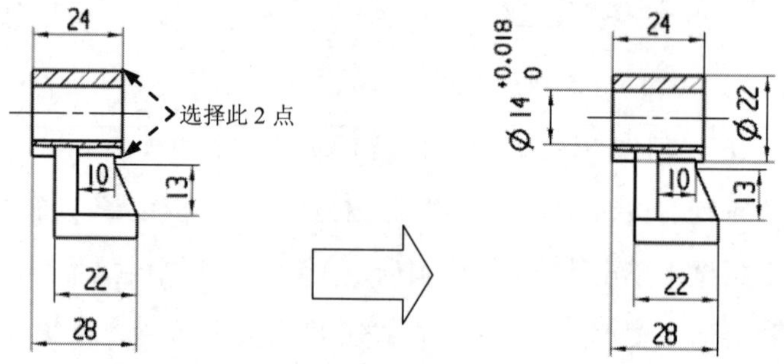

a）标注前　b）标注后

图 6.10.10　标注尺寸（七）

Step5. 手动标注尺寸（五）。

（1）选择下拉菜单 插入(S) → 尺寸(M) ▸ → 自动判断(I)... 命令（或单击“尺寸”工具条中的按钮），系统弹出“自动判断尺寸”工具条。

（2）参照 Step1 的操作方法，分别选择图 6.10.11 所示的 5 个尺寸的对应引出点，进行尺寸的标注，结果如图 6.10.11 所示。

（3）选择图 6.10.11 所示的圆弧边线，右击，在弹出的快捷菜单中选择 放置 ▸ → ⇥X.XX⇤ 命令，选择合适位置放置该尺寸，结果如图 6.10.12 所示。

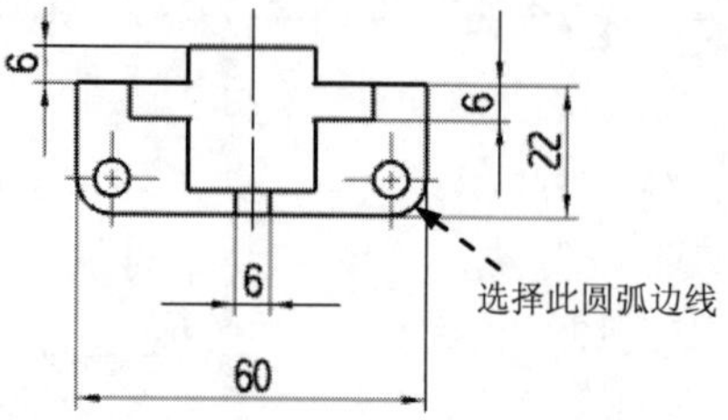

图 6.10.11　标注尺寸（八）

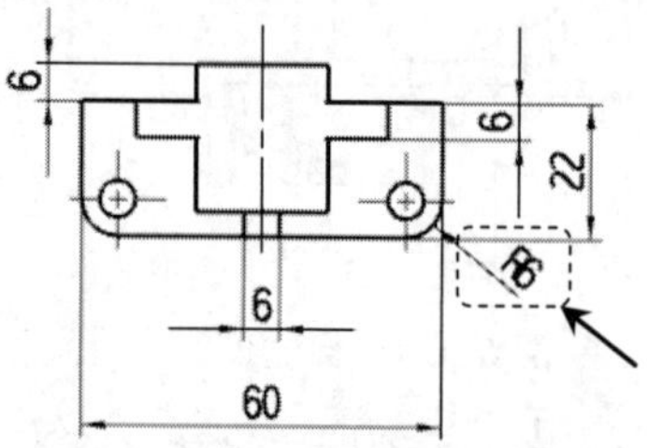

图 6.10.12　标注尺寸（九）

Step6. 手动标注尺寸（六）。

（1）选择下拉菜单 插入(S) → 尺寸(M) ▸ → 直径(D)... 命令（或单击“尺寸”工

具条中的按钮），系统弹出“直径尺寸”工具条。

（2）选择图 6.10.13 所示的圆弧边线，右击，在弹出的快捷菜单中选择 文本方位 ▶ → 选项，使得尺寸文本为水平方位；选择合适位置放置该尺寸，结果如图 6.10.13 所示。

（3）右击刚刚标注的直径尺寸 Φ6，右击，在弹出的快捷菜单中选择 编辑附加文本... 命令，系统弹出“文本编辑器”对话框。

（4）在 附加文本 区域中单击“之前”按钮，然后在文本输入区中输入文本“2X”；单击“之后”按钮，然后在文本输入区中输入文本“通孔”。

（5）在“文本编辑器”对话框中单击 关闭 按钮，结果如图 6.10.14 所示。

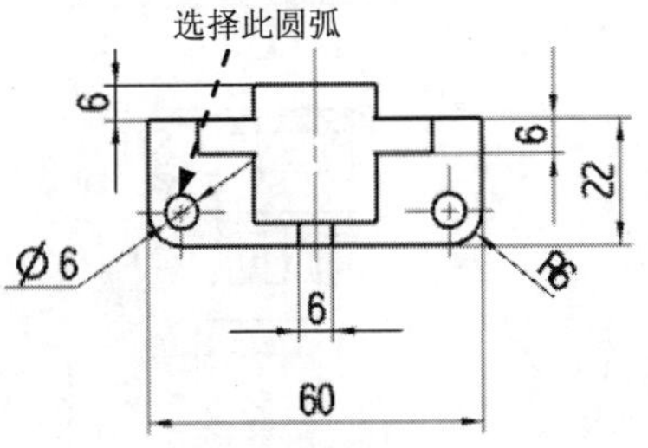

图 6.10.13 标注尺寸（十）

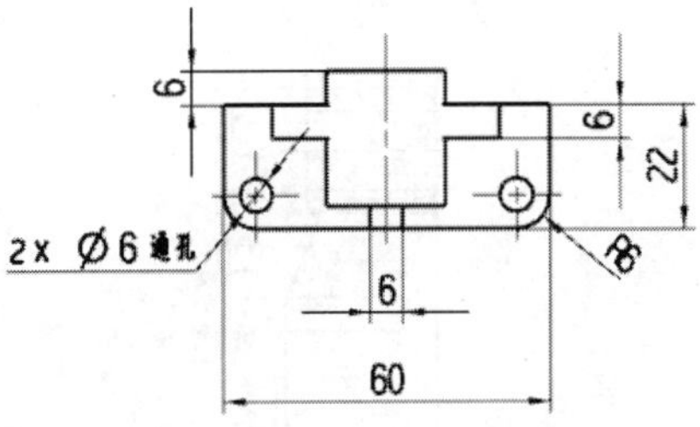

图 6.10.14 标注尺寸（十一）

Stage4. 标注基准特征

Step1. 选择下拉菜单 插入(S) → 注释(A) → 基准特征符号(R)... 命令（或单击“注释”工具栏中的按钮），系统弹出“基准特征符号”对话框。

Step2. 在 基准标识符 区域的 字母 文本框中输入字母 A，其余采用默认设置，在视图中捕捉图 6.10.15a 所示的边线，然后按下鼠标左键并拖动，单击合适位置放置基准符号，结果如图 6.10.15b 所示。

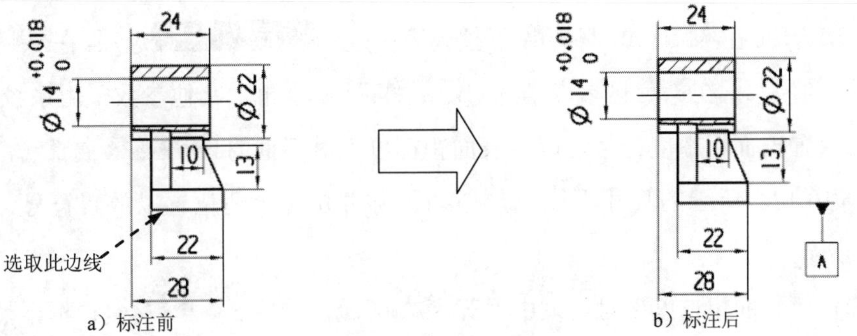

图 6.10.15 标注基准

Stage5. 标注形位公差

Step1. 选择命令。选择下拉菜单 插入(S) → 注释(A) → 特征控制框(E)... 命令，系统弹出“特征控制框”对话框。

Step2. 定义公差。在 特性 下拉列表中选择 平行度 选项，在 框样式 下拉列表中选择 单框 选项，在 公差 区域的 0.0 文本框中输入值 0.015，在 第一基准参考 区域中 下拉列表中选择 A 选项，展开 指引线 区域的 样式 区域，在 短划线长度 文本框中输入值 5，其余采用默认设置。

Step3. 放置公差框。确认“特征控制框”对话框中的 指定位置 被激活，在图样中捕捉图 6.10.16a 所示的尺寸箭头，然后按下鼠标左键并拖动，当公差框预览位置与图 6.10.16b 所示一致时，单击左键以放置公差框。

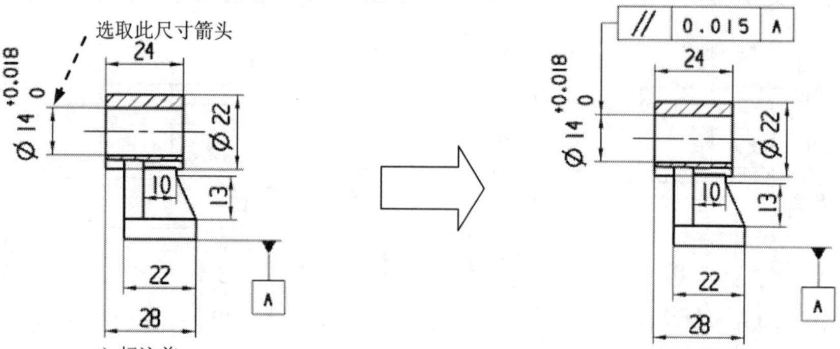

a）标注前　　b）标注后

图 6.10.16 标注形位公差

Stage6. 标注表面粗糙度符号

Step1. 标注俯视图。

（1）选择命令。选择下拉菜单 插入(S) → 注释(A) → 表面粗糙度符号(S)... 命令，系统弹出“表面粗糙度”对话框。

（2）设置表面粗糙度参数。在“表面粗糙度”对话框的 指引线 区域中 类型 下拉列表中选择 标志 选项；在 属性 区域 材料移除 下拉列表中选择 需要移除材料 选项，在 下部文本 (a2) 文本框中输入值 3.2；在 设置 区域取消选中 □ 反转文本 复选框，其他参数采用系统默认值。

（3）放置表面粗糙度符号。确认表面粗糙度”对话框的 指定位置 被激活，在图样中捕捉图 6.10.17a 所示的尺寸界线 1，拖动鼠标并单击合适位置以放置符号，结果如图 6.10.17b 所示。

（4）在“表面粗糙度”对话框中展开 设置 区域，选中 ☑ 反转文本 复选框，然后捕捉图 6.10.17a 所示的尺寸界线 2，拖动鼠标并单击合适位置以放置符号，结果如图 6.10.17b 所示。

注意：此时不要关闭“表面粗糙度”对话框。

Step2. 标注主视图。

在“表面粗糙度”对话框中保持前面设置的参数不变，确认“表面粗糙度”对话框的指定位置被激活，在图样中捕捉图 6.10.18 所示的尺寸界线，拖动鼠标并单击合适位置以放置符号，结果如图 6.10.18 所示。

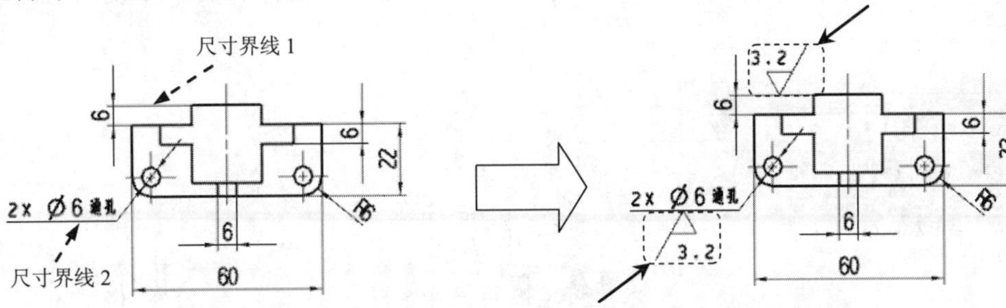

a）标注前　　b）标注后

图 6.10.17　创建表面粗糙度符号（一）

Step3. 标注左视图。

（1）在“表面粗糙度”对话框中保持前面设置的参数不变，确认“表面粗糙度”对话框的指定位置被激活，在图样中分别捕捉图 6.10.19 所示的尺寸界线 1 和 2，拖动鼠标并单击合适位置以放置符号，结果如图 6.10.19 所示。

（2）在“表面粗糙度”对话框中设置区域取消选中□反转文本复选框，保持其余参数不变，确认“表面粗糙度”对话框的指定位置被激活，在图纸中捕捉图 6.10.19 所示的尺寸界线 3，拖动鼠标并单击合适位置以放置符号，结果如图 6.10.19 所示。

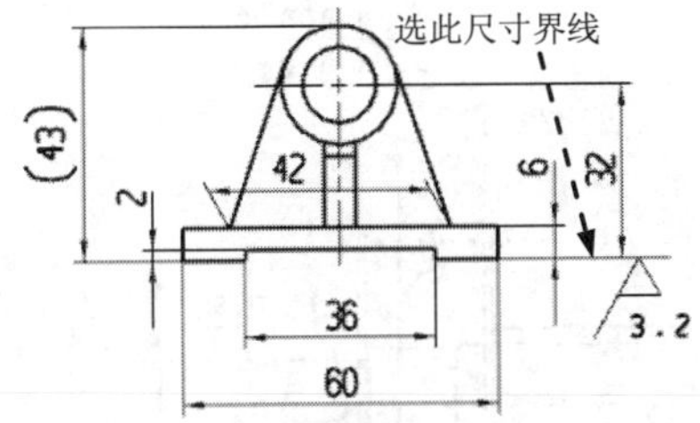

图 6.10.18　创建表面粗糙度符号（二）

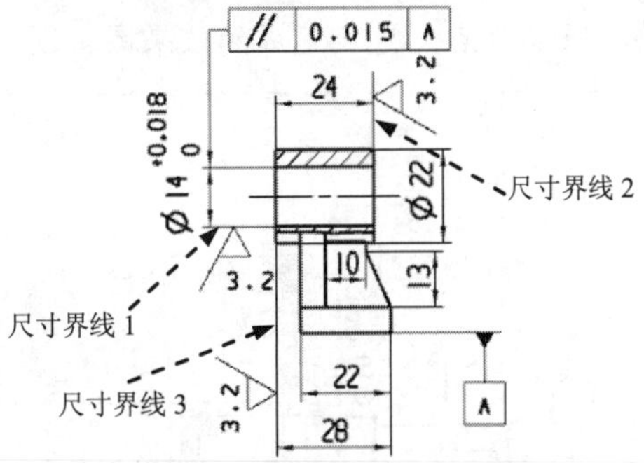

图 6.10.19　创建表面粗糙度符号（三）

Stage7. 创建注释文本

Step1. 选择命令。选择下拉菜单插入(S) → 注释(A) → A 注释(N)... 命令（或单击“注释”工具条中的A按钮），弹出“注释”对话框。

Step2. 输入文本内容。在“注释”对话框的文字输入区中清除已有文字，然后输入文字“技术要求”并按下 Enter 键；输入第二行文字“未注铸造圆角为 R4-R6。”并按下 Enter 键。

Step3. 设置格式。在文字输入区中选中文字“技术要求”，在格式化区域中的比例下拉列表中选择1.4选项，根据需要在文字“技术要求”前面插入若干空格。此时文本输入区显示如图 6.10.20 所示。

Step4. 在图纸右下角合适位置单击以放置注释，结果如图 6.10.21 所示，按<Esc>键结束注释命令。

Stage8．添加其他标注

参考前述操作方法，在图纸的右上角添加图 6.10.22 所示的注释文本和表面粗糙度符号。

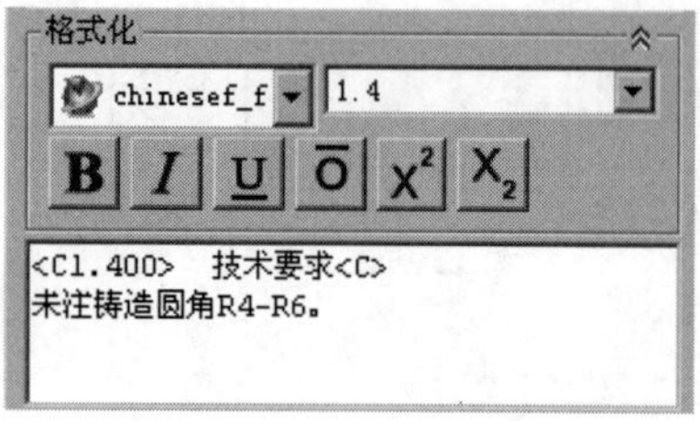

图 6.10.20　定义注释文本

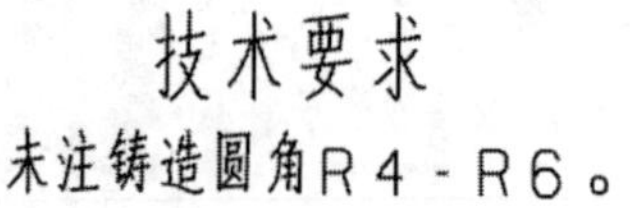

图 6.10.21　标注注释文本

图 6.10.22　添加其他标注

Stage9．保存工程图

选择下拉菜单 文件(F) ➡ 保存(S) 命令，即可保存文件。

6.10.2　范例 2

范例概述

本范例为对轴进行标注的综合范例，综合了尺寸、注释、基准、几何公差和表面粗糙度的标注及其编辑、修改等内容，在学习本范例的过程中，读者应该注意对轴进行标注的要求及其特点。范例完成的效果图如图 6.10.23 所示。

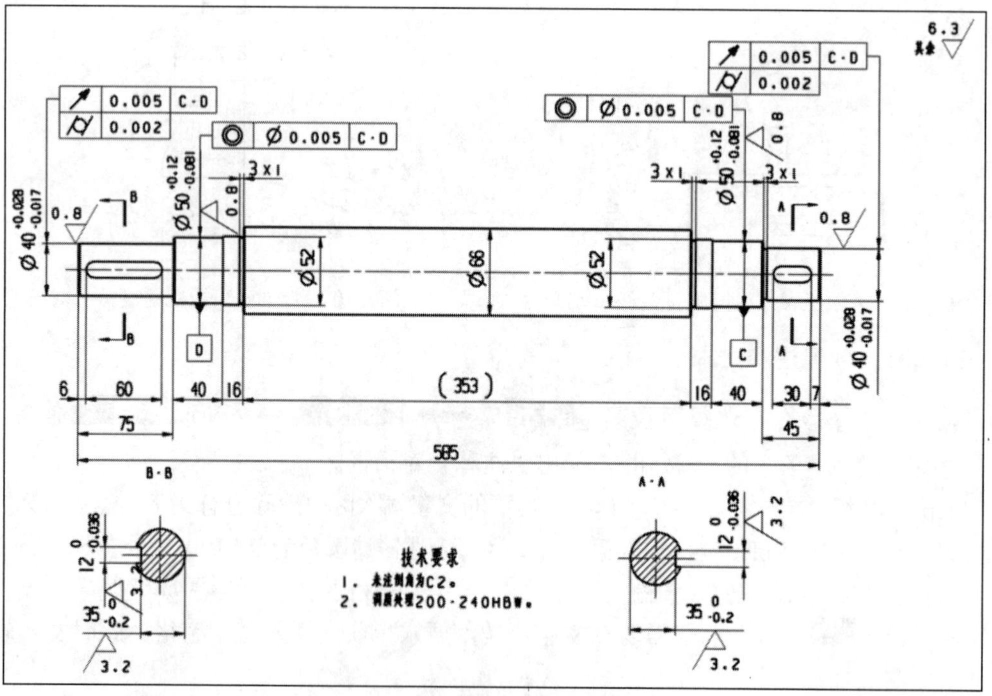

图 6.10.23　范例完成效果图

Stage1．打开文件

打开文件 D:\ugdc8.12\work\ch06.10.02\spindel_dwg1.prt，进入制图环境。

Stage2．创建中心线和中心标记

Step1. 创建中心线。

（1）选择命令。选择下拉菜单 插入(S) → 中心线(E) → 2D 中心线... 命令，系统弹出“2D 中心线”对话框。

（2）在“2D 中心线”对话框的 类型 下拉列表中选择 根据点 选项，确认“捕捉”工具条中的 被激活，在图样上依次选择图 6.10.24 所示的 2 条边线。

（3）单击“2D 中心线”对话框中的 < 确定 > 按钮，完成中心线的创建，结果如图 6.10.24 所示。

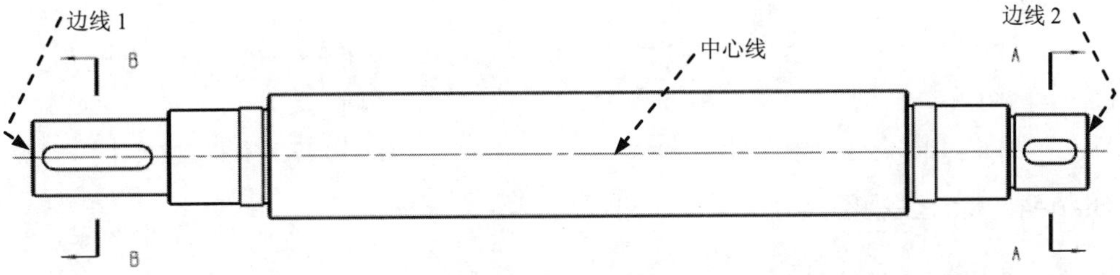

图 6.10.24 创建中心线

Step2. 创建中心标记。

（1）选择命令。选择下拉菜单 插入(S) → 中心线(E) → 中心标记(M)... 命令，系统弹出“中心标记”对话框。

（2）在“中心标记”对话框中选中 ☑ 创建多个中心标记 复选框，在图样中选取图 6.10.25a 所示的两个圆弧。

（3）单击 < 确定 > 按钮，完成中心标记的创建，结果如图 6.10.25b 所示。

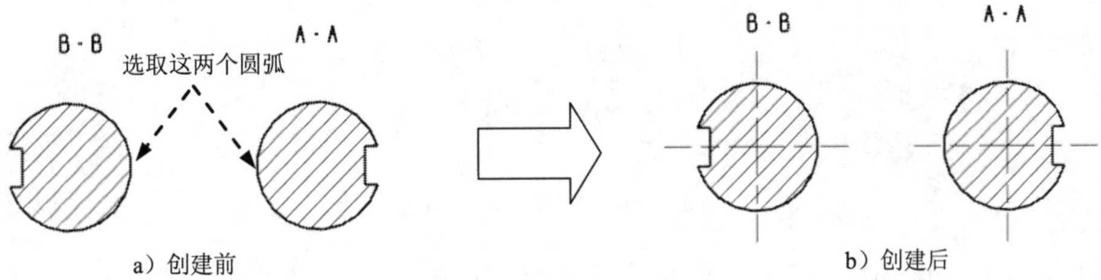

a）创建前　　b）创建后

图 6.10.25 创建中心符号线

Stage3．标注剖视图的尺寸

Step1. 选择下拉菜单 插入(S) → 尺寸(M) ▸ → 自动判断(I)... 命令，系统弹出“自动判断尺寸”工具条。

Step2. 在图样中依次选取图 6.10.26a 所示的点 1 和点 2，此时图样上会显示尺寸预览。

Step3. 在“自动判断尺寸”工具条中的 1.00 下拉列表中选择 $1.00^{+.00}_{-.02}$ 选项，单击 ±.XX 按钮，在弹出的公差输入框中输入值-0.036 并按下 Enter 键确认，选择合适位置单击，结果如图 6.10.26b 所示。

Step4. 参照步骤（2）和（3）的方法，选择图 6.10.27a 所示的点 3 和点 4，设置公差类型为 $1.00^{+.00}_{-.02}$，并输入公差值-0.2，选择合适位置放置尺寸，结果如图 6.10.27b 所示。

Step5. 参照上述操作方法，标注另一个剖视图的键槽尺寸。

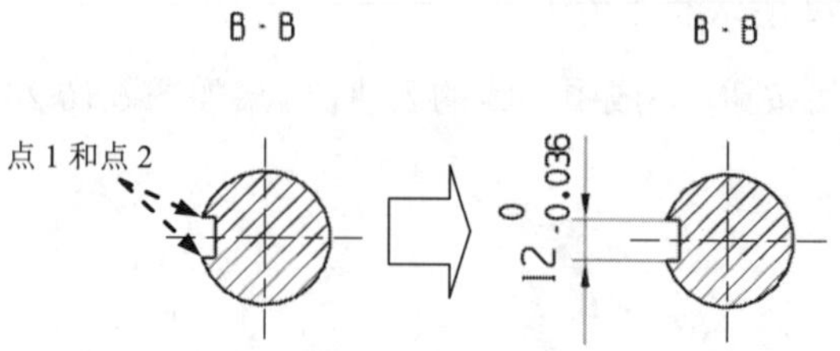

a）标注前　　b）标注后

图 6.10.26　标注键槽尺寸（一）

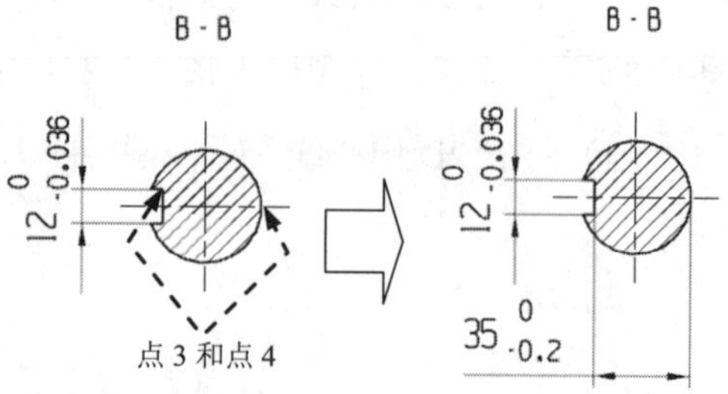

a）标注前　　b）标注后

图 6.10.27　标注键槽尺寸（二）

Stage4. 标注主视图尺寸

Step1. 手动标注尺寸（一）。

（1）选择下拉菜单 插入(S) → 尺寸(M) → 自动判断(I)... 命令，系统弹出“自动判断尺寸”工具条。

（2）选取要标注的边线，选取图 6.10.28 所示的两条边线。

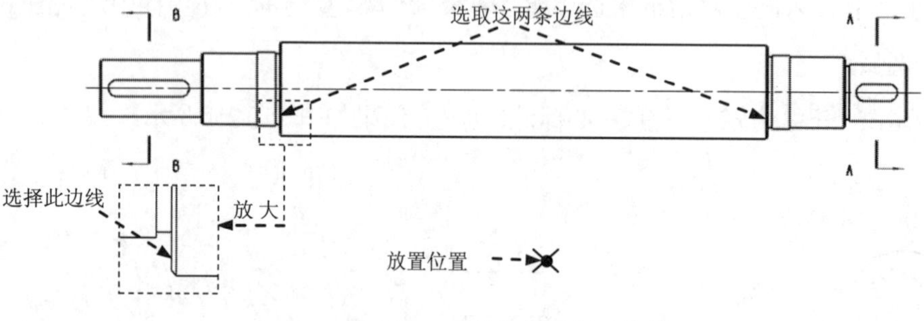

图 6.10.28　选取标注尺寸边线

（3）放置尺寸。在图 6.10.28 所示的放置位置单击以放置该尺寸，结果如图 6.10.29 所示。

说明：在放置该尺寸时，应注意给其他的尺寸标注、注释等留下足够的空间，同时这个尺寸也起到了基准的作用。

Step2. 手动标注尺寸（二）。

（1）选择下拉菜单 插入(S) → 尺寸(M) → 水平链(Z)... 命令，系统弹出“水平链尺寸”工具条。

（2）在图样上从左往右依次选取图 6.10.30 所示的 3 个点，在合适位置单击，添加图 6.10.30 所示的尺寸标注。

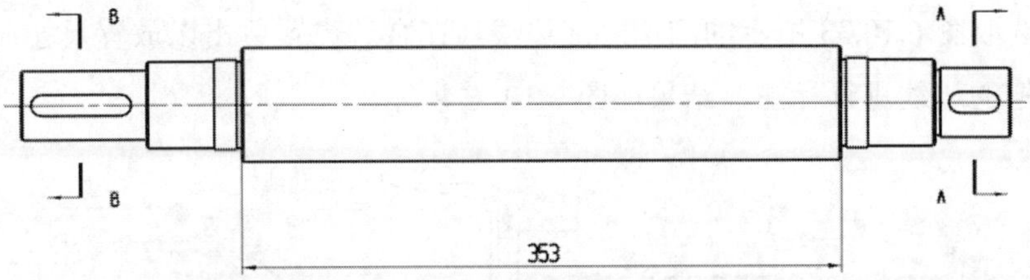

图 6.10.29　标注尺寸

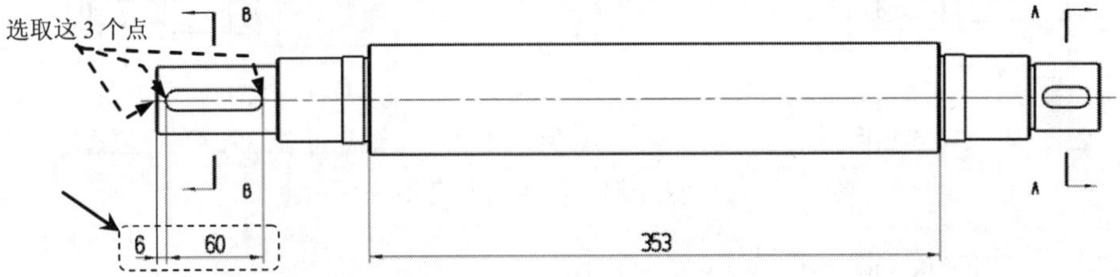

图 6.10.30　标注水平链尺寸（一）

说明：*在放置尺寸时，应注意与前面创建的尺寸进行对齐，具体操作方法是：在放置尺寸前，确认工具条中的“水平或竖直对齐”按钮处于激活状态（被按下），然后移动鼠标指针去捕捉已经存在的尺寸标注，此时系统会自动进行尺寸的对齐。*

（3）在图样上从右往左依次选取图 6.10.31 所示的 3 个点，在合适位置单击，添加图 6.10.31 所示的尺寸标注。

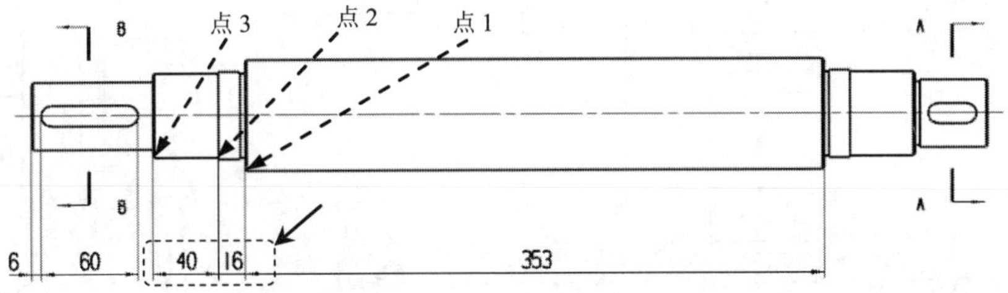

图 6.10.31　标注水平链尺寸（二）

（4）参考步骤（2）和（3）的操作方法，添加图 6.10.32 所示的轴另一端的尺寸标注。

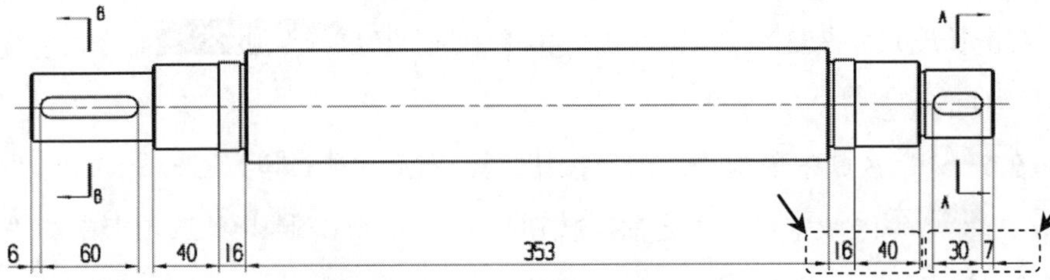

图 6.10.32　标注水平链尺寸（三）

Step3. 手动标注沟槽尺寸。

（1）选择下拉菜单 插入(S) → 尺寸(M) → 自动判断(I)... 命令，系统弹出“自动判断尺寸”工具条。

（2）选取图 6.10.33 所示的沟槽底部边线，在合适位置单击以放置尺寸；继续选取其余 2 个沟槽的边线进行标注，结果如图 6.10.33 所示。

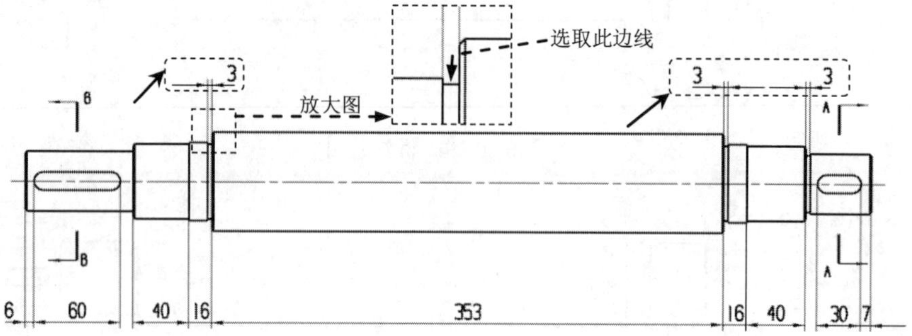

图 6.10.33 标注沟槽尺寸

Step4. 手动标注其他长度尺寸。

（1）选择下拉菜单 插入(S) → 尺寸(M) → 自动判断(I)... 命令，系统弹出“自动判断尺寸”工具条。

（2）选取图 6.10.34 所示的 2 条边线，在合适位置单击以放置尺寸；继续标注另一端轴颈长度和总长，结果如图 6.10.34 所示。

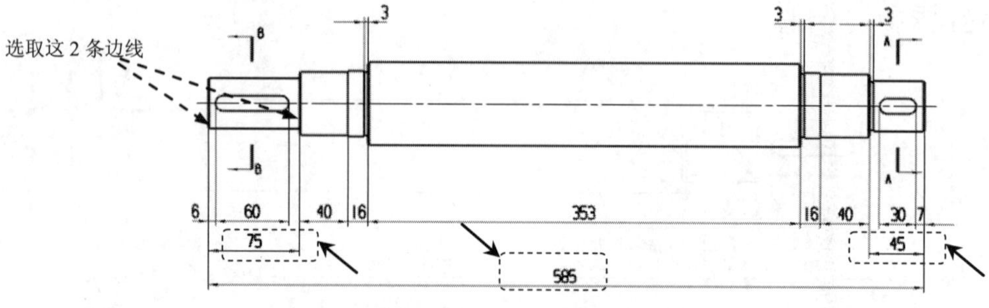

图 6.10.34 标注长度尺寸

Step5. 整理长度尺寸。

（1）右击长度尺寸 353，在弹出的快捷菜单中选择 编辑附加文本... 命令，系统弹出“文本编辑器”对话框。

（2）在 附加文本 区域中单击“之前”按钮，然后单击 制图符号 选项卡中的“左括号”按钮 (；在 附加文本 区域中单击“之后”按钮，然后单击 制图符号 选项卡中的“右括号”按钮) 。

（3）在“文本编辑器”对话框中单击 关闭 按钮，结果如图 6.10.35 所示。

说明：

- 因为所标尺寸已经形成了封闭环，所以这里在长度尺寸 353 中添加括号，表示该尺寸是参考尺寸。
- 如果编辑尺寸后，其他尺寸的箭头不再对齐，可用鼠标拖动重新对齐，详见录像操作。

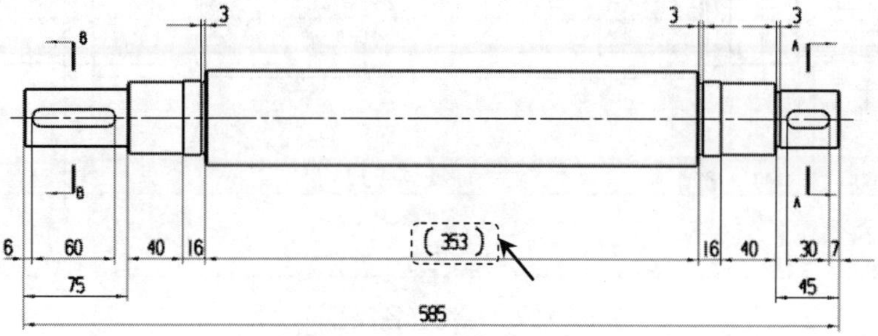

图 6.10.35 添加附加文本

Step6. 标注直径尺寸。

（1）选择下拉菜单 插入(S) → 尺寸(M) ▸ → 圆柱(Y)... 命令（或单击“尺寸”工具条中的 按钮），系统弹出“圆柱尺寸”工具条。

（2）在视图中依次选取图 6.10.36 所示的 2 条边线的中点，此时图样上会显示尺寸预览，在合适位置单击以放置该尺寸，结果如图 6.10.36 所示。

（3）参照此方法，标注图 6.10.36 所示的其余 2 个直径尺寸。

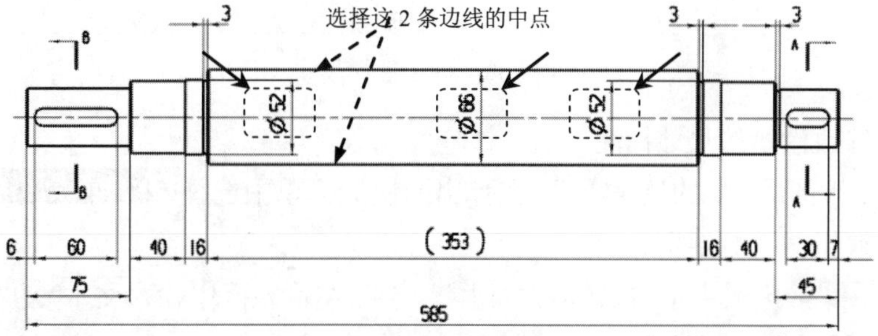

图 6.10.36 标注直径尺寸（一）

（4）在视图中依次选取图 6.10.37 所示的 2 条边线的中点，此时图样上会显示尺寸预览。

（5）在“圆柱尺寸”工具条中的 1.00 下拉列表中选择 1.00 +.05 -.02 选项，单击 ±.XX 按钮，在弹出的公差输入框中输入上限值 0.120，输入下限值-0.081 并分别按下 Enter 键确认，选择合适位置单击，结果如图 6.10.37 所示。

（6）参照此方法，标注图 6.10.37 所示的另一个的直径 50 的尺寸。

（7）参照步骤（4）~（6）的操作方法，标注图 6.10.38 所示的 2 个直径 40 的尺寸，并输入上限值 0.028，输入下限值-0.017。

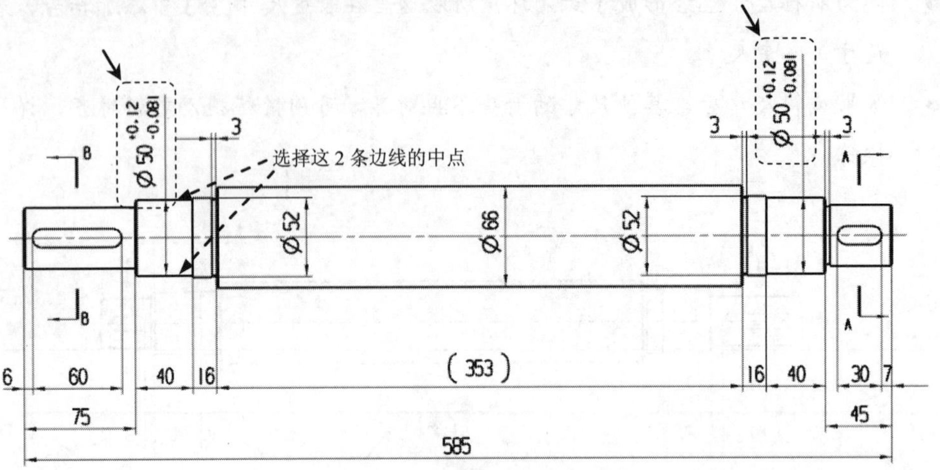

图 6.10.37　标注直径尺寸（二）

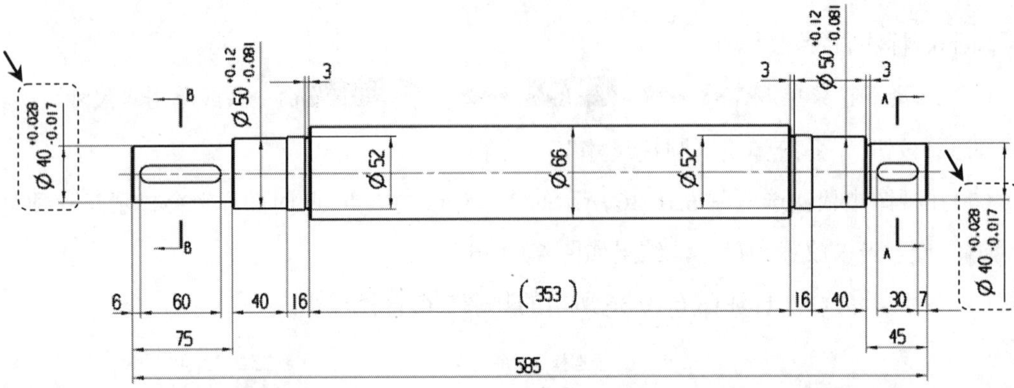

图 6.10.38　标注直径尺寸（三）

Step7. 修改沟槽的尺寸标注。

（1）右击视图最左侧的尺寸“3”，在弹出的快捷菜单中选择 编辑附加文本... 命令，系统弹出“文本编辑器”对话框。

（2）在 附加文本 区域中单击“之后”按钮 1.2◇，然后在输入区中输入文本“X1”，单击 关闭 按钮，结果如图 6.10.39 所示。

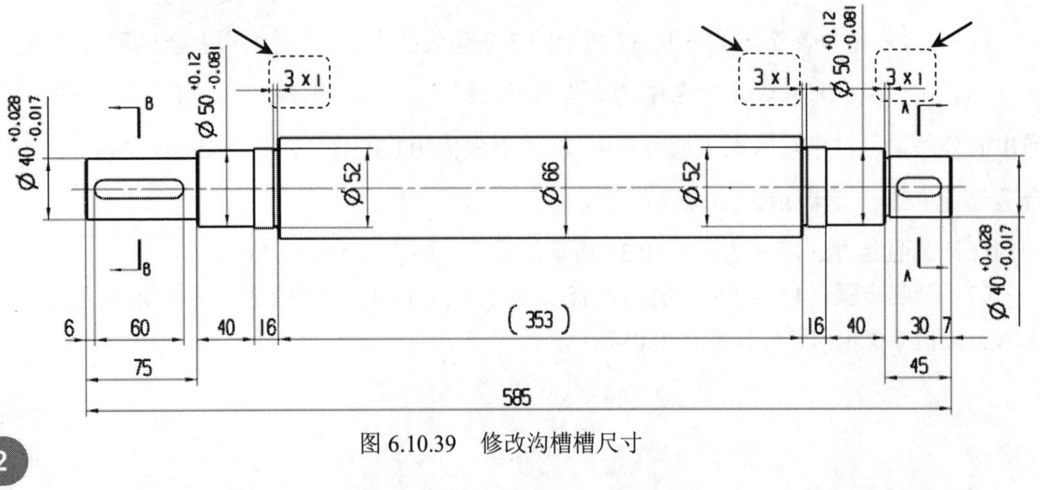

图 6.10.39　修改沟槽槽尺寸

（3）参照步骤（1）~（2）的操作方法，修改图 6.10.39 所示其余 2 处沟槽的尺寸标注。

Stage5. 标注基准特征

Step1. 创建基准特征。

（1）选择下拉菜单 插入(S) → 注释(A) → 基准特征符号(R)... 命令（或单击“注释”工具栏中的按钮），系统弹出“基准特征符号”对话框。

（2）设置参数。在 基准标识符 区域的 字母 文本框中输入字母 C，其余采用默认设置。

（3）在视图中捕捉图 6.10.40 所示的边线，然后按下鼠标左键并拖动，拖动至与直径 50 的尺寸线对齐位置时单击，结果如图 6.10.40 所示。

Step2. 创建其他基准。参照上面的步骤，添加图 6.10.40 所示的基准特征符号 D。

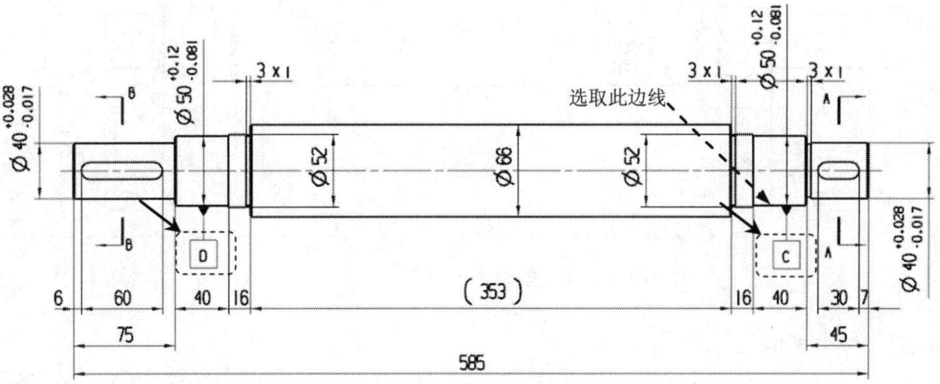

图 6.10.40 标注基准

Stage6. 标注形位公差

Step1. 创建形位公差。

（1）选择下拉菜单 插入(S) → 注释(A) → 特征控制框(E)... 命令，系统弹出“特征控制框”对话框。

（2）定义“圆跳动”公差。

① 在 特性 下拉列表中选择 圆跳动 选项，在 框样式 下拉列表中选择 单框 选项，在 公差 区域的 0.0 文本框中输入值 0.005。

② 在 第一基准参考 区域中单击 复合基准参考 按钮，系统弹出“复合基准参考”对话框。

③ 在“复合基准参考”对话框下拉列表中选择 C 选项，单击“添加新集”按钮，然后在下拉列表中选择 D 选项，单击 确定 按钮，完成复合基准的设置，返回到“特征控制框”对话框。

④ 在“特征控制框”对话框中展开 指引线 区域的 样式 区域，短划线长度 文本框中输入值 5 其余采用默认设置。

（3）放置公差框。确认“特征控制框”对话框中的指定位置被激活，在图样中捕捉图 6.10.41 所示的尺寸 1，然后按下鼠标左键并拖动，单击合适位置以放置公差框。

（4）标注另一端的“圆跳动”公差。

① 参考上面的操作步骤，设定“圆跳动”公差的参数与其相同。

② 确认“特征控制框”对话框中的指定位置被激活，在图样中捕捉图 6.10.41 所示的尺寸 2，当系统捕捉位置如图 6.10.41 所示时，单击以放置公差框。

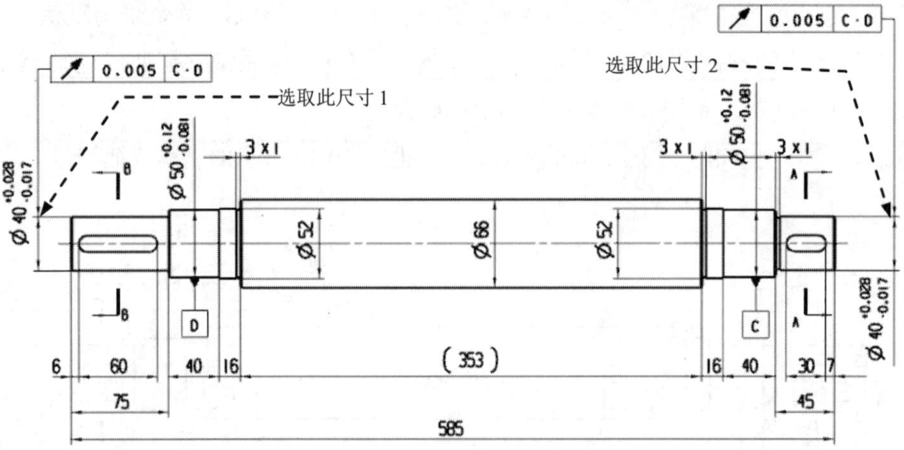

图 6.10.41 创建形位公差（一）

Step2. 创建其他形位公差（一）。

（1）定义“圆柱度”公差。 在“特征控制框”对话框中特性下拉列表中选择圆柱度选项，在框样式下拉列表中选择单框选项，在公差区域的0.0文本框中输入值 0.002，在第一基准参考区域中下拉列表中选择空白选项。

（2）放置公差框。确认“特征控制框”对话框中的指定位置被激活，在图样中捕捉图 6.10.42 所示的第一个形位公差框，当系统捕捉位置如图 6.10.42 所示时，单击以放置公差框。

（3）参照上面的步骤，添加图 6.10.42 所示的另一端的圆柱度公差。

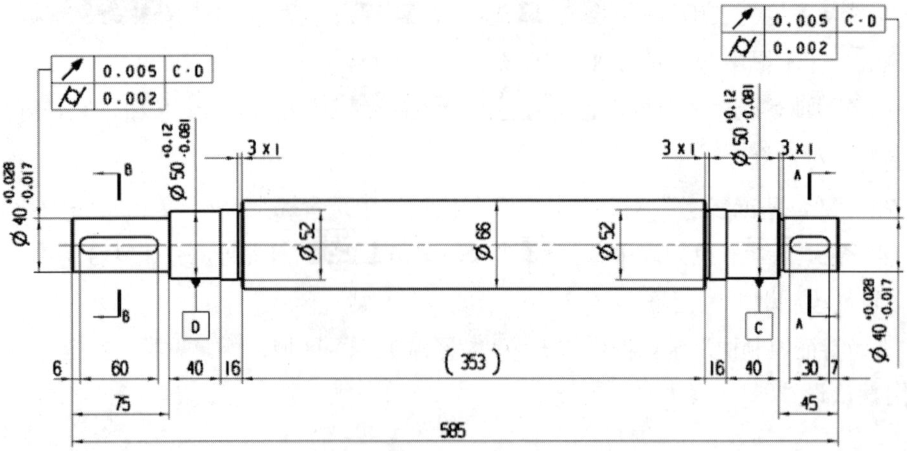

图 6.10.42 创建形位公差（二）

Step3. 创建其他形位公差（二）。

（1）定义“同轴度”公差。在“特征控制框”对话框中 特性 下拉列表中选择 同轴度 选项，在 框样式 下拉列表中选择 单框 选项，在 公差 区域的前缀下拉列表中选择 Ø 选项，在 0.0 文本框中输入值 0.005，在 第一基准参考 区域中 下拉列表中输入文本 C-D。

（2）放置公差框。在“特征控制框”对话框中单击 选择终止对象，确认“捕捉”工具条中的 被激活，在图样中捕捉图 6.10.43 所示的尺寸的箭头位置并单击，当公差框的位置如图 6.10.43 所示时，单击以放置公差框。

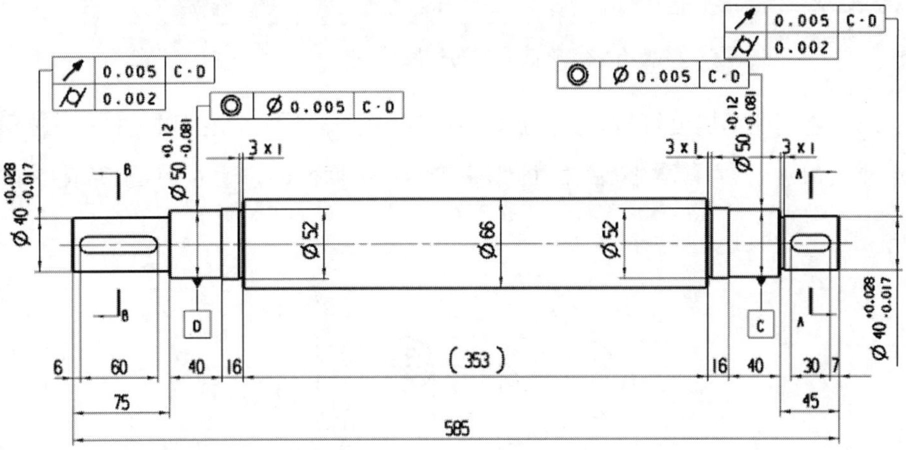

图 6.10.43 创建形位公差（三）

（3）参照上面的步骤，添加图 6.10.43 所示的另一端的同轴度公差。

说明：如果放置形位公差框时，位置比较紧凑，可以适当增大指引线中的短画线长度，或者先暂时放置，然后再适当调整其他已创建的尺寸标注的位置。

Stage7. 标注粗糙度符号

Step1. 创建粗糙度符号。

（1）选择命令。选择下拉菜单 插入(S) → 注释(A) → 表面粗糙度符号(S)... 命令，系统弹出“表面粗糙度”对话框。

（2）设置表面粗糙度参数。在“表面粗糙度”对话框的 指引线 区域中 类型 下拉列表中选择 标志 选项；在 属性 区域的 材料移除 下拉列表中选择 需要移除材料 选项，在 下部文本 (a2) 文本框中输入值 0.8；在 设置 区域取消选中 □ 反转文本 复选框，其他参数采用系统默认值。

（3）放置表面粗糙度符号。在图样中捕捉图 6.10.44 所示的尺寸界线，然后按下鼠标左键并拖动，单击合适位置以放置粗糙度符号，结果如图 6.10.44 所示。

（4）参照上述步骤，添加图 6.10.44 所示的其余几处粗糙度符号。

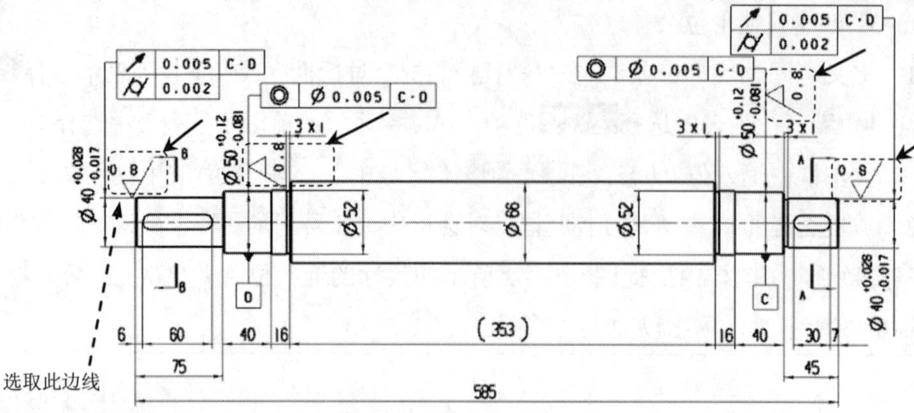

图 6.10.44　标注表面粗糙度符号（一）

Step2. 创建其他粗糙度符号。参照上面的步骤，在“表面粗糙度”对话框中 下部文本 (a2) 文本框中输入值 3.2，在 设置 区域选中 ☑ 反转文本 复选框，创建图 6.10.45 所示的 4 个粗糙度符号。

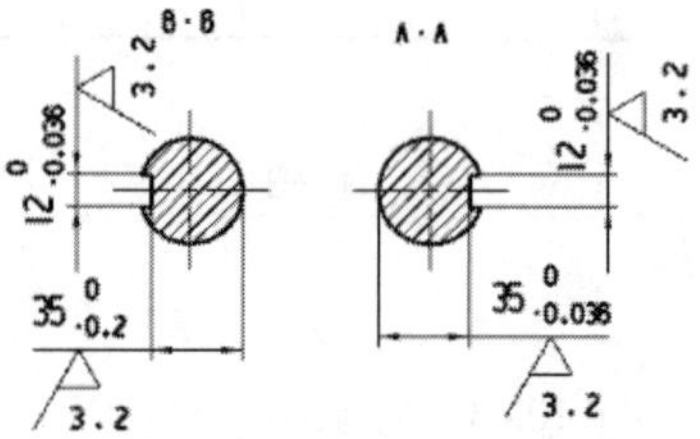

图 6.10.45　标注表面粗糙度符号（二）

Stage8. 标注注释文本

Step1. 选择命令。选择下拉菜单 插入(S) → 注释(A) → 注释(N)... 命令（或单击“注释”工具条中的 A 按钮），弹出“注释”对话框。

Step2. 输入文本内容。在“注释”对话框的文字输入区中清除已有文字，然后输入文字“技术要求”并按下 Enter 键；输入第二行文字“1. 未注倒角为 C2。”并按下 Enter 键；输入第三行文字“2. 调质处理 200-240HBW。”，并按下 Enter 键。

Step3. 设置格式。在文字输入区中选中文字“技术要求”，在 格式化 区域中的比例下拉列表中选择 1.4 选项，根据需要在文字“技术要求”前面插入若干空格。此时文本输入区显示如图 6.10.46 所示。

Step4. 在图样上合适位置单击以放置注释，结果如图 6.10.47 所示，按 Esc 键结束注释命令。

Stage9. 添加其他注释

在图样的右上角添加图 6.10.48 所示的注释和粗糙度符号。

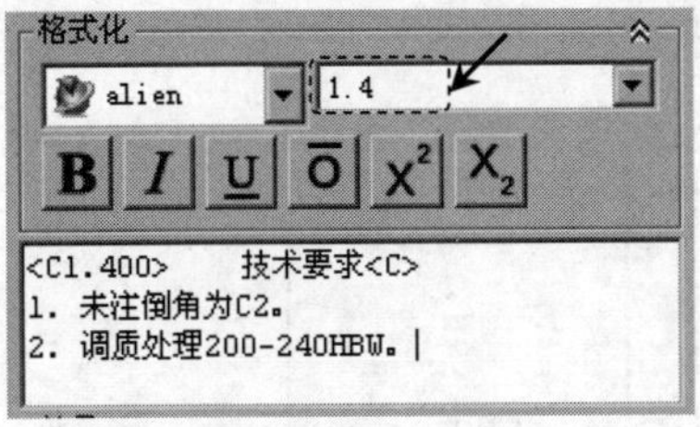

图 6.10.46 输入文本并定义格式

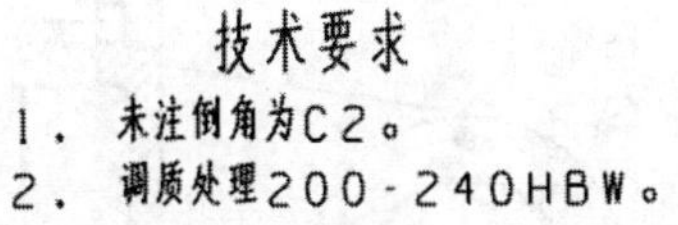

图 6.10.47 创建注释文本

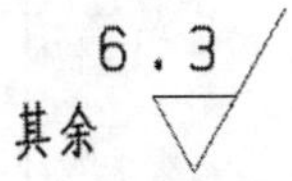

图 6.10.48 添加其他标注

Stage10. 保存工程图

此时工程图创建结果如图 6.10.23 所示，选择下拉菜单 文件(F) → 保存(S) 命令，即可保存文件。

6.10.3 范例 3

范例概述

本范例是一个工程图标注的综合范例，主要运用了尺寸的标注、注释的标注、基准的标注、几何公差和表面粗糙度的标注及对这些标注进行编辑与修改等知识。通过本例的学习，读者可以综合地了解对工程图进行多种标注的一般过程以及掌握一些标注的技巧。范例完成的效果图如图 6.10.49 所示。

Stage1. 打开工程图文件

打开文件 D:\ugdc8.12\work\ch06.10.03\shelf.prt，进入制图环境。

Stage2. 创建中心线和中心标记

Step1. 创建中心线。

（1）显示主视图的隐藏线。

①在图样上右击主视图的边界，在弹出的快捷菜单中选择 样式(I)... 命令，系统弹出“视图样式”对话框。

②在图 6.10.50 所示的“视图样式”对话框中单击 隐藏线 选项卡，在线型下拉列表中选择 ------- 选项，其余参数不变，单击 确定 按钮，结果主视图显示如图 6.10.51 所示。

（2）选择下拉菜单 插入(S) → 中心线(E) → 自动(A)... 命令（或单击“尺寸”工具条中的 按钮），系统弹出“自动中心线”对话框。

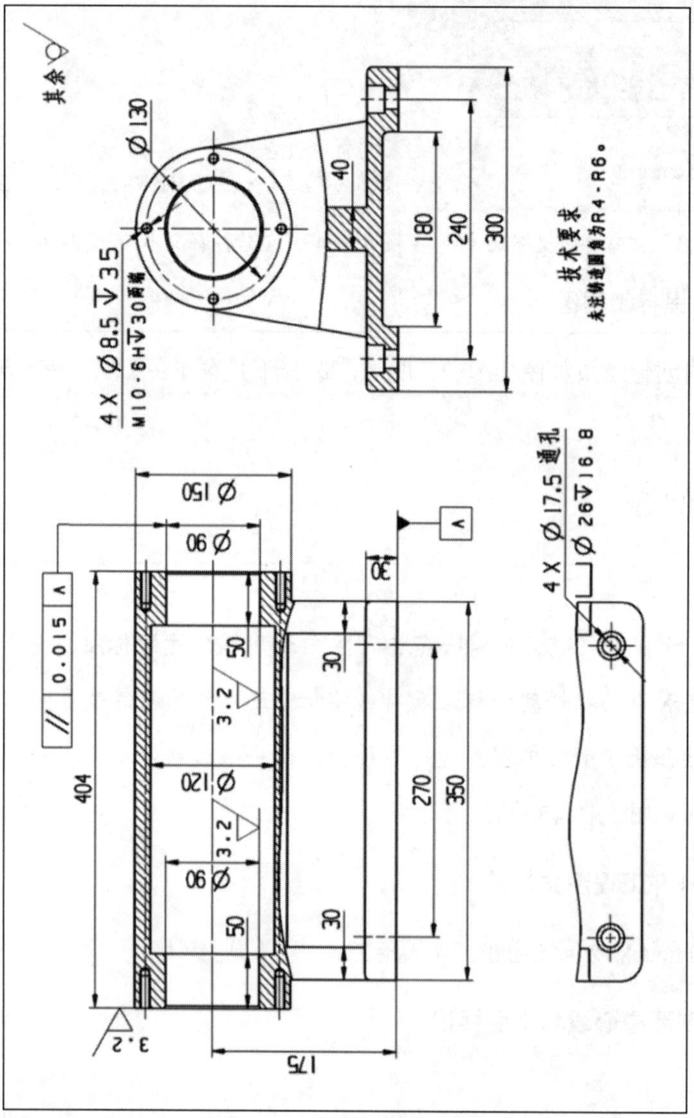

图 6.10.49　范例完成效果图

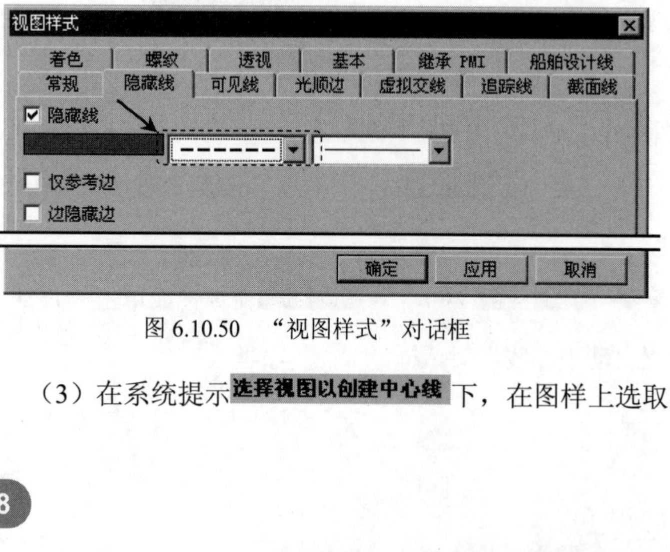

图 6.10.50　“视图样式”对话框

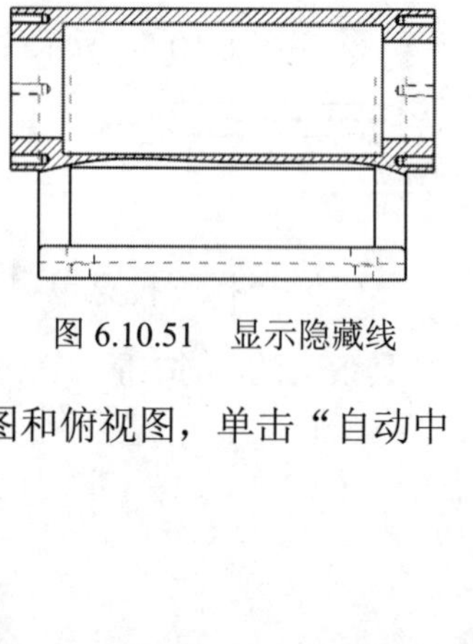

图 6.10.51　显示隐藏线

（3）在系统提示**选择视图以创建中心线**下，在图样上选取主视图和俯视图，单击“自动中心线”对话框中的〈确定〉按钮，结果分别如图 6.10.52a、b 所示。

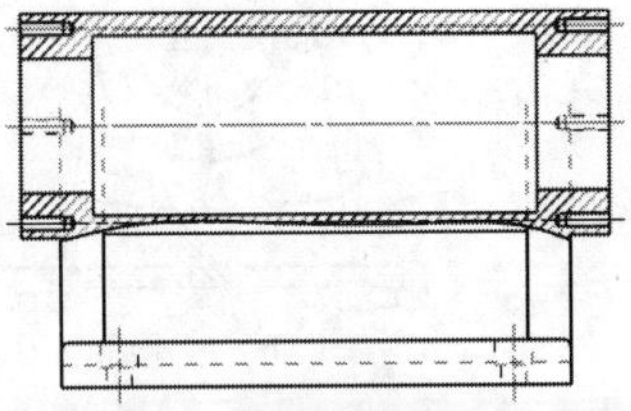
a）主视图

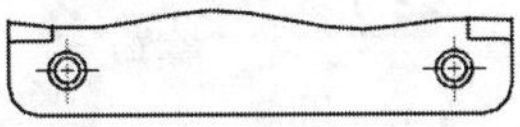
b）俯视图

图 6.10.52 标注中心线

（4）隐藏主视图的隐藏线。

① 在图样上右击主视图的边界，在弹出的快捷菜单中选择 样式(Y)... 命令，系统弹出“视图样式”对话框。

② 在“视图样式”对话框中单击 隐藏线 选项卡，在线型下拉列表中选择 不可见 选项，其余参数不变，单击 确定 按钮，结果主视图显示如图 6.10.53 所示。

Step2. 创建中心标记。

（1）选择命令。选择下拉菜单 插入(S) → 中心线(E) → 中心标记(M)... 命令，系统弹出“中心标记”对话框。

（2）在“中心标记”对话框中取消选中 □ 创建多个中心标记 复选框，在图样中选取图 6.10.54a 所示的圆弧。

（3）单击〈确定〉按钮，完成中心标记的创建，结果如图 6.10.54b 所示。

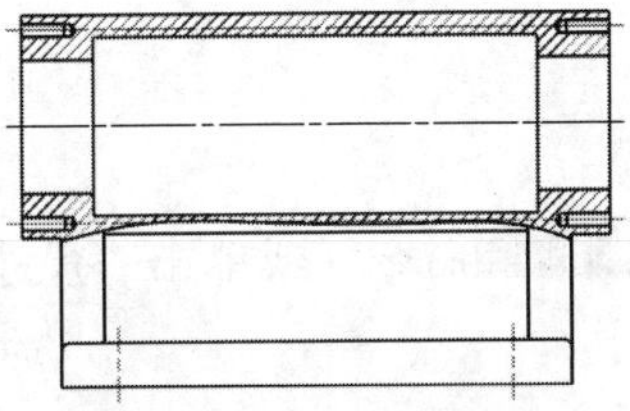
图 6.10.53 隐藏隐藏线

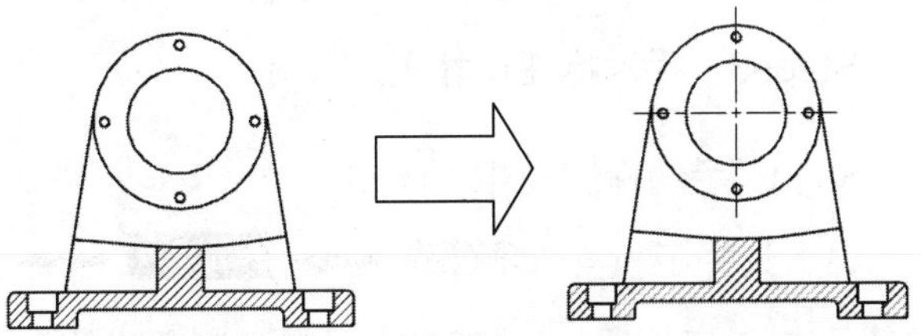
a）创建前 b）创建后

图 6.10.54 创建中心标记

Step3. 创建 3D 中心线。

（1）选择命令。选择下拉菜单 插入(S) → 中心线(E) → 3D 中心线... 命令，系统弹出“3D 中心线”对话框。

（2）在“3D 中心线”对话框中选中 ☑ 对齐中心线 复选框，在 设置 区域中选中 ☑ 单独设置延伸 复选框，在图样上依次选择图 6.10.55a 所示的 2 个圆柱面轮廓线。

（3）根据需要拖动中心线的长度箭头，单击“3D 中心线”对话框中的〈确定〉按钮，完成中心线的创建，结果如图 6.10.55b 所示。

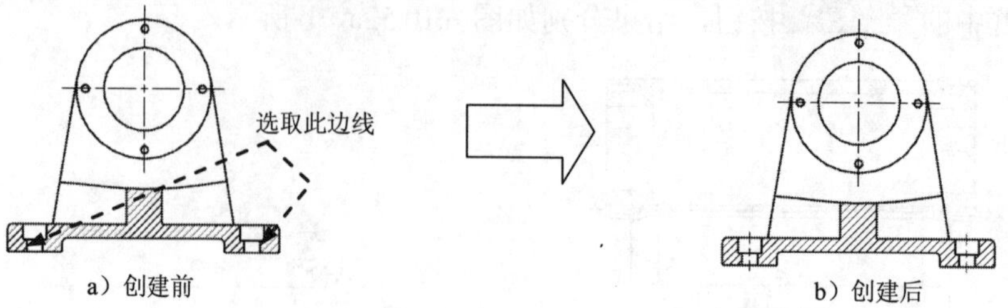

图 6.10.55　创建 3D 中心线

Step4. 创建圆形中心线。

（1）选择命令。选择下拉菜单 插入(S) → 中心线(E) → 圆形(C)... 命令，系统弹出“圆形中心线”对话框。

（2）在“圆形中心线”对话框下拉列表中选择 通过 3 个或更多点 选项，选中 ☑ 整圆 复选框，确认“捕捉”工具条中的 ⊙ 被激活，在图样上依次选择图 6.10.56a 所示的 4 个圆弧边线。

（3）单击“圆形中心线”对话框中的 < 确定 > 按钮，结果如图 6.10.56b 所示。

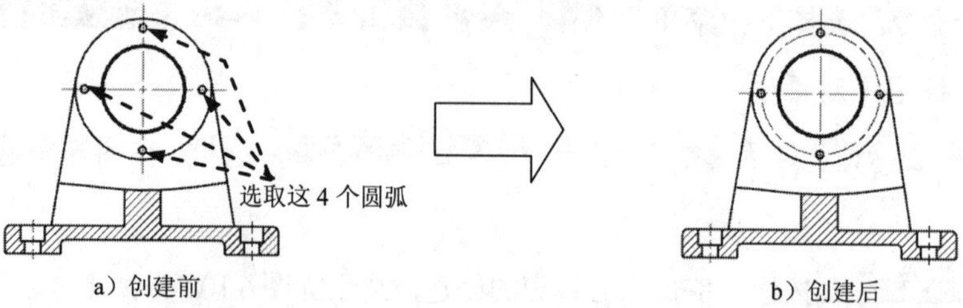

图 6.10.56　创建圆形中心线

Stage3. 手动标注尺寸

Step1. 手动标注尺寸（一）。

（1）选择下拉菜单 插入(S) → 尺寸(M) ▸ → 自动判断(I)... 命令（或单击“尺寸”工具条中的 按钮），系统弹出“自动判断尺寸”工具条。

（2）在图样中依次选取要标注的边线，选取图 6.10.57 所示的两条边线。

（3）在合适位置单击放置尺寸，结果如图 6.10.58 所示。

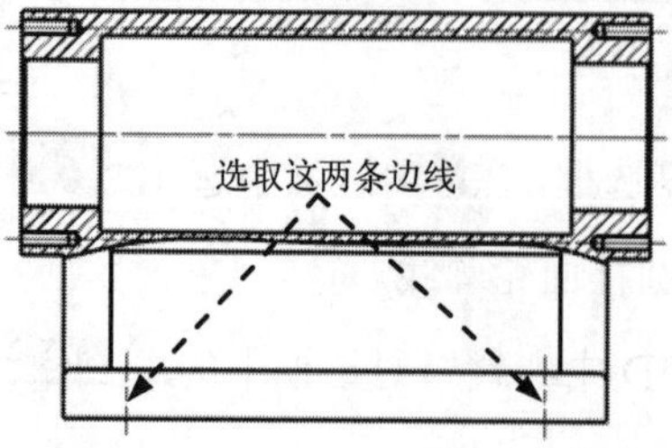

图 6.10.57　选取标注尺寸边线

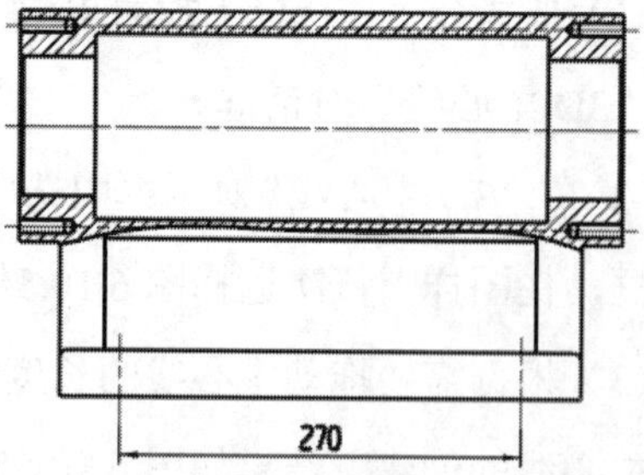

图 6.10.58　标注尺寸（一）

（4）参照上面的操作步骤，标注图 6.10.59 所示的其余尺寸。

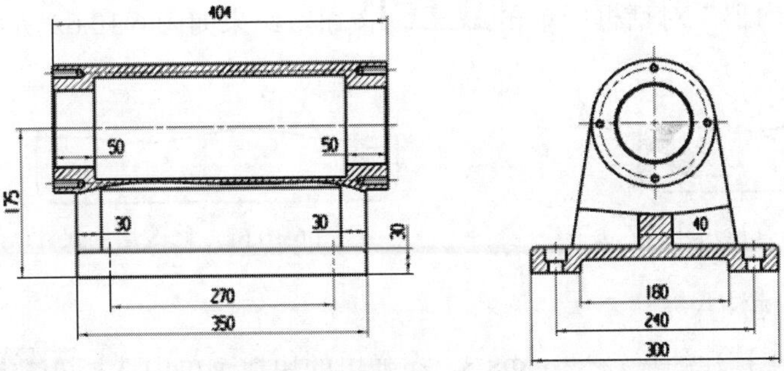

图 6.10.59 标注尺寸（二）

Step2. 手动标注尺寸（二）。

（1）选择下拉菜单 插入(S) → 尺寸(M) ▸ → 直径(D)... 命令（或单击“尺寸”工具条中的按钮），系统弹出“直径尺寸”工具条。

（2）选择图 6.10.60a 所示的圆弧边线 1，右击，在弹出的快捷菜单中选择 文本方位 ▸ → 选项，使得尺寸文本为水平方位；选择合适位置放置该尺寸，结果如图 6.10.60b 所示。

（3）参照选择图 6.10.60a 所示的圆弧边线 2，选择合适位置放置该尺寸，结果如图 6.10.60b 所示。

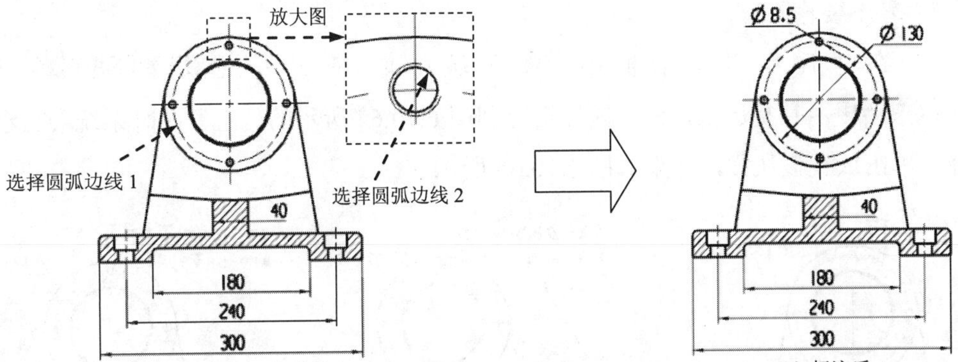

a）标注前　　b）标注后

图 6.10.60 标注直径尺寸（一）

（4）参照此方法，继续选择图 6.10.61 所示的圆弧边线，标注图 6.10.61 所示的直径尺寸。

Step3. 修改孔的标注尺寸（一）。

（1）右击刚刚标注的直径尺寸 Φ17.5，在弹出的快捷菜单中选择 编辑附加文本... 命令，系统弹出“文本编辑器”对话框。

（2）在 附加文本 区域中单击“之前”按钮，然后在文本输入区中输入文本“4X”；单击“之后”按钮，然后在文本输入区中输入文本“通孔”。

（3）在“文本编辑器”对话框中单击 关闭 按钮，结果如图 6.10.62 所示。

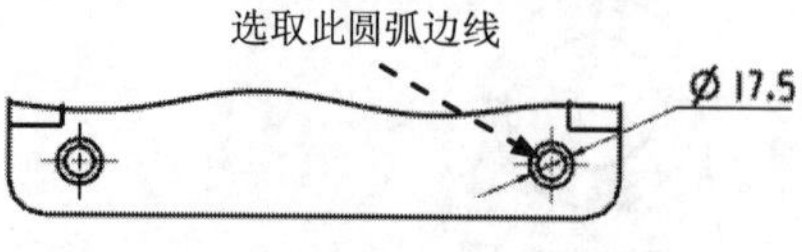

图 6.10.61　标注直径尺寸（二）

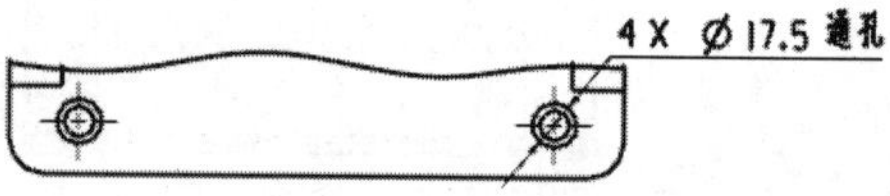

图 6.10.62　修改后的尺寸(一)

Step4. 修改孔的标注尺寸（二）。

（1）右击左视图中标注的直径尺寸 Φ8.5，在弹出的快捷菜单中选择 编辑附加文本... 命令，系统弹出“文本编辑器”对话框。

（2）在 附加文本 区域中单击“之前”按钮，然后在文本输入区中输入文本“4X”；单击“之后”按钮，然后单击 制图符号 选项卡中的按钮，在文本输入区中输入值 35。

（3）在“文本编辑器”对话框中单击 关闭 按钮，结果如图 6.10.63 所示。

说明：添加附加文本后，尺寸位置需要适当拖动来改变位置，以下不再赘述。

Step5. 注释螺纹孔尺寸和沉头孔尺寸。

（1） 选择下拉菜单 插入(S) → 注释(A) → 注释(N)... 命令，弹出“注释”对话框。

（2）在“注释”对话框中删除输入区已有的文本内容，输入文本“M10-6H<#D>30 两端”(引号不要输入)。

（3）在“注释”对话框中 对齐 区域中取消选中 相对于视图的位置 和 相对于几何体的位置 复选框，移动鼠标指针到图 6.10.64 所示的位置，此时系统会自动排列注释，单击放置该注释，结果如图 6.10.65 所示。

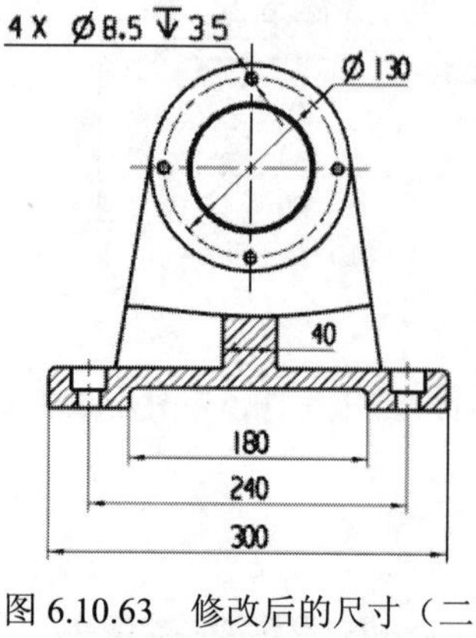

图 6.10.63　修改后的尺寸（二）

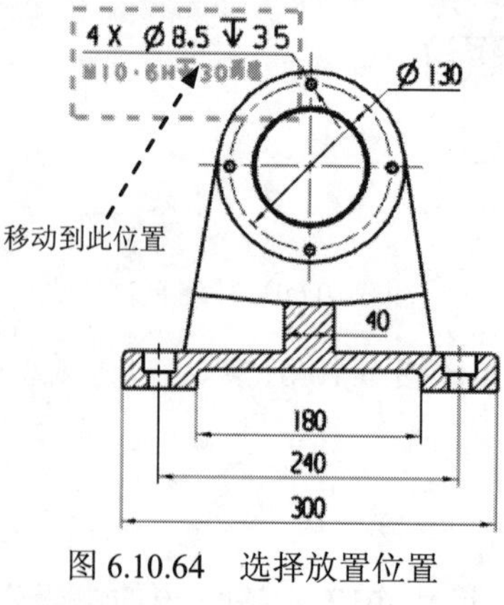

图 6.10.64　选择放置位置

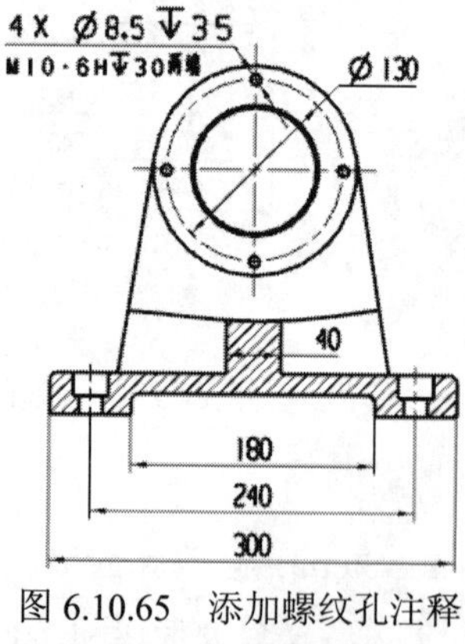

图 6.10.65　添加螺纹孔注释

（4）在“注释”对话框中删除输入区已有的文本内容，展开 符号 区域，在 类别 下拉列表中选择 制图 选项，然后依次单击“插入沉头孔”按钮、“插入直径”按钮、输入值 26、单击“插入深度”按钮、输入值 16.8。

（5）移动鼠标指针到图 6.10.66 所示的位置，此时系统会自动吸附，单击放置该注释，结果如图 6.10.67 所示。

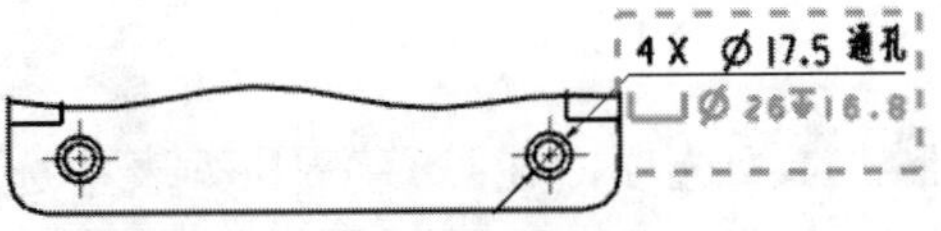

图 6.10.66 选择放置位置

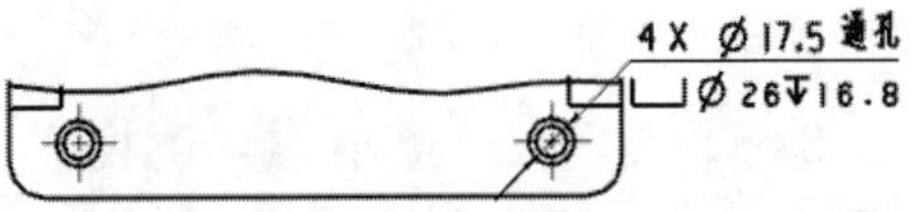

图 6.10.67 添加沉头孔注释

Step6. 标注孔的圆柱尺寸。

（1）选择下拉菜单 插入(S) → 尺寸(M) → 圆柱(Y)... 命令（或单击“尺寸”工具条中的按钮），系统弹出“圆柱尺寸”工具条。

（2）确认“捕捉”工具条中的被激活，选择图 6.10.68a 所示的 2 个边线的中点，标注直径尺寸 Φ90，结果如图 6.10.68b 所示。

（3）参照此方法，标注图 6.10.68b 所示的其余 3 个圆柱尺寸。

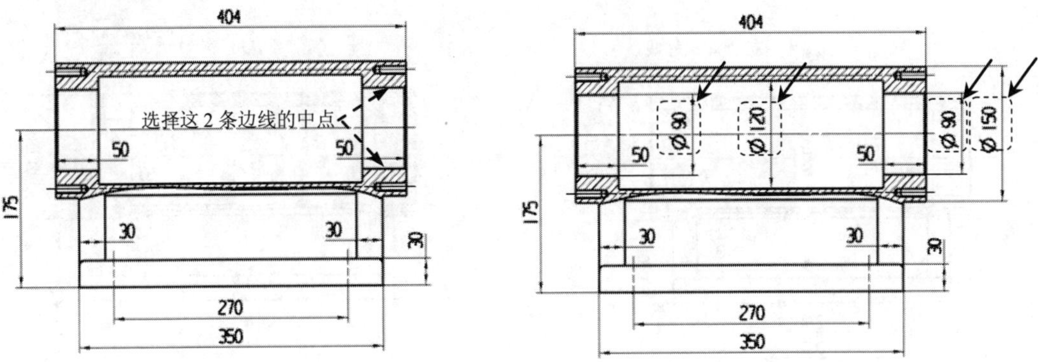

a）标注前　　b）标注后

图 6.10.68 标注圆柱尺寸

Stage4. 标注基准特征

Step1. 选择下拉菜单 插入(S) → 注释(A) → 基准特征符号(R)... 命令（或单击“注释”工具栏中的按钮），系统弹出“基准特征符号”对话框。

Step2. 设置参数。在 基准标识符 区域的 字母 文本框中输入字母 A，其余采用默认设置。

Step3. 在视图中捕捉图 6.10.69 所示的边线，然后按下鼠标左键并拖动，拖动至图 6.10.70 所示位置时，单击放置基准特征符号，按<Ese>键结束命令。

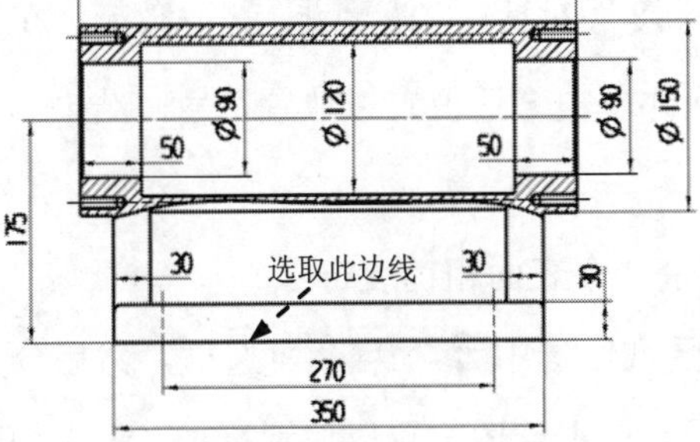

图 6.10.69 选取基准放置位置

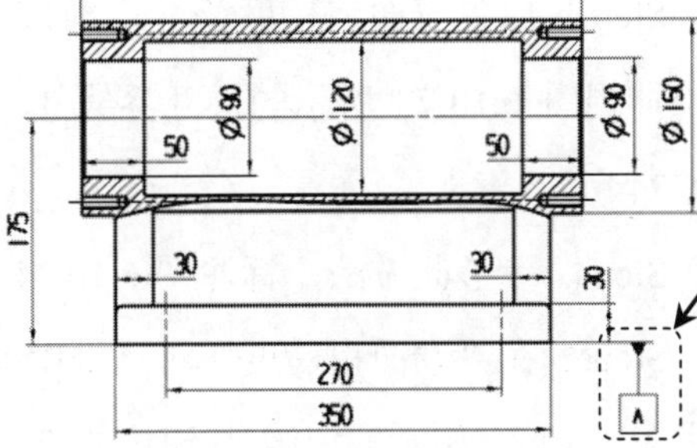

图 6.10.70 标注基准特征

Stage5．标注形位公差

Step1．选择命令。选择下拉菜单 插入(S) → 注释(A) → 特征控制框(E)... 命令，系统弹出“特征控制框”对话框。

Step2．定义公差。在 特性 下拉列表中选择 平行度 选项，在 框样式 下拉列表中选择 单框 选项，在 公差 区域的 0.0 文本框中输入值 0.015，在 第一基准参考 区域中 下拉列表中选择 A 选项，展开 指引线 区域的 样式 区域，在 短划线长度 文本框中输入值 15，其余采用默认设置。

Step3．放置公差框。确认“特征控制框”对话框中的 指定位置 被激活，在图样中捕捉图 6.10.71 所示的尺寸线，然后按下鼠标左键并拖动，当公差框预览位置与图 6.10.72 所示一致时，单击左键以放置公差框。

说明：在捕捉尺寸线时，应靠近将来形位公差框放置的一侧来选取，否则可能会不正确。

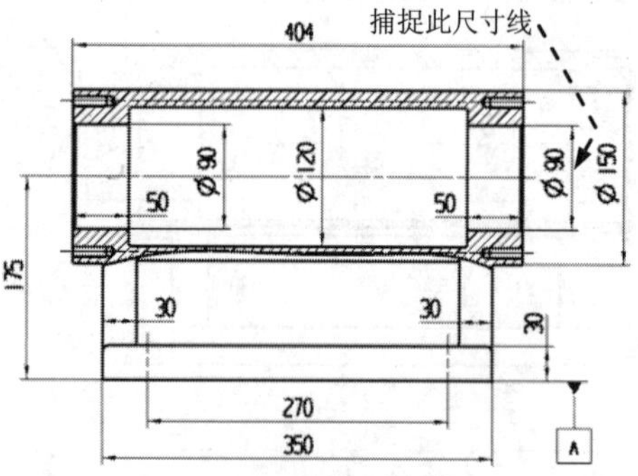

图 6.10.71 选择标注位置

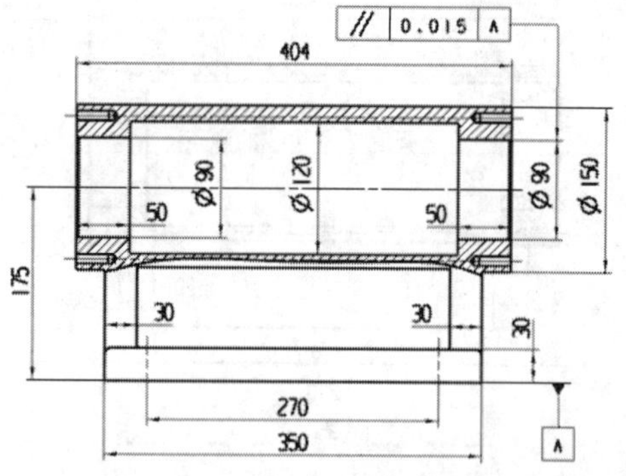

图 6.10.72 标注形位公差

Stage6．标注表面粗糙度符号

Step1．选择命令。选择下拉菜单 插入(S) → 注释(A) → 表面粗糙度符号(S)... 命令，系统弹出“表面粗糙度”对话框。

Step2．设置表面粗糙度参数。在“表面粗糙度”对话框的 指引线 区域中 类型 下拉列表中选择 标志 选项；在 属性 区域 材料移除 下拉列表中选择 需要移除材料 选项，在 下部文本（a2） 文本框中输入值 3.2；在 设置 区域取消选中 □ 反转文本 复选框，其他参数采用系统默认值。

Step3．放置表面粗糙度符号。确认“表面粗糙度”对话框的 指定位置 被激活，在图样中捕捉图 6.10.73 所示的尺寸界线 1，拖动鼠标并单击合适位置以放置符号，结果如图 6.10.74 所示。

Step4．参考此方法，标注图 6.10.74 所示的其余 2 个表面粗糙度符号。

Step5．在“表面粗糙度”对话框中展开 设置 区域，选中 ☑ 反转文本 复选框，然后分别捕捉图 6.10.75 所示的边线 1 和边线 2，拖动鼠标并单击合适位置以放置符号，结果如图

6.10.76 所示。

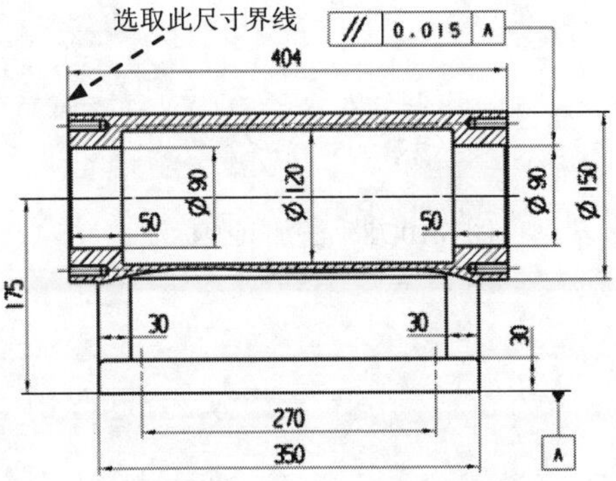

图 6.10.73 选取标注对象

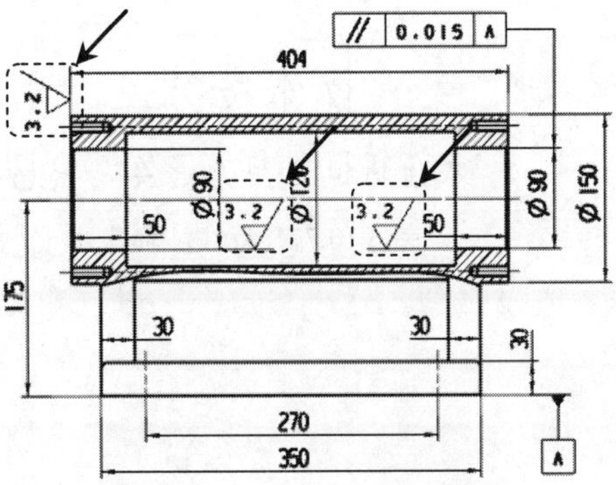

图 6.10.74 标注表面粗糙度(一)

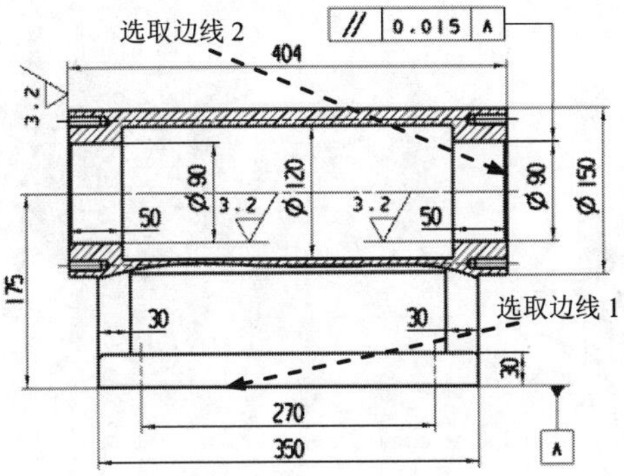

图 6.10.75 选取边线

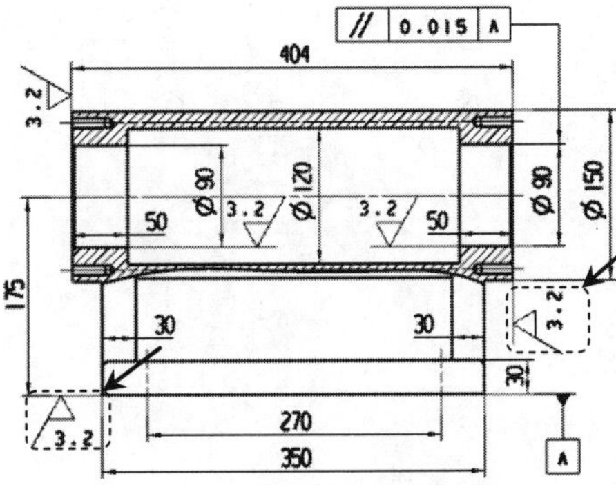

图 6.10.76 标注表面粗糙度(二)

Stage7．创建注释文本

Step1. 选择命令。选择下拉菜单 插入(S) → 注释(A) → A 注释(N)... 命令（或单击“注释”工具条中的 A 按钮），弹出“注释”对话框。

Step2. 输入文本内容。在“注释”对话框的文字输入区中清除已有文字，然后输入文字“技术要求”并按下 Enter 键；输入第二行文字“未注铸造圆角为 R4-R6。”。

Step3. 设置格式。在文字输入区中选中文字“技术要求”，在 格式化 区域中的比例下拉列表中选择 1.4 选项，根据需要在文字“技术要求”前面插入若干空格。

Step4. 在图样上合适位置单击以放置注释，结果如图 6.10.77 所示，按<Esc>键结束注释命令。

Stage8．添加其他标注

参照前面的操作方法，在图样的右上角添加图 6.10.78 所示的注释和表面粗糙度符号。

Stage9．保存工程图

选择下拉菜单 文件(F) → 保存(S) 命令，即可保存文件。

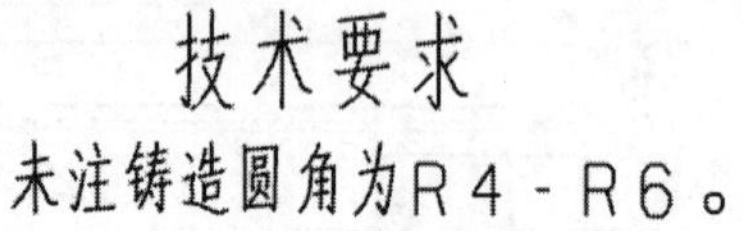

图 6.10.77　标注注释文本

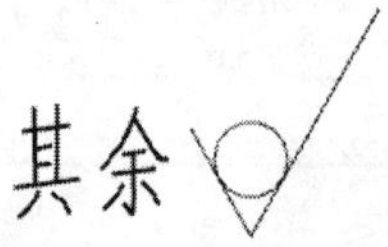

图 6.10.78　添加其他标注

第 7 章　工程图的表格

本章提要　表格是工程图的一项重要组成部分，在工程图中添加表格，可以更好地管理和显示数据。本章将详细介绍表格的相关操作、零件明细表的创建与定制、标题栏的创建和图纸模板的定制，具体包括以下内容：

- 工程图表格概述。
- 表格注释。
- 零件明细表。
- 标题栏。
- 定制图纸模板。

7.1　工程图表格概述

在工程图中，表格是十分常见的组成部分。表格主要用于制作标题栏、明细栏、明细表手册、参数系列统计表等，起着展示和归纳信息的作用。表格的绘制通常采用系统提供的表格绘制命令，通过对表格的放置方向、单元格大小和内容的定义，并结合一些参数实现装配环境下零件的重复区域列表、过滤和参数计算等自动功能。

由于标题栏、明细栏等类型表格的应用较为频繁，且要求具有规范性和统一性，因此通常可将制作好的表格进行保存，以后可以直接调用。这样不仅节省了工程图的制作时间，提高了工作效率，还能使生成的工程图规范统一。

7.2　表 格 注 释

7.2.1　创建表格

Step1. 打开文件 D:\ugdc8.12\work\ch07.02\table_note.prt，系统进入制图环境。

Step2. 选择下拉菜单 插入(S) → 表格(B) → 表格注释(T)... 命令，系统弹出“表格注释”对话框。

Step3. 采用图 7.2.1 所示的参数设置，在图纸上合适位置单击以放置表格，结果如图 7.2.2 所示。

Step4. 在“表格注释”对话框中单击 关闭 按钮（或者单击鼠标中键），结束命令。

说明：表格默认的对齐位置在左上角，用户可以通过修改注释首选项进行修改。

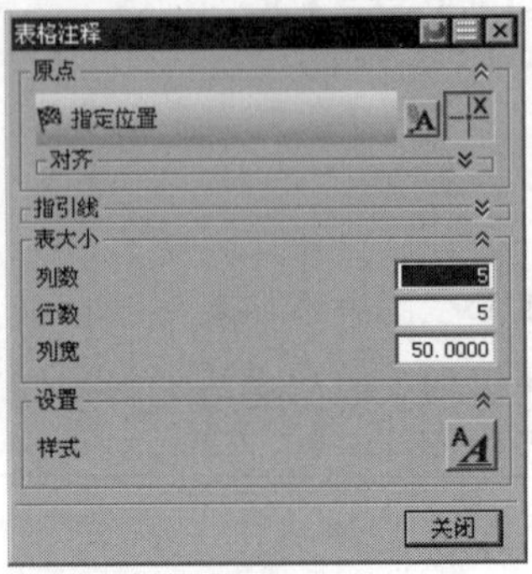

图 7.2.1 “表格注释”对话框

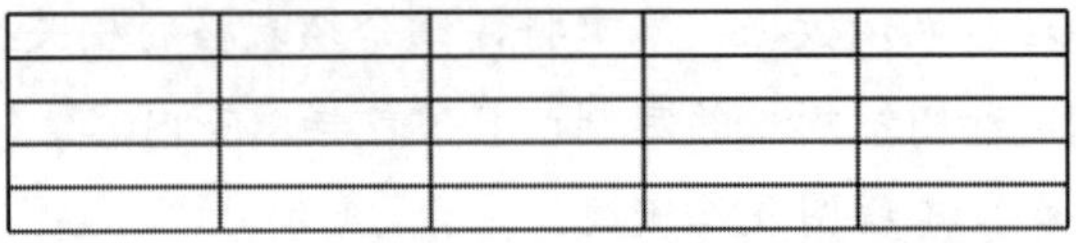

图 7.2.2 放置表格

7.2.2 编辑表格

下面紧接着上一节的操作继续介绍编辑表格的一般操作方法。

1. 表格的选择

表格的选择包括整个表格的选择、单元格的选择、行的选择和列的选择。

（1）选择整个表格：将鼠标指针移动到图 7.2.3 所示的表格左上角，此时会出现一个小方形的标记，单击该标记即可选择整个表格，按 Esc 键即可取消选择（以下不再赘述）。

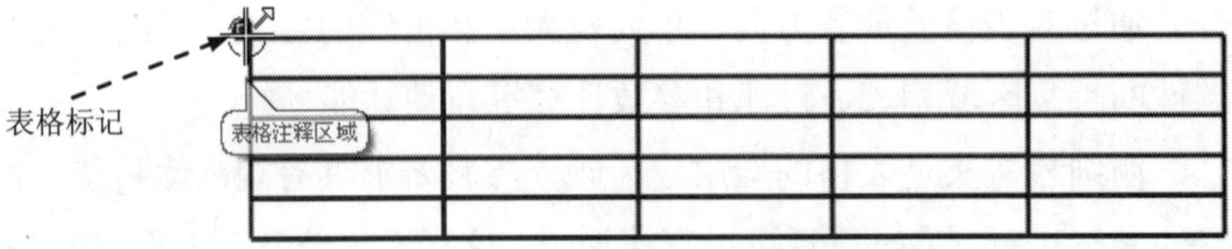

图 7.2.3 选择整个表格

（2）选择单元格：单击某个单元格，即可选中该单元格（图 7.2.4a）。如果单击某个单元格并拖动鼠标，即可同时选中多个单元格（图 7.2.4b）。

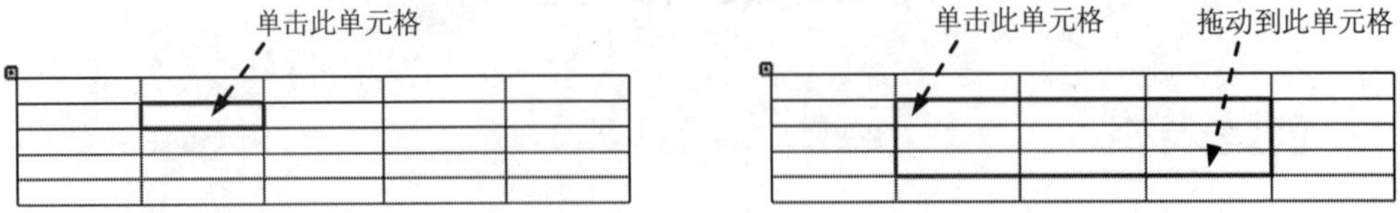

a）选择单个单元格　　b）选择多个单元格

图 7.2.4 选择单元格

（3）选择行：将鼠标指针移动到图 7.2.5a 所示的位置，此时该行被预选，单击此位置即可选中该行。如果在单击后拖动鼠标，即可同时选中多行（图 7.2.5b）。

（4）选择列：将鼠标指针移动到图 7.2.6a 所示的位置，此时该列被预选，单击此位置即可选中该列。如果在单击后拖动鼠标，即可同时选中多列（图 7.2.6b）。

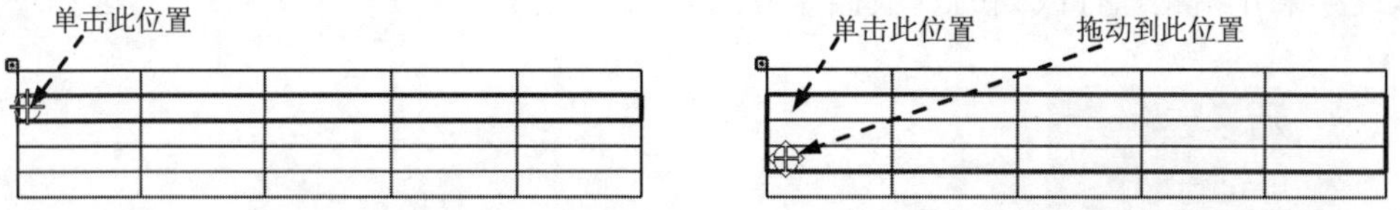

a）选择单行　　b）选择多行

图 7.2.5　选择行

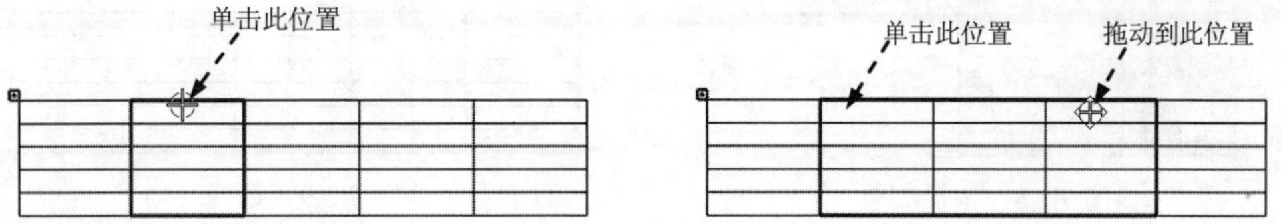

a）选择单列　　b）选择多列

图 7.2.6　选择列

说明：在选择表格时应注意系统的预选提示，当鼠标指针在四周边界附近时比较容易选中行或列。

2. 插入行/列

按照系统默认的表格参数创建的表格是 5 行 5 列，用户可以在创建时修改相应的数值，从而得到期望数目的表格。在创建表格后，用户可以通过插入行或列的方法来修改表格。下面紧接着上一节的操作继续介绍插入行或列的一般操作方法。

Step1. 参考前面的操作方法，选中图 7.2.7a 所示的 1 行。

Step2. 在选中表格行上单击鼠标右键，在系统弹出的快捷菜单中选择 镶块 ▸ → 上方的行(A) 命令（图 7.2.8），即可在当前选中行的上方插入 1 行，结果如图 7.2.7b 所示。

说明：此快捷菜单中“镶块”翻译有误，应为“插入”。

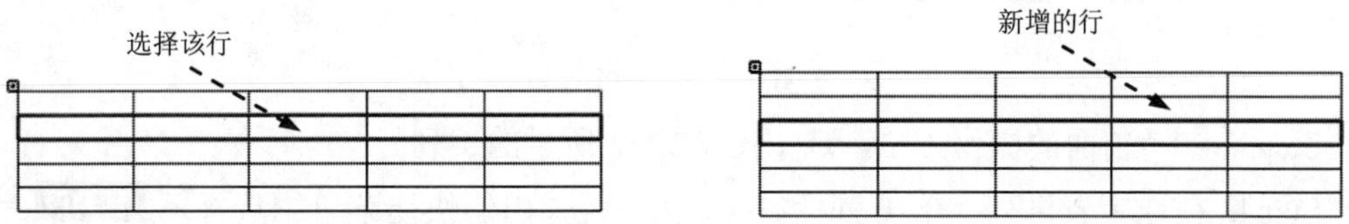

a）插入行前　　b）插入行后

图 7.2.7　插入行

Step3. 参考前面的操作方法，选中图 7.2.9 所示的一列。

Step4. 在选中表格列上单击鼠标右键，在系统弹出的快捷菜单中选择 镶块 ▸ → 在左侧插入列(L) 命令（图 7.2.10），即可在当前选中列的左侧插入 1 列，结果如图 7.2.11 所示。

3. 删除行/列

在创建表格后，用户可以通过删除行或列的方法来调整表格。下面紧接着上一节的操作继续来介绍删除行或列的一般操作方法。

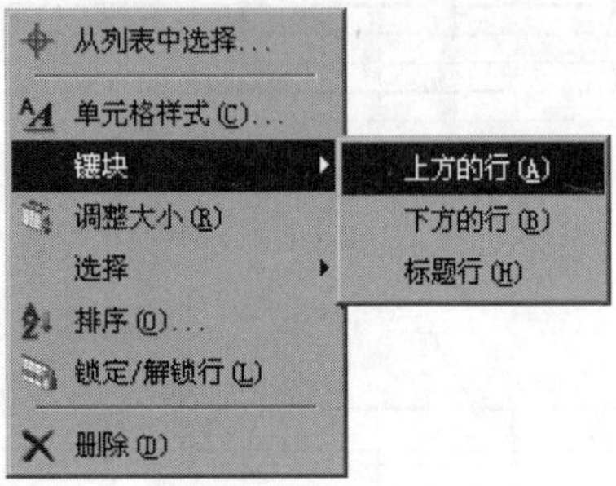

图 7.2.8　快捷菜单

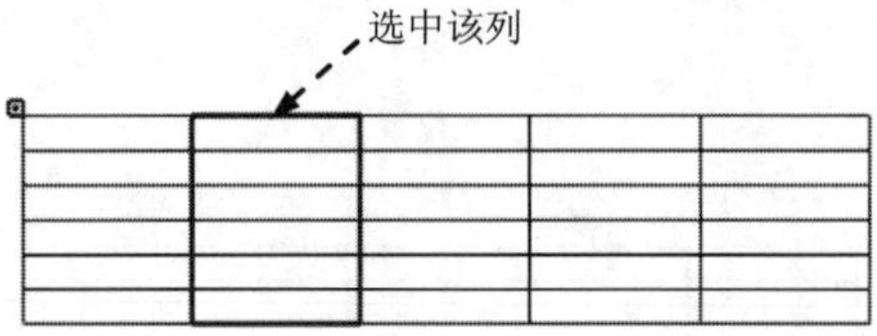

图 7.2.9　选择某列

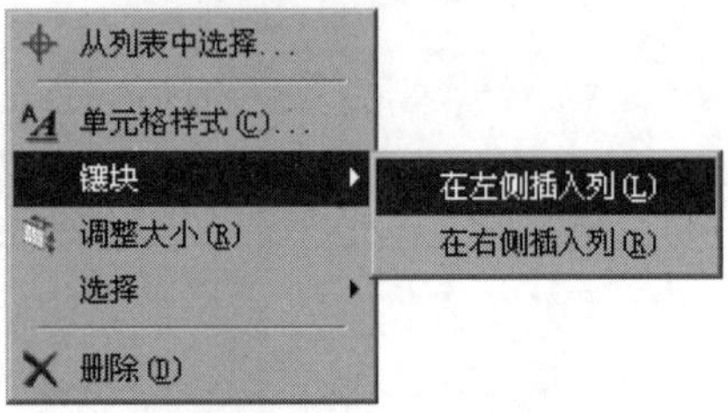

图 7.2.10　快捷菜单

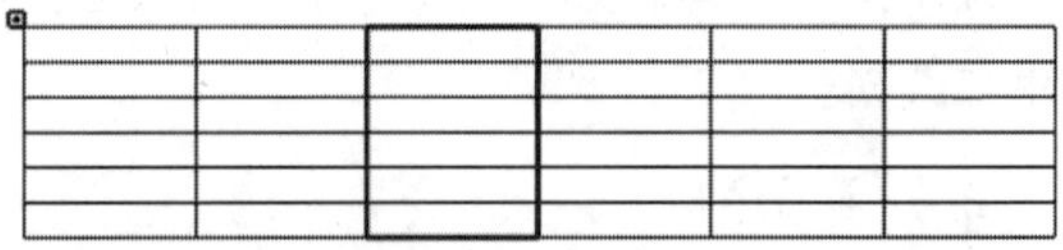

图 7.2.11　插入列后

Step1．参考前面的操作方法，选中图 7.2.12a 所示的 2 行。

Step2．在选中表格行上单击鼠标右键，在系统弹出的快捷菜单中选择 删除(D) 命令，即可删除选中的 2 行，结果如图 7.2.12b 所示。

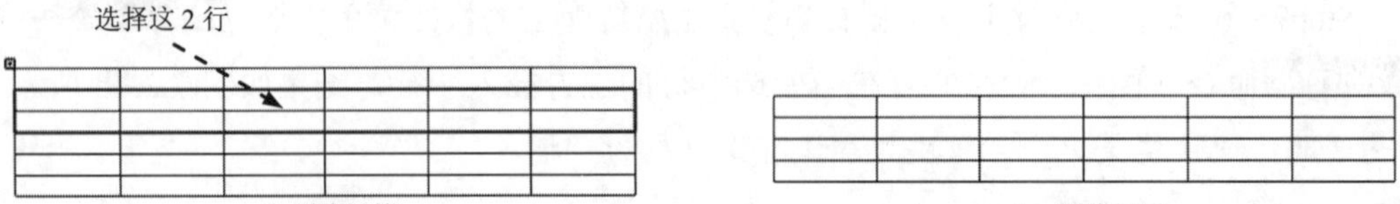

a）删除行前　　b）删除行后

图 7.2.12　删除行

Step3．参考前面的操作方法，选中图 7.2.13a 所示的 1 列。

Step4．在选中表格列上单击鼠标右键，在系统弹出的快捷菜单中选择 删除(D) 命令，即可删除选中的 1 列，结果如图 7.2.13b 所示。

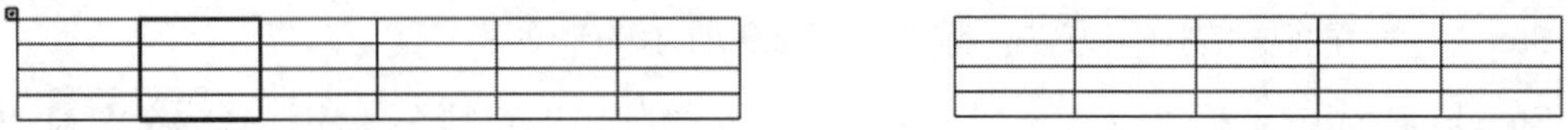

a）删除列前　　b）删除列后

图 7.2.13　删除列

4．编辑行/列的大小

下面紧接着上一节的操作继续介绍编辑行或列的大小的一般操作方法。

Step1．参考前面的操作方法，选中图 7.2.14 所示的 2 行。

Step2．在选中表格行上单击鼠标右键，在系统弹出的快捷菜单中选择 调整大小(R) 命令，此时系统弹出图 7.2.15 所示的“调整行大小警告”对话框，单击 是 按钮。

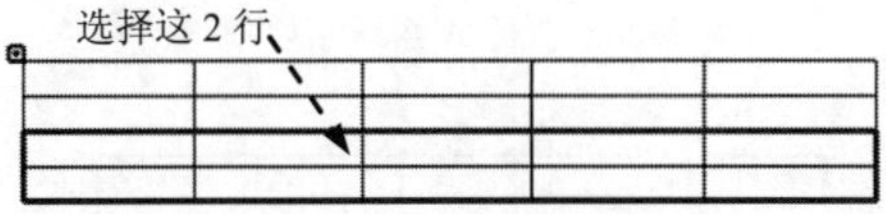

图 7.2.14 选择行

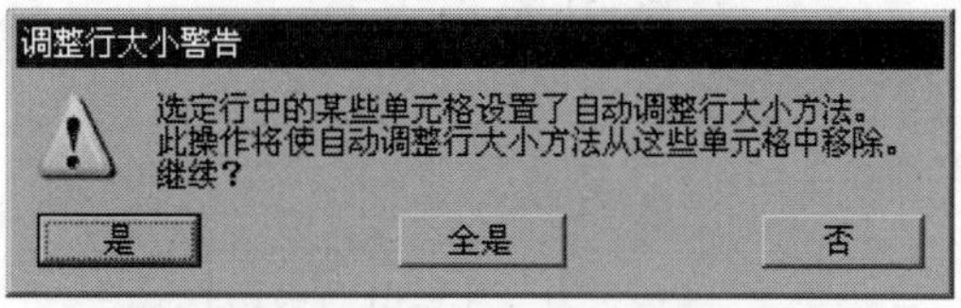

图 7.2.15 “调整行大小警告”对话框

Step3. 在系统弹出的输入框 行高度 10.0000 中输入值 10 并按下 Enter 键，结果如图 7.2.16 所示。

Step4. 移动鼠标指针到图 7.2.17 所示的位置，当鼠标指针变成 ÷ 时，按下左键并拖动，此时即可动态改变行的高度。

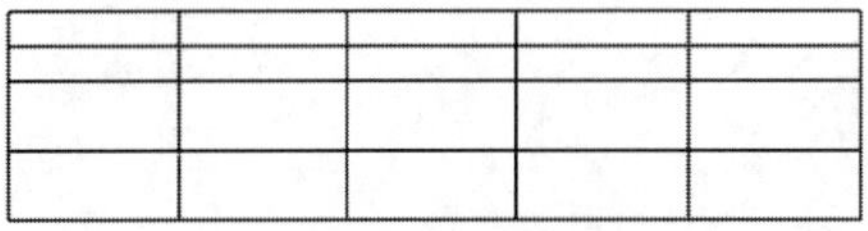

图 7.2.16 调整行高度

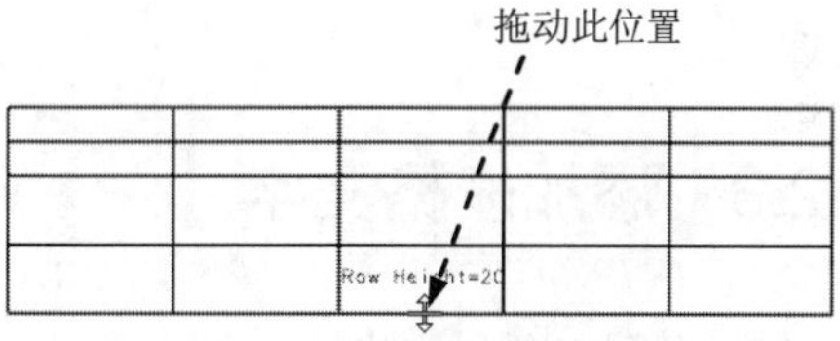

图 7.2.17 动态调整行高度

Step5. 参考前面的操作方法，选中图 7.2.18 所示的表格中间 3 列。

Step6. 在选中表格列上单击右键，在系统弹出的快捷菜单中选择 调整大小(R) 命令。

Step7 在系统弹出的输入框 列宽 50.0000 中输入值 50 并按下 Enter 键，结果如图 7.2.19 所示。

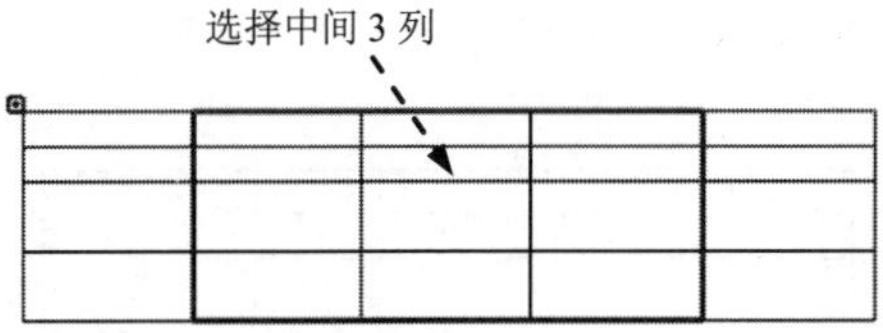

图 7.2.18 选择列

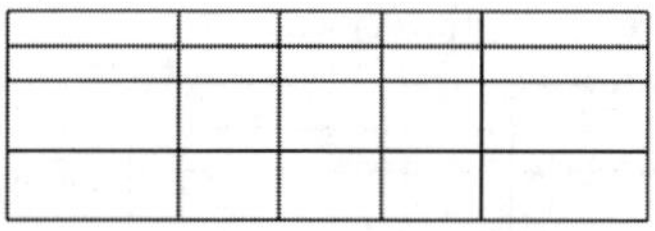

图 7.2.19 调整列的宽度

5. 合并单元格

下面紧接着上一节的操作继续介绍合并单元格的一般操作方法。

Step1. 参考前面的操作方法，选中图 7.2.20a 所示的 2 个单元格。

Step2. 在选中的单元格上单击鼠标右键，在系统弹出的快捷菜单中选择 合并单元格(M) 命令，结果如图 7.2.20b 所示。

a）合并前

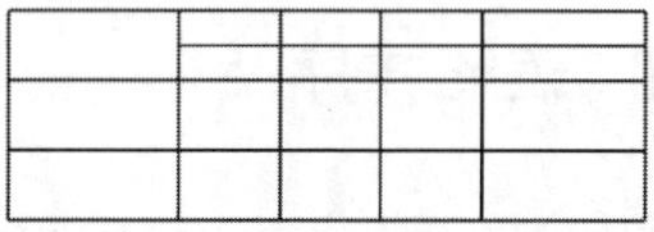

b）合并后

图 7.2.20 合并单元格

Step3. 参考前面的操作方法，选中图 7.2.21a 所示的 4 个单元格。

Step4. 在选中的单元格上单击鼠标右键，在系统弹出的快捷菜单中选择 合并单元格(M) 命令，结果如图 7.2.21b 所示。

a）合并前　　b）合并后

图 7.2.21　合并单元格

说明：如果在合并后的单元格上右击，在系统弹出的快捷菜单中选择 取消合并单元格(U) 命令，即可将合并单元格拆分。注意，创建表格时最初产生的单元格是最小单元格，不能被拆分。

7.2.3　添加表格文字

下面紧接着上一节的操作继续介绍添加表格文字的一般操作方法。

Step1. 双击图 7.2.22a 所示的单元格，在系统弹出的输入框中输入文本“项目”。

Step2. 按下键盘上的向下方向键，此时系统自动激活了下一个单元格，在系统弹出的输入框中输入文本“长度”；再次按下键盘上的向下方向键，输入文本“宽度”，按下 Enter 键结束，此时结果如图 7.2.22b 所示。

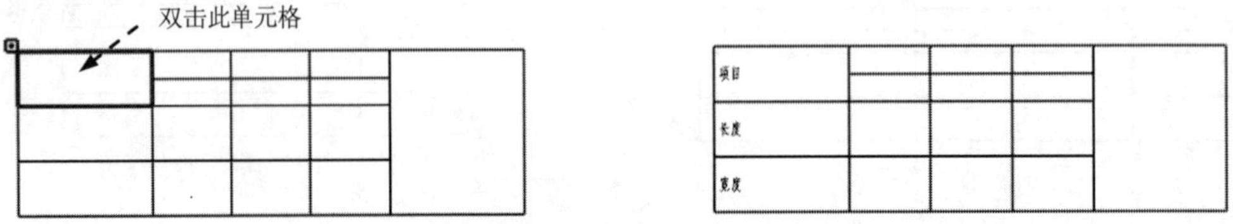

a）输入文本前　　b）输入文本后

图 7.2.22　输入单行文本

Step3. 在图 7.2.23 所示的单元格上右击，在系统弹出的快捷菜单中选择 编辑文本(T)... 命令，系统弹出“文本”对话框。

Step4. 在“文本”对话框中输入图 7.2.24 所示的文字内容，并单击 确定 按钮，结果如图 7.2.25 所示。

7.2.4　表格排序

在 UG NX 8.0 中，用户可以对表格注释中的值按照一定的规则进行排序。下面以图 7.2.26 所示为例，来介绍表格排序的一般操作方法。

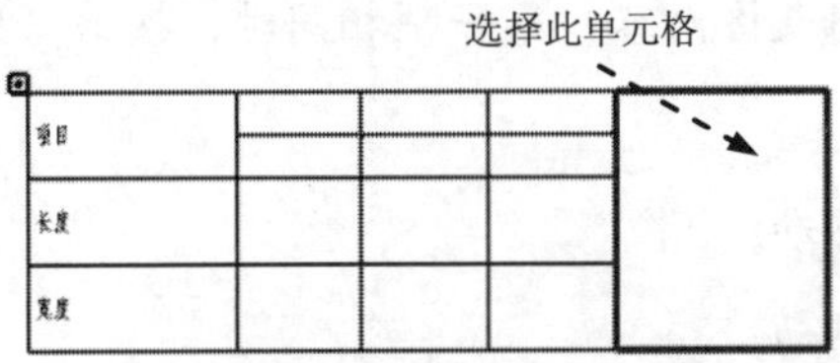

图 7.2.23 选择单元格

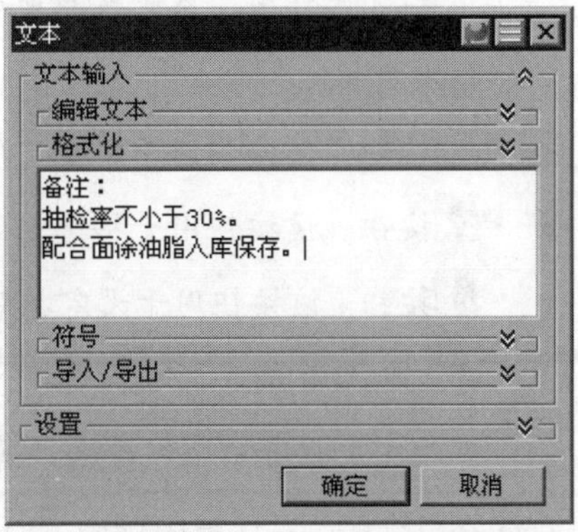

图 7.2.24 “文本”对话框

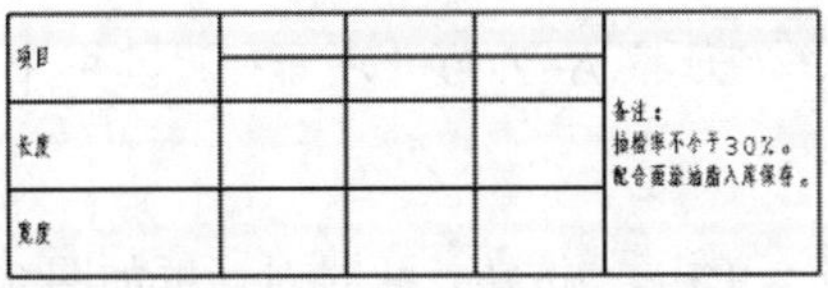

图 7.2.25 输入多行文本

连接销	2		0.12
右盖	2		0.5
左盖	4		0.5
小轴	2		1.2
下底座	1		2.3
名称	数目	材料	质量

a）排序前

名称	数目	材料	质量
下底座	1		2.3
小轴	2		1.2
左盖	4		0.5
右盖	2		0.5
连接销	2		0.12

b）排序后

图 7.2.26 表格的排序

Step1. 打开文件 D:\ugdc8.12\work\ch07.02\Sort_table.prt，系统进入制图环境。

Step2. 参考 7.2.2 节的操作方法选中整个表格，在表格上右击，在弹出的快捷菜单中选择 排序(O)... 命令，系统弹出图 7.2.27 所示的“排序”对话框（一）。

Step3. 定义排序项目。

（1）在“排序”对话框中选中 (Column 4) 选项，单击按钮，然后单击按钮 3 次，此时对话框如图 7.2.28 所示。

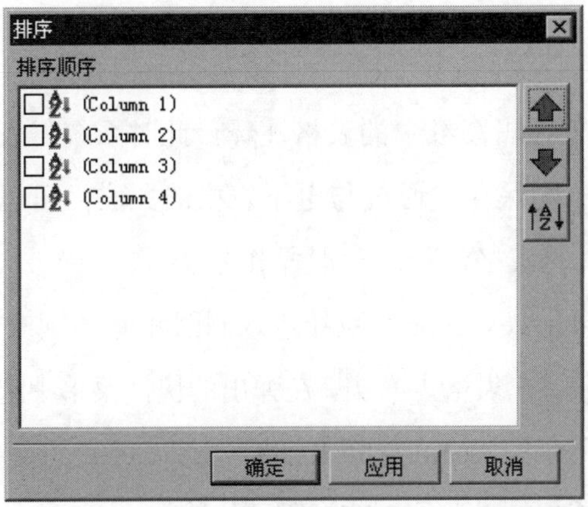

图 7.2.27 “排序”对话框（一）

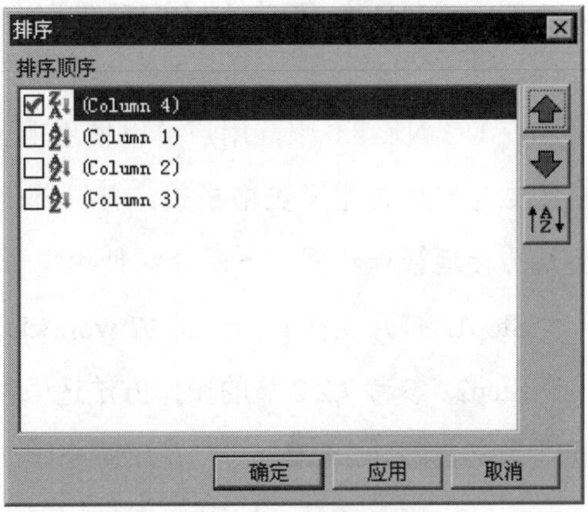

图 7.2.28 “排序”对话框（二）

图 7.2.27 所示的“排序”对话框的部分按钮说明如下。

- 排序顺序 列表框：该区域列出当前表格中所设定的排序规则，注意只有某项前面出现☑才起作用，系统按照前后顺序来排列表格内容，第一项相同时，按第二项，依次类推。

- ⬆按钮：该按钮用于将选定的项目向上移动。
- ⬇按钮：该按钮用于将选定的项目向下移动。
- ↑A↓Z按钮：该按钮用于设定排序顺序。选择某个项目后，单击该按钮即可在 A↓Z（升序）和 Z↓A（降序）之间切换。数字按 0~9、字母按 A~Z 为升序排列，其中中文文字按中文拼音首个字母来计算。

（2）在“排序”对话框中选中☑ A↓Z (Column 1)选项，单击↑A↓Z按钮，此时对话框如图 7.2.29 所示。

Step4. 在“排序”对话框中单击 确定 按钮，结果如图 7.2.26b 所示。

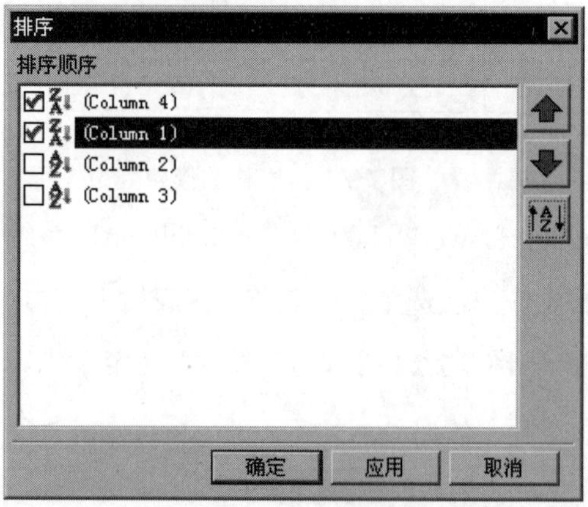

图 7.2.29 “排序”对话框（三）

7.2.5 使用电子表格编辑表格

在 UG NX 8.0 中，用户可以使用电子表格来编辑图纸中的表格注释，此时系统将表格的数据转换为电子表格格式，并同部件文件一同保存。通过与电子表格的关联，可以更加方便地管理数据。下面介绍使用电子表格编辑表格注释的一般操作方法。

Step1. 打开文件 D:\ugdc8.12\work\ch07.02\table&excel.prt，系统进入制图环境。

Step2. 参考 7.2.2 节的操作方法选中整个表格，在表格上右击，在弹出的快捷菜单中选择 使用电子表格编辑(N) 命令，系统弹出图 7.2.30 所示的“Microsoft Excel”窗口。

Step3. 输入数据。按照 Excel 软件的操作方法，输入图 7.2.31 所示的数据。

Step4. 在“Microsoft Excel”窗口中单击右上角的☒按钮，系统弹出图 7.2.32 所示的警告对话框，单击 确定 按钮。

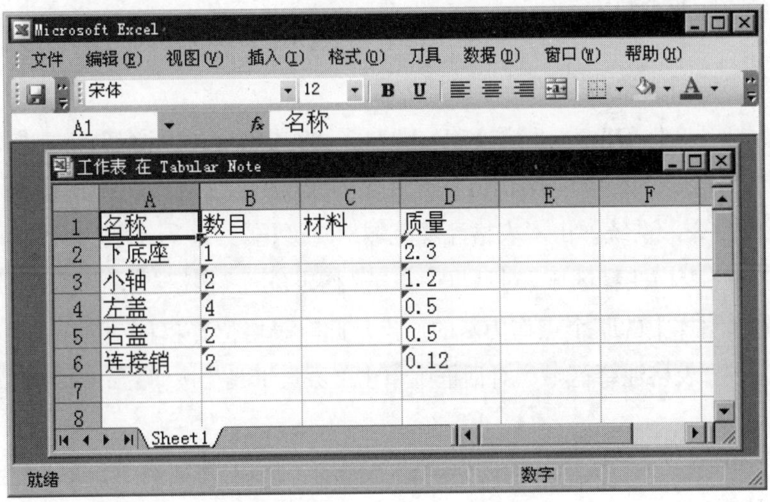

图 7.2.30 “Microsoft Excel”窗口

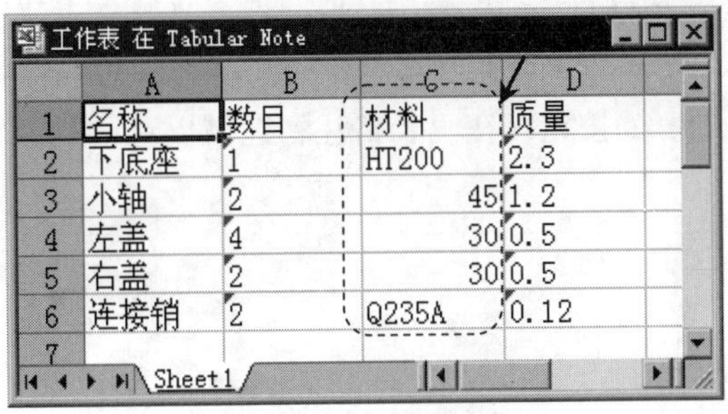

图 7.2.31 输入数据

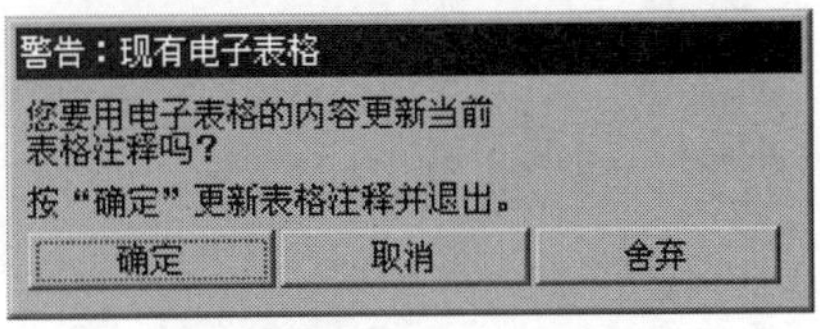

图 7.2.32 警告对话框

Step5. 此时系统返回到 UG NX 8.0 软件中，结果如图 7.2.33 所示。

名称	数目	材料	质量
下底座	1		2.3
小轴	2		1.2
左盖	4		0.5
右盖	2		0.5
连接销	2		0.12

a）编辑前

名称	数目	材料	质量
下底座	1	HT200	2.3
小轴	2	45	1.2
左盖	4	30	0.5
右盖	2	30	0.5
连接销	2	Q235A	0.12

b）编辑后

图 7.2.33 使用电子表格编辑

说明：

- 用户可以根据需要在电子表格 Excel 软件中编辑表格的内容，如添加行或列，重新排序等。
- 当表格关联了“使用电子表格编辑”之后，此时双击任意一个单元格，系统都将调用 Excel 软件来编辑保存的电子表格。
- 如果希望取消表格与电子表格的编辑关联，可以选中整个表格，右击，在弹出的快捷菜单中选择 不用电子表格编辑(W) 命令，即可恢复使用 UG NX 8.0 的命令来编辑表格。

7.2.6 编辑表格位置

下面介绍编辑表格位置的一般操作方法。

Step1. 打开文件 D:\ugdc8.12\work\ch07.02\edit_table.prt，系统进入制图环境。

Step2. 参考 7.2.2 节的操作方法选中整个表格，右击，在弹出的快捷菜单中选择 编辑(E)... 命令，系统弹出“表格注释区域”对话框。

Step3. 在“表格注释区域”对话框中单击“指定位置”按钮，在系统的 指定新的原点位置 提示下，选取图样中的某个点作为新的原点，此时表格位置将移动到新的位置。

Step4. 在“表格注释区域”对话框中单击“原点工具”按钮，系统弹出“原点工具”对话框。

Step5. 在“原点工具”对话框中确认“拖动”按钮被选中，单击 应用 按钮，此时表格将跟随鼠标指针移动，用户单击即可放置表格。

Step6. 在“原点工具”对话框中单击“点构造器”按钮，此时“原点位置”下拉列表被激活，此时可用鼠标捕捉图样上的端点、交点、圆心来放置表格。

Step7. 在“原点工具”对话框中单击 取消 按钮，在“表格注释区域”对话框中单击 关闭 按钮，结束命令。

7.2.7 定制表格模板

对于一些常用的工程图表格，可以将其定义成表格模板并进行保存，这样在以后的制图中就可以直接调用了。下面介绍定制表格模板的一般操作方法。

Step1. 打开文件 D:\ugdc8.12\work\ch07.02\custom_table.prt，进入制图环境。

Step2. 参考前述的操作方法选中整个表格，右击，在弹出的快捷菜单中选择 另存为模板(V)... 命令，系统弹出图 7.2.34 所示的“另存为模板”对话框。

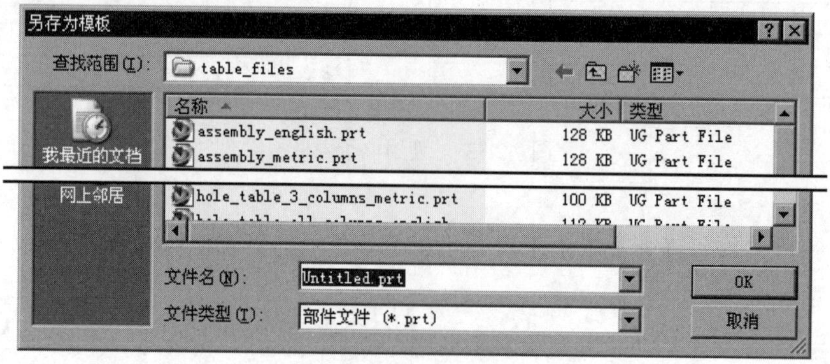

图 7.2.34 “另存为模板”对话框

Step3. 在“另存为模板”对话框中输入文件名称“My_Table_01”，单击 OK 按钮，完成表格模板的定义。

说明：此时系统默认的保存路径为 X:\Program Files\Siemens\NX 8.0\UGII\table_files，

其中 X:表示系统的某个硬盘分区，具体与安装软件时的选择有关。

Step4. 显示表格资源板。

（1）选择下拉菜单 首选项(P) → 资源板(P)... 命令，系统弹出图 7.2.35 所示的“资源板”对话框。

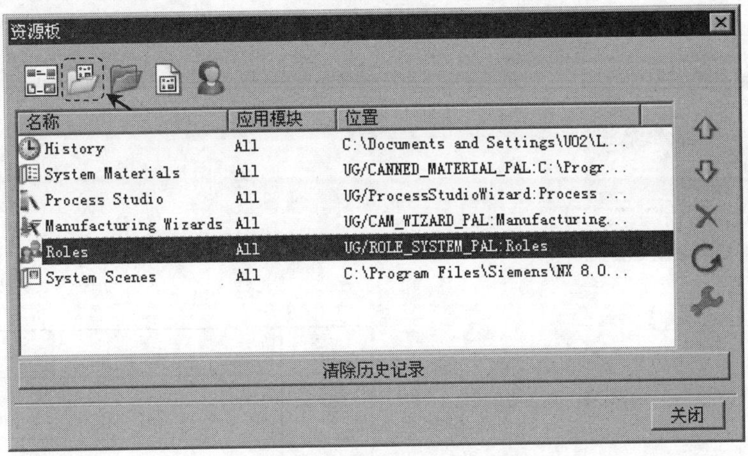

图 7.2.35 “资源板”对话框

（2）在“资源板”对话框中单击“打开资源板”按钮，系统弹出图 7.2.36 所示的“打开资源板”对话框。

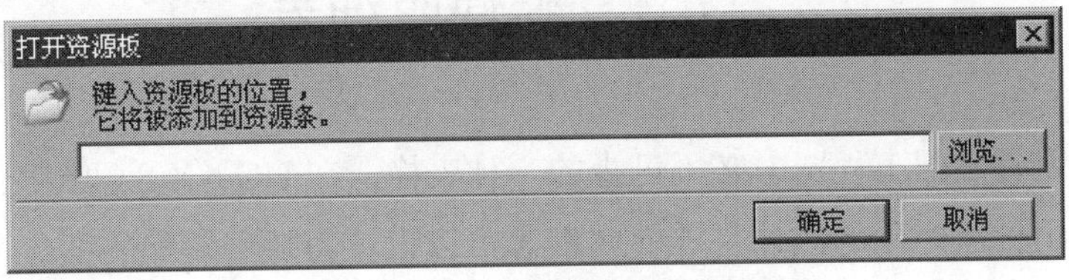

图 7.2.36 “打开资源板”对话框

（3）在“打开资源板”对话框中单击 浏览... 按钮，系统弹出图 7.2.37 所示的“打开资源板文件”对话框。

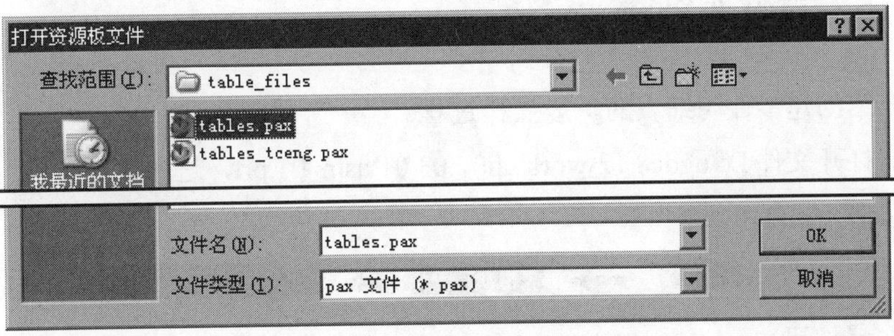

图 7.2.37 “打开资源板文件”对话框

（4）在“打开资源板文件”对话框中选择“tables.pax”文件，单击 OK 按钮，系统返回到 “打开资源板”对话框。

（5）在“打开资源板”对话框中单击 确定 按钮，系统返回到“资源板”对话框。

（6）在“资源板”对话框中单击 关闭 按钮，完成资源板的配置，此时屏幕左侧的资源板自动切换到刚刚添加的表格资源板（图 7.2.36）。

Step5. 放置表格。在表格资源板中单击图 7.2.38 所示的模板 My_table_01 选项，在图样上合适位置单击即可放置表格，结果如图 7.2.39 所示。

说明：创建好的表格模板可以在不同的制图文件中进行调用。

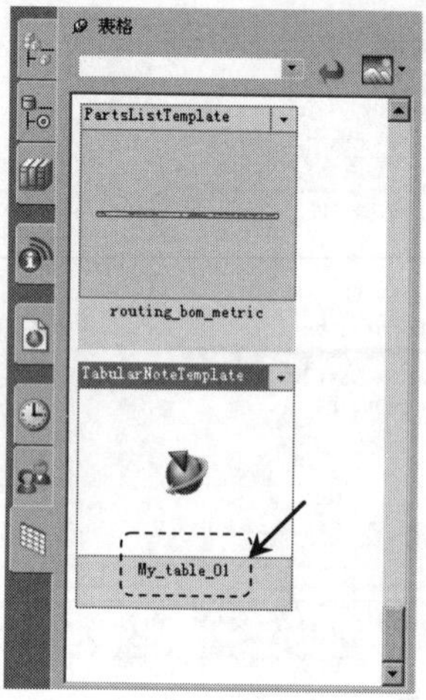

图 7.2.38 “表格”资源板

型号	L1	L2	L3	L4
型号A				
型号B				

图 7.2.39 放置的表格

7.3 零件明细表

零件明细表是装配工程图中必不可少的一种表格。在 UG NX 8.0 中零件明细表是依据装配导航器的组件来产生的，并且零件明细表可以设置为随着装配的变化而自动更新，或者将更新限制为按需更新，还可以根据需要锁定单个组件或重新进行编号；用户通过创建零件明细表模板，可以方便地实现明细表的标准化。

7.3.1 插入零件明细表

下面介绍创建零件明细表的一般操作过程。

Step1. 打开文件 D:\ugdc8.12\work\ch07.03.01\asm_01.prt，进入制图环境。

Step2. 插入零件明细表。

（1）选择下拉菜单 插入(S) → 表格(B) ▸ → 零件明细表(P)... 命令（或单击“注释”工具栏中的按钮）。

（2）在系统提示 指明新的零件明细表的位置 下，单击图样上的合适位置以放置表格，结果如图 7.3.1 所示。

PC NO	PART NAME	QTY

图 7.3.1 零件明细表

7.3.2 编辑零件明细表级别

零件明细表中的显示内容是按级别来划分的，系统默认的级别为按主模型来显示。下面紧接上一节的操作来介绍编辑零件明细表级别的操作方法。

Step1. 单击图 7.3.2 所示的零件明细表的左上角小方块选中整个表格，右击表格，在弹出的快捷菜单中选择 编辑级别(L)... 命令，系统弹出“编辑级别”对话框，如图 7.3.3 所示。

图 7.3.2 “图纸页”对话框

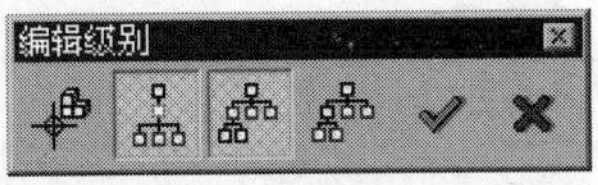

图 7.3.3 “编辑级别”对话框

Step2. 在“编辑级别”对话框中单击按钮，取消主模型显示状态。

Step3. 在“编辑级别”对话框中单击按钮，完成级别的编辑，结果如图 7.3.4 所示。

6	NUT	2
5	BOLT	2
4	TOP_COVER	1
3	CHOCK	2
2	SLEEVE	2
1	DOWN_BASE	1
PC NO	PART NAME	QTY

图 7.3.4 零件明细表

图 7.3.3 所示的“编辑级别”对话框中的按钮说明如下。

- 按钮：选择/取消选择子装配。打开该选项，则每个组件都作为子装配进行选择或取消选择；关闭该选项，则在选择时只将单个组件添加到零件明细表中，或者在取消选择时只将单个组件从零件明细表中移除。
- 按钮：主模型。在主模型装配中，如果打开该选项，将忽略顶级装配。
- 按钮：仅顶级。打开该选项，则只允许在在零件明细表中显示部件的顶级组件。
- 按钮：仅叶节点。打开该选项，则只允许在零件明细表中显示没有衍生组件的组件，此时非组件成员将继续显示。
- 按钮：保存设置并退出。
- 按钮：不保存设置并退出。

7.3.3 自动符号标注

在 UG NX 8.0 中使用自动符号标注命令，可以根据零件明细表中的显示内容来对图样中的一个或多个视图添加 ID 符号。下面紧接上一节的操作来介绍自动符号标注的一般操作方法。

1. 自动创建标注符号

Step1. 打开文件 D:\ugdc8.12\work\ch07.03.03\asm_021.prt，进入制图环境。

Step2. 选择下拉菜单 插入(S) → 表格(B) → 自动符号标注(B) 命令，系统弹出图 7.3.5 所示的“零件明细表自动符号标注”对话框（一）。

Step3. 在系统提示 选择要自动标注符号的零件明细表 下，选择图样上前面创建的零件明细表。

Step4. 在“零件明细表自动符号标注”对话框（一）中单击 确定 按钮，系统弹出图 7.3.6 所示的“零件明细表自动符号标注”对话框（二）。

Step5. 在“零件明细表自动符号标注”对话框（二）中选择 SX@10 选项，单击 确定 按钮，结果如图 7.3.7 所示。

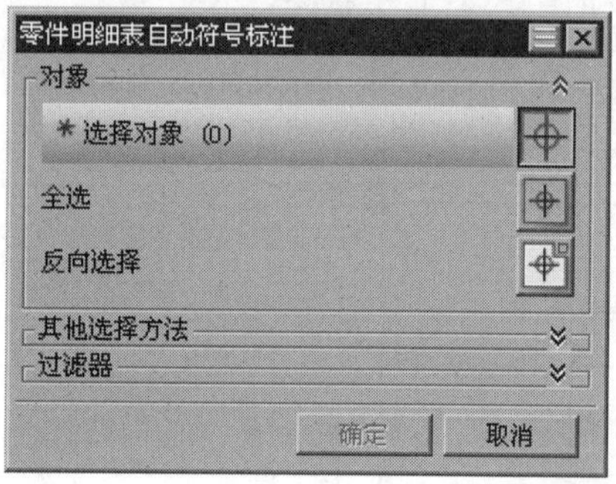

图 7.3.5 “零件明细表自动符号标注”对话框（一）

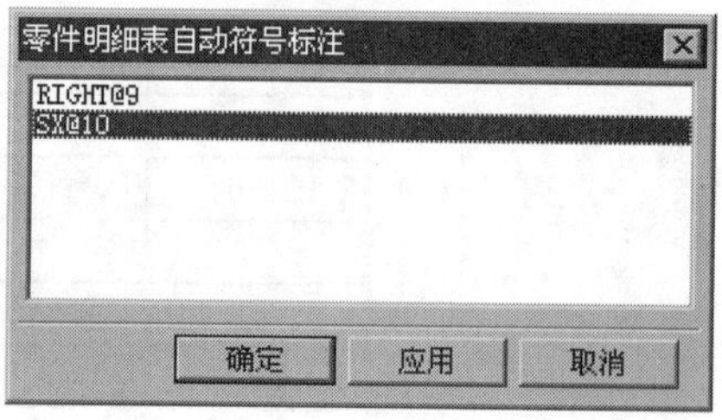

图 7.3.6 “零件明细表自动符号标注”对话框（二）

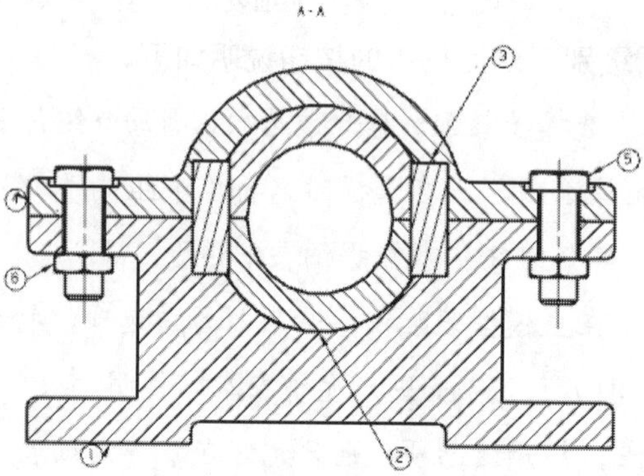

图 7.3.7 自动符号标注

2. 手动创建标注符号

前面使用自动符号标注命令虽然创建了各个组件的标识符号，但是各个标识符号的位置用户无法控制，还需要手动来进行调整。下面介绍另外一种手动创建标注符号的操作方法。

Step1. 打开文件 D:\ugdc8.12\work\ch07.03.03\asm_22.prt，进入制图环境。

Step2. 创建标注符号。

(1)选择下拉菜单 插入(S) → 注释(A) → 标识符号(I)... 命令，系统弹出“标识符号”对话框。

（2）在“标识符号”对话框类型下拉列表中选择圆选项，在指引线区域的类型下拉列表选择无短划线选项，确认文本区域文本文本框中为空白。

（3）单击对话框中指引线区域的“选择终止对象”按钮，选择图 7.3.8 所示的点为引线的放置点。

（4）移动鼠标指针到图 7.3.8 所示的放置位置，单击以放置标注符号。

Step3. 参照 Step2 的操作步骤，完成其余标识符号的标注，结果如图 7.3.9 所示。

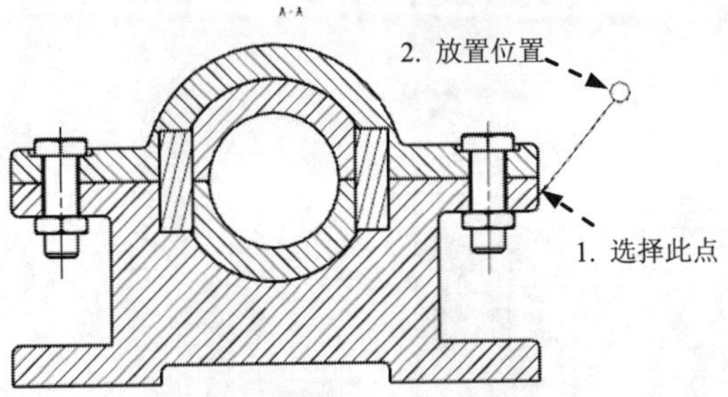

图 7.3.8 创建第一个标识符号

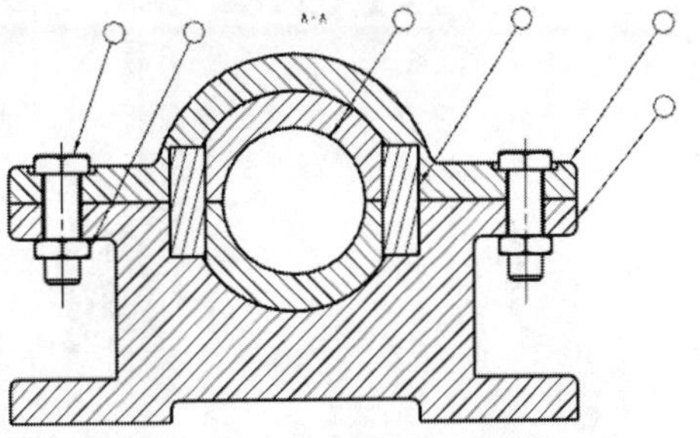

图 7.3.9 创建其余标识符号

Step4. 创建自动符号标注。单击已经创建的零件明细表的左上角小方块，选中整个表格，右击表格，在弹出的快捷菜单中选择更新零件明细表(U)命令，结果如图 7.3.10 所示。

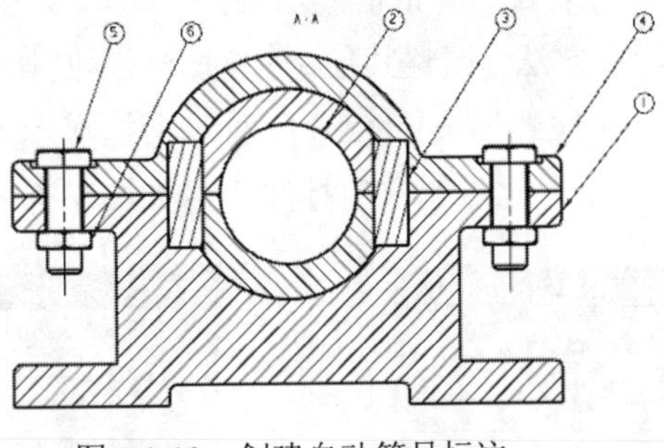

图 7.3.10 创建自动符号标注

7.3.4 编辑零件明细表

根据制图标准的要求，零件明细表中的零件顺序应按照一定的规则来排列，同时装配图中的标识符号一般应按照顺时针或逆时针顺序来排列，前面创建的零件明细表和标识符号还没有达到这样的要求，这里可以通过编辑零件明细表来进行调整。下面来介绍编辑零件明细表的一般操作方法。

Step1. 打开文件 D:\ugdc8.12\work\ch07.03.04\asm_04.prt，进入制图环境。

说明： 此时图样上创建的标识符号从逆时针来看，其顺序是 1、4、3、2、6、5。

Step2. 选择下拉菜单 GC 工具箱 → 制图工具... → 编辑零件明细表命令，系统弹出“编辑零件明细表”对话框。

Step3. 选择明细表。在系统提示**选择明细表去编辑!**下，选择图样上已经创建的零件明细表，此时对话框显示如图 7.3.11 所示。

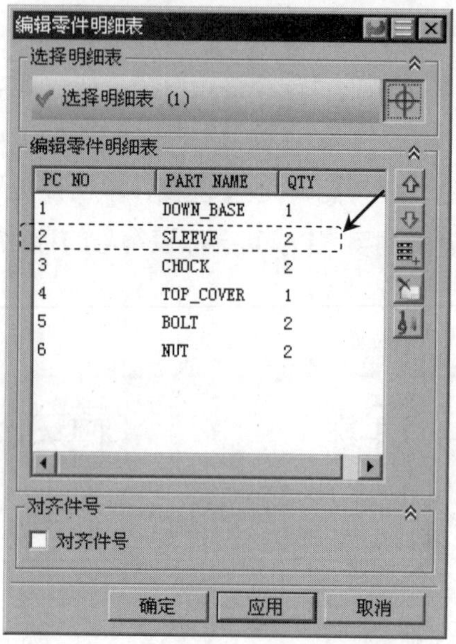

图 7.3.11 “编辑零件明细表”对话框(一)

Step4. 在图 7.3.11 所示的“编辑零件明细表”对话框中选择组件“SLEEVE”，单击按钮 2 次，此时“编辑零件明细表”对话框显示为图 7.3.12 所示。

Step5. 参考 Step4 的操作方法，调整其他组件的位置，使其顺序自上而下依次为 1、4、3、2、6、5，然后单击“更新件号”按钮，此时对话框显示如图 7.3.13 所示。

Step6. 单击 确定 按钮，此时图样中标注符号如图 7.3.14 所示。

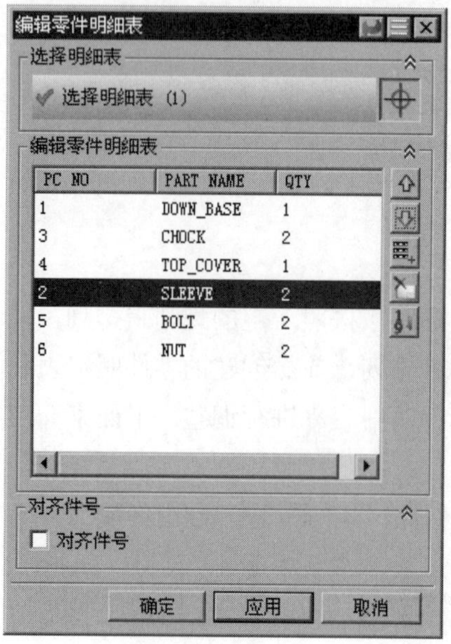

图 7.3.12 “编辑零件明细表”对话框（二）

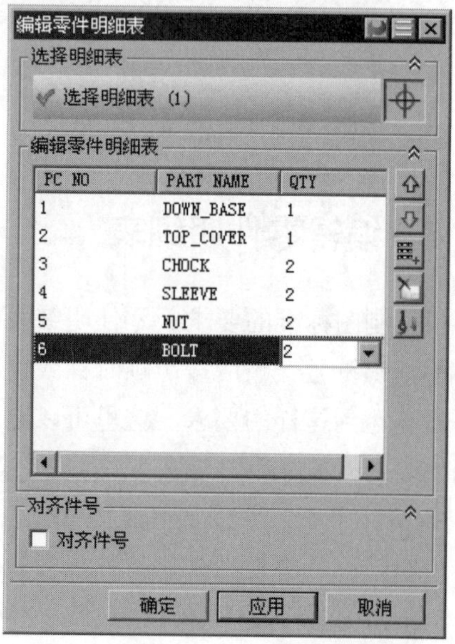

图 7.3.13 “编辑零件明细表”对话框（三）

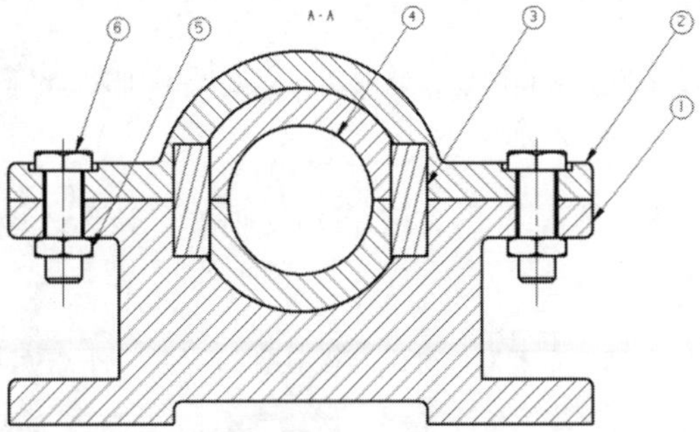

图 7.3.14　图样中标注的符号

7.3.5　定制零件明细表模板

前面 7.3.1 节中创建的零件明细表是系统默认的格式，显然不能满足各种不同企业的制图需要，这里可以通过定制明细表模板的方法，实现企业制图的标准化。需要注意的是，在定制零件明细表模板时，要提前在零件或装配体模型中设置必要的参数信息，这样才能在零件明细表中进行调用。下面介绍定制零件明细表模板的一般操作过程。

Task1．插入零件明细表

Step1. 打开零件模型。打开文件 D:\ugdc8.12\work\ch07.03.05\custom_part_list.prt，并进入制图环境。

Step2. 插入零件明细表。

（1）选择下拉菜单 插入(S) → 表格(B) ▸ → 零件明细表(P)... 命令（或单击“注释”工具栏中的按钮）。

（2）在系统提示 指明新的零件明细表的位置 下，单击图样上的合适位置以放置表格，结果如图 7.3.15 所示。

PC NO	PART NAME	QTY

图 7.3.15　零件明细表

Task2．插入“代号”列

Step1. 插入“代号”列。参考 7.2.2 节的操作方法，选中表格的第 1 列，右击，在弹出的快捷菜单中选择 镶块 ▸ → 在右侧插入列(R) 命令，结果如图 7.3.16 所示。

PC NO		PART NAME	QTY

图 7.3.16　插入代号列

Step2. 编辑列的样式。

（1）选中刚刚添加的新列，右击，在弹出的快捷菜单中选择 样式(Y) 命令，系统弹出“注释样式”对话框。

注意：选择表格列的方法参看本章 7.2.2 节所述内容，如果选择的不是表格列，将不会出现 列 选项卡。

（2）在“注释样式”对话框中单击 列 选项卡，在 属性名 文本框中输入文本“DB_PART_NO”（引号不要输入，以下不再赘述），此时 默认文本 文本框显示为“<W$=@DB_PART_NO>”，其余参数采用图 7.3.17 所示的参数设置。

注意：此处引用的属性 DB_PART_NO 是模型模板已经设定好的部件属性。

（3）在“注释样式”对话框中单击 单元格 选项卡，在 格式 下拉列表中选择 文本 选项，其余采用默认的参数设置。

（4）单击 确定 按钮，完成列样式的编辑。

Step3. 添加单元格文本。双击新添加的单元格，在文本输入框中输入文本“代 号”，并按下 Enter 键结束输入，结果如图 7.3.18 所示。

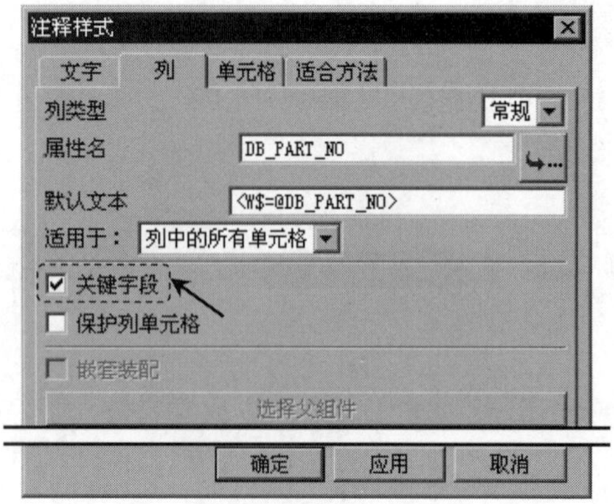

图 7.3.17 “注释样式”对话框

图 7.3.18 添加文本

Task3. 插入“材料”列

Step1. 插入“材料”列。选中表格的最后 1 列，右击，在弹出的快捷菜单中选择 镶块 → 在右侧插入列(R) 命令，结果如图 7.3.19 所示。

图 7.3.19 插入“材料”列

Step2. 编辑列的样式。

（1）选中刚刚添加的新列，右击，在弹出的快捷菜单中选择 样式(Y) 命令，系统弹出“注释样式”对话框。

（2）在“注释样式”对话框中单击列选项卡，在属性名文本框中输入文本“Material”，此时默认文本文本框显示为“<W$=@ Material >”，其余采用默认的参数设置。

（3）在“注释样式”对话框中单击单元格选项卡，在格式下拉列表中选择文本选项，其余采用默认的参数设置。

（4）单击确定按钮，完成列样式的编辑。

Step3. 添加单元格文本。双击新添加的单元格，在文本输入框中输入文本“材　料”，并按下 Enter 键结束输入，结果如图 7.3.20 所示。

PC NO	代 号	PART NAME	QTY	材 料

图 7.3.20　添加文本

Task4．插入“单重”列

Step1. 插入“单重”列。选中表格的最后 1 列，右击，在弹出的快捷菜单中选择镶块 ▸ ⟶ 在右侧插入列(R)命令，结果如图 7.3.21 所示。

PC NO	代 号	PART NAME	QTY	材 料	

图 7.3.21　插入“单重”列

Step2. 编辑列的样式。

（1）选中刚刚添加的新列，右击，在弹出的快捷菜单中选择样式(I)命令，系统弹出“注释样式”对话框。

（2）在“注释样式”对话框中单击列选项卡，单击“属性名称”按钮，系统弹出“属性名”对话框，在列表中选择$MASS选项，然后单击确定按钮，系统返回到“注释样式”对话框，其余采用默认的参数设置。

（3）在“注释样式”对话框中单击单元格选项卡，在格式下拉列表中选择数字选项，在小数位数文本框中输入值 1，其余采用默认的参数设置。

（4）单击确定按钮，完成列样式的编辑。

Step3. 添加单元格文本。双击新添加的单元格，在文本输入框中输入文本“单重”，并按下 Enter 键结束输入，结果如图 7.3.22 所示。

PC NO	代 号	PART NAME	QTY	材 料	单重

图 7.3.22　添加文本

Task5．插入“总重”列

Step1. 插入“总重”列。选中表格的最后 1 列，右击，在弹出的快捷菜单中选择 镶块 ▸ ➡ 在右侧插入列(R) 命令，结果如图 7.3.23 所示。

PC NO	代 号	PART NAME	QTY	材 料	单重	

图 7.3.23　插入“总重”列

Step2. 编辑列的样式。

（1）选中刚刚添加的新列，右击，在弹出的快捷菜单中选择 样式(I) 命令，系统弹出“注释样式”对话框。

（2）在“注释样式”对话框中单击 列 选项卡，在 列类型 下拉列表中选择 数量 选项，将 默认文本 文本框中的文本修改为“<W$=@$MASS>”，其余采用默认的参数设置。

（3）在“注释样式”对话框中单击 单元格 选项卡，在 格式 下拉列表中选择 数字 选项，在 小数位数 文本框中输入值 1，其余采用默认的参数设置。

（4）单击 确定 按钮，完成列样式的编辑。

Step3. 添加单元格文本。双击新添加的单元格，在文本输入框中输入文本“总重”，并按下 Enter 键结束输入，结果如图 7.3.24 所示。

PC NO	代 号	PART NAME	QTY	材 料	单重	总重

图 7.3.24　添加文本

Task6．插入“备注”列

Step1. 插入“备注”列。选中表格的最后 1 列，右击，在弹出的快捷菜单中选择 镶块 ▸ ➡ 在右侧插入列(R) 命令，结果如图 7.3.25 所示。

PC NO	代 号	PART NAME	QTY	材 料	单重	总重	

图 7.3.25　插入“备注”列

Step2. 编辑列的样式。

（1）选中刚刚添加的新列，右击，在弹出的快捷菜单中选择 样式(I) 命令，系统弹出“注释样式”对话框。

（2）在“注释样式”对话框中单击 列 选项卡，在 属性名 文本框中输入文本“REMARK”，此时 默认文本 文本框显示为“<W$=@REMARK>”，其余采用默认的参数设置。

（3）在“注释样式”对话框中单击 单元格 选项卡，在 格式 下拉列表中选择 文本 选项，其余采用默认的参数设置。

（4）单击 确定 按钮，完成列样式的编辑。

Step3. 添加单元格文本。双击新添加的单元格，在文本输入框中输入文本“备注”，并按下 Enter 键结束输入，结果如图 7.3.26 所示。

PC NO	代 号	PART NAME	QTY	材 料	单重	总重	备 注

图 7.3.26 添加文本

Task7. 编辑“序号”列

双击表格第 1 列的单元格，在文本输入框中输入文本“序号”，并按下 Enter 键结束输入，结果如图 7.3.27 所示。

序号	代 号	PART NAME	QTY	材 料	单重	总重	备 注

图 7.3.27 编辑列文本

Task8. 编辑“名称”列

Step1. 编辑列的样式。

（1）选中表格的第 3 列，右击，在弹出的快捷菜单中选择 样式(I) 命令，系统弹出“注释样式”对话框。

（2）在“注释样式”对话框中单击 列 选项卡，在 属性名 文本框中输入文本“DB_PART_NAME”，此时 默认文本 文本框显示为“<W$=@DB_PART_NAME>”，其余采用默认的参数设置。

（3）单击 确定 按钮，完成列样式的编辑。

Step2. 编辑单元格文本。双击此列的单元格，在文本输入框中输入文本“名称”，并按下 Enter 键结束输入，结果如图 7.3.28 所示。

序号	代 号	名 称	QTY	材 料	单重	总重	备 注

图 7.3.28 编辑文本

Task9. 编辑“数量”列

双击表格第 4 列的单元格，在文本输入框中输入文本“数量”，并按下 Enter 键结束输入，结果如图 7.3.29 所示。

序号	代 号	名 称	数量	材 料	单重	总重	备 注

图 7.3.29 编辑文本

Task10. 编辑列的宽度

Step1. 编辑列的宽度。

（1）选中表格的第 1 列，右击，在弹出的快捷菜单中选择 调整大小(R) 命令，系统弹出“列宽”输入框。

（2）在“列宽”输入框中输入值 10 并按下 Enter 键。

Step2. 参考 Step1 的操作方法，调整其余各列的宽度分别为 35、35、10、30、20、20、20，结果如图 7.3.30 所示。

序号	代 号	名 称	数量	材 料	单重	总重	备 注

图 7.3.30 编辑列的宽度

Task11. 编辑表格的样式

Step1. 编辑行的高度。

（1）选中表格的第 1 行，右击，在弹出的快捷菜单中选择 调整大小(R) 命令，系统弹出“调整行大小警告”对话框，单击 全是 按钮。

（2）在“行高度”输入框中输入值 7 并按下 Enter 键，此时结果如图 7.3.31 所示。

##	###	####	##	####	##	##	###

图 7.3.31 编辑行的高度

Step2. 编辑所有表格列的样式。

（1）选择所有的表格列，右击，在弹出的快捷菜单中选择 样式(I) 命令，系统弹出“注释样式”对话框。

（2）在“注释样式”对话框中单击 文字 选项卡，在 字符大小 文本框中输入值 3.5，其余采用默认的参数设置。

（3）在“注释样式”对话框中单击 单元格 选项卡，在 文本对齐 下拉列表中选择“中心”选项，其余采用默认的参数设置。

（4）单击 确定 按钮，完成样式的编辑，结果如图 7.3.32 所示。

序号	代 号	名 称	数量	材 料	单重	总重	备 注

图 7.3.32 编辑表格列样式（一）

Step3. 编辑“单重”和“总重”列的样式。

（1）选择“单重”和“总重”表格列，右击，在弹出的快捷菜单中选择 样式(I) 命令，系统弹出“注释样式”对话框。

（2）在“注释样式”对话框中单击 单元格 选项卡，在 文本对齐 下拉列表中选择“右中”选项，其余采用默认的参数设置。

（3）单击 确定 按钮，完成样式的编辑，结果如图 7.3.33 所示。

序号	代 号	名 称	数量	材 料	单重	总重	备 注

图 7.3.33 编辑表格列样式（二）

Step4. 编辑“单重”和“总重”单元格的样式。

（1）选择“单重”和“总重”2 个单元格，右击，在弹出的快捷菜单中选择 样式(I)

命令，系统弹出“注释样式”对话框。

（2）在“注释样式”对话框中单击单元格选项卡，在文本对齐下拉列表中选择“中心”选项，其余采用默认的参数设置。

（3）单击确定按钮，完成样式的编辑，结果如图 7.3.34 所示。

序号	代 号	名 称	数量	材 料	单重	总重	备 注

图 7.3.34 编辑单元格样式

Task12．另存为模板

Step1. 选中零件明细表，右击，在弹出的快捷菜单中选择另存为模板(V)...命令，系统弹出“另存为模板”对话框。

Step2. 在“另存为模板”对话框的文件名(N):文本框中输入文本 My_Part_List，单击OK按钮，完成模板的保存。

7.3.6 设置默认的零件明细表

前面创建好的零件明细表模板，读者可以参考 7.2.7 节定制表格模板的操作方法进行调用，此处不再赘述。这里也可以通过修改用户默认设置的方法，将定制好的零件明细表模板设置为默认的零件明细表。下面介绍设置默认零件明细表模板的一般操作方法。

Step1. 选择下拉菜单文件(F) → 实用工具(U) → 用户默认设置(D)...命令，系统弹出“用户默认设置”对话框。

Step2. 在“用户默认设置”对话框左侧节点树中选择制图 → 注释节点，单击右侧的零件明细表选项卡，在默认零件明细表：原生模式文本框中输入文本“My_Part_List_metric.prt”（引号不要输入）。

说明：这里的模板名称中的“_metric”后缀是在定制模板时由系统自动添加的，如果创建的模板是基于英制单位的，则会添加“_english”的后缀。

Step3. 单击确定按钮，系统弹出“用户默认设置”对话框，单击确定(O)按钮，完成用户默认设置的修改。

说明：重新启动 UG NX 8.0 后，即可使用自定义的零件明细表模板了。

7.4 标 题 栏

7.4.1 绘制标题栏表格

Task1．绘制表格 1

Step1. 打开文件 D:\ugdc8.12\work\ch07.04.01\title_01.prt，进入制图环境。

Step2. 插入表格。

（1）选择下拉菜单 插入(S) → 表格(B) → 表格注释(T)... 命令，系统弹出“表格注释”对话框。

（2）设置图 7.4.1 所示的参数，单击图纸上的合适位置以放置表格，结果如图 7.4.2 所示。

（3）在“表格注释”对话框中单击 关闭 按钮（或者单击鼠标中键），结束命令。

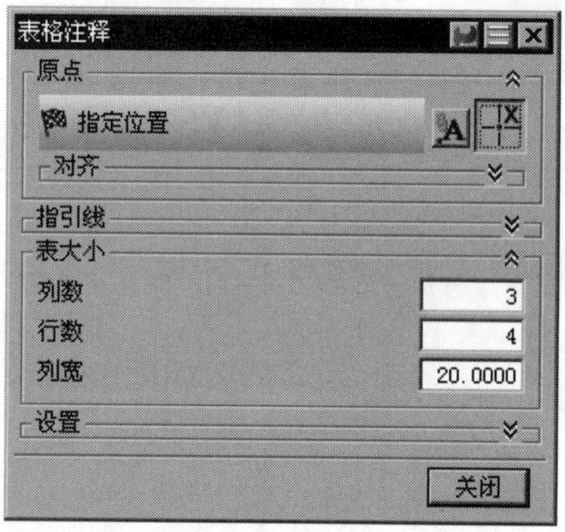

图 7.4.1 “表格注释”对话框

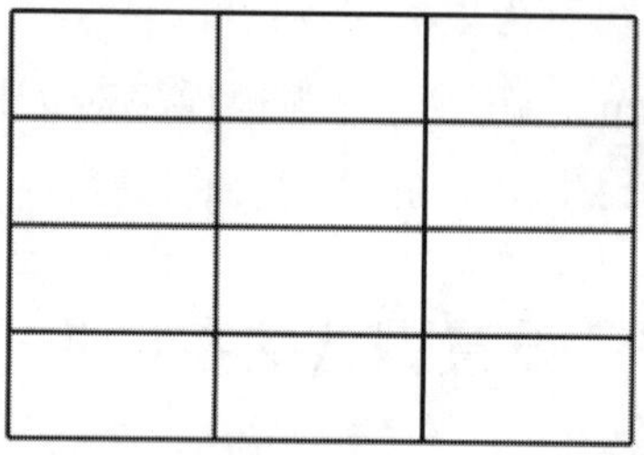
图 7.4.2 表格 1

Step3. 调整表格。

（1）选择表格行。在图 7.4.3 所示的位置单击选中第 1 行并拖动鼠标到图示位置，此时选中表格的 4 个行，在选中表格行上单击右键，在系统弹出的快捷菜单中选择 调整大小(R) 命令，此时系统弹出“调整行大小警告”对话框，单击 全是 按钮。

（2）在系统弹出的输入框 行高度 7.0000 中输入值 5 并按下 Enter 键，结果如图 7.4.4 所示。

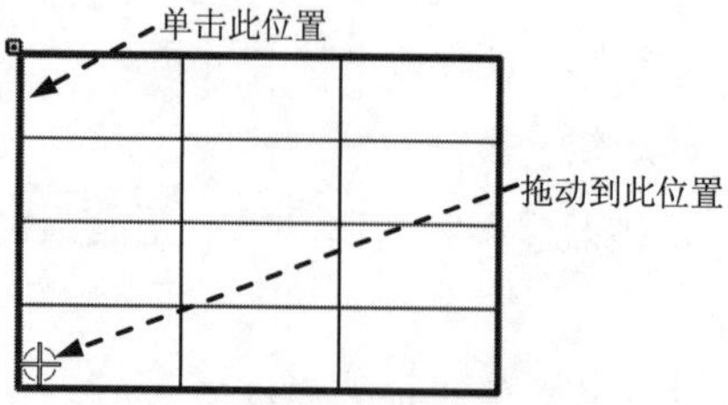

图 7.4.3 选择 4 行

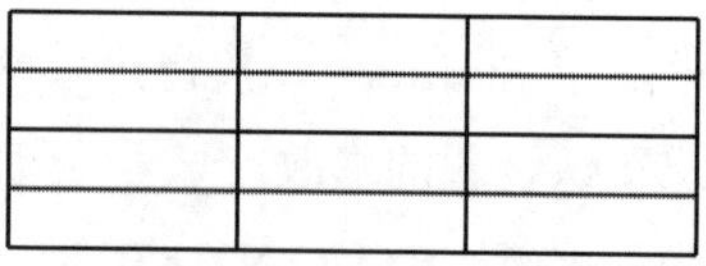
图 7.4.4 调整行高度后

Step4. 设置单元格样式。

（1）参考 Step3 中步骤（1）的操作方法，选中表格 1 的 4 个行，在选中表格行上单击鼠标右键，在弹出的快捷菜单中选择 单元格样式(C)... 命令，此时系统弹出“注释样式”对话框。

（2）在“注释样式”对话框 文字 选项卡的 字符大小 文本框中输入值 3，其余参数保持不变。

（3）在“注释样式”对话框中单击单元格选项卡，在文本对齐下拉列表中选择☰选项，在图 7.4.5 所示的边界区域中单击一按钮，然后从线宽下拉列表中选择（细）选项，其余参数保持不变。

（4）单击确定按钮，完成单元格样式的设置，此时表格如图 7.4.6 所示。

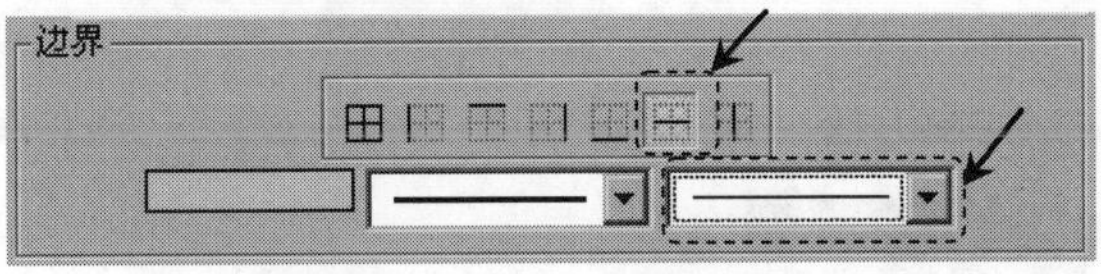

图 7.4.5　“边界”区域

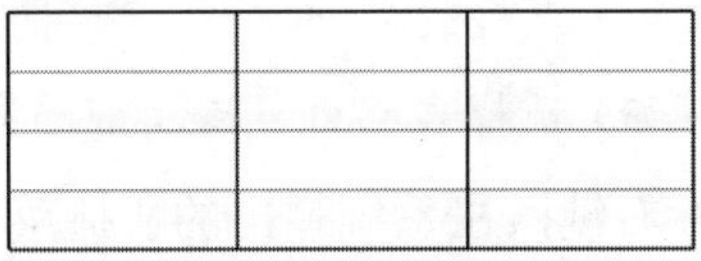

图 7.4.6　编辑后的表格 1

Step5. 输入表格文字。

（1）双击图 7.4.7 所示的第一个单元格，在弹出的输入框中输入文本“设计”，并按下键盘上的下方向键。

（2）继续在弹出的输入框中分别输入文本“校对”、“审核”、“批准”并分别按下键盘上的下方向键。

（3）按下键盘上的 Enter 键，结果如图 7.4.8 所示。

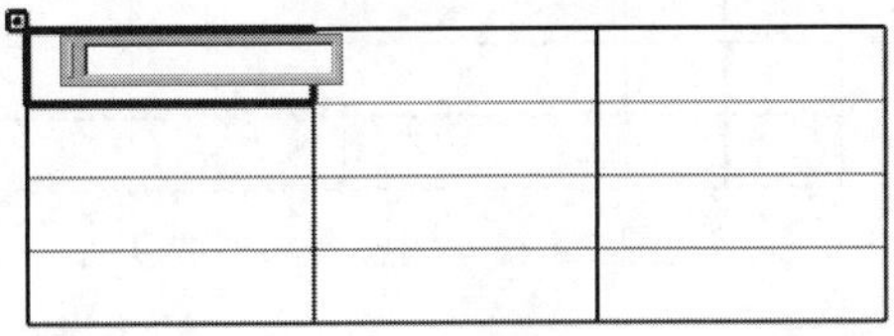

图 7.4.7　选择单元格

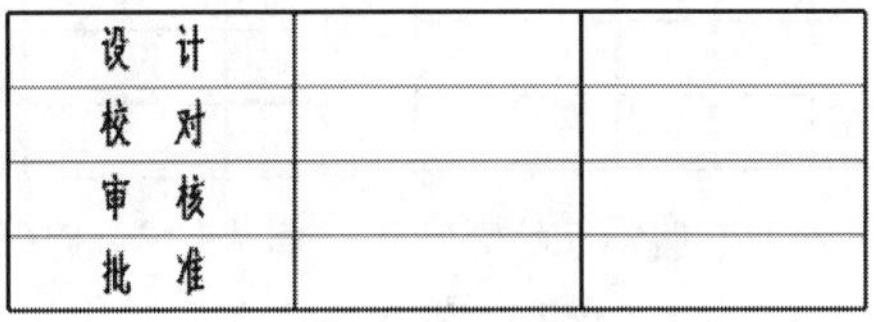

图 7.4.8　输入文字

Task2．绘制表格 2

Step1. 插入表格 2。

（1）选择下拉菜单插入(S) → 表格(B) → 表格注释(T)...命令，系统弹出“表格注释”对话框。

（2）设置图 7.4.9 所示的参数，单击图样上的合适位置以放置表格，结果如图 7.4.10 所示。

（3）在“表格注释”对话框中单击关闭按钮（或者单击鼠标中键），结束命令。

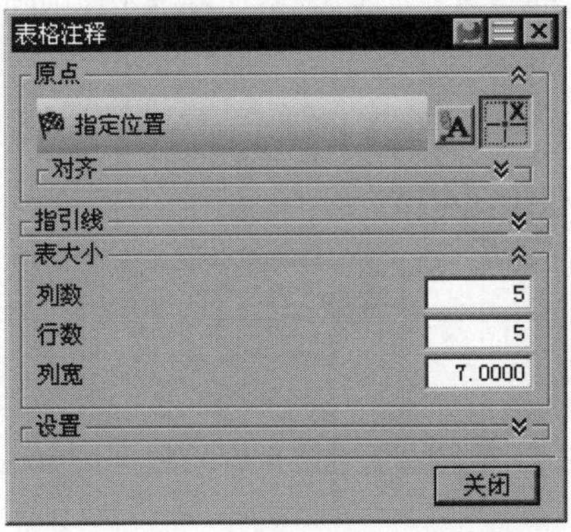

图 7.4.9　“表格注释”对话框

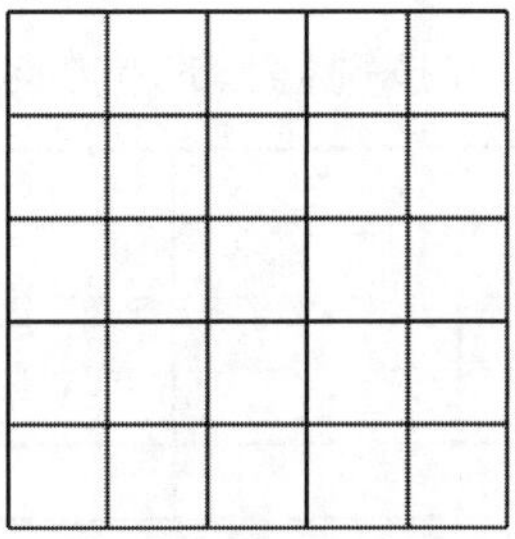

图 7.4.10　表格 2

Step2. 调整表格。

（1）选择表格行。参考前面的操作方法选中表格的 5 个行，在选中表格行上单击鼠标右键，在系统弹出的快捷菜单中选择 调整大小(R) 命令。

（2）在系统弹出的输入框 行高度 7.0000 中输入值 5 并按下 Enter 键，结果如图 7.4.11 所示。

（3）选择表格列。参考前面的操作方法选中表格的最右边 1 列，在选中表格列上单击鼠标右键，在系统弹出的快捷菜单中选择 调整大小(R) 命令。

（4）在系统弹出的输入框 列宽 7.0000 中输入值 10 并按下 Enter 键，结果如图 7.4.12 所示。

（5）参考步骤（3）（4），修改其他 4 个表格列的宽度，宽度值从左往右依次为 8、7、20、15，此时结果如图 7.4.13 所示。

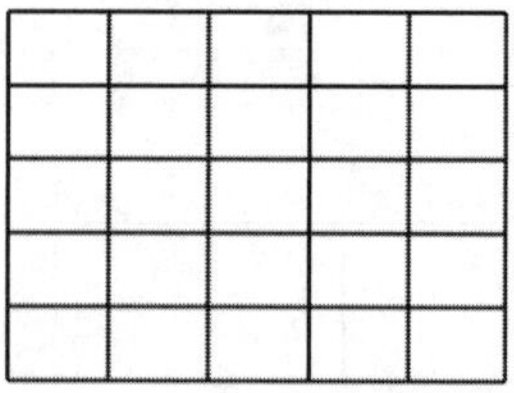
图 7.4.11　调整行高度后

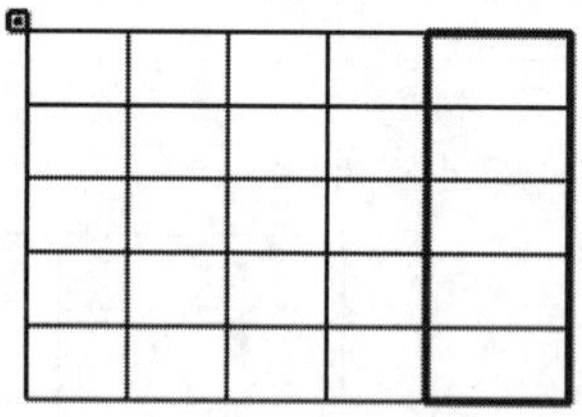
图 7.4.12　调整 1 列宽度后

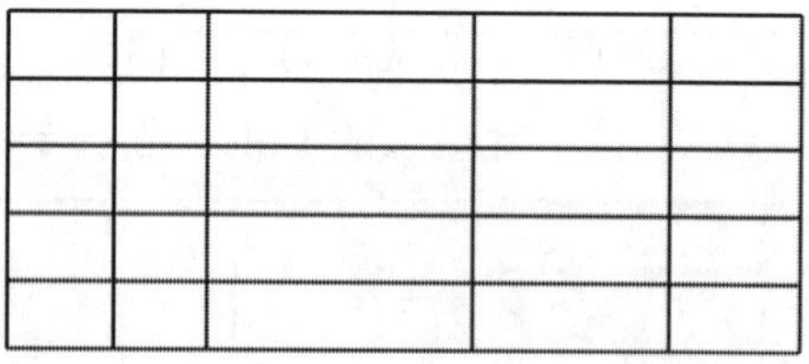
图 7.4.13　调整全部列宽度后

Step3. 设置单元格样式。

（1）参考前面的操作方法，选中表格 2 的 5 个行，在选中表格行上单击鼠标右键，在弹出的快捷菜单中选择 单元格样式(C)... 命令，此时系统弹出“注释样式”对话框。

（2）在“注释样式”对话框 文字 选项卡的 字符大小 文本框中输入值 3，其余参数保持不变。

（3）在“注释样式”对话框中单击 单元格 选项卡，在 文本对齐 下拉列表中选择 选项，在 边界 区域中单击 按钮，然后从线宽下拉列表中选择 （细）选项，其余参数保持不变。

（4）单击 确定 按钮，完成单元格样式的设置，此时表格如图 7.4.14 所示。

Step4. 输入表格文字。

（1）双击图 7.4.14 所示的左下角单元格，在弹出的输入框[]中输入文本“标 记”，并按键盘上的下方向键，此时表格如图 7.4.15 所示。

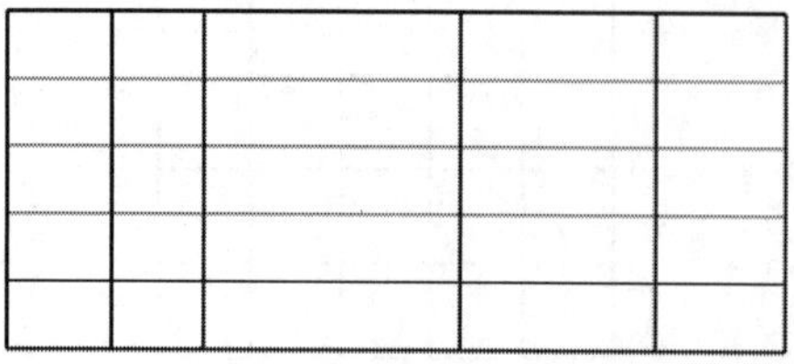
图 7.4.14　编辑后的表格 2

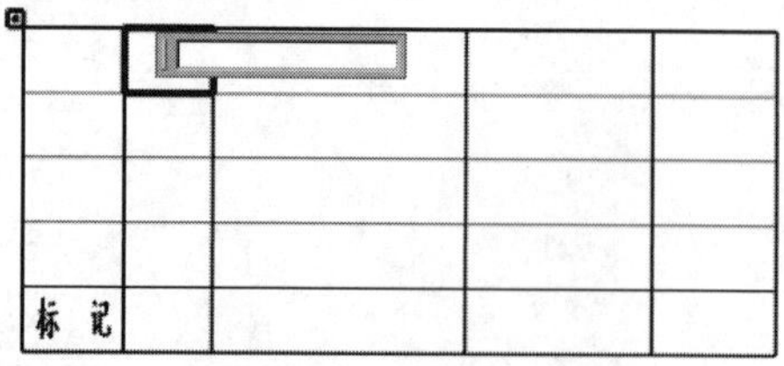

图 7.4.15　输入文本

（2）反复按键盘上的下方向键若干次，直至激活已输入"标记"单元格的右侧单元格，在输入框中输入文本"处数"；参照此方法输入其余文本，最后按下键盘上的 Enter 键，结束文本的输入，结果如图 7.4.16 所示。

Step5. 调整表格 2 的位置。

（1）单击图 7.4.17 所示的表格 2 的左上角的小方块，选中整个表格，右击，在弹出的快捷菜单中选择 编辑(E)... 命令，系统弹出"表格注释区域"对话框。

标　记	处数	更改文件号	签　字	日期

图 7.4.16　输入文字

标　记	处数	更改文件号	签　字	日期

图 7.4.17　选择表格 2

（2）设置图 7.4.18 所示的参数，单击"指定位置"按钮，在图样上选取表格 1 的左上角点，单击 关闭 按钮，此时表格 1 和表格 2 如图 7.4.19 所示。

说明：如果此时表格文字的格式发生了变化，读者可参考前面的操作进行调整。

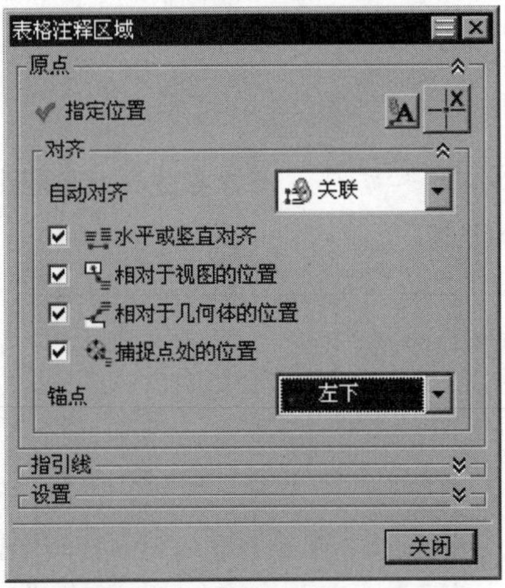

图 7.4.18　"表格注释区域"对话框

标　记	处数	更改文件号	签　字	日期

设　计		
校　对		
审　核		
批　准		

图 7.4.19　编辑表格位置

Task3. 绘制表格 3

Step1. 插入表格 3。

（1）选择下拉菜单 插入(S) → 表格(B) ▸ → 表格注释(T)... 命令，系统弹出 "表格注释"对话框。

（2）设置图 7.4.20 所示的参数，单击图样上的合适位置以放置表格，结果如图 7.4.21 所示。

（3）在“表格注释”对话框中单击 关闭 按钮（或者单击鼠标中键），结束命令。

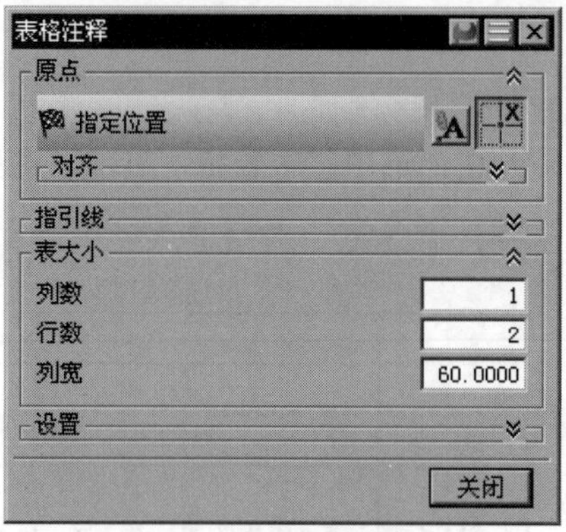

图 7.4.20 “表格注释”对话框

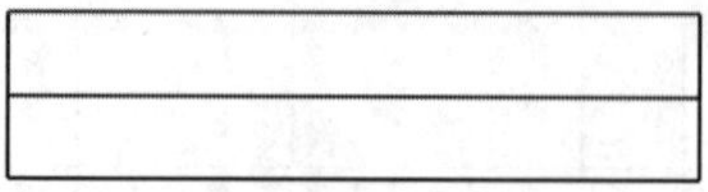

图 7.4.21 表格 3

Step2. 调整表格。

（1）选择表格行。参考前面的操作方法选中表格的第 1 行，在选中表格行上单击鼠标右键，在系统弹出的快捷菜单中选择 调整大小(R) 命令。

（2）在系统弹出的输入框 行高度 7.0000 中输入值 25 并按下 Enter 键，结果如图 7.4.22 所示。

（3）参考此方法，调整第 2 行的行高度为 20，此时表格 3 如图 7.4.23 所示。

说明：如果需要在这两个单元格中显示必要的文字信息等时，还需要设置必要的单元格样式，读者可参考前面的操作自行完成，此处不再赘述。

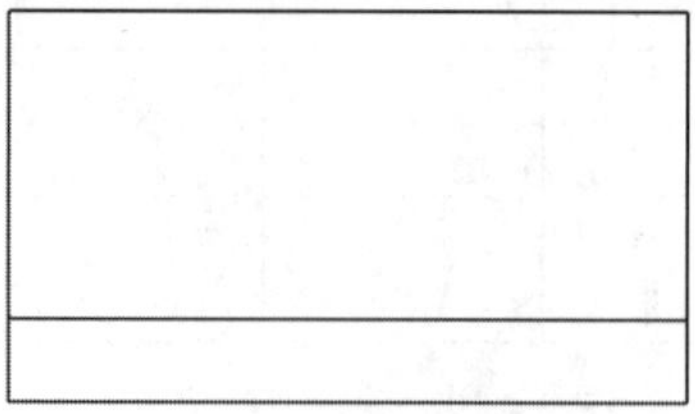

图 7.4.22 调整 1 行高度后

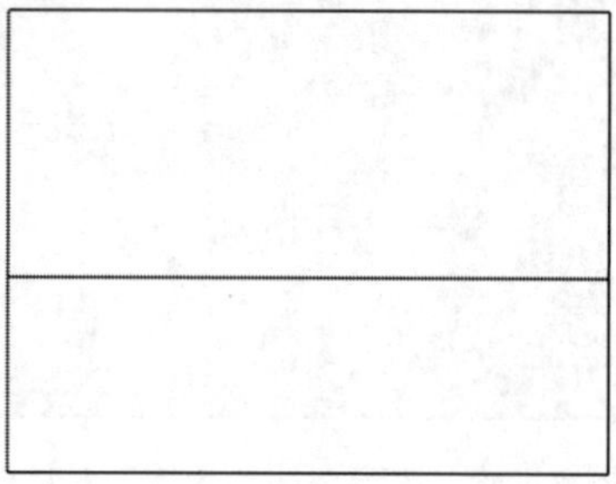

图 7.4.23 调整 2 行高度后

Step3. 调整表格 3 的位置。

（1）单击表格 3 左上角的小方块，选中整个表格，右击，在弹出的快捷菜单中选择 编辑(E)... 命令，系统弹出“表格注释区域”对话框。

（2）设置图 7.4.24 所示的参数，单击“指定位置”按钮，在图样上选取图 7.4.25 所示的角点，单击 关闭 按钮，结果如图 7.4.25 所示。

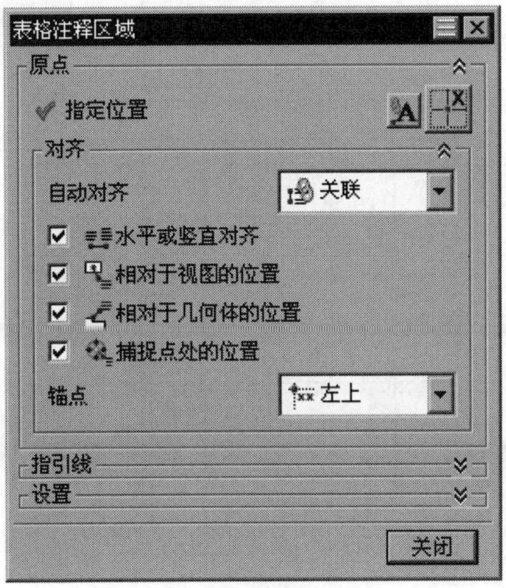

图 7.4.24 “表格注释区域”对话框

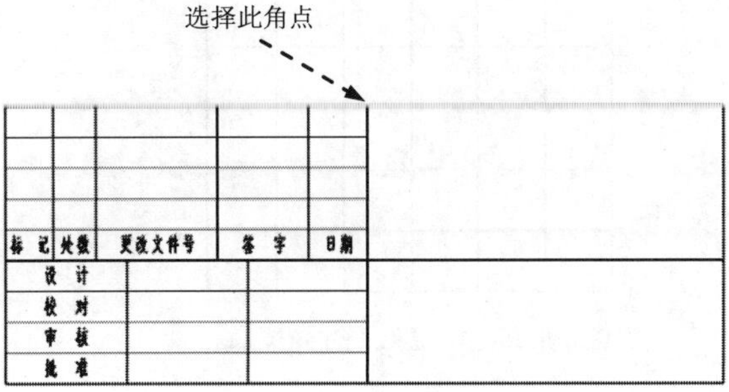

图 7.4.25 编辑表格位置

Task4．绘制表格 4

Step1．插入表格 4。

（1）选择下拉菜单 插入(S) ➡ 表格(B) ➡ 表格注释(T)... 命令，系统弹出“表格注释”对话框。

（2）设置图 7.4.26 所示的参数，单击图样上的合适位置以放置表格，结果如图 7.4.27 所示。

（3）在“表格注释”对话框中单击 关闭 按钮（或者单击鼠标中键），结束命令。

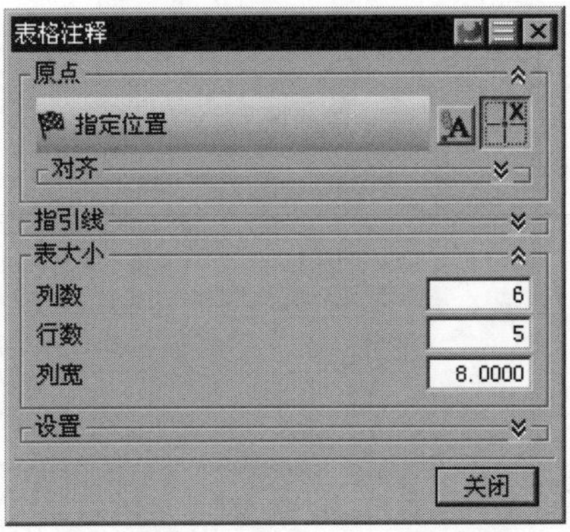

图 7.4.26 “表格注释”对话框

图 7.4.27 表格 4

Step2．调整表格。

（1）选择表格行。参考前面的操作方法选中表格的第 1 行，在选中表格行上单击鼠标右键，在系统弹出的快捷菜单中选择 调整大小(R) 命令。

（2）在系统弹出的输入框 行高度 7.0000 中输入值 11 并按下 Enter 键，结果如图 7.4.28 所示。

（3）参考步骤（2），修改其他 4 个行的高度，高度值从上而下依次为 6、8、6、14，此时结果如图 7.4.29 所示。

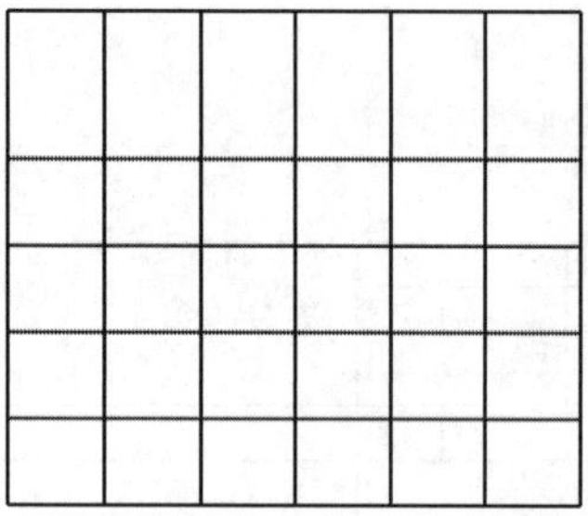

图 7.4.28　调整第 1 行高度后

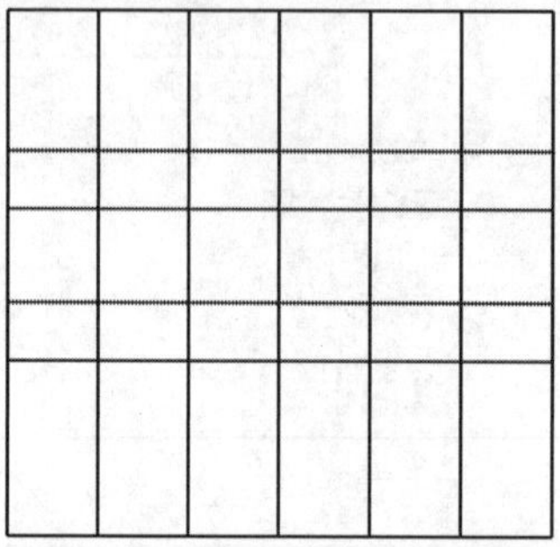

图 7.4.29　调整全部行高度后

（4）选择表格列。参考前面的操作方法选中表格的最左边起第 3 列，在选中表格列上单击右键，在系统弹出的快捷菜单中选择 调整大小(R) 命令，在系统弹出的输入框 列宽 8.0000 中输入值 7 并按下 Enter 键。

（5）参考步骤（4），修改最左边起第 4、5、6 表格列的宽度，宽度值依次为 7、15、15，此时结果如图 7.4.30 所示。

（6）选中表格 4 中第 1 行的所有单元格，右击，在弹出的快捷菜单中选择 合并单元格(M) 命令，进行单元格的合并；参考此方法，合并其余单元格，此时表格 4 如图 7.4.31 所示。

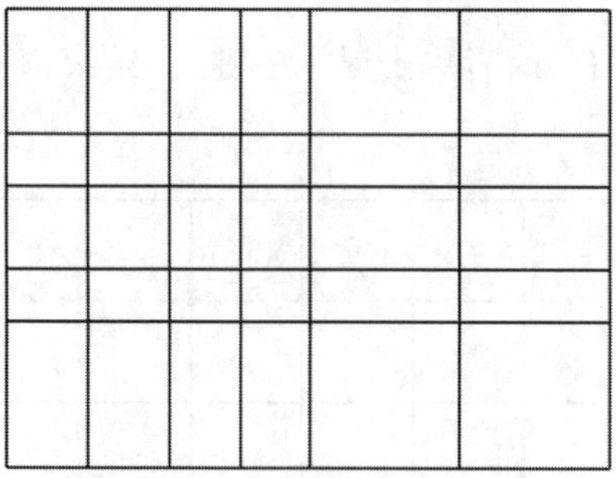

图 7.4.30　调整全部列宽度后

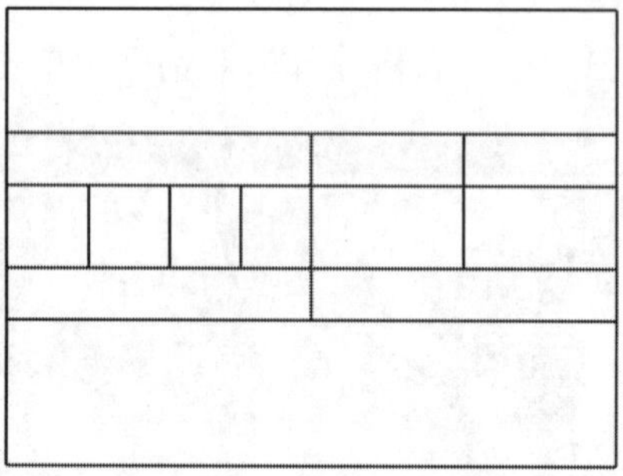

图 7.4.31　合并单元格

Step3．设置单元格样式。

（1）参考前面的操作方法，选中表格 4 的第 2 行（从上往下），在选中表格行上单击右键，在弹出的快捷菜单中选择 单元格样式(C)... 命令，此时系统弹出“注释样式”对话框。

（2）在“注释样式”对话框中单击 单元格 选项卡，在 文本对齐 下拉列表中选择 选项，其余参数保持不变。

（3）单击 确定 按钮，完成单元格样式的设置。

Step4．输入表格文字。

（1）双击图 7.4.32 所示的单元格，在弹出的输入框 中输入文本“图样标记”，并按下键盘上的下方向键。

（2）反复按键盘上的下方向键若干次，直至激活已输入“图样标记”单元格的右侧单元格，在输入框中输入文本“重量”；参照此方法输入文本“比例”，最后按下键盘上的 Enter 键，结束文本的输入，结果如图 7.4.33 所示。

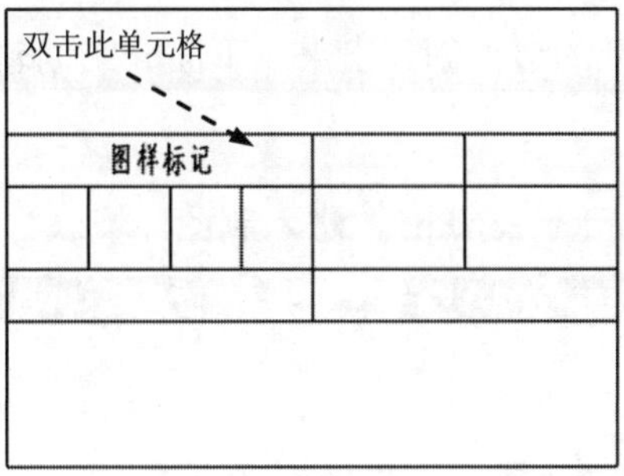

图 7.4.32 输入单元格文本

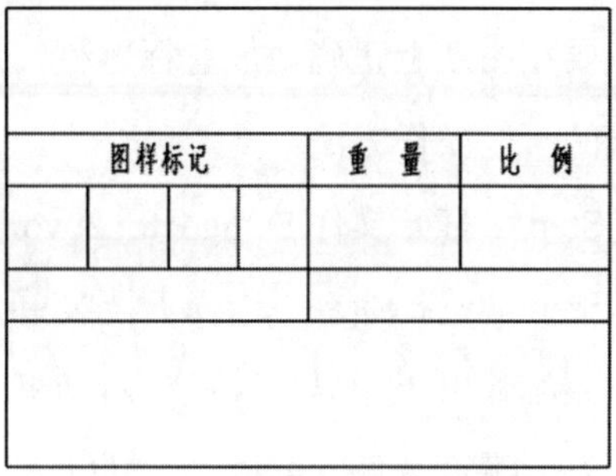

图 7.4.33 输入其余文本

Step5. 参照 Step3、Step4 的操作方法，完成第 4 行单元格的设置和文本输入，结果如图 7.4.34 所示。

Step6. 参照 Step3、Step4 的操作方法，完成第 5 行单元格的设置和文本输入，字体大小设置为 7，结果如图 7.4.35 所示。

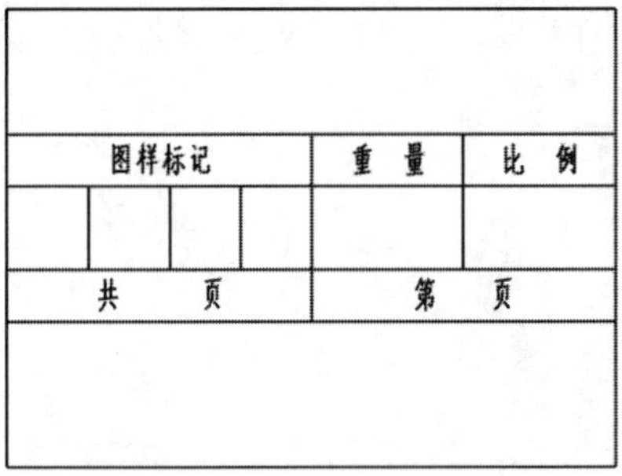

图 7.4.34 输入第 4 行文字

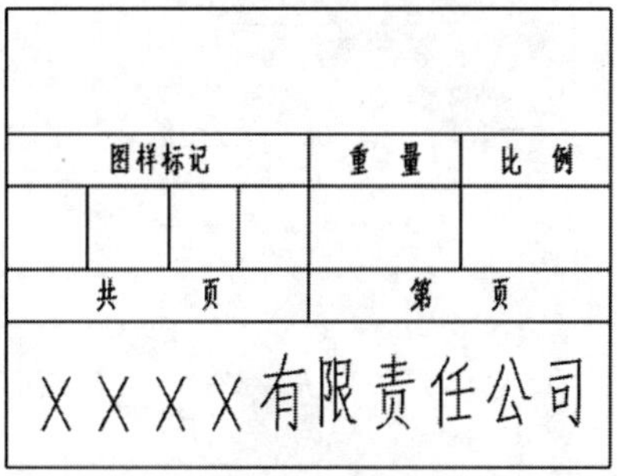

图 7.4.35 输入第 5 行字

Step7. 调整表格 4 的位置。

（1）单击表格 4 左上角的小方块，选中整个表格，右击，在弹出的快捷菜单中选择 编辑(E)... 命令，系统弹出“表格注释区域”对话框。

（2）在“表格注释区域”对话框中单击“指定位置”按钮，在图样上选取图 7.4.36 所示的角点，单击 关闭 按钮，此时结果如图 7.4.36 所示。

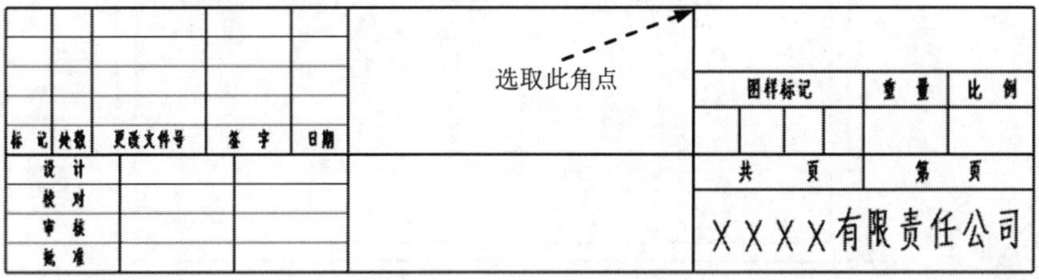

图 7.4.36 编辑表格位置

说明：如果此时个别表格的文字格式发生变化，可参照前面的操作重新定义，此处不再赘述。

7.4.2 创建图纸边框

要在图纸上正确地放置标题栏，还需要先将图纸的边框创建出来。下面介绍创建图纸边框的一般操作方法。

Step1. 打开文件 D:\ugdc8.12\work\ch07.04.02\border_zone.prt，进入制图环境。

Step2. 选择命令。选择下拉菜单 工具(T) → 图纸格式(W) ▸ → 边界和区域(B)... 命令，系统弹出“边界和区域”对话框。

Step3. 设置图 7.4.37 所示的参数，单击 确定 按钮，结果如图 7.4.38 所示。

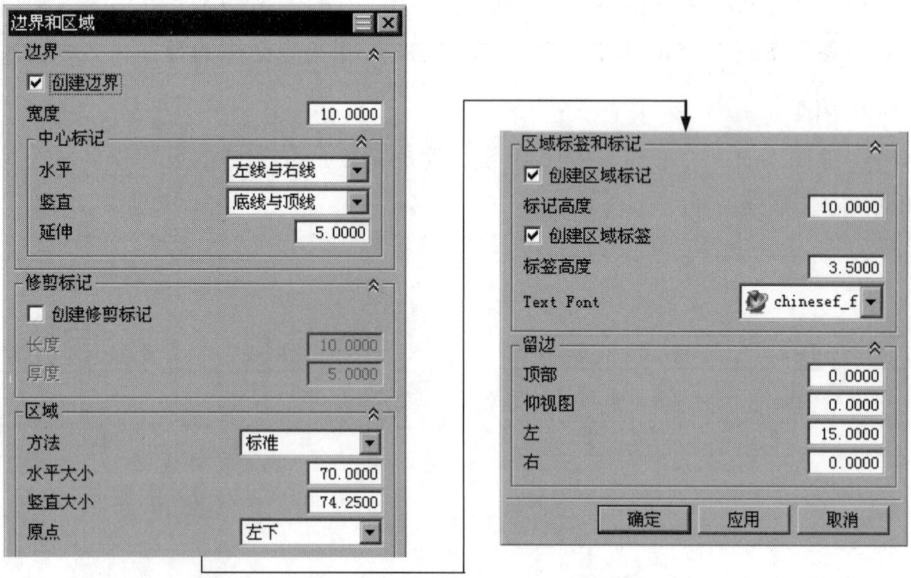

图 7.4.37 “边界和区域”对话框

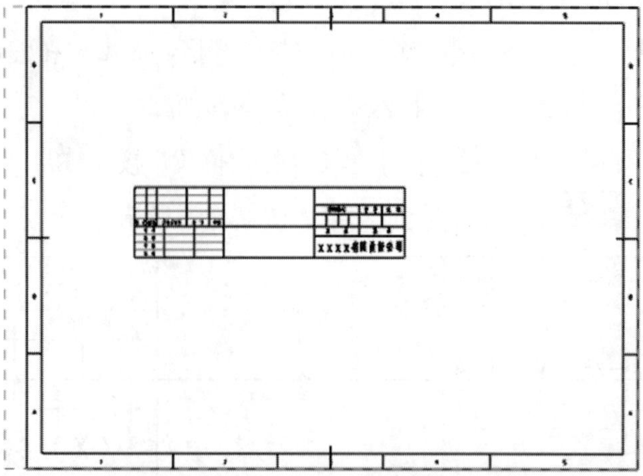

图 7.4.38 创建边界

图 7.4.37 所示的“边界和区域”对话框的部分选项说明如下。

- 边界区域：用来设置图纸边界的各种参数。
  - ☑ ☑ 创建边界复选框：该复选框用来控制是否生成边界线。取消选中该复选框，将无法创建边界。
  - ☑ 宽度文本框：用来定义边界线距离图纸边缘的距离。
  - ☑ 中心标记区域：用来定义边界线上的中心标记的参数。
  - ☑ 水平下拉列表：用来定义水平方向的中心标记样式，包括“无”、“左箭头”、“右箭头”、“左箭头与右箭头”和“左线与右线”等类型。
  - ☑ 竖直下拉列表：用来定义竖直方向的中心标记样式，包括“无”、“底部箭头”、“顶部箭头”、“ 底部箭头与顶部箭头”和“底线与顶线”等类型。
  - ☑ 延伸文本框：用于定义中心标记延伸到图纸内的距离。
- 修剪标记区域：用来设置修建标记的各种参数。
- 区域区域：用来设置边界分区的各种参数。
- 区域标签和标记区域：用来设置边界分区的标签和标记的各种参数。
- 留边区域：用来设置装订边的位置和大小参数。

7.4.3　定义标题块

前面绘制好的标题栏表格，通过定义成标题块的形式就可以比较方便地输入相关的数据。下面介绍定义标题块的一般操作方法。

Step1. 打开文件 D:\ugdc8.12\work\ch07.04.03\title_block.prt，进入制图环境。

Step2. 选择命令。选择下拉菜单 工具(T) → 图纸格式(W) ▸ → 标题块(T)... 命令，系统弹出“定义标题块”对话框。

Step3. 在系统提示选择要添加到标题块的表格注释下，在图样上选取图 7.4.39 所示的 4 个表格。

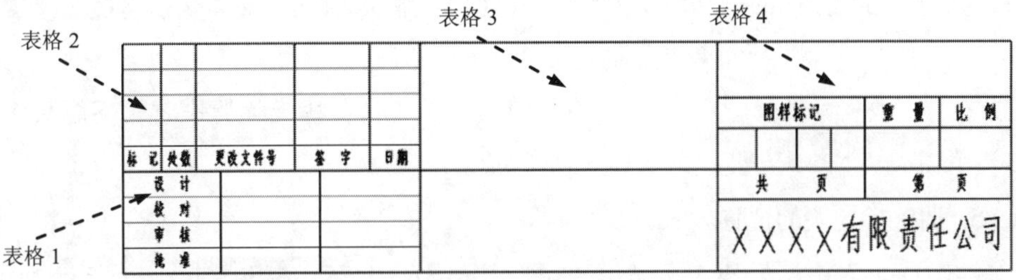

图 7.4.39　选择表格

Step4. 定义单元格。

（1）在图 7.4.40 所示的“定义标题块”对话框的列表框中单击第 1 个项目，此时在图样上会高亮显示所对应的“设 计”单元格，选中 锁定 复选框。

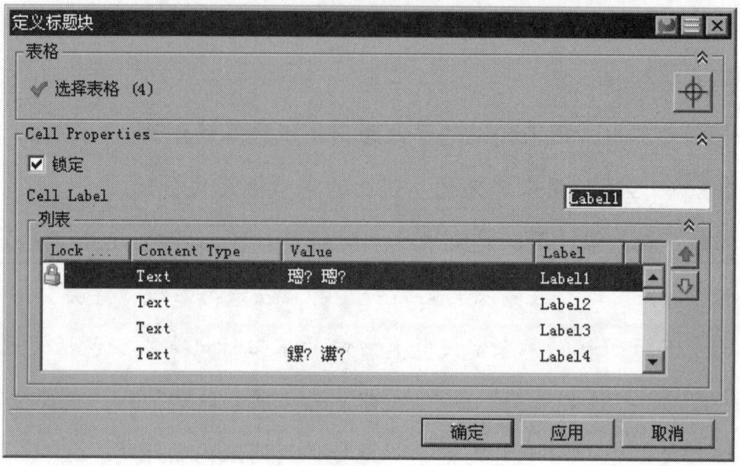

图 7.4.40 “定义标题块”对话框

说明：只有在设置了中文支持的环境变量后，文本中的汉字才能被正确显示，才能添加中文标签，开启中文支持后的对话框如图 7.4.41 所示。

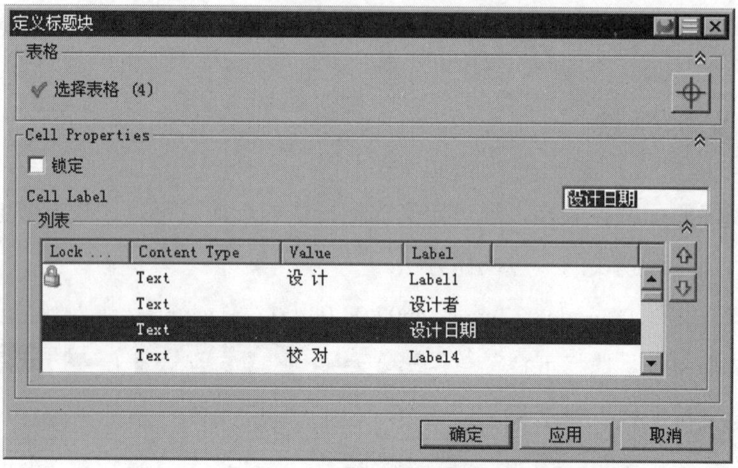

图 7.4.41 中文支持下的“定义标题块”对话框

（2）参考步骤（1）的操作，分别选取其他已经输入值的项目，并分别选中 锁定 复选框。

注意：“共 页”和“第 页”单元格不要锁定。锁定后在填充标题块时就不能被修改了。

（3）单击 确定 按钮，完成标题块的定义。

Step5. 调整标题块的位置。

（1）在图样上右击标题块，在弹出的快捷菜单中选择 原点(G)... 命令，系统弹出“原点工具”对话框。

（2）在图 7.4.42 所示的“原点工具”对话框中单击“点构造器”按钮，在图样上选取图 7.4.43 所示的角点，单击 确定 按钮，此时结果如图 7.4.43 所示。

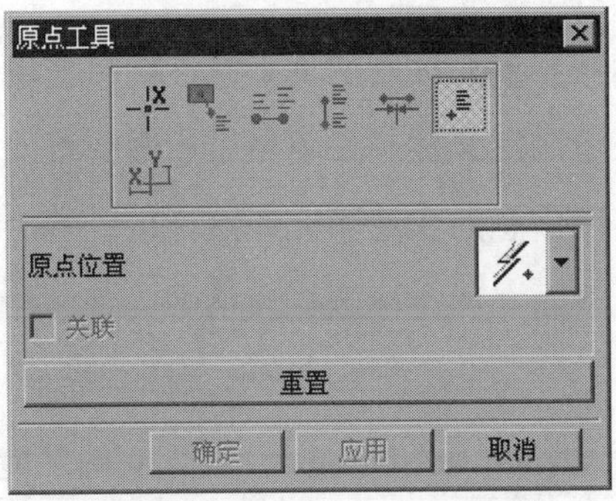

图 7.4.42 “原点工具”对话框

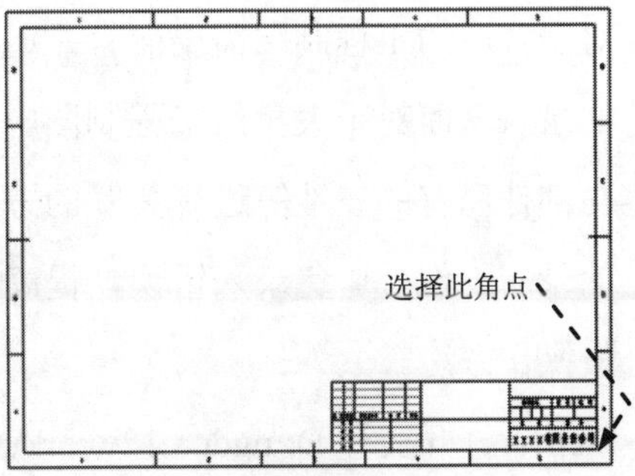

图 7.4.43 放置位置

7.4.4 填充标题块

在创建好的标题块中，有的内容是固定的，有的还需要填写具体内容。下面介绍在标题块中输入数据的操作方法。

Step1. 打开文件 D:\ugdc8.12\work\ch07.04.04\populate_title.prt，进入制图环境。

Step2. 选择命令。选择下拉菜单 工具(T) → 图纸格式(W) → 填充标题块(P)... 命令（或者直接双击标题块），系统弹出“填充标题块”对话框。

说明：只有已经定义了标题块，才能激活“填充标题块”的命令。

Step3. 在系统提示 **指定单元格的值** 下，在对话框的文本输入框中输入文本“张三”并按下键盘上的 Enter 键，此时对话框如图 7.4.44 所示，标题块如图 7.4.45 所示。

Step4. 参考 Step3 的操作方法，输入其他必要的数据，最后单击 确定 按钮，完成填充。

说明：在“填充标题块”对话框中单击 A 按钮，系统会弹出“文本”对话框，此时用户可以设置文本格式、添加符号、属性等。

图 7.4.44 “填充标题块”对话框

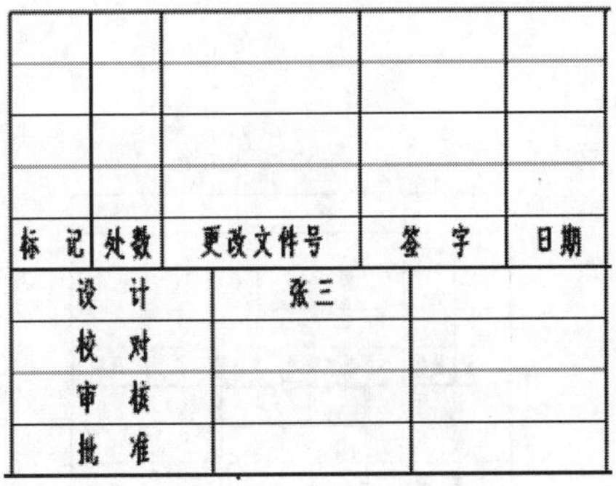

图 7.4.45 输入文本

7.4.5 关联部件属性到标题栏表格

对于普通的工程制图需要而言，通过定义标题块和填充标题块的方式，即可实现必要信息的录入。而对于大量的工程制图应用，就需要通过定义标题栏表格中所需要单元格的内容与部件已有的属性等进行关联的方式，从而实现信息的快速填充，这样可以减少许多重复的录入工作，避免录入错误，提高工作效率。下面介绍在标题栏表格中关联部件属性的一般操作方法。

Step1. 打开文件 D:\ugdc8.12\work\ch07.04.05\associate_attribute.prt，进入制图环境。

Step2. 关联设计者信息。

（1）右击图 7.4.46 所示的单元格，在弹出的快捷菜单中选择 编辑文本(T)... 命令，系统弹出“文本”对话框。

（2）在图 7.4.47 所示的“文本”对话框 符号 区域的 类别 下拉列表中选择 关系 选项，单击“插入部件属性”按钮，系统弹出图 7.4.48 所示的“属性”对话框。

（3）在“属性”对话框的“部件属性”列表框中选择 DESIGNER 选项，单击 确定 按钮，系统返回到“文本”对话框，此时“文本”对话框显示如图 7.4.49 所示。

说明：此时系统会自动在文本输入区中生成文本“<WRef1*0@DESIGNER>”。

（4）在“文本”对话框中单击 确定 按钮，完成该单元格的属性关联。

Step3. 关联其他人员信息。

参照 Step1 的操作方法，分别选中标题栏中的“校对”、“审核”和“批准”单元格右侧的空白单元格，并分别关联部件属性为 CHECKER、AUDITOR 和 APPROVER。

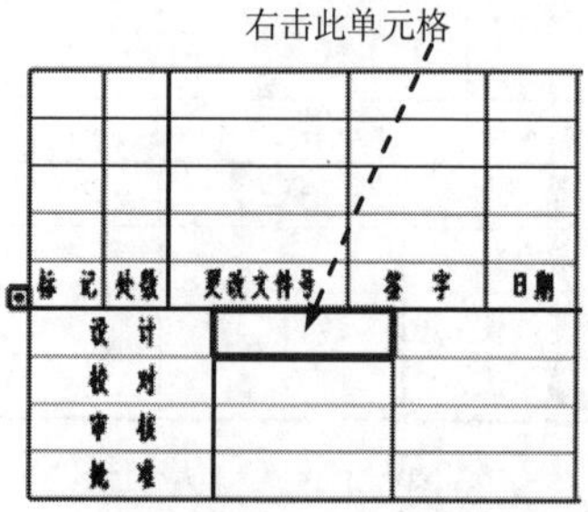

图 7.4.46 选择单元格

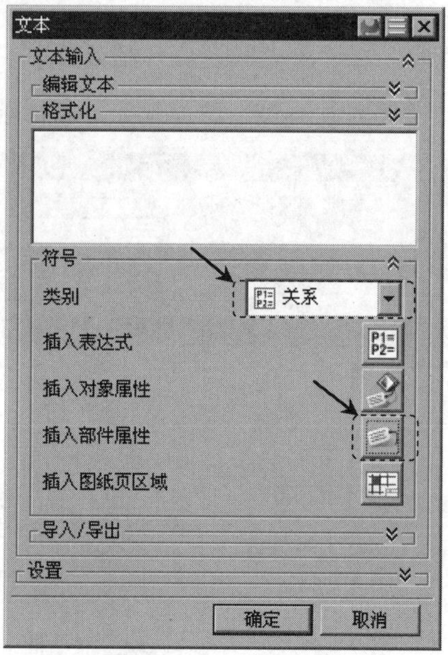

图 7.4.47 “文本”对话框（一）

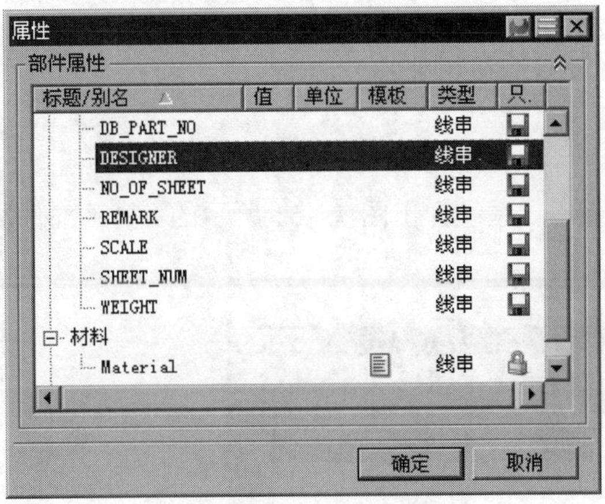

图 7.4.48 “属性”对话框

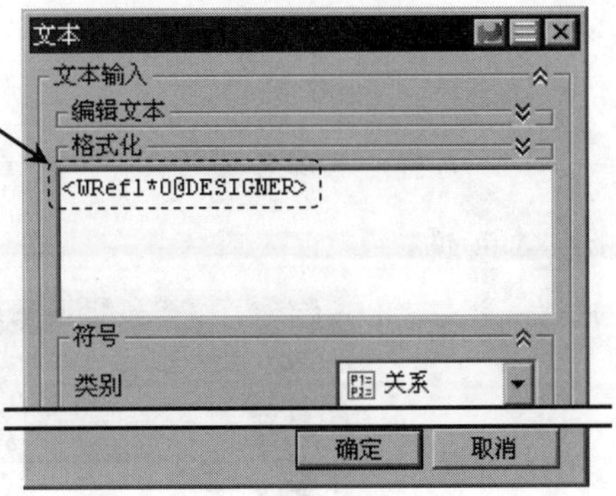

图 7.4.49 “文本”对话框（二）

Step4. 关联零件名称信息。

参照上述操作方法，将图 7.4.50 所示的单元格 1 的文本关联为部件属性 DB_PART_NAME。

Step5. 关联零件材料信息。

参照上述操作方法，将图 7.4.50 所示的单元格 2 的文本关联为部件属性 Material。

Step6. 关联零件图号信息。

参照上述操作方法，将图 7.4.50 所示的单元格 3 的文本关联为部件属性 DB_PART_NO。

Step7. 关联零件重量信息。

参照上述操作方法，将图 7.4.50 所示的单元格 4 的文本关联为部件属性 WEIGHT。

Step8. 关联图纸比例信息。

参照上述操作方法，将图 7.4.50 所示的单元格 5 的文本关联为部件属性 SCALE。

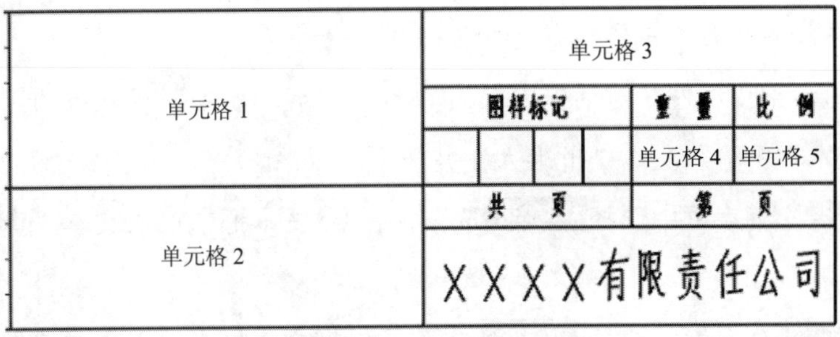

图 7.4.50 选择单元格

Step9. 关联图纸页总数信息。

参照上述操作方法，将图 7.4.50 所示的“共 页”所在的单元格的文本关联为部件属性 NO_OF_SHEET，并在“文本”对话框的文本输入区中编辑为“共 <WRef7*0@NO_OF_SHEET> 页”(注意不包含引号)。

Step10. 关联图纸页页数信息。

参照上述操作方法，将图 7.4.50 所示的“第　页”所在的单元格的文本关联为部件属性 SHEET_NUM，并在“文本“对话框的文本输入区中编辑为“第 <WRef8*0@SHEET_NUM> 页”(注意不包含引号)。

Step11. 验证关联性。

（1）选择下拉菜单 文件(F) → 属性(I) 命令，系统弹出图 7.4.51 所示的“显示部件属性”对话框。

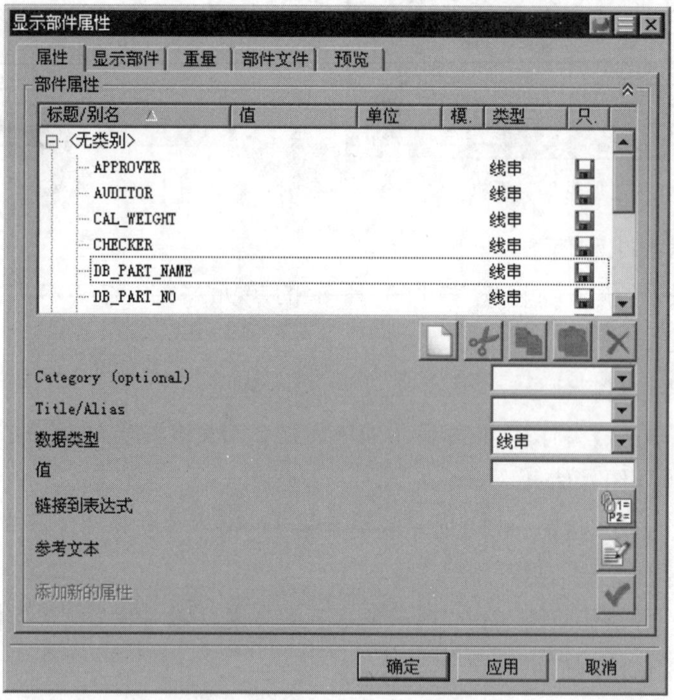

图 7.4.51 “显示部件属性”对话框

说明：以下输入的各个属性值仅为验证使用。

（2）在“显示部件属性”对话框中单击 属性 选项卡，在 部件属性 列表框中选择 APPROVER 选项，在 值 文本框中输入文本“批准人”并按下 Enter 键。

（3）在 部件属性 列表框中选择 AUDITOR 选项，在 值 文本框中输入文本“审核人”并按下 Enter 键。

（4）在 部件属性 列表框中选择 CHECKER 选项，在 值 文本框中输入文本“校对人”并按下 Enter 键。

（5）在 部件属性 列表框中选择 DB_PART_NAME 选项，在 值 文本框中输入文本“零件名”并按下 Enter 键。

（6）在 部件属性 列表框中选择 DB_PART_NO 选项，在 值 文本框中输入文本“1234”并按下 Enter 键。

（7）在部件属性列表框中选择DESIGNER选项，在值文本框中输入文本“设计人”并按下 Enter 键。

（8）在部件属性列表框中选择NO_OF_SHEET选项，在值文本框中输入文本“2”并按下 Enter 键。

（9）在部件属性列表框中选择SCALE选项，在值文本框中输入文本“1:1”并按下 Enter 键。

（10）在部件属性列表框中选择SHEET_NUM选项，在值文本框中输入文本“1”并按下 Enter 键。

（11）在“显示部件属性”对话框中单击确定按钮，结果标题栏显示如图 7.4.52 所示。

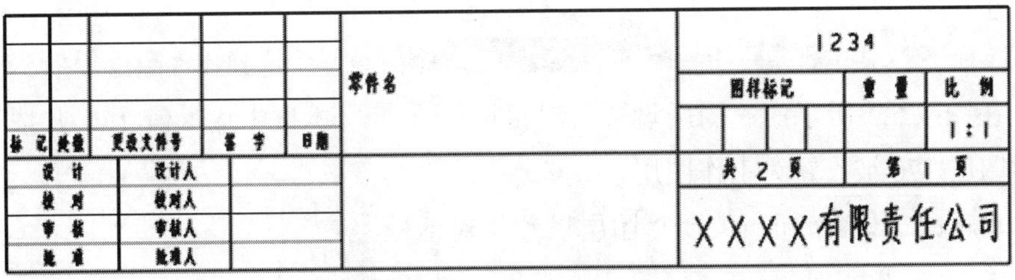

图 7.4.52　添加属性后的标题栏表格

说明：

- 标题栏中个别单元格的样式可能需要重新进行编辑，读者可参照本章前面的操作方法自行完成，此处不再赘述。
- 标题栏中的材料单元格只有在赋予部件某种材料属性后，才能显示出来。
- 标题栏中的重量只有在创建了名称为 Weight 的引用集后，才能显示出来。

7.5　定制图纸模板

在 UG NX 8.0 的工程图环境中，系统已经内置了许多绘图模板供用户使用。使用这些内置模板，显然可为用户节省很多时间，但是内置模板提供的种类有限，所能满足的要求也很有限，而且每个企业的具体要求又有所不同，因而对绘制工程图有各自的规定。UG NX 8.0 提供了自定义模板的功能，通过定制模板，用户可以预先把满足要求的、固定的、简单且重复使用率高的设计操作写入模板文件中。当需要制图的时候可以直接调出来用，再根据具体情况稍加改动即可，这样极大地提高了工作效率，更重要的是，对于一个企业或公司来说，使用统一的制图模板，很容易实现整个设计及打印出图工作的标准化。

下面以定制 A3 幅面横置的装配图模板为例，来介绍定制图纸模板的一般操作过程。

Task1．新建空白图纸页

Step1．打开文件 D:\ugdc8.12\work\ch07.05\custom.prt，进入建模环境。

说明：该部件文件为一空白模型文件。

Step2．选择下拉菜单 文件(F) → 新建(N)... 命令，系统弹出“新建”对话框。

Step3．在“新建”对话框中单击 图纸 选项卡，在 模板 区域的列表框中选择 空白 选项，单击 确定 按钮，进入制图环境。

Step4．选择下拉菜单 插入(S) → 图纸页(H)... 命令（或单击“图纸”工具条中的按钮），系统弹出“图纸页”对话框，设置图 7.5.1 所示的参数，单击 确定 按钮。

Step5．在系统弹出的“视图创建向导”对话框中单击 取消 按钮，关闭该对话框。

Task2．设置工作图层

（1）选择下拉菜单 格式(R) → 图层设置(S)... 命令，系统弹出“图层设置”对话框。

（2）在图 7.5.2 所示的“图层设置”对话框 工作图层 文本框中输入值 170 并按下 Enter 键，此时图层 170 被设置为工作图层。

（3）单击 关闭 按钮，关闭“图层设置”对话框。

Task3．添加图框

Step1．选择下拉菜单 工具(T) → 图纸格式(W) → 边界和区域(B)... 命令，系统弹出“边界和区域”对话框。

Step2．设置参数。

（1）在“边界和区域”对话框中选中 ☑ 创建边界 复选框，在 宽度 文本框中输入值 10，在 中心标记 区域的 水平 下拉列表中选择 左线与右线 选项，在 竖直 下拉列表中选择 底线与顶线 选项，在 延伸 文本框中输入值 5。

（2）取消选中 □ 创建修剪标记 复选框，在 区域 区域的 方法 下拉列表中选择 无 选项。

（3）在 留边 区域的 左 文本框中输入值 15，单击 确定 按钮，结果如图 7.5.3 所示。

Task4．添加标题栏表格

Step1．选择下拉菜单 文件(F) → 导入(M) → 部件(P)... 命令，系统弹出“导入部件”对话框，采用图 7.5.4 所示的默认参数设置，单击 确定 按钮。

Step2．在系统弹出“导入部件”对话框中，选择文件夹 ch07.05 下的 title_note.prt 文件，单击 OK 按钮，系统弹出“点”对话框。

Step3．在“点”对话框中采用系统默认的参数，单击 确定 按钮，结果如图 7.5.5

所示，系统再次弹出“点”对话框，单击取消按钮，关闭该对话框。

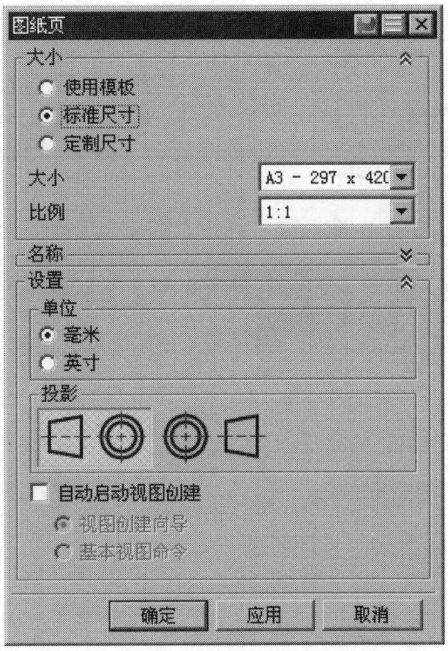

图 7.5.1　“图纸页”对话框

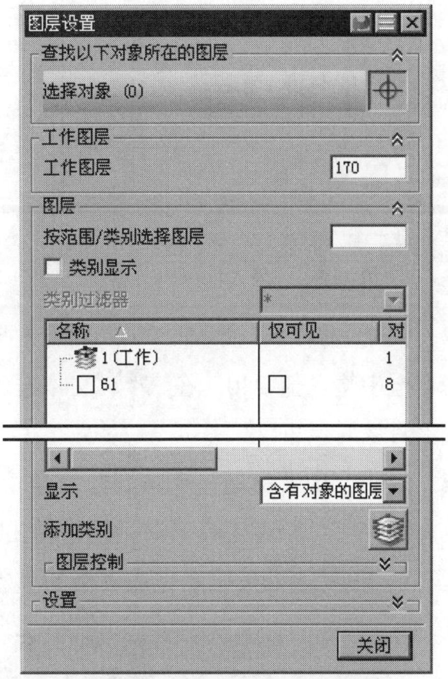

图 7.5.2　“图层设置”对话框

图 7.5.3　添加图框

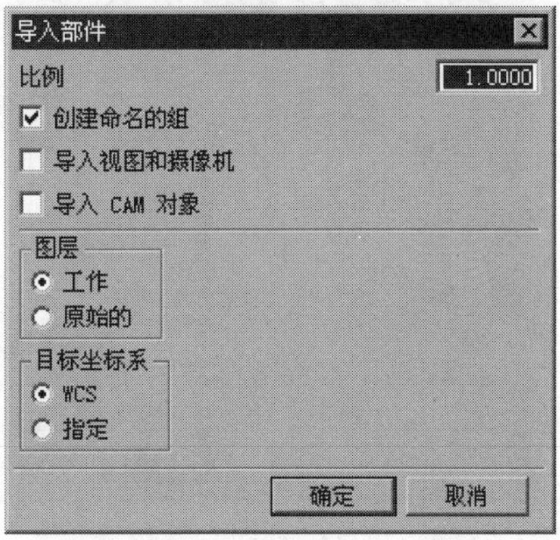

图 7.5.4　“导入部件”对话框

Step4. 对齐标题栏表格。

（1）移动鼠标指针到图 7.5.6 所示的位置，单击表格的方块标记，选中图 7.5.6 所示的表格，右击，在弹出的快捷菜单中选择编辑(E)...命令，系统弹出“表格注释区域”对话框。

（2）在“表格注释区域”对话框中单击“原点工具”按钮，系统弹出“原点工具”对话框。

（3）在“原点工具”对话框中单击按钮，然后在原点位置下拉列表中选择“点构造器”选项，此时系统弹出“点”对话框。

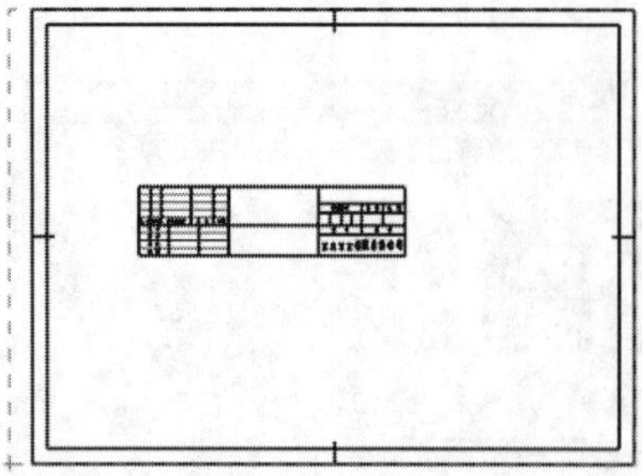

图 7.5.5　导入标题栏表格

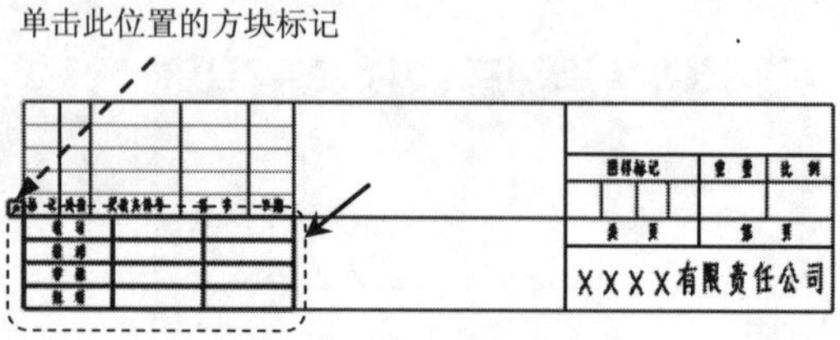

图 7.5.6　选择表格

（4）在图 7.5.7 所示的“点”对话框偏置选项下拉列表中选择直角坐标系选项，然后在X 增量文本框中输入值 230，在Y 增量文本框中输入值 30，单击确定按钮，系统返回到“原点工具”对话框。

说明：这里标题栏表格移动的增量数值是和图纸幅面与边界的宽度有关的。

（5）在“原点工具”对话框中单击确定按钮，系统返回到“表格注释区域”对话框，单击关闭按钮，完成表格的重新定位，结果如图 7.5.8 所示。

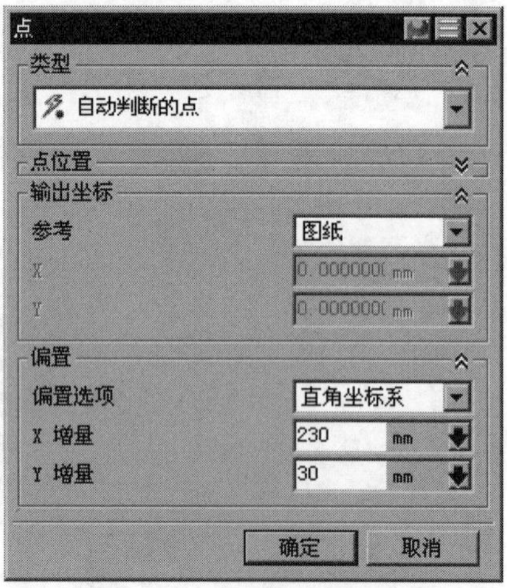

图 7.5.7　“点”对话框

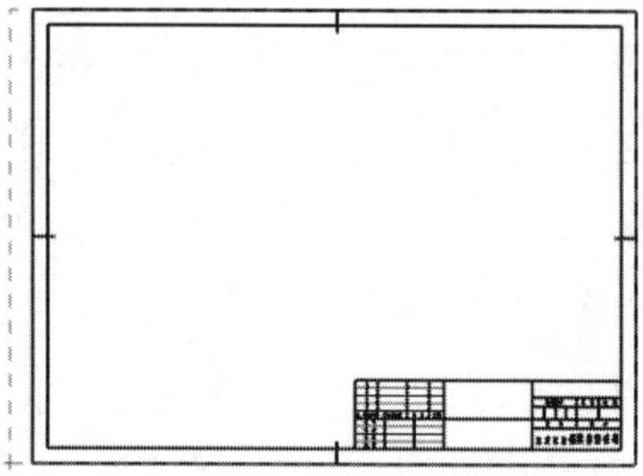

图 7.5.8　定位标题栏表格

Task5．添加零件明细表

Step1．选择下拉菜单插入(S) → 表格(B) ▸ → 零件明细表(P)...命令（或单击“注释”工具栏中的按钮），单击图纸的空白位置以放置表格，结果如图 7.5.9 所示。

说明：定制零件明细表的操作方法请参考 7.3 小节的内容。

Step2．对齐零件明细表表格。

（1）移动鼠标指针到零件明细表左上角的位置，单击表格的方块标记，选中零件明细表，右击，在弹出的快捷菜单中选择原点(G)...命令，系统弹出“原点工具”对话框。

（2）在“原点工具”对话框中单击按钮，然后在原点位置下拉列表中选择“点构造器”选项![icon]，此时系统弹出“点”对话框。

（3）在“点”对话框偏置选项下拉列表中选择直角坐标系选项，然后在X 增量文本框中输入值 230，在Y 增量文本框中输入值 62，单击确定按钮，系统返回到“原点工具”对话框。

（4）在“原点工具”对话框中单击确定按钮，完成表格的重新定位，结果如图 7.5.10 所示。

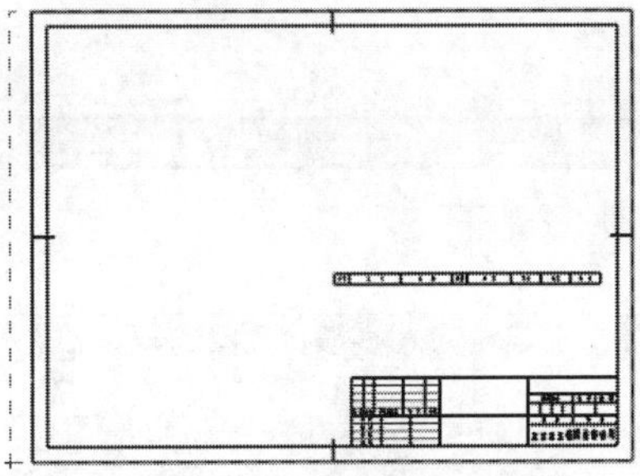

图 7.5.9　放置零件明细表

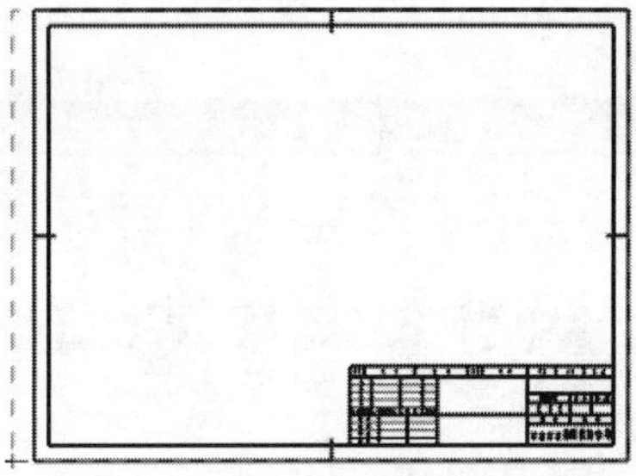

图 7.5.10　重定位表格

Task6．导入制图标准

Step1．选择下拉菜单工具(T) ➡ 制图标准(D)...命令，系统弹出“加载制图标准”对话框。

Step2．在“加载制图标准”对话框从以下级别加载下拉列表中选择用户选项，在Standard下拉列表中选择GB2012选项，单击确定按钮，完成标准的加载。

说明：可根据需要加载自己定制的制图标准。定制制图标准的方法参看第 2 章 2.5 小节的有关内容。

Task7．编辑首选项参数

参考本书第 2 章 2.4 小节的操作方法，编辑并调整工程图参数的预设置，此处不再赘述。

说明：这里用户可以通过装配某个模型，并创建必要的视图以便验证参数设置是否正确、合理，读者可自行完成。

Task8．保存模板文件

（1）选择下拉菜单文件(F) ➡ 保存(S)命令，保存文件。

（2）回到操作系统的桌面，打开图 7.5.11 所示的窗口，右击图中的custom_dwg1.prt文件，在弹出的快捷菜单中选择复制(C)命令。

（3）打开图 7.5.12 所示的窗口，在窗口空白处右击，在弹出的快捷菜单中选择粘贴(P)命令，并将其重新命名为 A3_custom_asm_dwg.prt，结果如图 7.5.12 所示。

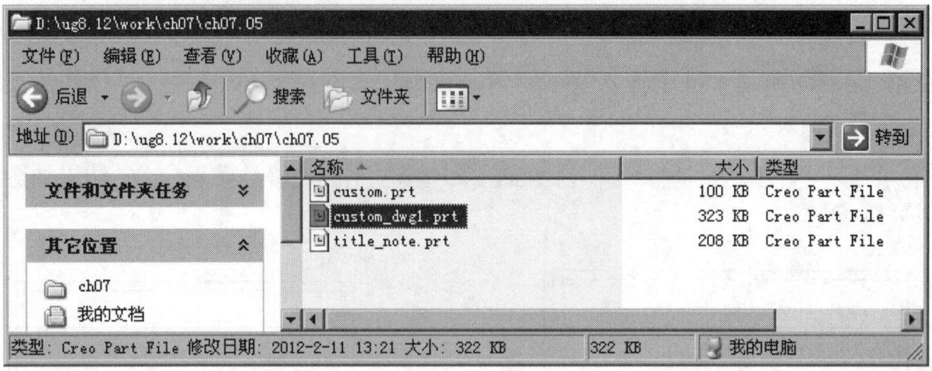

图 7.5.11　复制文件

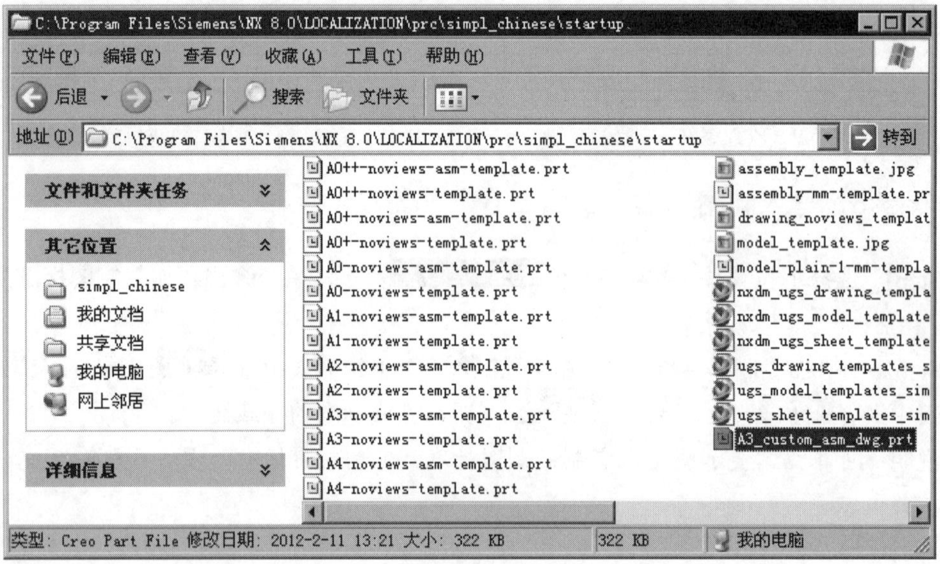

图 7.5.12　粘贴并重命名文件

（4）在图 7.5.12 所示的窗口中选择 ugs_drawing_templates_simpl_chinese.pax 文件，右击，在弹出的快捷菜单中选择 打开方式(H) ▸ ⟶ 记事本 命令，系统弹出“记事本”窗口。

（5）在“记事本”窗口中的最后位置添加图 7.5.13 所示的文本内容，保存并关闭此窗口。

注意：此文件默认为只读状态，用户需要去掉只读属性，才能进行保存工作，具体操作可参看视频。在添加文本时，用户可以复制已有的条目文本，并进行适当的修改。需要注意 id 后的数值不能与文本中已有的编号相同。

（6）参照步骤（3）、（4）的操作方法，使用记事本打开 ugs_sheet_templates_simpl_chinese.pax 文件，添加图 7.5.14 所示的文本内容并进行保存。

说明：ugs_drawing_templates_simpl_chinese.pax 文件中定义的是显示在“新建”对话框中的图纸模板，ugs_sheet_templates_simpl_chinese.pax 文件中定义的是显示在“图纸页”对话框中的图纸模板，其调用界面分别如图 7.5.15 和图 7.5.16 所示。用户可参照此方法定制其他幅面的图纸模板，此处不再赘述。

```
ugs_drawing_templates_simpl_chinese.pax - 记事本
文件(F) 编辑(E) 格式(O) 查看(V) 帮助(H)
  </PaletteEntry>

  <PaletteEntry id="d31">
    <References/>
    <Presentation name="我的A3 -装配 无视图" description="A3 装配 无视图">
      <PreviewImage type="UGPart" location="drawing_views_template.jpg"/>
    </Presentation>
    <ObjectData class="DrawingTemplate">
      <TemplateFileType>none</TemplateFileType>
      <Filename>A3_custom_asm_dwg.prt</Filename>
      <Units>Metric</Units>
      <UsesMasterModel>Yes</UsesMasterModel>
    </ObjectData>
  </PaletteEntry>

</Palette>
```

图 7.5.13 “记事本”窗口（一）

```
ugs_sheet_templates_simpl_chinese.pax - 记事本
文件(F) 编辑(E) 格式(O) 查看(V) 帮助(H)
  </PaletteEntry>

 <PaletteEntry id="d21">
   <References/>
       <Presentation name="我的A3 - 装配 无视图" description="A3 装配 无视图">
        <PreviewImage type="UGPart" location="drawing_noviews_template.jpg"/>
   </Presentation>
   <ObjectData class="SheetTemplate">
       <TemplateFileType>none</TemplateFileType>
             <Filename>A3_custom_asm_dwg.prt</Filename>
       <Units>Metric</Units>
   </ObjectData>
 </PaletteEntry>

</Palette>
```

图 7.5.14 “记事本”窗口（二）

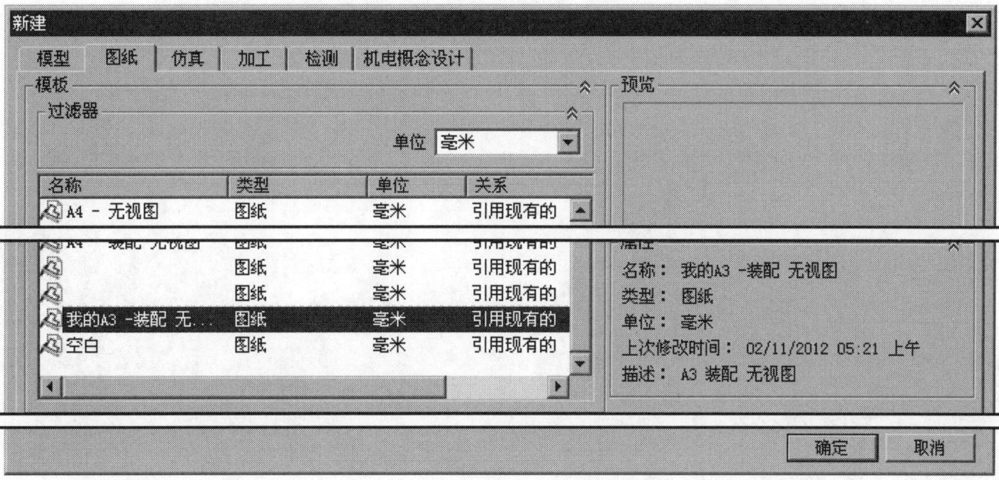

图 7.5.15 “新建”对话框

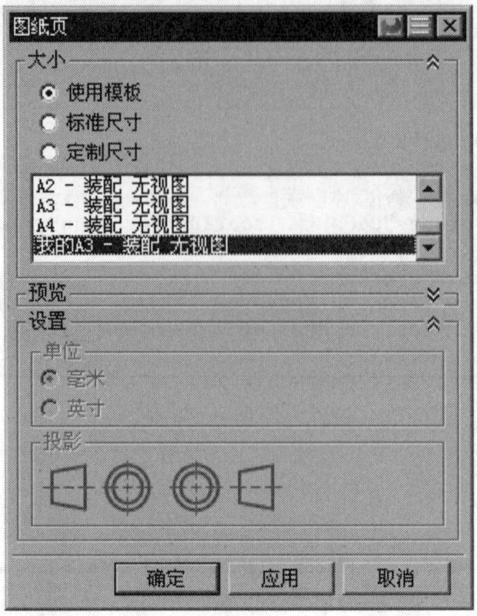

图 7.5.16 “图纸页”对话框

第 8 章 钣金工程图

本章提要

钣金件一般是指具有均一厚度的金属薄板零件，其特点是质量轻，结构强度好，可做成各种复杂的形状等。钣金工程图的创建方法与一般零件基本相同，所不同的是钣金件的工程图需要创建展开视图。本章将针对钣金件展开图创建方法进行详细讲解。主要内容包括：

- 创建钣金工程图前的设置。
- 创建钣金展开图。

8.1 钣金工程图概述

在钣金工程图中创建的展开视图是钣金工程图非常重要的部分，它能把钣金特征完全呈献在工程图中。钣金的三视图同样重要，它把钣金件的其他具体的数据反映出来。UG NX 8.0 的工程图模块为设计者提供了比较方便的创建展开视图的方法，而且可以直接在展开视图中自动添加折弯注释，省去了在展开视图中逐个添加折弯注释的麻烦。

由于钣金工程图的标注方法和其他零件工程图的标注是相同的，这里我们就不再详细讲解钣金工程图的标注。

8.2 钣金工程图的设置

创建钣金工程图前需要对展开的折弯注释进行必要的设置，这样能使得自动产生的折弯注释符合制图的需要。

Step1. 启动 UG NX 8.0 软件。

Step2. 选择下拉菜单 文件(F) → 实用工具(U) ▸ → 用户默认设置(D)... 命令，系统弹出“用户默认设置”对话框。

Step3. 在“用户默认设置”对话框的左侧节点列表中选择“制图”下的 视图 节点，在右侧单击 展平图样注释 选项卡，此时对话框如图 8.2.1 所示。

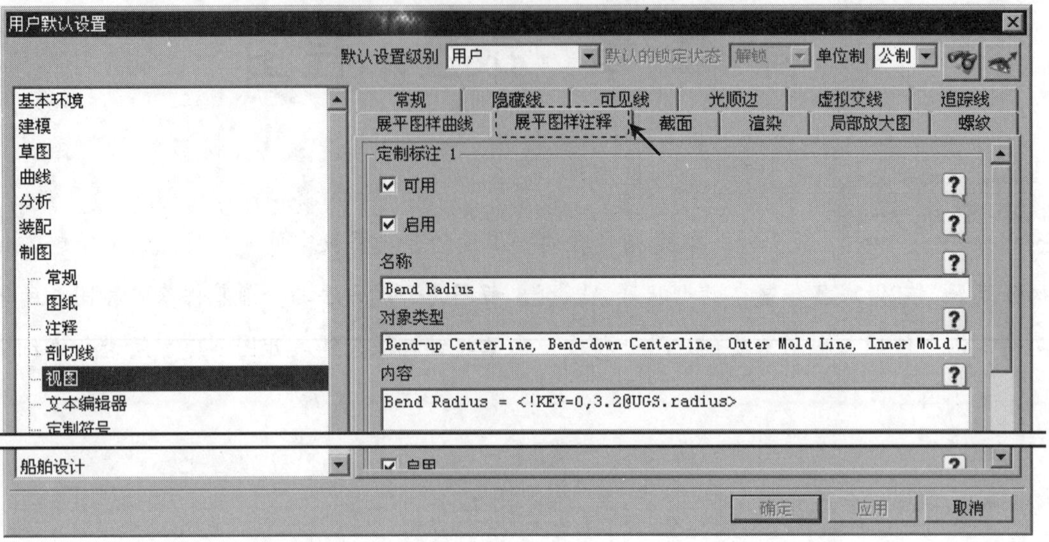

图 8.2.1 “用户默认设置”对话框（一）

图 8.2.1 所示的“展平图样注释”选项卡中部分选项说明如下。

- 可用复选框：选中该复选框，表示在展平图样中该定制标注可以使用。
- 启用复选框：选中该复选框，表示在展平图样中启用该定制标注。
- 名称文本框：用于设置该标注的名称，一般建议采用英文字符。
- 对象类型文本框：用于设置该标注所对应的钣金标注元素的类型。
- 内容文本框：用于设置该标注的具体文本格式及内容。

Step4. 在“用户默认设置”对话框右侧的定制标注 1区域内容文本框中修改文本为“折弯半径 =<!KEY=0,3.2@UGS.radius>”（这里只是将 Bend Radius 替换为中文“折弯半径”，注意引号不要输入），其余参数保持不变。

说明：这里定制标注内容的格式是固定的，一般在“=”前面输入标注名称，接着输入“ <!KEY=0, ”固定的开头，后面的 3.2 表示数值的格式，这里 3.2 表示形如 xxx.xx 的 3 位整数加 2 位小数的形式，@后面的变量是 UG 的内部规定名称，分别对应钣金中的不同参数，每段标注内容均以“>”结束。

Step5. 在“用户默认设置”对话框右侧的定制标注 2区域内容文本框中修改文本为“折弯角度 =<!KEY=0,3.2@UGS.angle>”（这里只是将 Bend Angle 替换为中文“折弯角度”，注意引号不要输入），其余参数保持不变。

Step6. 在“用户默认设置”对话框右侧的定制标注 3区域内容文本框中修改文本为“折弯方向 =<!KEY=0,3.2@UGS.direction "上" "下">”（这里只是将 Bend Direction、up 和 down 分别替换为中文“折弯方向”、“上”和“下”，注意引号不要输入），其余参数保持不变。

Step7. 在“用户默认设置”对话框右侧的定制标注 4区域内容文本框中修改文本为“孔直径 =<!KEY=0,3.2@UGS.diameter>”（这里只是将 Hole Diameter 替换为中文“孔直径”，注意引号不要输入），其余参数保持不变。

Step8. 在“用户默认设置”对话框右侧的定制标注 5区域内容文本框中修改文本为“榫接过渡距离 = <!KEY=0,3.2@UGS.joggleRunout>”（这里只是将 Joggle Runout 替换为中文“榫接过渡距离”，注意引号不要输入），其余参数保持不变。

Step9. 在“用户默认设置”对话框右侧的定制标注 6区域内容文本框中修改文本为“榫接深度 = <!KEY=0,3.2@UGS.joggleDepth>”（这里只是将 Joggle Depth 替换为中文“榫接深度”，注意引号不要输入），其余参数保持不变。

Step10. 在“用户默认设置”对话框右侧的定制标注 7区域内容文本框中修改文本为“刀具 ID = <!KEY=0,3.2@UGS.joggleDepth>”（这里只是将 Tool Id 替换为“刀具 ID”，注意引号不要输入），其余参数保持不变。

Step11. 在“用户默认设置”对话框中单击展平图样曲线选项卡，此时对话框如图 8.2.2 所示。

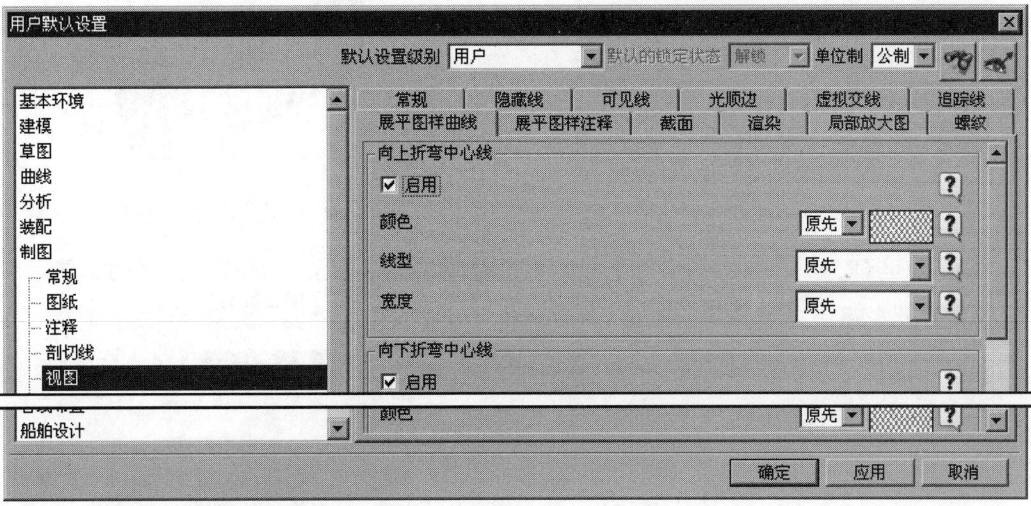

图 8.2.2 “用户默认设置”对话框（二）

说明：此选项卡中主要设置钣金展平图样中各种类型曲线的颜色、线型、线宽等，用户可根据制图需要自行修改。

Step12. 在“用户默认设置”对话框中单击确定按钮。

Step13. 关闭 UG NX 8.0 软件并重新启动，即可使新设置生效。

8.3 创建钣金展开视图

要创建钣金件的展开视图，首先需要在 NX 钣金环境中创建钣金件的展平图样，然后在制图环境中直接引用这个展平图样，即可完成钣金展开视图的创建。下面介绍创建钣金展开视图的一般操作过程。

Task1．创建展平图样

Step1．打开模型文件 D:\ugdc8.12\work\ch08.03\sm_jog.prt，进入 NX 钣金环境。

Step2．选择下拉菜单 插入(S) ➡ 展平图样(L)... ➡ 展平图样(P)... 命令，系统弹出“展平图样”对话框，如图 8.3.1 所示。

图 8.3.1 “展平图样”对话框

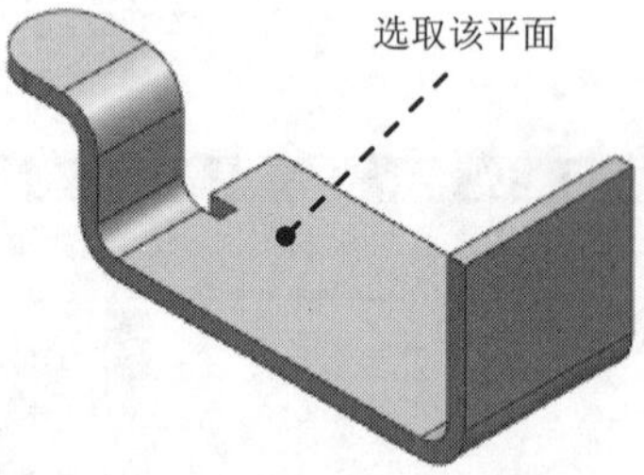

图 8.3.2 选择向上面

Step3．选取图 8.3.2 所示的模型平面，单击 确定 按钮，完成展平图样的创建。

说明：此时系统可能会弹出图 8.3.3 所示的对话框，可单击 确定(O) 按钮继续。

Step4．选择下拉菜单 视图(V) ➡ 布局(L) ➡ 替换视图(V)... 命令，系统弹出图 8.3.4 所示的“替换视图用...”对话框。

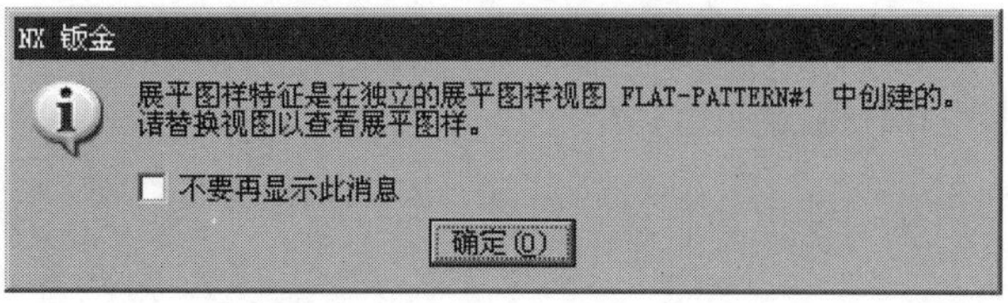

图 8.3.3 “NX 钣金”对话框

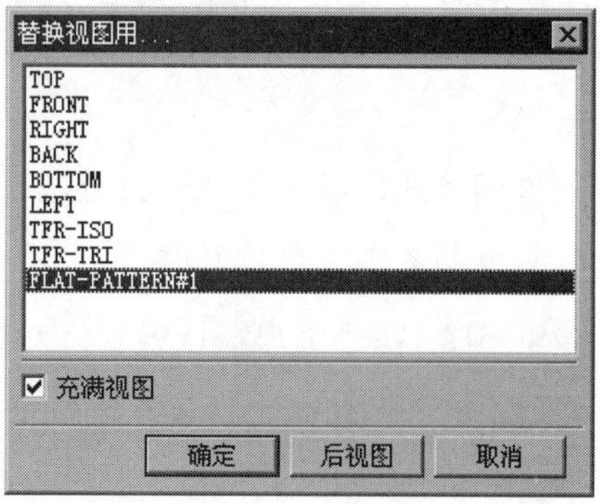

图 8.3.4 “替换视图用...”对话框

Step5. 在“替换视图用...”对话框中选择FLAT-PATTERN#1选项，单击确定按钮，结果如图 8.3.5 所示。

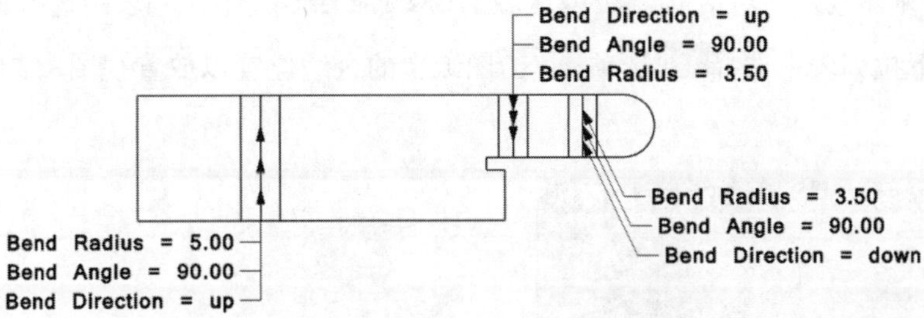

图 8.3.5 显示“FLAT-PATTERN#1”视图

Step6. 再次选择下拉菜单视图(V) → 布局(L) → 替换视图(V)...命令，系统弹出“替换视图用...”对话框，选择TFR-TRI选项，单击确定按钮，完成视图的恢复。

Task2. 创建展平视图

Step1. 选择下拉菜单开始 → 制图(D)...命令，进入制图环境。

Step2. 加载制图标准。

（1）选择下拉菜单工具(T) → 制图标准(D)...命令，系统弹出“加载制图标准”对话框。

（2）在图 8.3.6 所示的“加载制图标准”对话框Standard下拉列表中选择GB2012选项，单击确定按钮，完成新制图标准的加载。

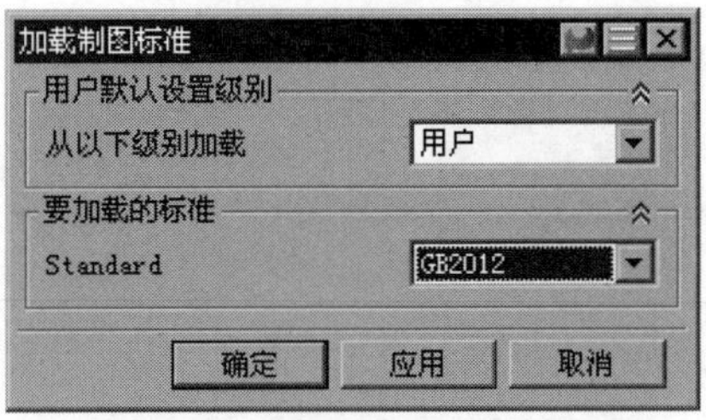

图 8.3.6 “加载制图标准”对话框

Step3. 新建图纸页。

（1）选择下拉菜单插入(S) → 图纸页(H)...命令（或单击“图纸”工具条中的按钮），系统弹出“图纸页”对话框。

（2）“图纸页”对话框采用图 8.3.7 所示的参数设置，单击确定按钮，完成图纸页的创建。

说明： 此时系统可能会弹出图 8.3.8 所示的“只读部件”对话框，可单击OK按钮继续。

Step4. 创建视图。

（1）选择下拉菜单 插入(S) → 视图(W) → 基本(B)... 命令（或单击“图纸”工具条中的按钮），系统弹出“基本视图”对话框。

（2）在“基本视图”对话框 模型视图 区域的 要使用的模型视图 下拉列表中选择 FLAT-PATTERN#1 选项，在 比例 下拉列表中选择 1:1 选项，单击图纸上的合适位置以放置视图，结果如图 8.3.9 所示。

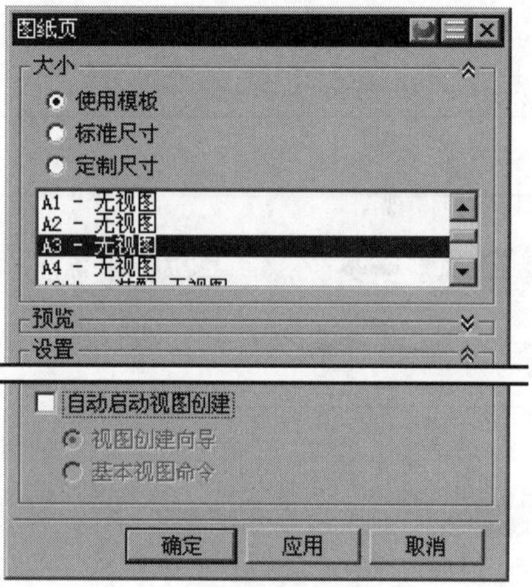

图 8.3.7 “图纸页”对话框

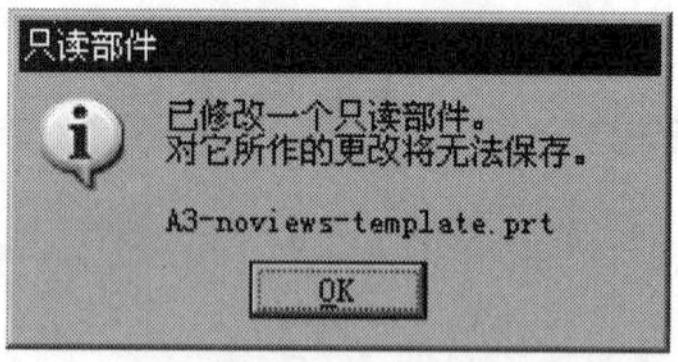

图 8.3.8 “只读部件”对话框

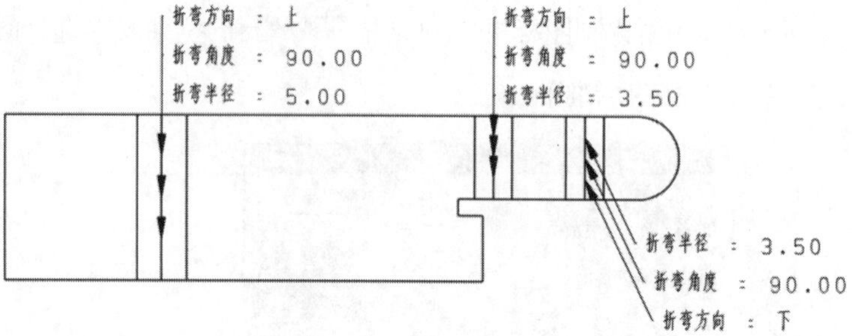

图 8.3.9 创建展平视图

Step5. 参照本书第 6 章的注释文本的调整方法，适当调整各个折弯注释位置，结果如图 8.3.10 所示。

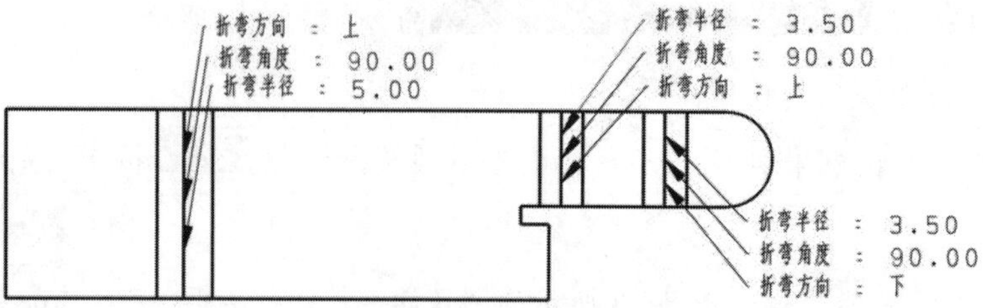

图 8.3.10 调整折弯注释位置

8.4 钣金工程图范例

范例概述

本范例为对卡件进行标注的综合范例，综合了钣金展开视图、尺寸、注释、基准和几何公差的标注及其编辑、修改等内容，在学习本范例的过程中读者应该注意对卡件的展开视图进行标注的要求及其特点。范例完成的效果图如图 8.4.1 所示。

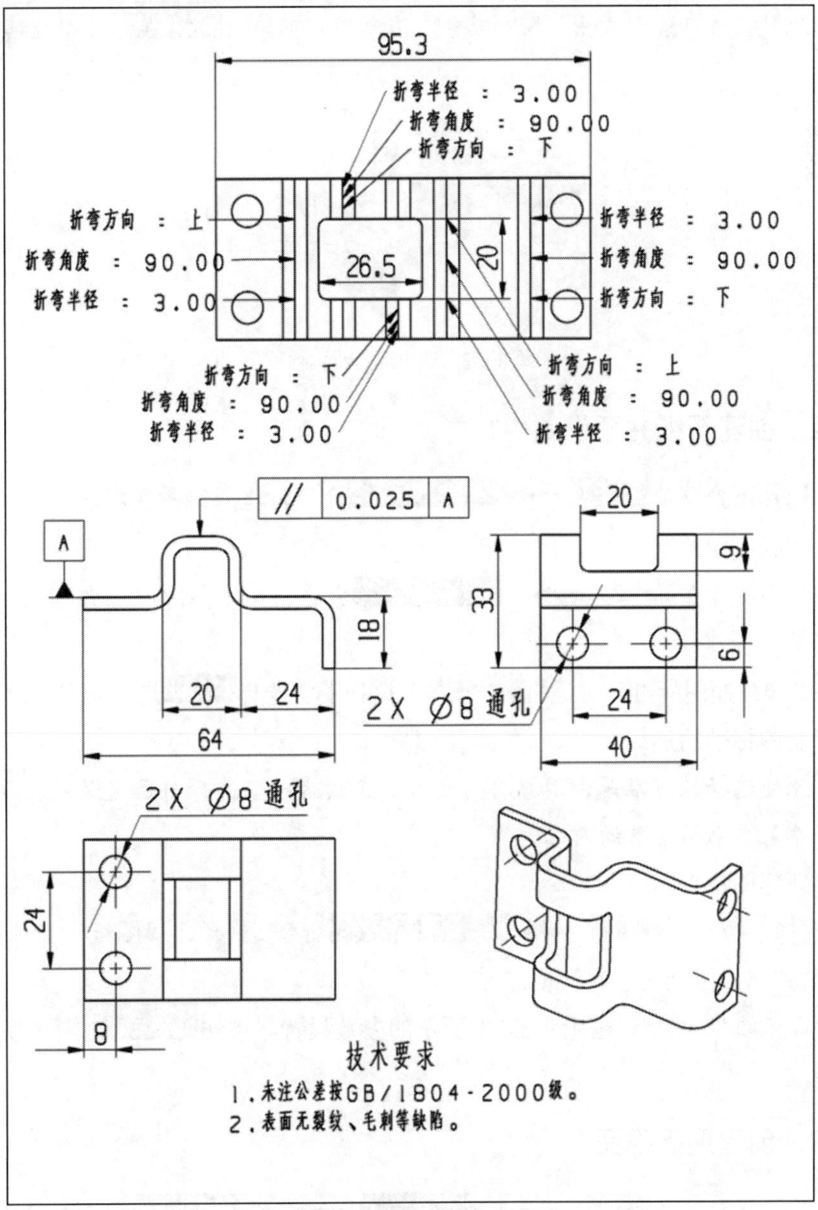

图 8.4.1 范例完成效果图

Task1．创建展平图样

Step1．打开文件 D:\ugdc8.12\work\ch08.04\metal_sheet.prt，选择下拉菜单 开始 → NX 钣金(H)... 命令，进入 NX 钣金环境。

说明：如果已经在 NX 钣金环境，就不需要选择该命令了。

Step2．选择下拉菜单 插入(S) → 展平图样(L)... → 展平图样(P)... 命令，系统弹出“展平图样”对话框。

Step3．选取图 8.4.2 所示的模型平面，单击 确定 按钮，完成展平图样的创建。

说明：此时系统可能会弹出“NX 钣金”消息框，可单击 确定(O) 按钮继续。

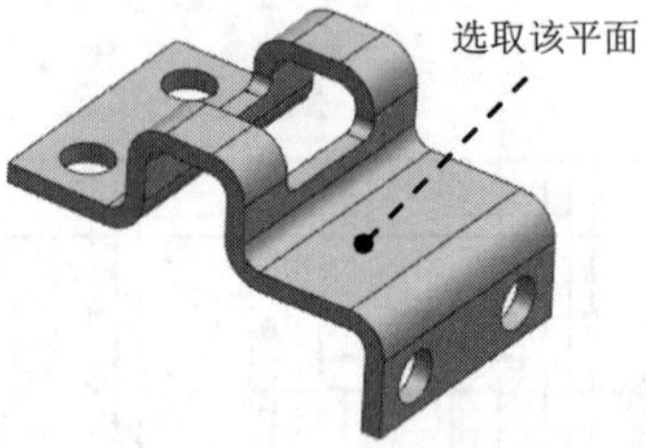

图 8.4.2　选择向上面

Task2．创建图纸并预设置

Step1．选择下拉菜单 开始 → 制图(D)... 命令，进入制图环境。

Step2．加载制图标准。

（1）选择下拉菜单 工具(T) → 制图标准(D)... 命令，系统弹出“加载制图标准”对话框。

（2）在“加载制图标准”对话框 Standard 下拉列表中选择 GB2012 选项，单击 确定 按钮，完成新制图标准的加载。

说明：此处选择的标准是由用户自行定义的，读者也可选择自己定义的标准，创建标准的操作可参看本书第 2 章的内容。

Step3．新建图纸页。

（1）选择下拉菜单 插入(S) → 图纸页(H)... 命令（或单击“图纸”工具条中的按钮），系统弹出“图纸页”对话框。

（2）“图纸页”对话框采用图 8.4.3 所示的参数设置，单击 确定 按钮，完成图纸页的创建。

Task3．创建展平视图

Step1．选择下拉菜单 插入(S) → 视图(W) → 基本(B)... 命令（或单击“图纸”

工具条中的按钮），系统弹出“基本视图”对话框。

Step2. 在“基本视图”对话框 模型视图 区域的 要使用的模型视图 下拉列表中选择 FLAT-PATTERN#1 选项，在 比例 下拉列表中选择 1:1 选项，单击图纸上的合适位置以放置视图，结果如图 8.4.4 所示。

Step3. 参照本书第 6 章的注释文本的调整方法，适当调整各个折弯注释位置，结果如图 8.4.5 所示。

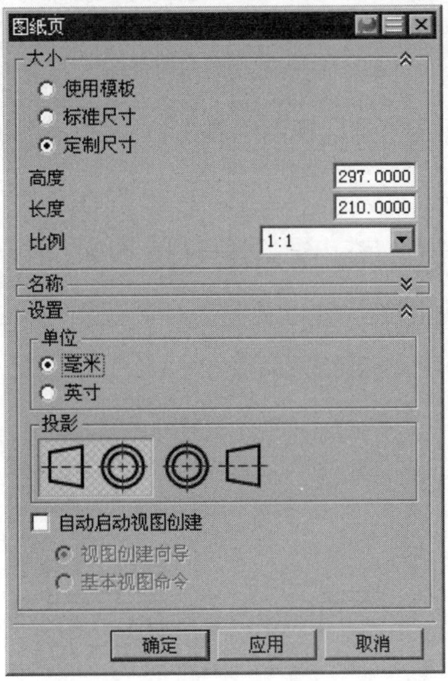

图 8.4.3 “图纸页”对话框

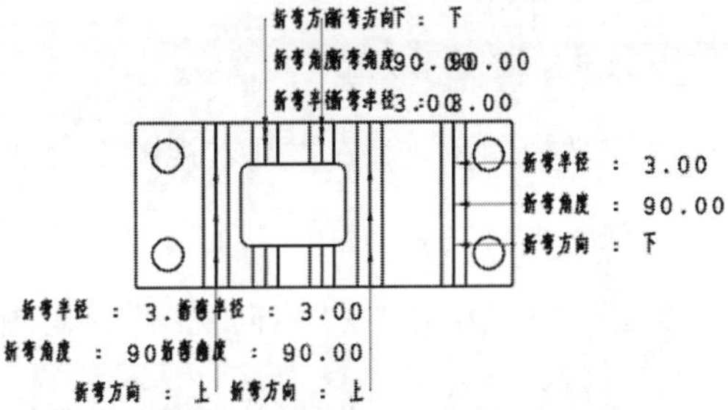

图 8.4.4 创建展开视图

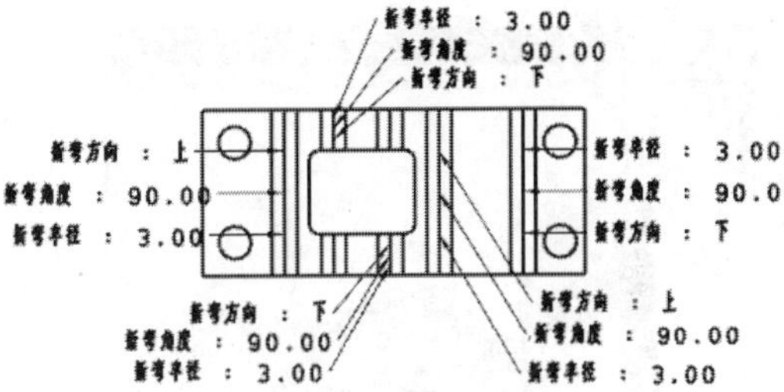

图 8.4.5 整理注释文本

Task4. 创建其他视图

Step1. 选择下拉菜单 插入(S) → 视图(W) ▸ → 基本(B)... 命令（或单击“图纸”工具条中的按钮），系统弹出“基本视图”对话框。

Step2. 在“基本视图”对话框 模型视图 区域的 要使用的模型视图 下拉列表中选择 前视图 选项，在 比例 下拉列表中选择 1:1 选项，单击图纸上的合适位置以放置视图，结果如图 8.4.6 所示。

Step3. 此时系统自动弹出“投影视图”对话框，参照图 8.4.7 所示的方位，放置其余 2 个视图，按 Esc 键结束命令。

Step4. 创建轴测视图。

（1）选择命令。选择下拉菜单 插入(S) → 视图(W) ▸ → 基本(B)... 命令（或单击“图纸”工具条中的按钮），系统弹出“基本视图”对话框。

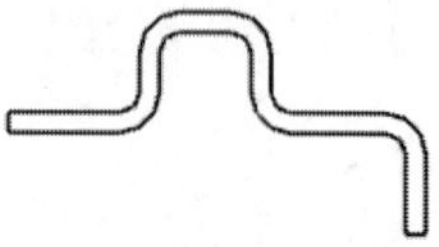

图 8.4.6　创建主视图

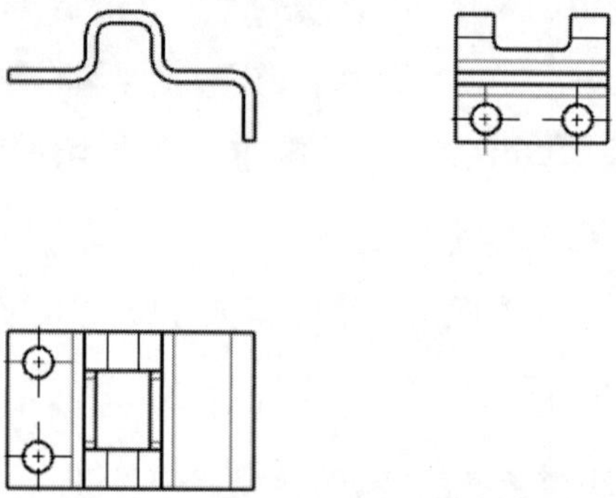

图 8.4.7　创建左视图和俯视图

（2）定义视图参数。在“基本视图”对话框中单击“定向视图工具”按钮，系统弹出“定向视图工具”对话框和“定向视图”预览窗口。

（3）定义视图方位。在“定向视图”预览窗口中按住鼠标中键旋转模型至图 8.4.8 所示，单击“定向视图工具”对话框中的 确定 按钮，返回到“基本视图”对话框。

（4）参照图 8.4.9 所示的位置放置轴测视图，按<Esc>键结束命令。

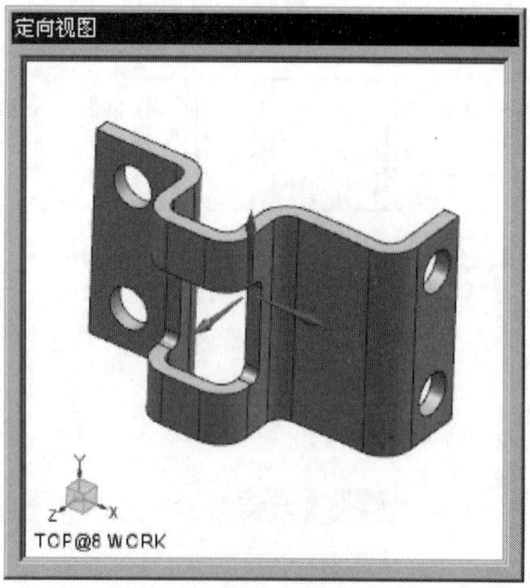

图 8.4.8　定义视图方位

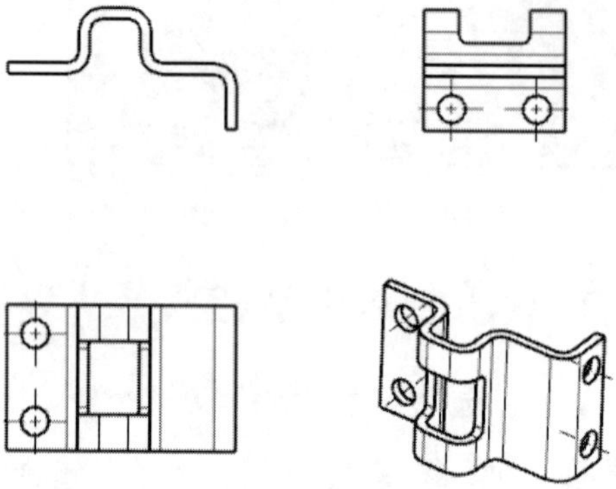

图 8.4.9　放置视图

Step5．隐藏视图光顺边。

（1）在部件导航器中选取图 8.4.10 所示的 4 个视图节点，右击，在弹出的快捷菜单中选择 样式(Y)... 命令，系统弹出“视图样式”对话框。

（2）在“视图样式”对话框中单击 光顺边 选项卡，取消选中 □ 光顺边 复选框，单击 确定 按钮，结果如图 8.4.11 所示。

Task5．标注视图

Step1．标注展开视图。

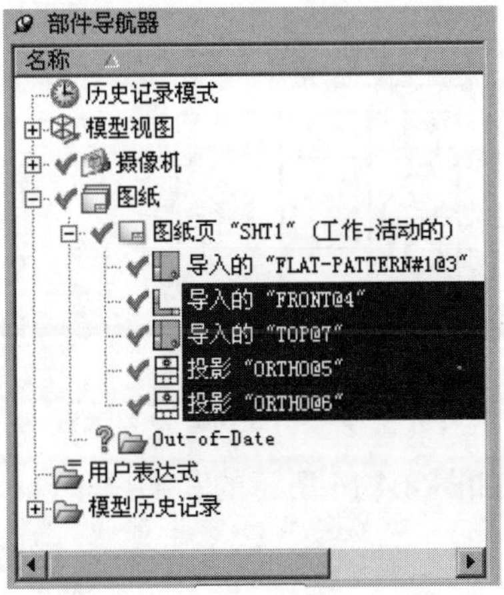

图 8.4.10　创建轴侧视图

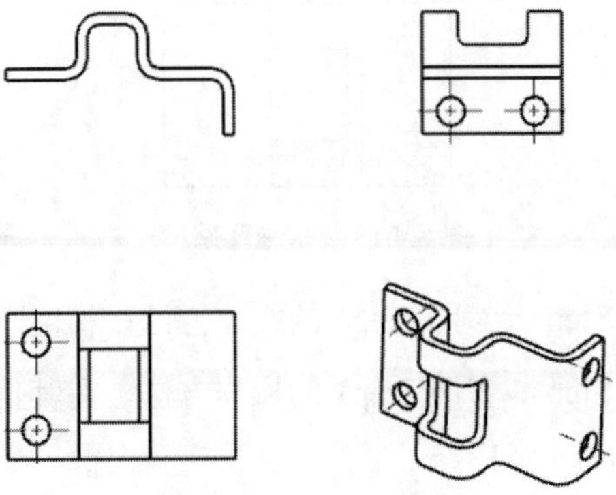

图 8.4.11　隐藏光顺边

（1）选择下拉菜单 插入(S) → 尺寸(M) ▸ → 自动判断(I)... 命令（或单击“尺寸”工具条中的按钮），系统弹出“自动判断尺寸”工具条，依次选取图 8.4.12 所示的 2 个端点，在图样中添加图 8.4.12 所示的尺寸 95.3。

（2）参照此方法，标注图 8.4.12 所示的其余 2 个尺寸。

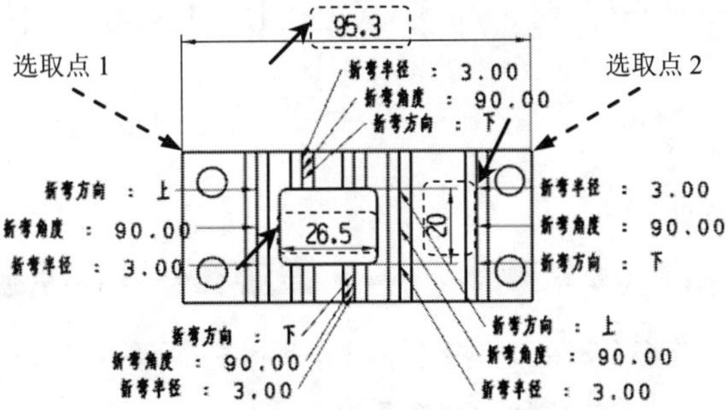

图 8.4.12　标注尺寸

Step2. 标注孔尺寸。

（1）选择下拉菜单 插入(S) → 尺寸(M) ▸ → 直径(D)... 命令（或单击“尺寸”工具条中的按钮），系统弹出“直径尺寸”工具条。

（2）选择图 8.4.13 所示的圆弧边线，右击，在弹出的快捷菜单中选择 文本方位 ▸ → 选项，使得尺寸文本为水平方位；选择合适位置放置该尺寸，结果如图 8.4.13 所示。

（3）右击刚刚标注的直径尺寸 Φ8，在弹出的快捷菜单中选择 编辑附加文本... 命令，系统弹出“文本编辑器”对话框。

（4）在 附加文本 区域中单击“之前”按钮，然后在文本输入区中输入文本“2X”；单击“之后”按钮，然后在文本输入区中输入文本“通孔”。

（5）在“文本编辑器”对话框中单击 关闭 按钮，结果如图 8.4.14 所示。

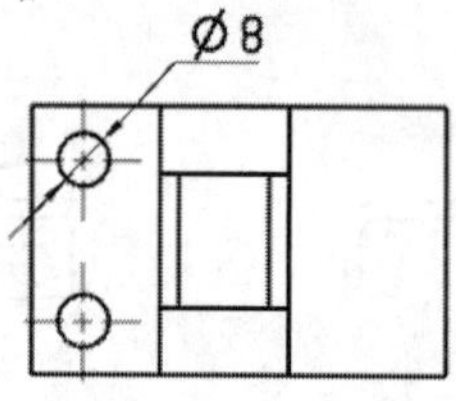

图 8.4.13　标注直径尺寸

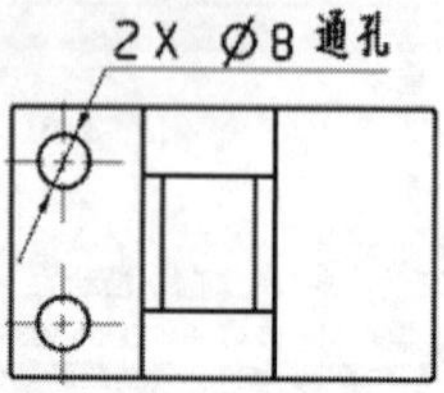

图 8.4.14　编辑直径尺寸

Step3. 参照 Step2 的操作方法，标注左视图的孔尺寸，结果如图 8.4.15 所示。

Step4. 参照 Step1 的操作方法，在其他视图上添加图 8.4.16 所示的其余尺寸。

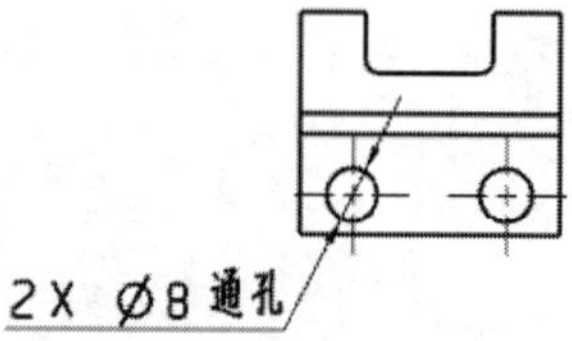

图 8.4.15　标注直径尺寸

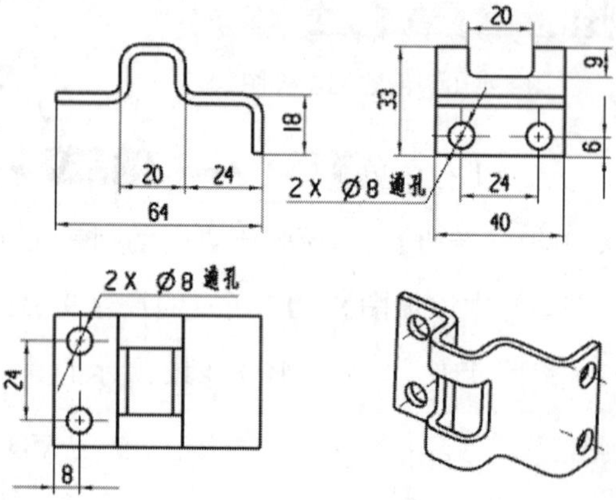

图 8.4.16　标注尺寸

Step5. 创建基准特征。

（1）选择命令。选择下拉菜单 插入(S) → 注释(A) → 基准特征符号(R)... 命令（或单击“注释”工具栏中的按钮），系统弹出“基准特征符号”对话框。

（2）设置参数。在 基准标识符 区域的 字母 文本框中输入字母 A，其余采用默认设置。

（3）在视图中捕捉图 8.4.17 所示的边线，然后按下鼠标左键并拖动，放置基准特征位置如图 8.4.17 所示，按 Esc 键结束命令。

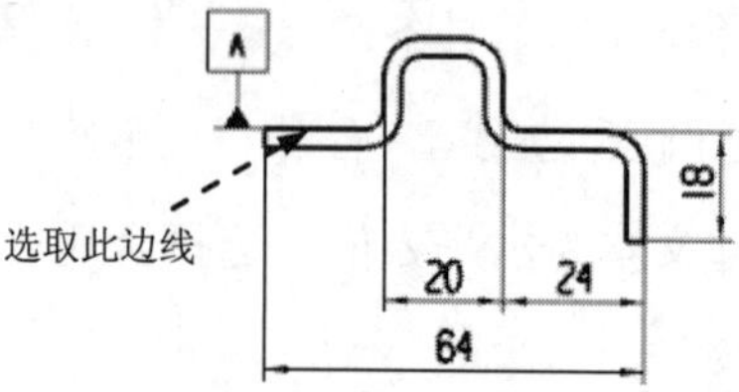

图 8.4.17　选取基准放置位置

Step6. 创建形位公差。

（1）选择下拉菜单 插入(S) → 注释(A) → 特征控制框(E)... 命令，系统弹出“特征控制框”对话框。

（2）定义形位公差。在特性下拉列表中选择平行度选项，在框样式下拉列表中选择单框选项，在公差区域的0.0文本框中输入值 0.025，在第一基准参考区域的下拉列表中选择A选项，展开指引线区域的样式区域，在短划线长度文本框中输入值 15，其余采用默认设置。

（3）放置公差框。确认“特征控制框”对话框中的指定位置被激活，在图样中捕捉图 8.4.18 所示的尺寸线，然后按下鼠标左键并拖动，当公差框预览位置与图 8.4.19 所示一致时，单击左键以放置公差框。

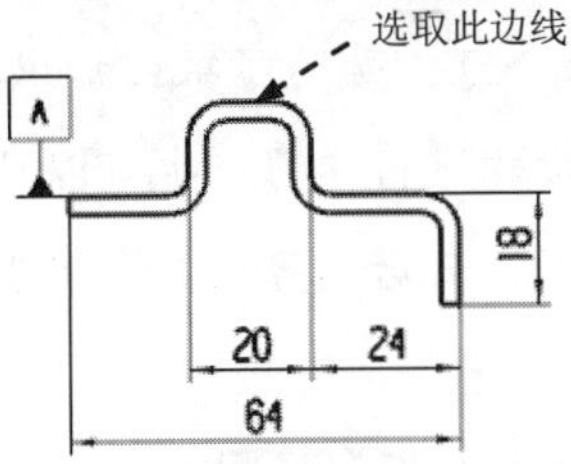

图 8.4.18　选取标注边线

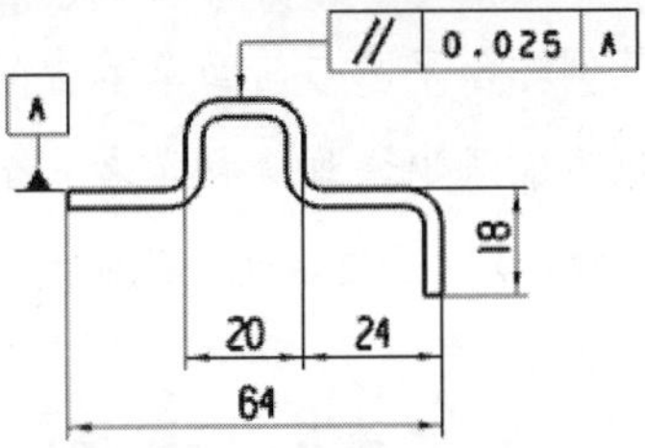

图 8.4.19　添加形位公差

Step7. 创建注释。

（1）选择命令。选择下拉菜单插入(S) → 注释(A) → 注释(N)...命令（或单击“注释”工具条中的按钮），弹出“注释”对话框。

（2）输入文本内容。在“注释”对话框的文字输入区中清除已有文字，然后输入文字“技术要求”并按下 Enter 键；输入第二行文字“1.未注公差按 GB/1804-2000 级。”并按下 Enter 键；输入第三行文字“2.表面无裂纹、毛刺等缺陷。”。

（3）设置格式。在文字输入区中选中文字“技术要求”，在格式化区域的比例下拉列表中选择1.4选项，根据需要在文字“技术要求”前面插入若干空格。

（4）在图纸上合适位置单击以放置注释，结果如图 8.4.20 所示，按<Esc>键结束注释命令。

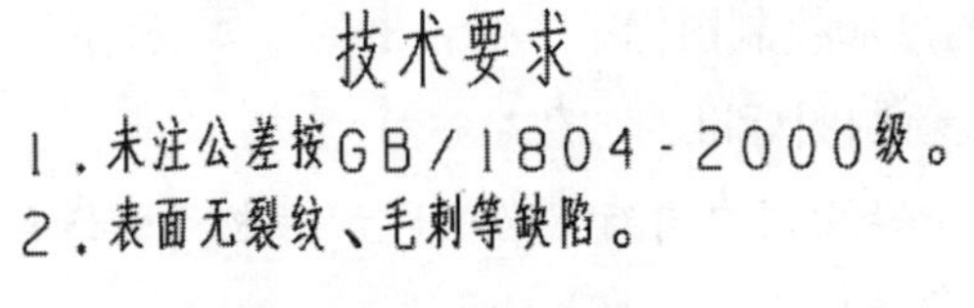

图 8.4.20　标注注释

Step8. 选择下拉菜单文件(F) → 保存(S)命令，即可保存文件。

第 9 章　工程图综合范例

本章提要　本章共有九个典型范例：第一个范例为创建简单的工程图，其创建过程具有一般性；第二个范例为复杂零件的工程图，着重练习各种视图的创建及尺寸的标注等；第三个范例为装配体的工程图，读者要重点练习材料明细表和零件序号的创建方法。这三个范例综合了本书前面章节中的大部分内容。另外六个范例是为了巩固知识而提供的，每个范例力求清晰详细，初学者完全可以按照范例中的步骤进行学习，也可以从中体会操作技巧。希望读者通过这九个范例的练习，能够举一反三，解决日后学习和工作中遇到的问题。

9.1　范例 1——简单零件的工程图

本范例以一个简单的零件来介绍创建完整工程图的详细创建过程。范例虽然简单，却可以反映工程图的一般创建方法和所遇到的问题，可谓“以小见大”。本范例工程图如图 9.1.1 所示。

Task1．创建图纸并预设置

Step1. 打开文件 D:\ugdc8.12\work\ch09.01\shell_bearing.prt，选择下拉菜单 开始 → 制图(D)... 命令，进入制图环境。

说明：如果已经在制图环境，就不需要选择该命令了。

Step2. 加载制图标准。

（1）选择下拉菜单 工具(T) → 制图标准(D)... 命令，系统弹出“加载制图标准”对话框。

（2）在图 9.1.2 所示的“加载制图标准”对话框的 Standard 下拉列表中选择 GB2012 选项，单击 确定 按钮，完成新制图标准的加载。

说明：此处选择的标准是由用户自行定义的，读者也可选择自己定义的标准，创建标准的操作可参看本书第 2 章的内容。

Step3. 新建图纸页。

（1）选择下拉菜单 插入(S) → 图纸页(H)... 命令（或单击“图纸”工具条中的按钮），系统弹出“图纸页”对话框。

（2）“图纸页”对话框采用图 9.1.3 所示的参数设置，单击 确定 按钮，完成图纸页的创建。

（3）此时系统弹出“只读部件”对话框，可单击 OK 按钮继续。

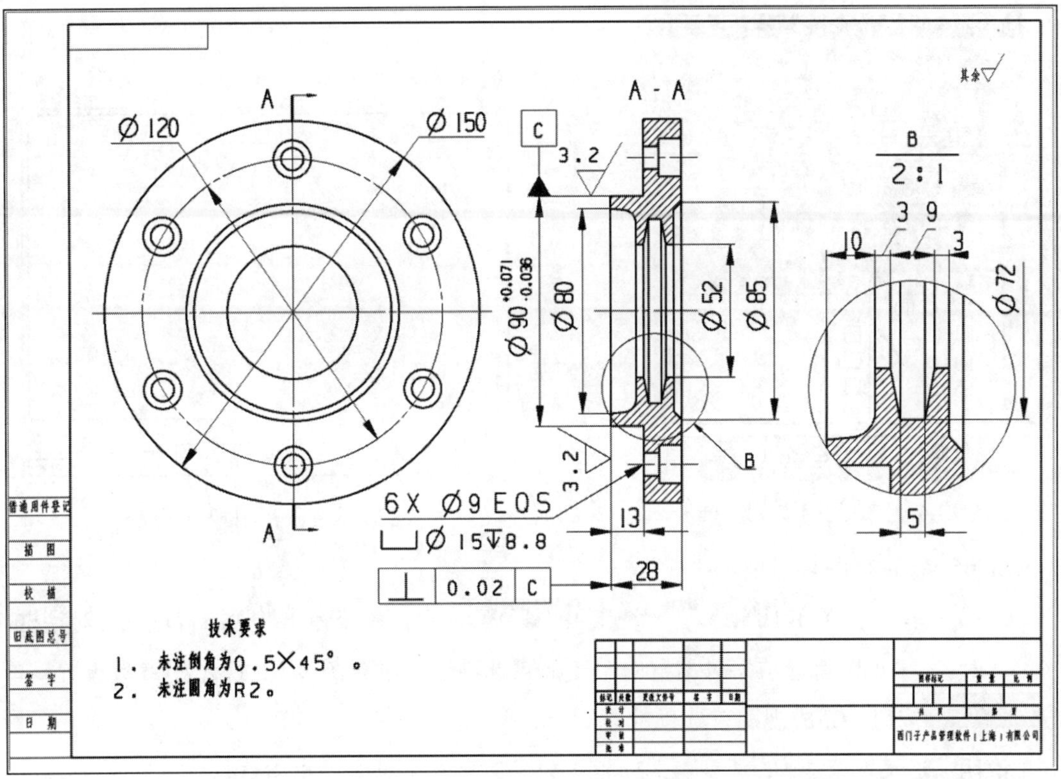

图 9.1.1 工程图范例（一）

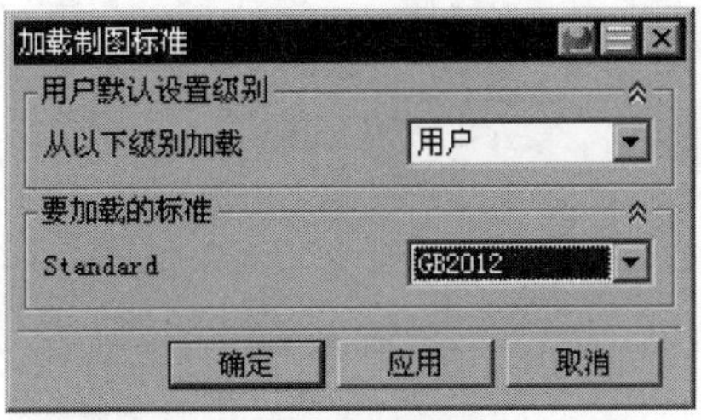

图 9.1.2 “加载制图标准”对话框

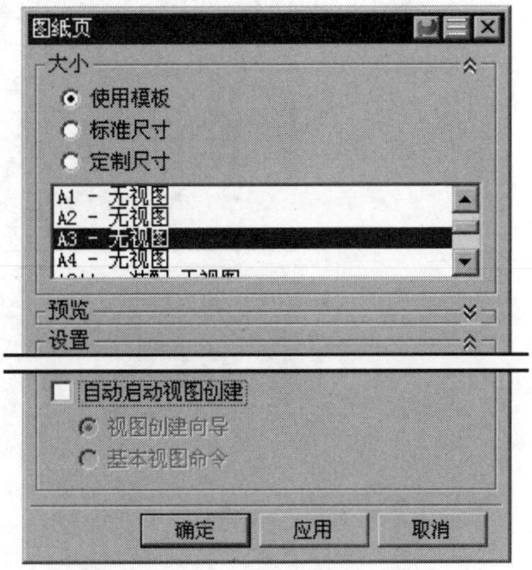

图 9.1.3 “图纸页”对话框

Step4. 显示图框和标题栏。

（1）选择下拉菜单 格式(R) → 图层设置(S)... 命令，系统弹出“图层设置”对话框。

（2）“图层设置”对话框采用图 9.1.4 所示的参数设置，单击 关闭 按钮，完成图层的设置，此时图纸显示如图 9.1.5 所示。

说明： 系统提供的制图模板默认将图框和标题栏所在的图层进行了隐藏，所以需要打开相应层的显示。

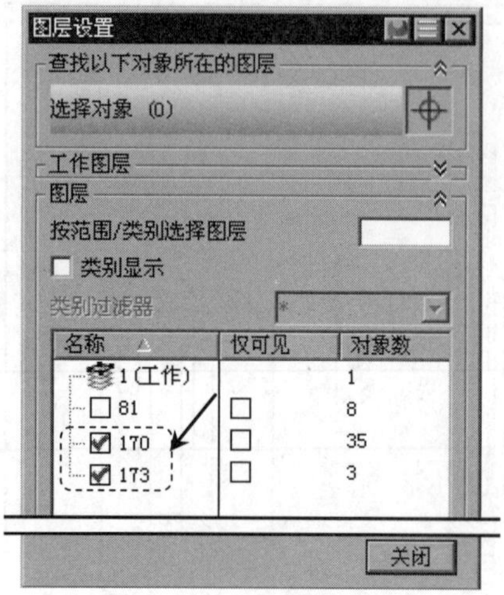

图 9.1.4 “图层设置”对话框

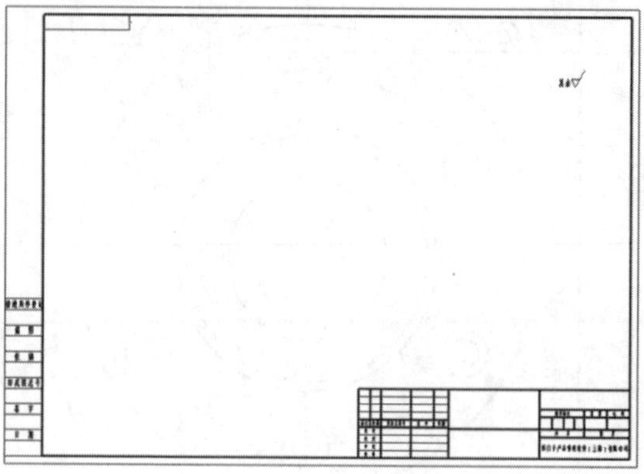

图 9.1.5 显示图框和标题栏

Step5. 设置视图首选项。

（1）选择下拉菜单 首选项(P) → 视图(V)... 命令，系统弹出“视图首选项”对话框。

（2）在“视图首选项”对话框中单击 常规 选项卡，设置图 9.1.6 所示的参数设置，单击 确定 按钮，完成视图首选项的设置。

说明：这里取消选中 □ 中心线 复选框是为了避免产生过多的中心线。

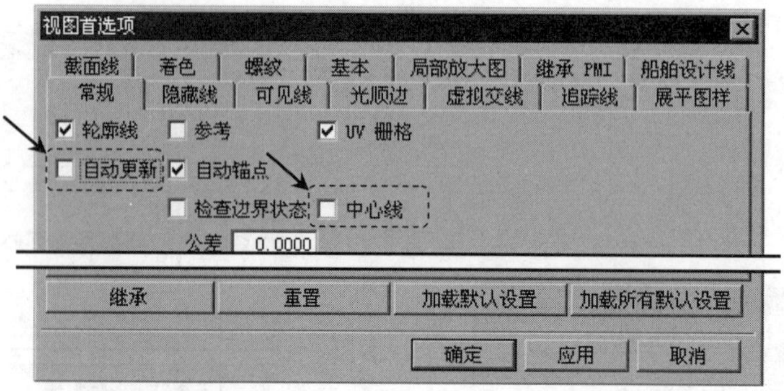

图 9.1.6 “视图首选项”对话框

Task2. 创建视图

Stage1. 创建主视图

Step1. 选择下拉菜单 插入(S) → 视图(W) ▸ → 基本(B)... 命令（或单击“图纸”工具条中的按钮），系统弹出“基本视图”对话框。

Step2. 在“基本视图”对话框中设置图 9.1.7 所示的参数，单击图纸上的合适位置以放置视图，结果如图 9.1.8 所示。

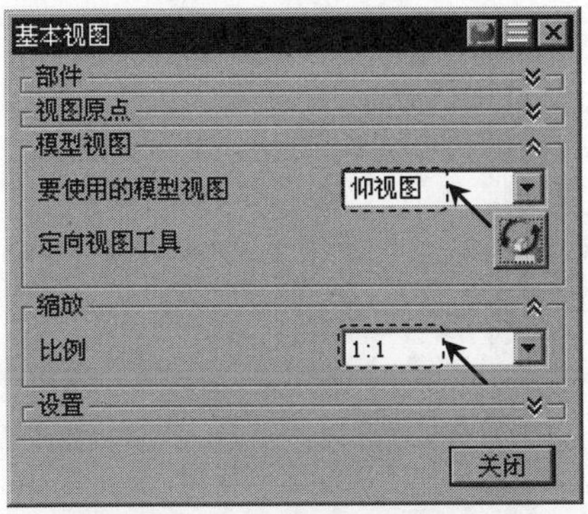

图 9.1.7 “基本视图”对话框

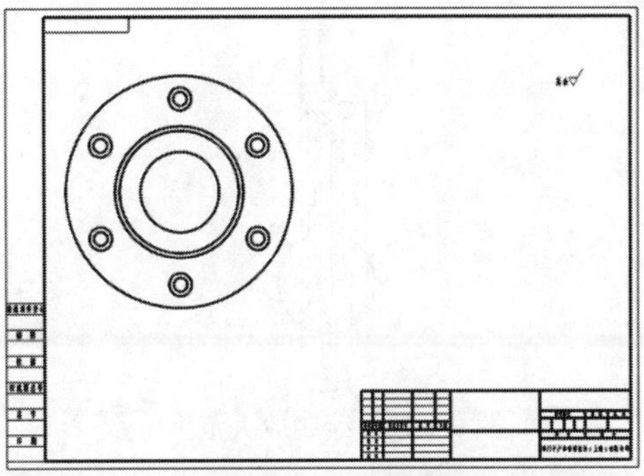

图 9.1.8 放置视图

Stage2. 创建左视图（全剖视图）

Step1. 选择命令。选择下拉菜单 插入(S) → 视图(W) → 截面(S) → 简单/阶梯剖(S)... 命令（或单击“图纸”工具条中的按钮），系统弹出“剖视图”对话框。

Step2. 在系统选择父视图的提示下，选择前面创建的主视图。

Step3. 选择剖切位置。确认“捕捉方式”工具条中的按钮被按下，选取图 9.1.9 所示的圆边，系统自动捕捉圆心位置。

Step4. 放置剖视图。在系统指示图纸页上剖视图的中心的提示下，在主视图的正右方（图 9.1.10）单击放置剖视图，结果如图 9.1.11 所示，按<Esc>键结束命令。

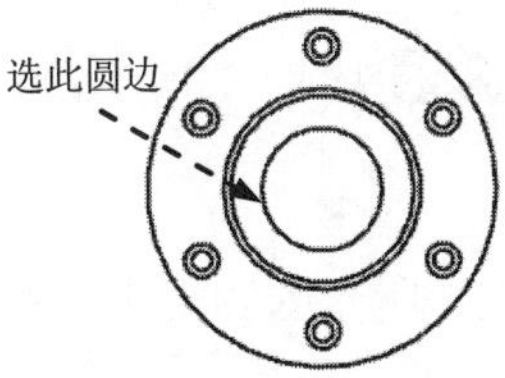

图 9.1.9 创建主视图

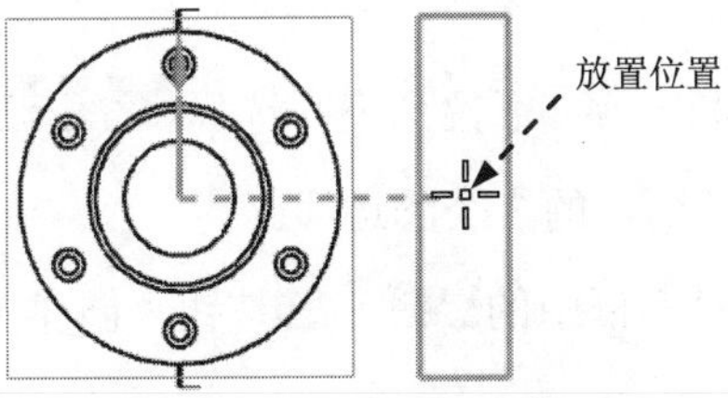

图 9.1.10 选择放置位置

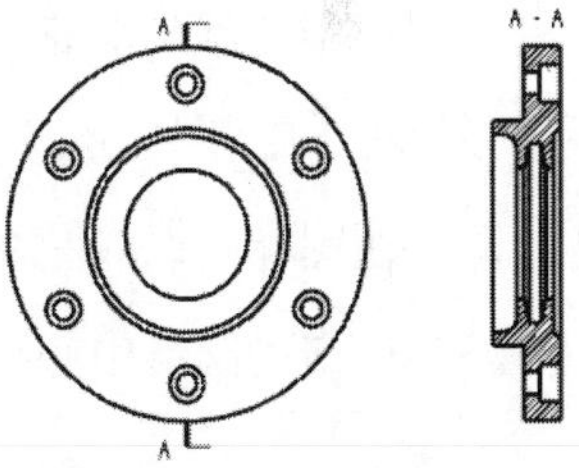

图 9.1.11 放置剖视图

Stage3. 创建局部放大视图

Step1. 选择命令。选择下拉菜单 插入(S) → 视图(W) ▸ → 局部放大图(D)... 命令（或单击“图纸”工具条中的按钮），系统弹出“局部放大图”对话框。

Step2. 选择边界类型。在“局部放大图”对话框类型下拉列表中选择 圆形 选项。

Step3. 绘制放大范围。在图纸上单击图 9.1.12 所示的位置 1 指定圆边界的中心点，单击位置 2 指定边界点，绘制图 9.1.12 所示的圆作为放大范围。

Step4. 放置视图。在剖视图的右方单击以放置局部放大视图，结果如图 9.1.13 所示，按<Esc>键结束命令。

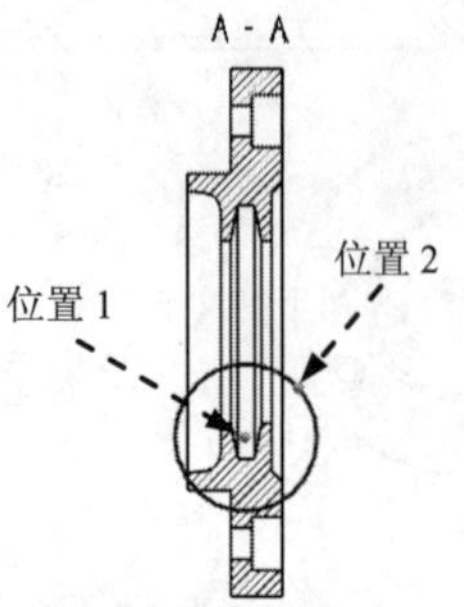

图 9.1.12　绘制放大范围

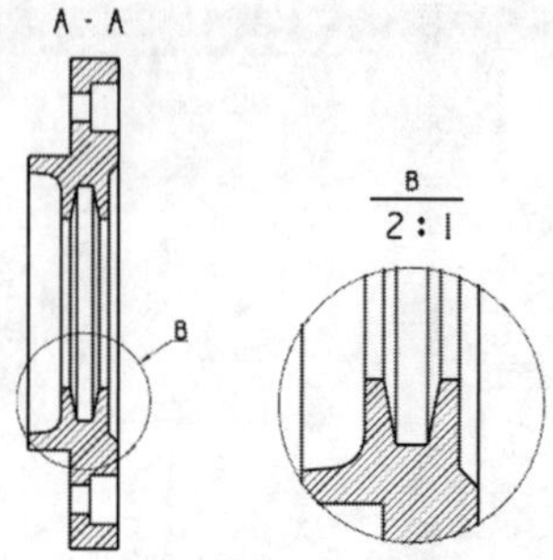

图 9.1.13　局部放大视图

Task3．创建标注

Stage1．标注中心线

Step1．标注中心标记。

（1）选择命令。选择下拉菜单 插入(S) → 中心线(E) → 中心标记(M)... 命令，系统弹出“中心标记”对话框。

（2）在图样上选择图 9.1.14 所示的圆边，此时系统自动生成图 9.1.14 所示的中心标记，单击“中心标记”对话框中的 < 确定 > 按钮。

Step2．标注圆形中心线。

（1）选择命令。选择下拉菜单 插入(S) → 中心线(E) → 圆形(C)... 命令，系统弹出“圆形中心线”对话框。

（2）在“圆形中心线”对话框 类型 下拉列表中选择 通过 3 个或更多点 选项，选中 ☑ 整圆 复选框，在图样中选取图 9.1.15 所示的 3 个圆边线。

（3）单击“圆形中心线”对话框中的 < 确定 > 按钮，创建图 9.1.15 所示的圆形中心线。

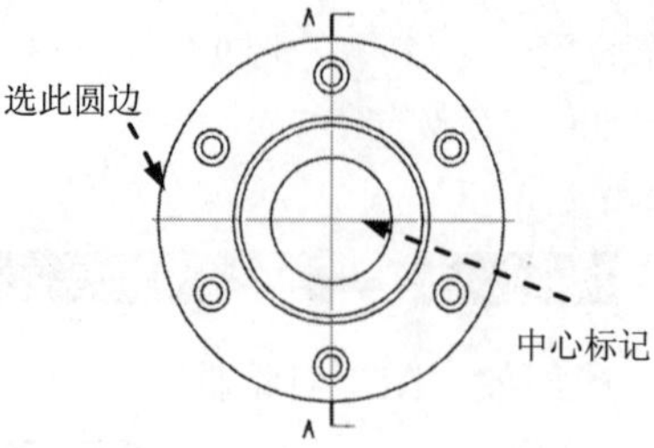

图 9.1.14　标注中心标记

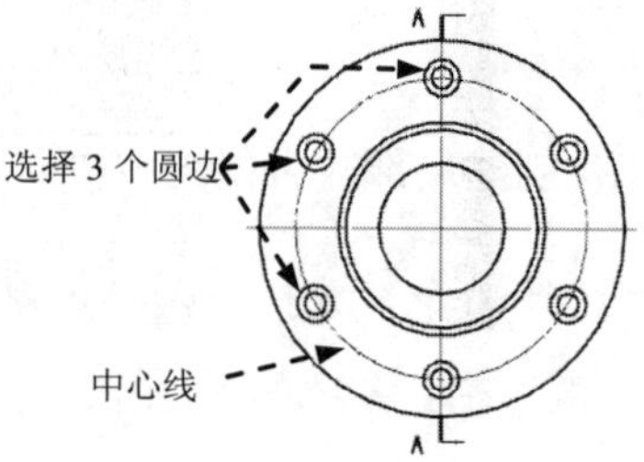

图 9.1.15　标记圆形中心线

Step3．标注自动中心线。

（1）选择命令。选择下拉菜单 插入(S) → 中心线(E) → 自动(A)... 命令，系统弹出“自动中心线”对话框。

（2）在系统提示 选择视图以创建中心线 下，在图纸上选取全剖视图，单击“自动中心线”

对话框中的 < 确定 > 按钮，结果如图 9.1.16 所示。

Stage2．标注尺寸

Step1. 标注主视图上的直径尺寸。

（1）选择下拉菜单 插入(S) → 尺寸(M) ▸ → 直径(D)... 命令（或单击“尺寸”工具条中的按钮），系统弹出“直径尺寸”工具条。

（2）在主视图中选取图 9.1.17a 所示的圆形中心线，此时图样上会显示尺寸预览；右击，在弹出的快捷菜单中选择 文本方位 ▸ → 选项，使得尺寸文本为水平方位，在合适位置单击以放置该尺寸，结果如图 9.1.17a 所示。

（3）继续在主视图中选取图 9.1.17b 所示的圆边，在合适位置单击以放置该尺寸，结果如图 9.1.17b 所示，按下 Esc 键关闭直径尺寸工具条。

Step2. 标注全剖视图上的圆柱尺寸。

（1）选择下拉菜单 插入(S) → 尺寸(M) ▸ → 圆柱(Y)... 命令（或单击“尺寸”工具条中的按钮），系统弹出“圆柱尺寸”工具条。

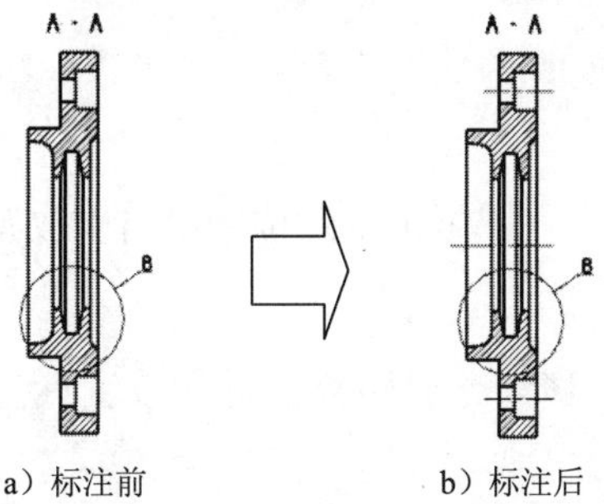

a）标注前　　b）标注后

图 9.1.16　标注自动中心线

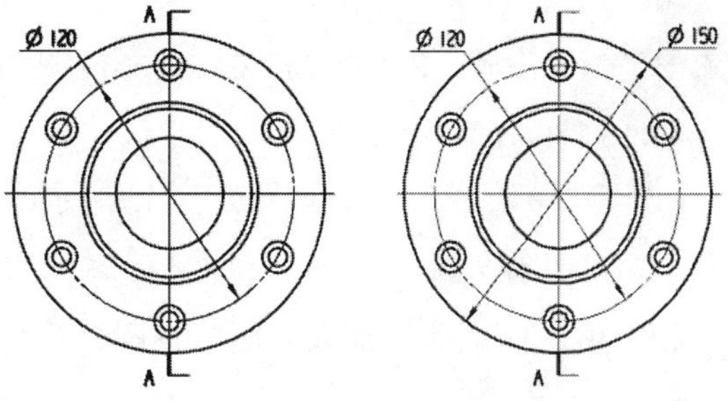

a）　　b）

图 9.1.17　标注直径尺寸

（2）在全剖视图中选取图 9.1.18a 所示的 2 条边线，此时图样上会显示尺寸预览；右击，在弹出的快捷菜单中选择 公差类型 ▸ → 1.00 +.05 -.02 选项。

（3）再次右击，在弹出的快捷菜单中选择 公差 选项，此时系统弹出公差输入框；选择公差精度为 3，在 上限 文本框中输入值 0.071，在 下限 文本框中输入值-0.036，最后按下 Enter 键确认。

（4）在合适位置单击以放置该尺寸，结果如图 9.1.18b 所示。

（5）在“圆柱尺寸”工具条中单击“重置”按钮，在全剖视图中选取图 9.1.19a 所示的 2 个端点，在合适位置单击以放置该尺寸 85，结果如图 9.1.19b 所示。

（6）参照步骤（5）的操作步骤，完成图 9.1.19b 所示的其余 2 个圆柱尺寸 52 和 80 的标注；按下<Esc>键关闭圆柱尺寸工具条。

（7）在放置圆柱尺寸 52 后，可按下 Shift 键，拖动局部放大图的注释标签 B 到新的位置，其结果如图 9.1.19b 所示。

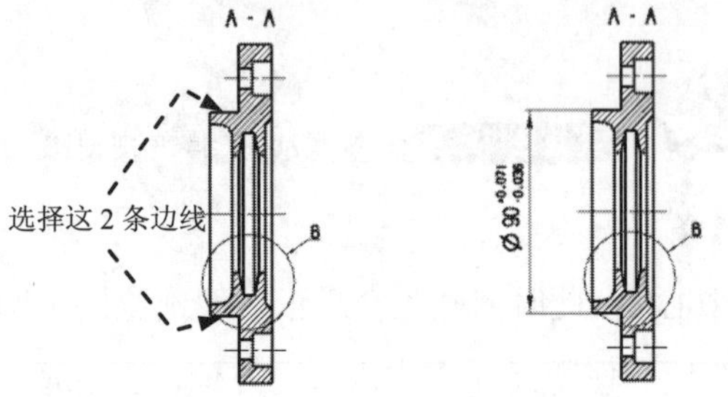

a）标注前　　b）标注后

图 9.1.18　标注圆柱尺寸（一）

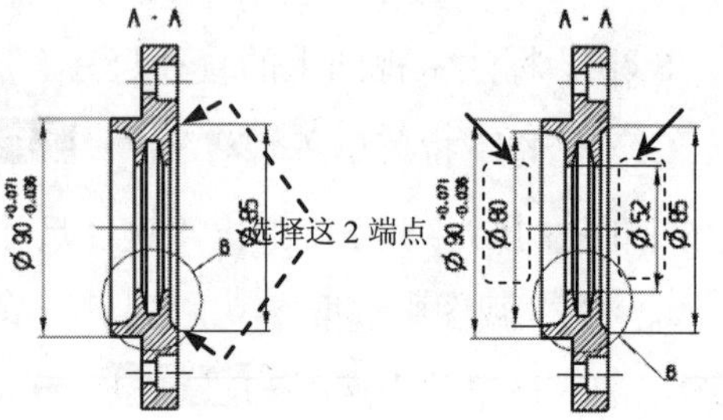

a）标注前　　b）标注后

图 9.1.19　标注圆柱尺寸（二）

Step3. 标注全剖视图上的水平尺寸。

（1）选择下拉菜单 插入(S) → 尺寸(M) ▸ → 水平(H)... 命令（或单击“尺寸”工具条中的按钮），系统弹出“水平尺寸”工具条。

（2）在全剖视图中选取图 9.1.20a 所示的 2 条边线，在图纸上合适位置单击以放置该尺寸，结果如图 9.1.20a 所示。

（3）参照步骤（2）的操作方法，标注图 9.1.20b 所示的水平尺寸 28。

Step4. 标注局部放大图上的水平尺寸。

（1）在局部放大图中选取图 9.1.21a 所示的 1 条边线，在图纸上合适位置单击以放置该尺寸，结果如图 9.1.21a 所示，按下 Esc 键关闭尺寸工具条。

（2）用鼠标拖动局部放大图的视图标签，使其向上移动一段距离，以便放置标注尺寸。

（3）选择下拉菜单 插入(S) → 尺寸(M) ▸ → 水平链(Z)... 命令（或单击“尺寸”工具条中的按钮），系统弹出“水平链尺寸”工具条。

（4）在局部放大图中从左往右依次选取点 1、点 2、点 3、点 4 和点 5，在图纸上合适位置单击以放置该尺寸，结果如图 9.1.21b 所示，按下 Esc 键关闭尺寸工具条。。

Step5. 标注局部放大图上的直径尺寸。

（1）创建中心线。

①选择下拉菜单 插入(S) → 中心线(E) → 3D 中心线... 命令，系统弹出“3D 中心线”对话框。

②在局部放大图中选取图 9.1.22 所示的边，单击 < 确定 > 按钮，完成中心线的创建，结果如图 9.1.22 所示。

（2）创建对称标注。

①选择下拉菜单 GC 工具箱 → 尺寸... ▸ → 对称尺寸标注命令，系统弹出“对称尺寸”对话框。

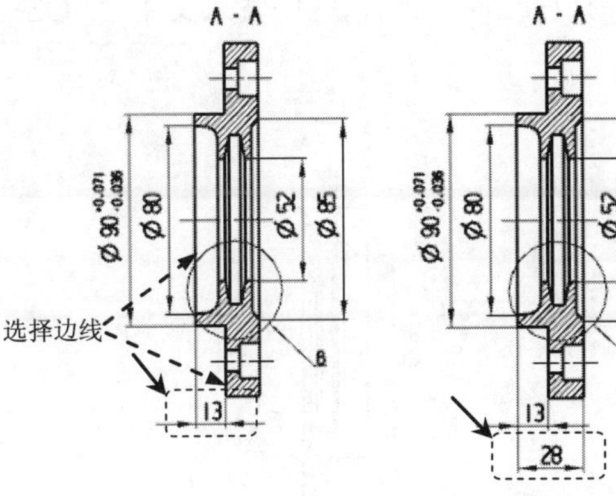

图 9.1.20　标注水平尺寸（一）

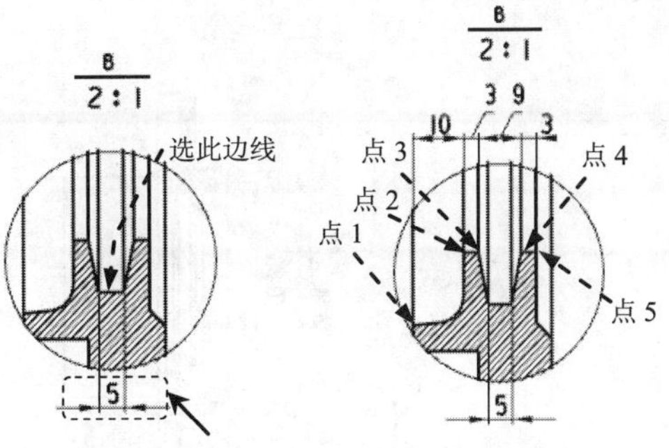

图 9.1.21　标注水平尺寸（二）

②在 选择对象 区域的下拉列表中选择 柱 选项，然后选取步骤（1）中创建的中心线，选取图 9.1.23 所示的边线端点，单击图 9.1.23 所示的位置 1。

③单击 确定 按钮，结果如图 9.1.24 所示。

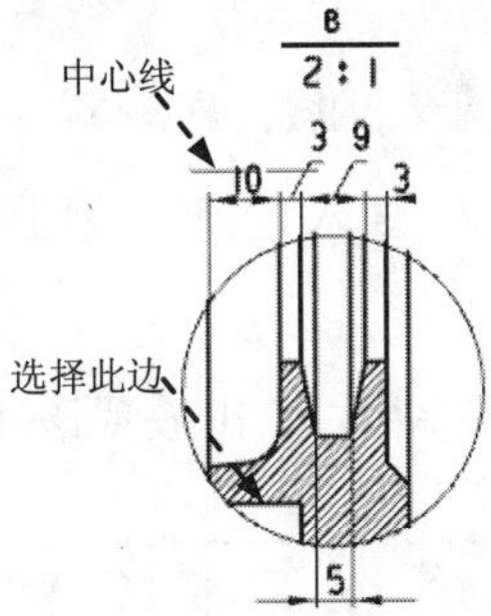

图 9.1.22　创建中心线

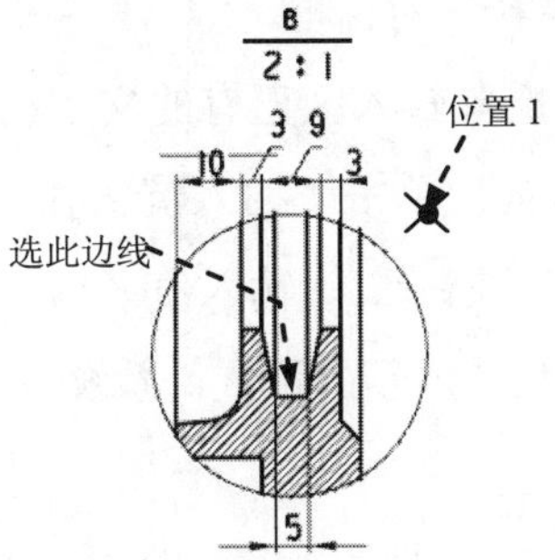

图 9.1.23　选择对象

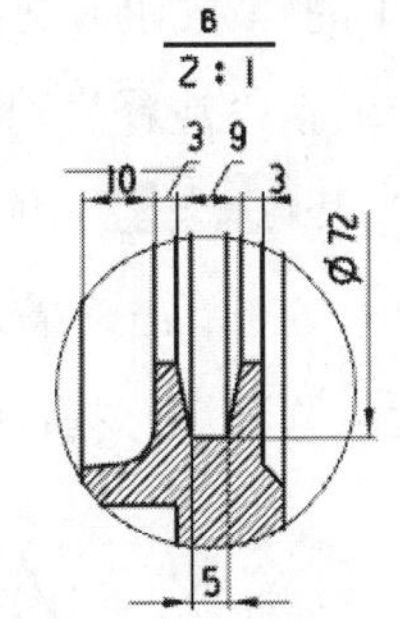

图 9.1.24　对称标注

（3）隐藏中心线。选取步骤（1）创建的中心线，右击，在弹出的快捷菜单中选择 隐藏(H) 命令，将其进行隐藏。

Step6. 标注螺栓孔。

（1）标注孔尺寸。

① 选择下拉菜单 插入(S) → 尺寸(M) ▸ → 孔(L)... 命令（或单击“尺寸”工具条中的 按钮），系统弹出“孔尺寸”工具条。

② 在全剖视图中选取图 9.1.25 所示的 1 条边线，此时图样上会显示尺寸预览；右击，在弹出的快捷菜单中选择 文本方位 ▸ → 选项，使得尺寸文本为水平方位。

③ 在合适位置单击以放置该尺寸，结果如图 9.1.25 所示。

④ 选择刚刚标注的孔尺寸，右击，在弹出的快捷菜单中选择 A 编辑附加文本... 命令，系统弹出“文本编辑器”对话框，确认 按钮被激活，在输入区中输入文本“6X”（引号不输入，下同）；单击 附加文本 区域的“之后”按钮，在输入区中输入文本“EQS”，单击 关闭 按钮，结果如图 9.1.26 所示。

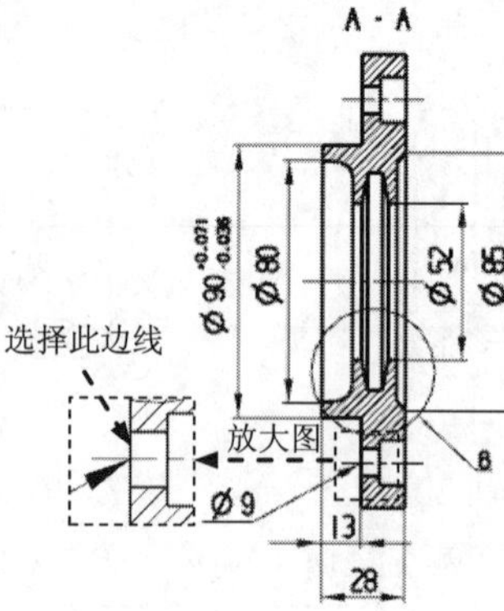

图 9.1.25　标注孔尺寸

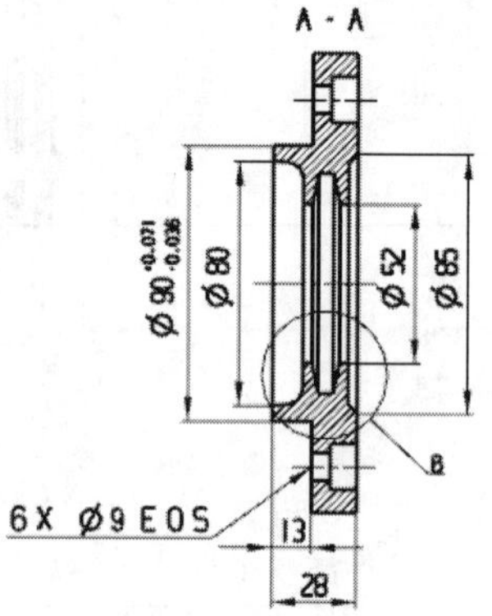

图 9.1.26　添加附加文本

（2）注释沉头孔尺寸。

① 选择下拉菜单 插入(S) → 注释(A) → A 注释(N)... 命令（或单击“注释”工具条中的 A 按钮），弹出“注释”对话框。

② 在“注释”对话框中删除输入区已有的文本内容，展开 符号 区域，在 类别 下拉列表中选择 制图 选项，然后依次单击“插入沉头孔”按钮和“插入直径”按钮 Ø、输入值 15、单击“插入深度”按钮，输入值 8.8。

③ 移动鼠标指针到图 9.1.27 所示的位置，系统自动合并对齐注释，单击放置该注释。

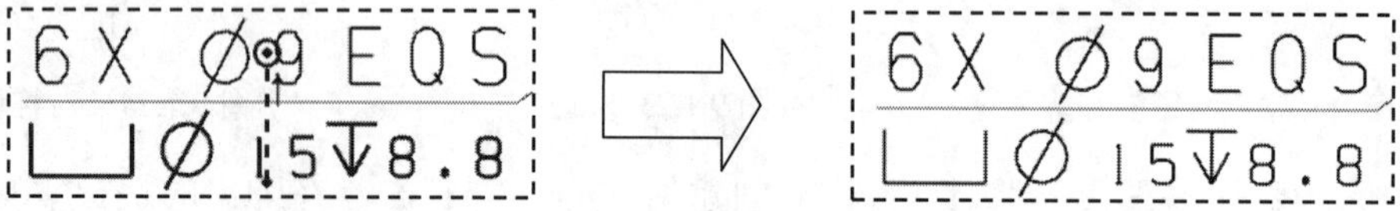

图 9.1.27　放置沉头孔注释

Stage3. 标注基准

Step1. 选择命令。选择下拉菜单 插入(S) → 注释(A) → 基准特征符号(R)... 命令（或单击“注释”工具栏中的按钮），系统弹出“基准特征符号”对话框。

Step2. 设置基准参数。在 基准标识符 区域的 字母 文本框中输入字母 C，其余参数采用默认设置。

Step3. 放置基准符号。移动鼠标指针到图 9.1.28a 所示的尺寸箭头处，按下鼠标左键向上方拖动，然后在该尺寸的上方放置基准符号，如图 9.1.28b 所示，在对话框中单击关闭按钮，完成基准的标注。

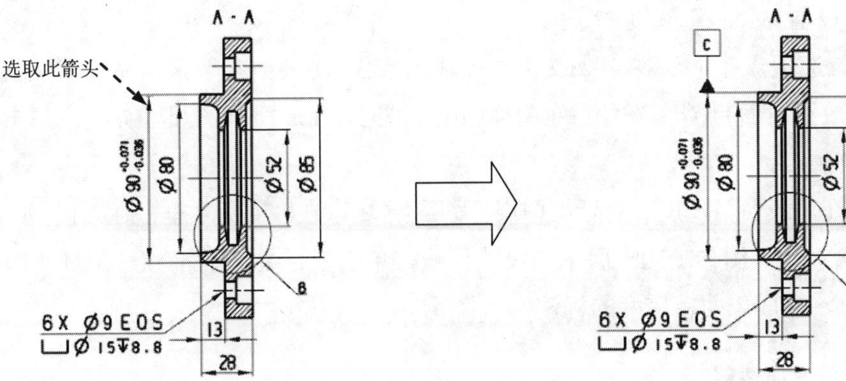

a）标注前　　　　b）标注后

图 9.1.28　标注基准

Stage4．标注形位公差

Step1．选择命令。选择下拉菜单 插入(S) → 注释(A) → 特征控制框(E)... 命令（或单击“注释”工具栏中的按钮），系统弹出“特征控制框”对话框。

Step2．定义公差。在 特性 下拉列表中选择 垂直度 选项，在 框样式 下拉列表中选择 单框 选项，在 公差 区域的 0.0 文本框中输入值 0.02，在 第一基准参考 区域中下拉列表中选择 C 选项，其余采用默认设置。

Step3．放置公差框。确认“特征控制框”对话框中的 指定位置 被激活，选择图 9.1.29a 所示的尺寸界线按下鼠标左键并拖动，此时出现公差框预览。

Step4．调整指引线。在“特征控制框”对话框中展开 指引线 区域的 样式 区域，在 短划线长度 文本框中输入值 5，按回车键，参照图 9.1.29b 所示的结果放置形位公差框，在对话框中单击 关闭 按钮，完成形位公差的标注。

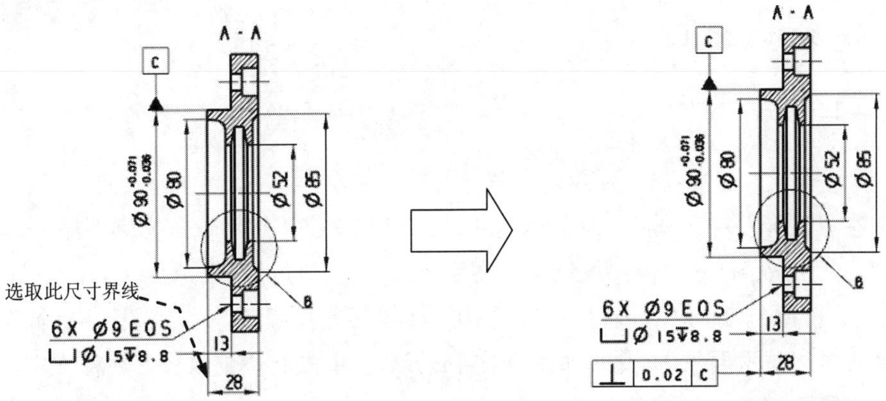

a）标注前　　　　b）标注后

图 9.1.29　标注形位公差

Stage5．标注表面粗糙度符号

Step1．选择命令。选择下拉菜单 插入(S) → 注释(A) → 表面粗糙度符号(S)... 命

令，系统弹出“表面粗糙度”对话框。

Step2. 设置表面粗糙度参数。在对话框的 属性 区域 材料移除 下拉列表中选择 需要移除材料 选项，在 下部文本（a2） 文本框中输入值 3.2，其他参数采用系统默认值。

Step3. 放置表面粗糙度符号。在图样中捕捉图 9.1.30a 所示的尺寸界线，单击以放置表面粗糙度符号。

Step4. 在“表面粗糙度”对话框中展开 设置 区域，在 角度 文本框中输入值 90 并按下 Enter 键，然后捕捉图 9.1.30b 所示的尺寸界线，单击鼠标并放置符号，在对话框中单击 关闭 按钮，完成表面粗糙度的标注。

Stage6. 添加注释

Step1. 选择命令。选择下拉菜单 插入(S) ➡ 注释(A) ➡ A 注释(N)... 命令（或单击“注释”工具条中的 A 按钮），弹出“注释”对话框。

Step2. 在“注释”对话框的文字输入区中清除已有文字，然后输入文字“技术要求”并按下 Enter 键。

Step3. 确认“注释”对话框中的 指定位置 被激活，在图纸左下角合适位置单击以放置注释文本。

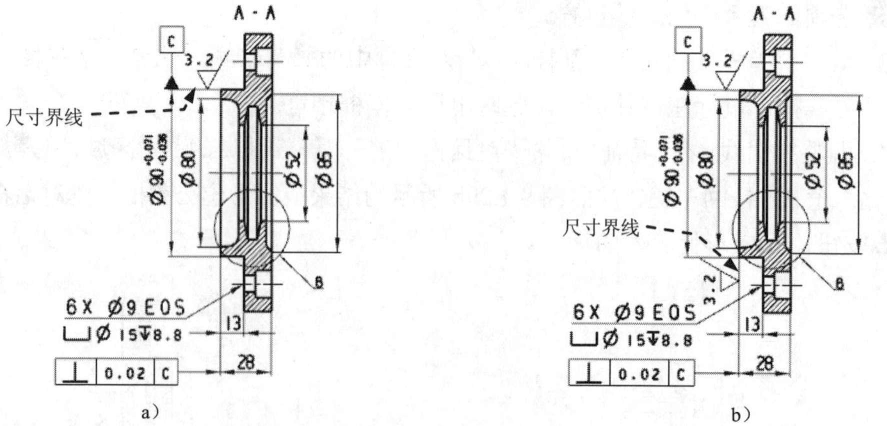

图 9.1.30　标注表面粗糙度符号

Step4. 在“注释”对话框的文字输入区中清除已有文字，然后输入文字“1. 未注倒角为 0.5×45°。”并按下 Enter 键；继续输入文字“2. 未注圆角为 R2。”。

Step5. 放置注释。确认“注释”对话框中的 指定位置 被激活，移动鼠标指针捕捉前面创建的注释文本“技术要求”，此时如图 9.1.31a 所示，单击此位置以放置注释文本，结果如图 9.1.31b 所示。

图 9.1.31　添加注释文本

Step6. 在“注释”对话框中单击 关闭 按钮，完成注释的标注。

Stage7. 保存工程图

此时工程图创建结果如图 9.1.1 所示，选择下拉菜单 文件(F) ➡ 保存(S) 命令，即可保存文件。

9.2　范例 2——复杂零件的工程图

本范例是一个综合范例，不仅综合了基本视图、投影视图、局部视图和放大视图等视图的创建，而且还有基准的创建、形位公差的创建、表面粗糙度符号及中心线的标注等。如果读者能够坚持完成本范例的所有操作过程，则必能很好地掌握使用 UG NX 8.0 软件制作零件工程图的技能。本范例创建的工程图如图 9.2.1 所示。

Task1. 创建工程图视图

Stage1. 创建图纸页并预设置

Step1. 打开模型文件。

(1) 选择命令。选择下拉菜单 文件(F) ➡ 打开(O)... 命令，在弹出的“打开”对话框中选择文件 D:\ugdc8.12\work\ch09.02\bracket.prt，单击 OK 按钮。

(2) 选择下拉菜单 开始 ➡ 制图(D)... 命令，进入制图环境。

说明：如果已经在制图环境，就不需要再选择该命令了。

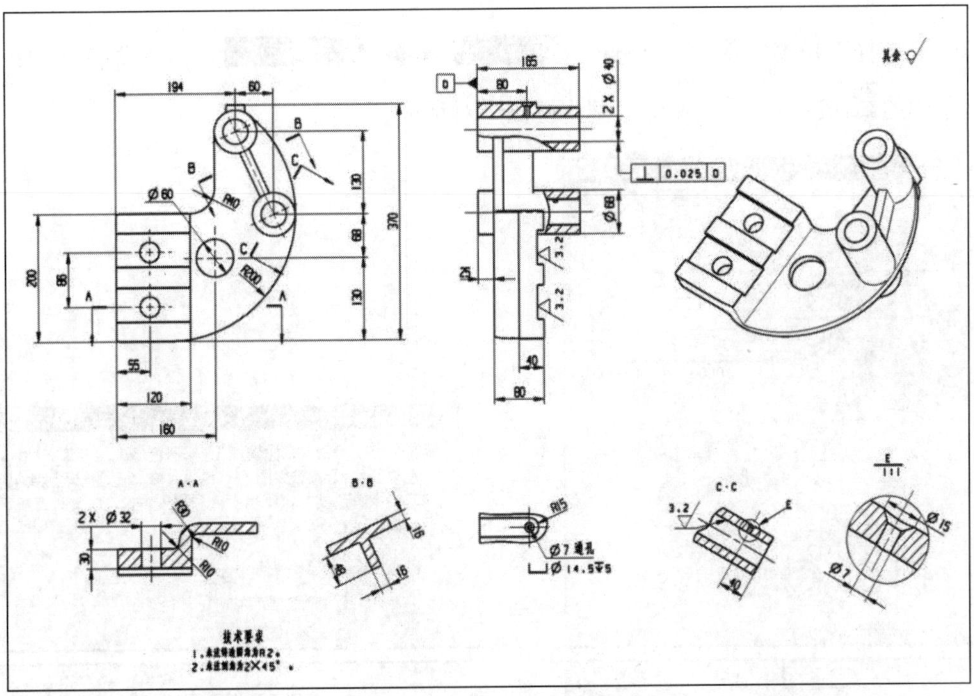

图 9.2.1　工程图范例（二）

Step2. 加载制图标准。

（1）选择下拉菜单 工具(T) → 制图标准(D)... 命令，系统弹出“加载制图标准”对话框。

（2）在“加载制图标准”对话框中 Standard 下拉列表中选择 GB2012 选项，单击 确定 按钮，完成新制图标准的加载。

Step3. 新建图纸页。

（1）选择下拉菜单 插入(S) → 图纸页(H)... 命令（或单击“图纸”工具条中的按钮），系统弹出“图纸页”对话框。

（2）在“图纸页”对话框采用图 9.2.2 所示的参数设置，单击 确定 按钮，完成图纸页的创建。

Step4. 设置视图首选项。

（1）选择下拉菜单 首选项(P) → 视图(V)... 命令，系统弹出“视图首选项”对话框。

（2）在“视图首选项”对话框单击 常规 选项卡，设置图 9.2.3 所示的参数设置，单击 确定 按钮，完成视图首选项的设置。

说明： 这里取消选中 □ 中心线 复选框是为了避免产生过多的中心线，读者可根据需要进行必要的参数设置。

Stage2. 创建三视图和轴测图

Step1. 创建基本视图。

（1）选择下拉菜单 插入(S) → 视图(W) ▸ → 基本(B)... 命令（或单击“图纸”工具条中的按钮），系统弹出“基本视图”对话框。

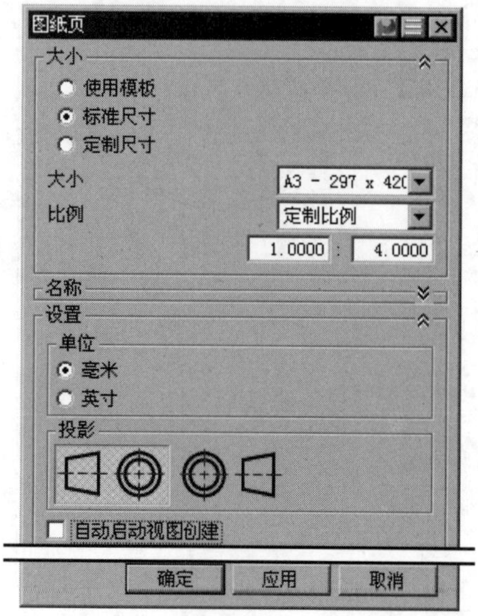

图 9.2.2 “图纸页”对话框

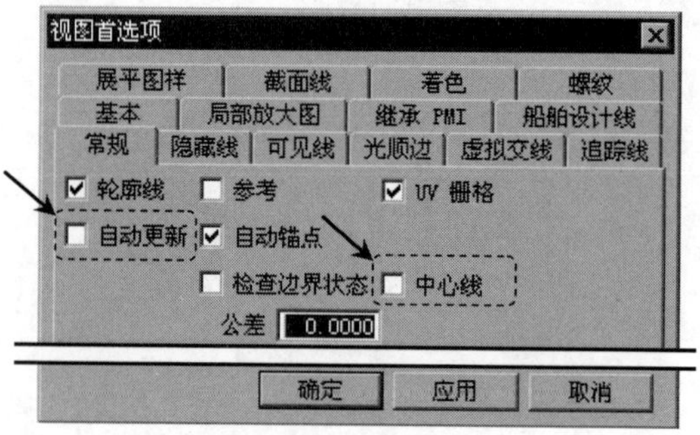

图 9.2.3 “视图首选项”对话框

（2）在“基本视图”对话框模型视图区域的要使用的模型视图中选择俯视图选项，单击图纸上的合适位置以放置视图，结果如图 9.2.4 所示。

Step2. 创建投影视图（一）。此时系统自动弹出“投影视图”对话框，移动鼠标指针到 Step1 创建的视图的正右侧，单击以放置视图，结果如图 9.2.5 所示。

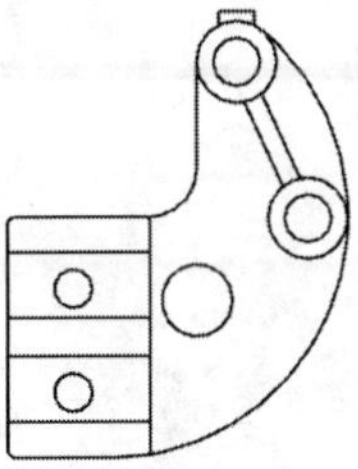

图 9.2.4 放置视图

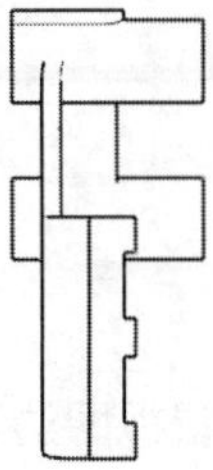

图 9.2.5 投影视图（一）

Step3. 创建投影视图（二）。在“投影视图”对话框中单击✔ 选择视图 (1)，然后在图纸上选取 Step2 创建的投影视图，移动鼠标指针到此视图的正下方，单击以放置视图，结果如图 9.2.6 所示，单击关闭按钮结束投影视图命令。

Step4. 创建轴测视图。

（1）选择下拉菜单插入(S) → 视图(W) → 基本(B)...命令（或单击“图纸”工具条中的按钮），系统弹出“基本视图”对话框。

（2）定义视图参数。在“基本视图”对话框单击“定向视图工具”按钮，系统弹出“定向视图工具”对话框和“定向视图”预览窗口；在“定向视图” 预览窗口中按住鼠标中键旋转模型，使其方位如图 9.2.7 所示。

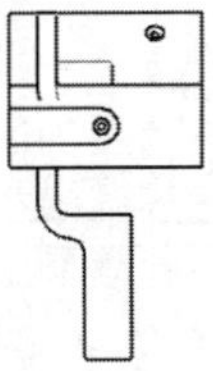

图 9.2.6 投影视图（二）

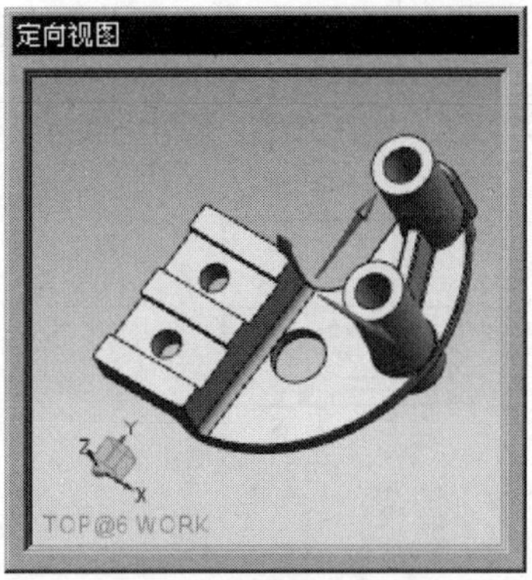

图 9.2.7 调整模型方位

（3）放置视图。在“定向视图工具”对话框中单击确定按钮，返回到“基本视图”对话框，在图纸上的合适位置单击以放置轴测图，结果如图 9.2.8 所示。

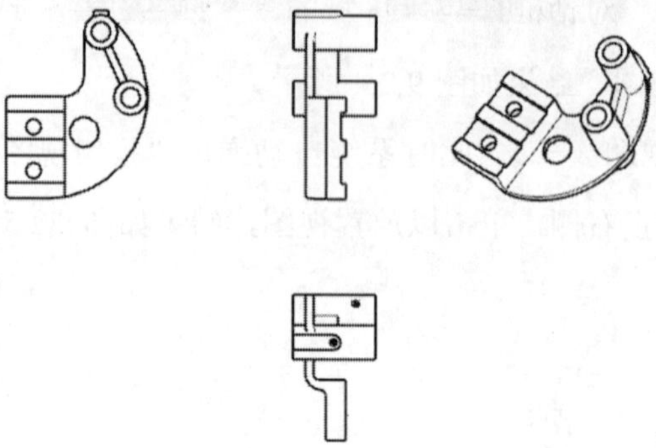

图 9.2.8　创建视图

Stage3．编辑视图边界

Step1．绘制草图曲线。

（1）在投影视图（二）的边界上右击，在系统弹出的快捷菜单中选择 活动草图视图 命令，此时将激活该视图为草图视图。

（2）单击“草图工具”工具条中的“艺术样条”按钮，系统弹出“艺术样条”对话框，选择 通过点 类型，绘制图 9.2.9 所示的样条曲线，单击对话框中的 < 确定 > 按钮。

（3）单击“草图工具”工具条中的 完成草图 按钮，完成草图绘制。

说明：绘制曲线时可以开启“捕捉方式”工具条中的，将曲线的两个端点约束到视图的轮廓线上。

Step2．编辑边界。

（1）在投影视图（二）的边界上右击，在系统弹出的快捷菜单中选择 边界(B)... 命令，此时系统弹出“视图边界”对话框。

（2）在对话框中的下拉列表中选择 断裂线/局部放大图 选项，单击 应用 按钮，再单击 确定 按钮，结果如图 9.2.10 所示。

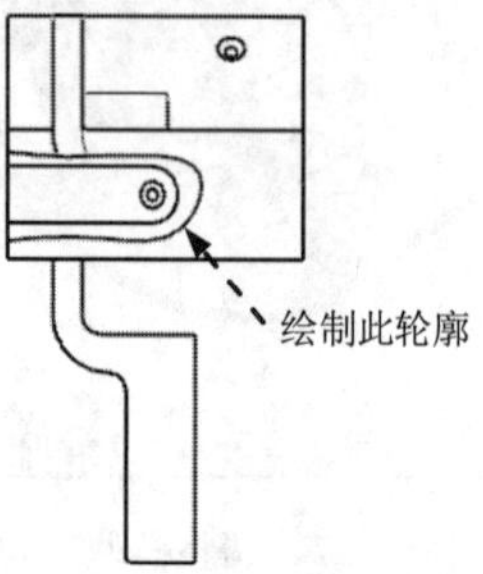

图 9.2.9　绘制草图曲线

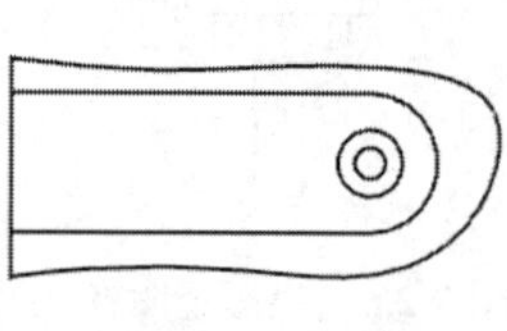

图 9.2.10　编辑视图边界

Stage4．创建剖视图 A-A

Step1．选择命令。选择下拉菜单 插入(S) → 视图(W) → 截面(S) →

简单/阶梯剖(S)... 命令（或单击“图纸”工具条中的按钮），系统弹出“剖视图”对话框。

Step2. 选择父视图。在系统选择父视图的提示下，选取图 9.2.11 所示的视图。

Step3. 选择剖切位置。确认“捕捉方式”工具条中的按钮被按下，选取图 9.2.11 所示的圆弧的圆心。

Step4. 放置视图。在该视图正下方单击以放置剖视图，结果如图 9.2.12 所示。

Step5. 编辑剖切线。

（1）右击剖切线 A-A，在弹出的快捷菜单中选择 编辑... 命令，系统弹出“截面线”对话框。

（2）确认 移动段 单选项被选中，选择图9.2.13a所示的箭头段，在系统选择对象以自动判断点的提示下，单击图 9.2.13a 所示的位置 1，结果如图 9.2.13b 所示。

（3）在“截面线”对话框中单击 应用 按钮，然后单击 取消 按钮，完成剖切线的编辑。

说明：如果剖视图的字母标签位置不合适，也可以使用鼠标进行拖动改变其位置，读者可自行完成此操作，以下不再赘述。

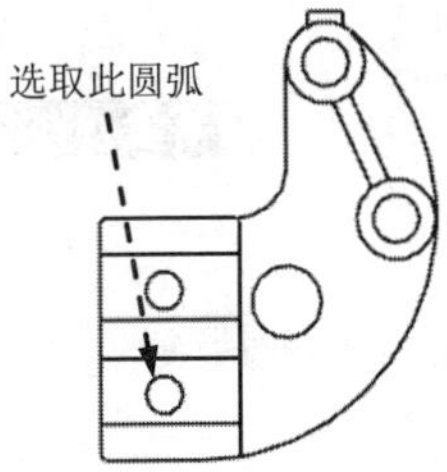

图 9.2.11　选择剖切位置

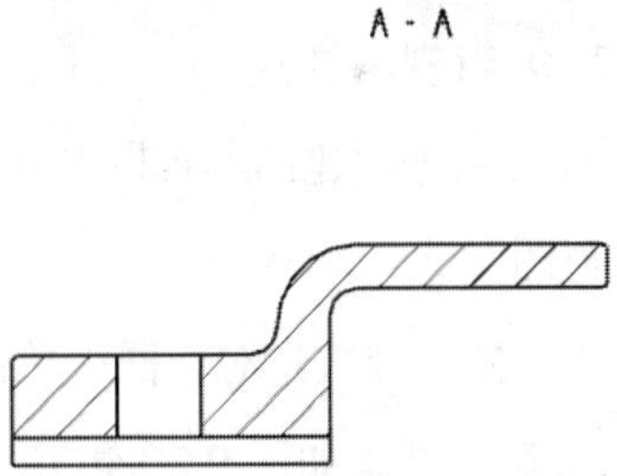

图 9.2.12　创建剖视图 A-A

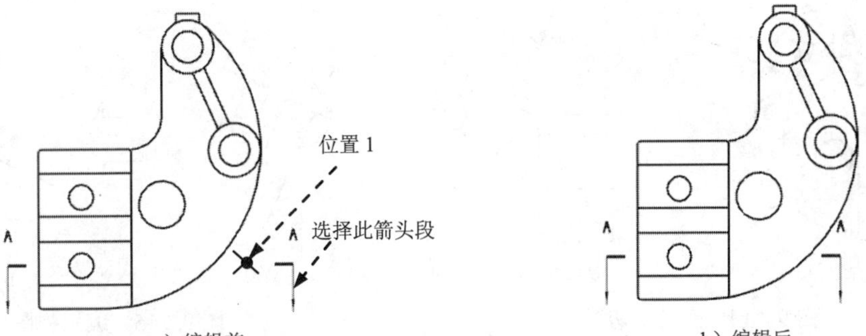

a）编辑前　　b）编辑后

图 9.2.13　编辑剖切线

Stage5. 创建剖视图 B-B

Step1. 选择命令。选择下拉菜单 插入(S) → 视图(W) → 截面(S) →

简单/阶梯剖(S)... 命令（或单击“图纸”工具条中的按钮），系统弹出“剖视图”对话框。

Step2. 选择父视图。在系统选择父视图的提示下，选取图 9.2.11 所示的视图。

Step3. 选择剖切位置。确认“捕捉方式”工具条中的按钮被按下，选取图 9.2.14 所示的剖切点 1（位置大致接近即可）。

Step4. 定义铰链线。单击“剖视图”对话框中的按钮，然后在其后的下拉列表中选择选项，确认“捕捉方式”工具条中的按钮被按下，依次选取图 9.2.14 所示的边线上的中点 1 和中点 2。

Step5. 移动剖切段。单击“剖视图”对话框中的按钮，在系统选择要移动的段的提示下，选择图 9.2.14a 所示的箭头段，然后单击图 9.2.14b 所示的位置 1，此时剖切线显示如图 9.2.14b 所示。

Step6. 放置视图。单击“剖视图”对话框中的按钮，在父视图的下方放置该剖视图，按下 Esc 键，结束剖视图命令，此时剖视图显示如图 9.2.15a 所示。

说明：如果剖视图的位置放置不合适，可以使用鼠标拖动其边界改变其位置，读者可自行完成此操作，以下不再赘述。

Step7. 编辑视图样式。

（1）右击刚刚创建的剖视图的边界，在弹出的快捷菜单中选择 样式(Y)... 命令，系统弹出“视图样式”对话框。

（2）在“视图样式”对话框中单击截面线选项卡，取消选中 □ 背景 复选框，然后单击 确定 按钮，结果如图 9.2.15b 所示。

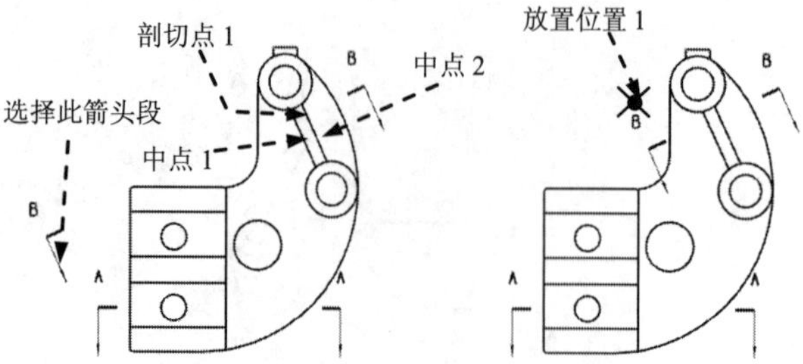

a）选择对象　　b）选择位置

图 9.2.14　定义剖切线

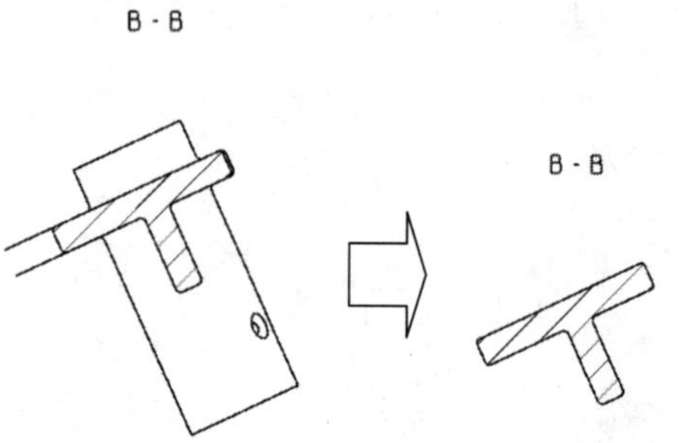

a）编辑前　　b）编辑后

图 9.2.15　编辑视图样式

Stage6. 创建剖视图 C-C

Step1. 选择命令。选择下拉菜单 插入(S) → 视图(W) → 截面(S) → 简单/阶梯剖(S)... 命令（或单击“图纸”工具条中的按钮），系统弹出“剖视图”对话框。

Step2. 选择父视图。在系统选择父视图的提示下，选取图 9.2.11 所示的视图。

Step3. 选择剖切位置。确认“捕捉方式”工具条中的按钮被按下，选取图 9.2.16 所示的圆弧，系统自动捕捉圆心。

Step4. 定义铰链线。单击“剖视图”对话框中的按钮，然后在其后的下拉列表中选择选项，在系统弹出的“底角”对话框中输入值 60 并单击确定按钮。

Step5. 移动剖切段。单击“剖视图”对话框中的按钮，在系统选择要移动的段的提示下，分别选择剖切线的两个箭头段，参照前面的操作方法，调整其位置如图 9.2.16 所示。

Step6. 放置视图。单击“剖视图”对话框中的按钮，在父视图的下方放置该剖视图，按下 Esc 键，结束剖视图命令，此时剖视图显示如图 9.2.17 所示。

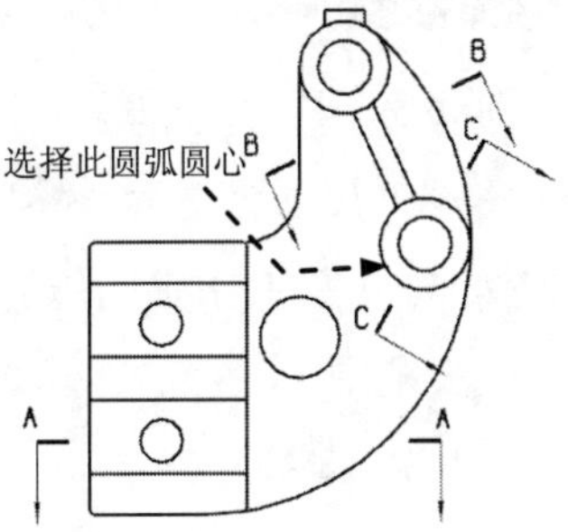

图 9.2.16 定义剖切线

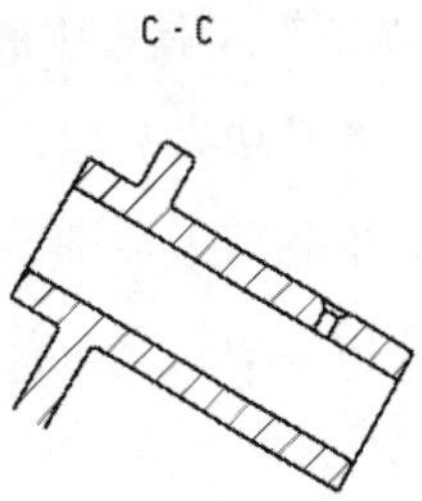

图 9.2.17 创建剖视图 C-C

Stage7. 编辑剖视图 C-C 边界

Step1. 绘制草图曲线。

（1）在剖视图 C-C 的边界上右击，在系统弹出的快捷菜单中选择活动草图视图命令，此时将激活该视图为草图视图。

（2）单击“草图工具”工具条中的“艺术样条”按钮，系统弹出“艺术样条”对话框，选择通过点类型，绘制图 9.2.18 所示的样条曲线，单击对话框中的< 确定 >按钮。

（3）单击“草图工具”工具条中的完成草图按钮，完成草图绘制。

说明： 绘制曲线时可以开启“捕捉方式”工具条中的，将曲线的两个端点约束到视图的轮廓线上。

Step2. 编辑边界。

（1）在剖视图 C-C 的边界上右击，在系统弹出的快捷菜单中选择边界(B)...命令，此时系统弹出“视图边界”对话框。

（2）在对话框中的下拉列表中选择断裂线/局部放大图选项，单击应用按钮，此时系统自动将草图曲线以直线进行封闭。

（3）单击系统自动产生的直线，移动鼠标指针，再单击图 9.2.19 所示的位置 1，改变直线的位置，参照此操作方法，调整边界如图 9.2.19 所示，单击 确定 按钮，结果如图 9.2.20 所示。

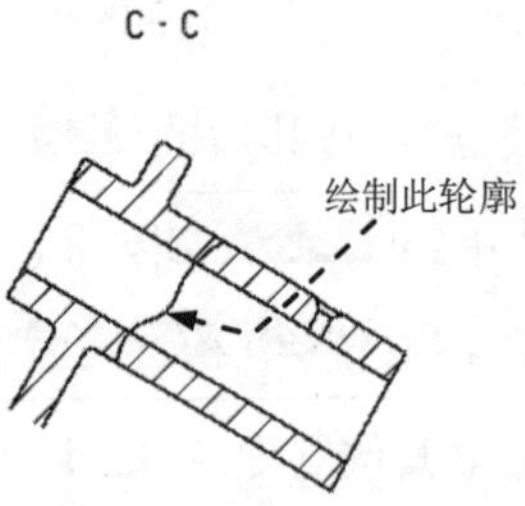

图 9.2.18　绘制草图曲线

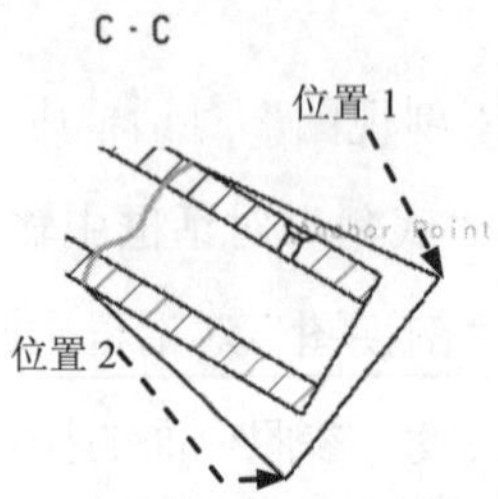

图 9.2.19　调整边界曲线

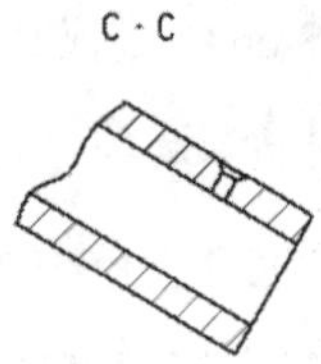

图 9.2.20　编辑视图边界

Stage8．创建局部放大视图

Step1．选择命令。选择下拉菜单 插入(S) → 视图(W) → 局部放大图(D)... 命令（或单击“图纸”工具条中的按钮），系统弹出“局部放大图”对话框。

Step2．选择边界类型。在“局部放大图”对话框 类型 下拉列表中选择 圆形 选项。

Step3．绘制放大范围。在图纸上单击图 9.2.21 所示的位置 1 指定圆边界的中心点，单击位置 2 指定边界点，绘制图 9.2.21 所示的圆作为放大范围。

Step4．定义视图参数。在 缩放 区域的 比例 下拉列表中选择 1:1 选项。

Step5．放置视图。在图纸的合适位置单击以放置视图，然后单击 关闭 按钮，结果如图 9.2.22 所示。

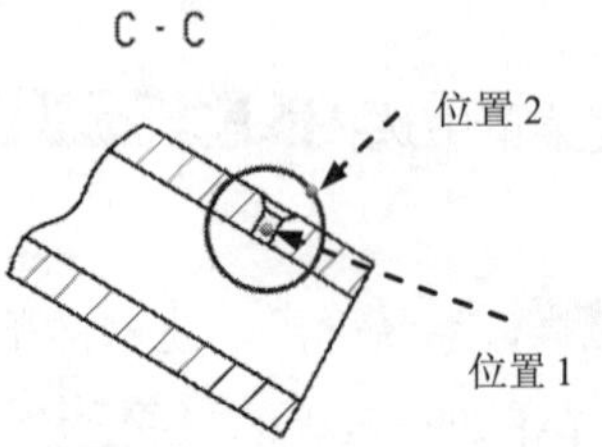

图 9.2.21　绘制放大范围

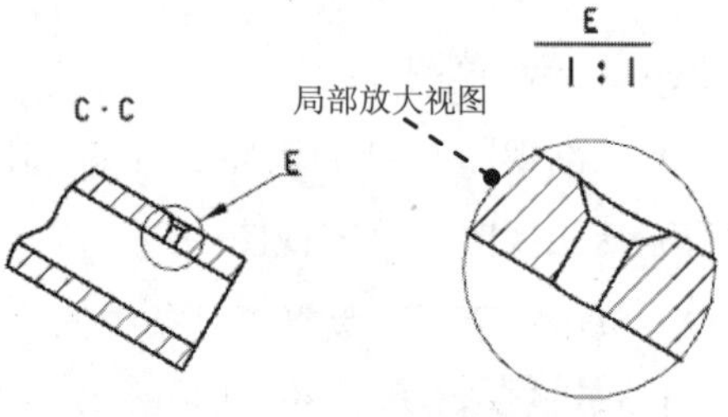

图 9.2.22　创建局部放大视图

Stage9．创建局部剖视图（一）

Step1．绘制草图曲线。

（1）在图 9.2.23 所示的视图的边界上右击，在弹出的快捷菜单中选择 活动草图视图 命令，此时将激活该视图为草图视图。

（2）单击“草图工具”工具条中的“艺术样条”按钮，系统弹出“艺术样条”对话框，选择 通过点 类型，绘制图 9.2.23 所示的样条曲线，单击对话框中的 < 确定 > 按钮。

（3）单击“草图工具”工具条中的 完成草图 按钮，完成草图绘制。

Step2. 创建局部剖视图。

（1）选择下拉菜单 插入(S) → 视图(W) → 截面(S) → 局部剖(O)... 命令（或单击“图纸”工具条中的按钮），系统弹出“局部剖”对话框。

（2）在“局部剖”对话框中选中 创建 单选项，选取图 9.2.23 所示的视图。

（3）确认“捕捉方式”工具条中的按钮被按下，选取图 9.2.23 所示的圆弧边线。

（4）在“局部剖”对话框中单击 视图法向 按钮，并单击鼠标中键确认。

（5）选择刚刚绘制的草图曲线，然后单击 应用 按钮，最后单击 取消 按钮，完成局部剖视图的创建，结果如图 9.2.24 所示。

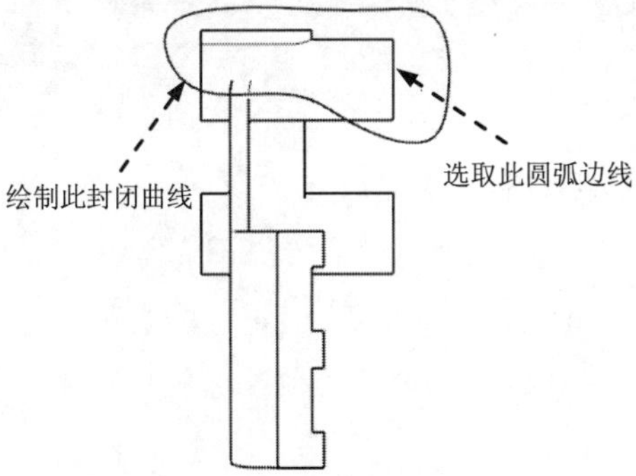

图 9.2.23　绘制草图曲线和选取基点

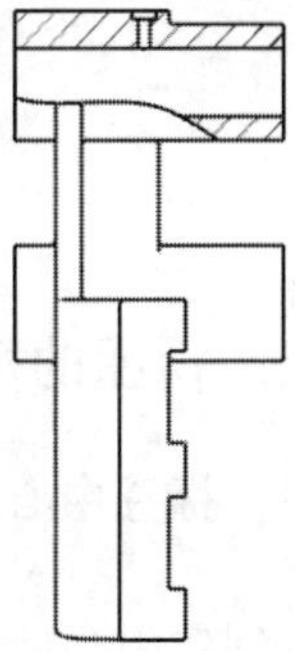

图 9.2.24　创建局部剖视图（一）

Stage10. 创建局部剖视图（二）

Step1. 绘制草图曲线。

（1）单击“草图工具”工具条中的“艺术样条”按钮，系统弹出“艺术样条”对话框，选择 通过点 类型，绘制图 9.2.25 所示的样条曲线，单击对话框中的 < 确定 > 按钮。

（2）单击“草图工具”工具条中的 完成草图 按钮，完成草图绘制。

Step2. 创建局部剖视图。

（1）选择下拉菜单 插入(S) → 视图(W) → 截面(S) → 局部剖(O)... 命令（或单击“图纸”工具条中的按钮），系统弹出“局部剖”对话框。

（2）在“局部剖”对话框中选中 创建 单选项，选取图 9.2.25 所示的视图。

（3）确认“捕捉方式”工具条中的按钮被按下，选取图 9.2.25 所示的圆弧边线。

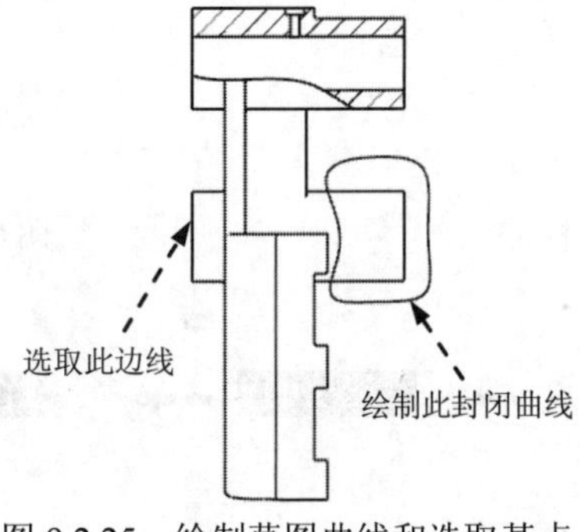

图 9.2.25　绘制草图曲线和选取基点

（4）在“局部剖”对话框中单击 视图法向 按钮，并单击鼠标中键确认。

（5）选择刚刚绘制的草图曲线，然后单击 应用 按钮，最后单击 取消 按钮，完成局部剖视图的创建，结果如图 9.2.26 所示。

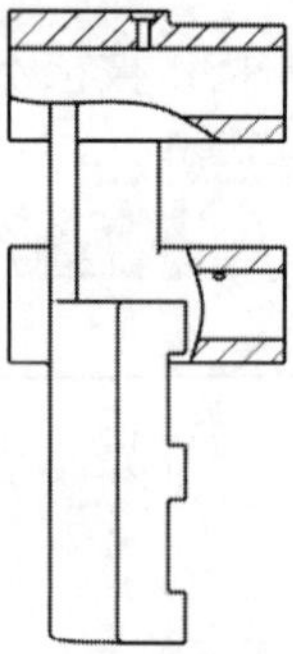

图 9.2.26　创建局部剖视图（二）

Task2．视图的标注

Stage1．标注中心线

Step1．创建中心标记。

（1）选择下拉菜单 插入(S) → 中心线(E) → 中心标记(M)... 命令，系统弹出“中心标记”对话框。

（2）在“中心标记”对话框中取消选中 ☐ 创建多个中心标记 复选框，依次选取图 9.2.27 所示的圆弧边线 1 和圆弧边线 2，单击 应用 按钮，结果如图 9.2.27 所示。

（3）在“中心标记”对话框中选中 ☑ 创建多个中心标记 复选框，选取图 9.2.28 所示的其余 3 个圆弧边线，单击 < 确定 > 按钮，结果如图 9.2.28 所示。

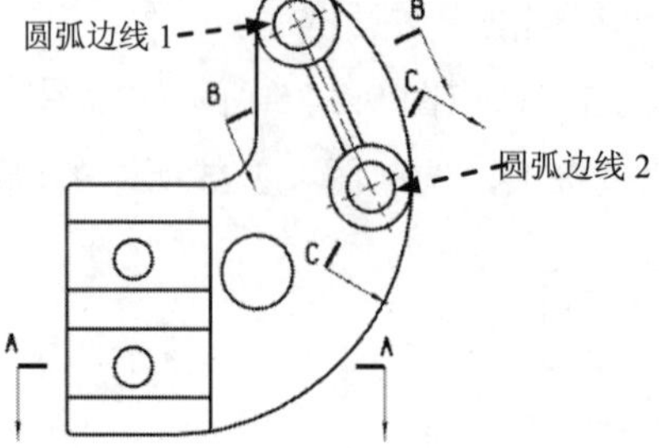

图 9.2.27　创建中心标记（一）

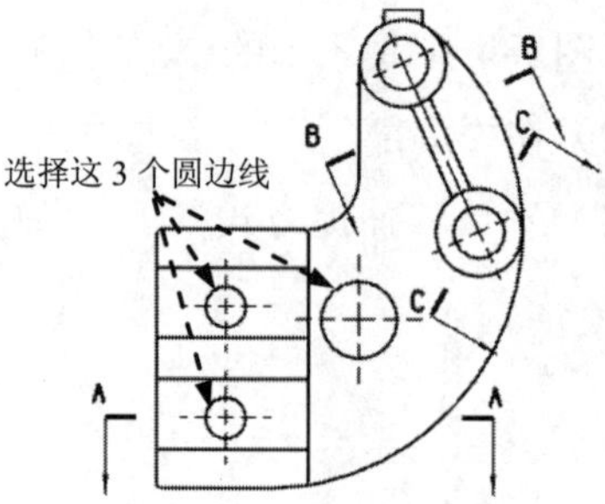

图 9.2.28　创建中心标记（二）

Step2．创建自动中心线。

（1）选择下拉菜单 插入(S) → 中心线(E) → 自动(A)... 命令，系统弹出“自动中心线”对话框。

（2）在图纸上分别选取除轴测图和剖视图 B-B 之外的其余所有视图，系统自动在各视图中自动生成中心线，结果如图 9.2.29 所示。

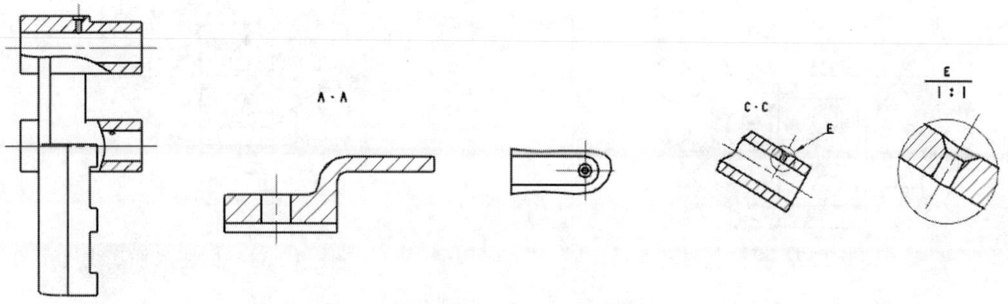

图 9.2.29　标注中心线

说明：读者可根据需要，删除多余的中心线，或通过拖动中心线的控制点来改变其长度。

Stage2．标注视图尺寸（一）

Step1. 选择下拉菜单 插入(S) → 尺寸(M) → 自动判断(I)... 命令，系统弹出“自动判断尺寸”工具条，在图样中添加图 9.2.30 所示的 5 个尺寸标注。

Step2. 选择下拉菜单 插入(S) → 尺寸(M) → 水平链(Z)... 命令，系统弹出“水平链尺寸”工具条，在图样中依次选取图 9.2.31 所示的点 1、点 2 和点 3，在合适位置单击，添加图 9.2.31 所示的尺寸标注。

Step3. 选择下拉菜单 插入(S) → 尺寸(M) → 竖直链(T)... 命令，系统弹出“竖直链尺寸”工具条，在图样中依次选取图 9.2.32 所示的点 1、点 2、点 3 和点 4，在合适位置单击，添加图 9.2.32 所示的尺寸标注。

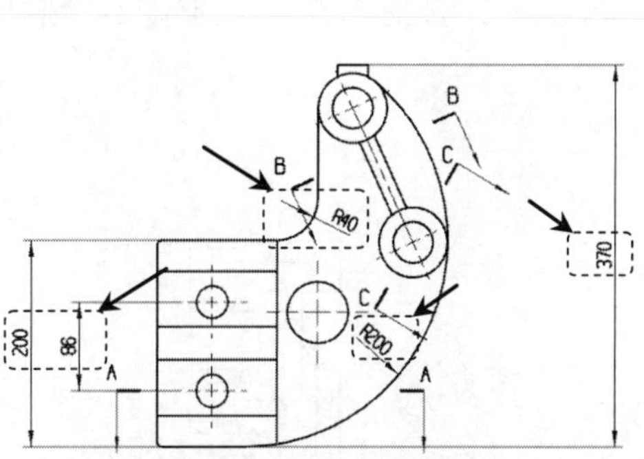

图 9.2.30　标注自动判断的尺寸

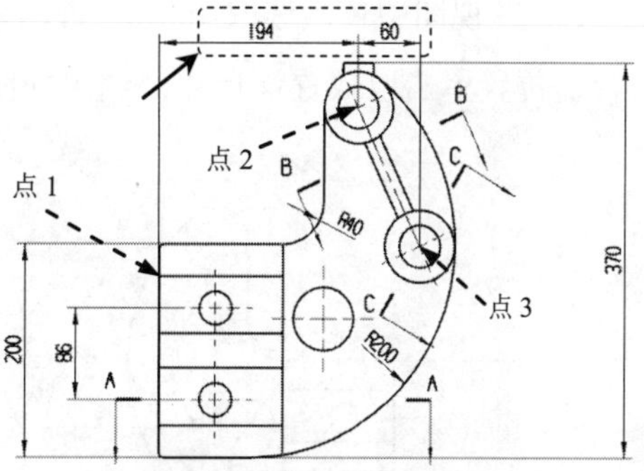

图 9.2.31　标注水平链尺寸

Step4. 选择下拉菜单 插入(S) → 尺寸(M) → 水平基线(B)... 命令，系统弹出“水平基线尺寸”工具条，在图样中依次选取图 9.2.33 所示的点 1、点 2、点 3 和点 4，添加图 9.2.33 所示的尺寸标注。

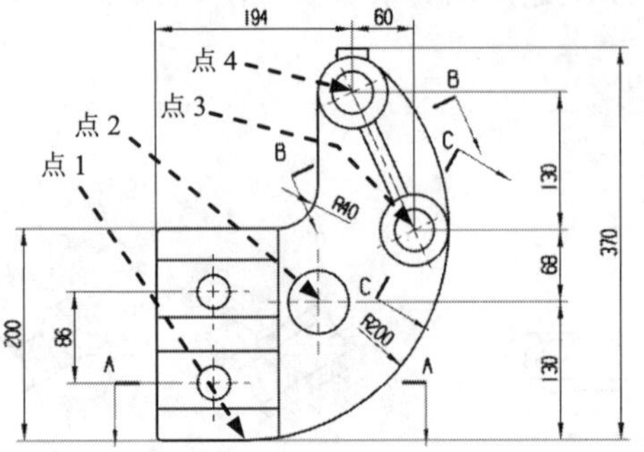

图 9.2.32　标注竖直链尺寸

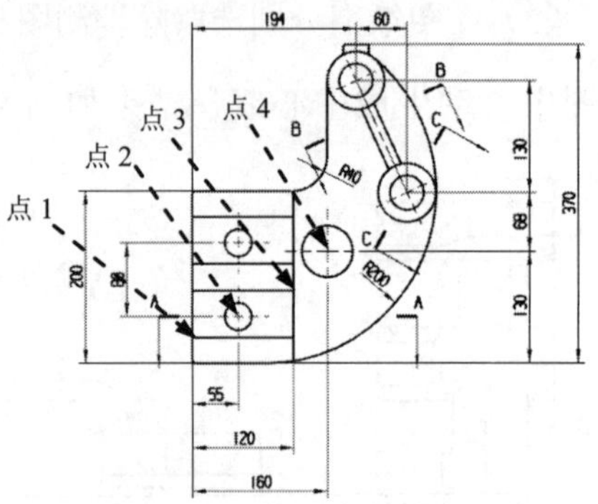

图 9.2.33　标注水平基线尺寸

Step5. 标注直径尺寸。

（1）选择下拉菜单 插入(S) → 尺寸(M) → 直径(D)... 命令（或单击“尺寸”工具条中的按钮），系统弹出“直径尺寸”工具条。

（2）在视图中选取图 9.2.34 所示的圆边，此时图样上会显示尺寸预览；右击，在弹出的快捷菜单中选择 文本方位 → 选项，使得尺寸文本为水平方位，在合适位置单击以放置该尺寸，结果如图 9.2.34 所示，按下<Esc>键关闭直径尺寸工具条。

Stage3. 标注视图尺寸（二）

Step1. 选择下拉菜单 插入(S) → 尺寸(M) → 自动判断(I)... 命令，系统弹出“自动判断尺寸”工具条，在图样中添加图 9.2.35 所示的 5 个尺寸标注。

Step2. 标注圆柱尺寸。

（1）选择下拉菜单 插入(S) → 尺寸(M) → 圆柱(Y)... 命令（或单击“尺寸”工具条中的按钮），系统弹出“圆柱尺寸”工具条。

（2）在视图中依次选取图 9.2.36a 所示的边线 1 和边线 2，此时图样上会显示尺寸预览，在合适位置单击以放置该尺寸，结果如图 9.2.36a 所示。

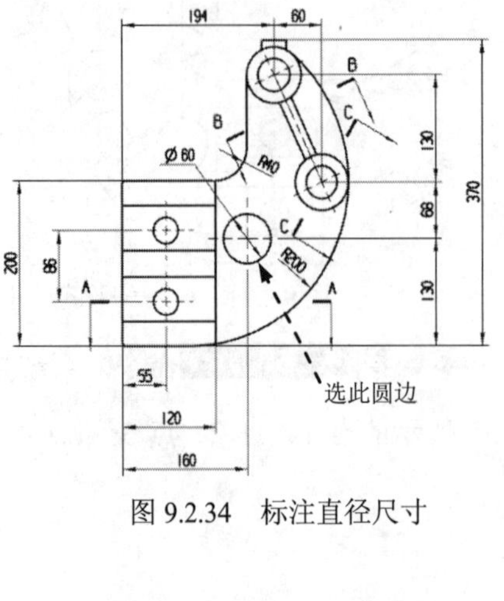

图 9.2.34　标注直径尺寸

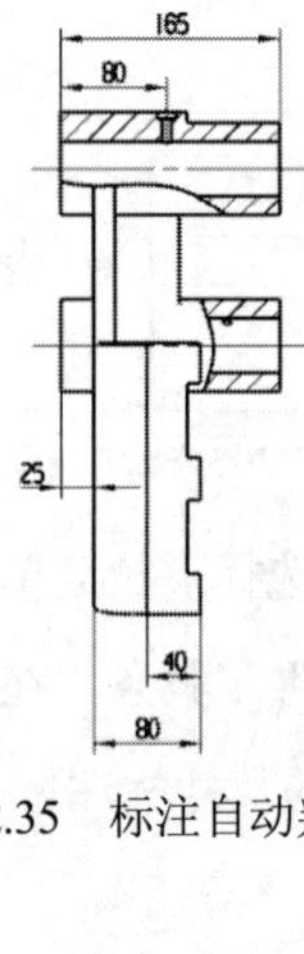

图 9.2.35　标注自动判断尺寸

（3）参考步骤（2）的操作方法，在视图中依次选取图 9.2.36b 所示的边线 3 和边线 4，右击，在弹出的快捷菜单中选择 附加文本 ▸ → 之前 命令，然后在弹出的输入框中输入文本“2X”，在合适位置单击以放置该尺寸，结果如图 9.2.36b 所示。

Stage4．标注剖视图 A-A

Step1．选择下拉菜单 插入(S) → 尺寸(M) ▸ → 自动判断(I)... 命令，系统弹出“自动判断尺寸”工具条，在图样中添加图 9.2.37 所示的 4 个尺寸标注。

Step2．参考 Stage3 中标注圆柱尺寸的操作方法，标注尺寸结果如图 9.2.38 所示。

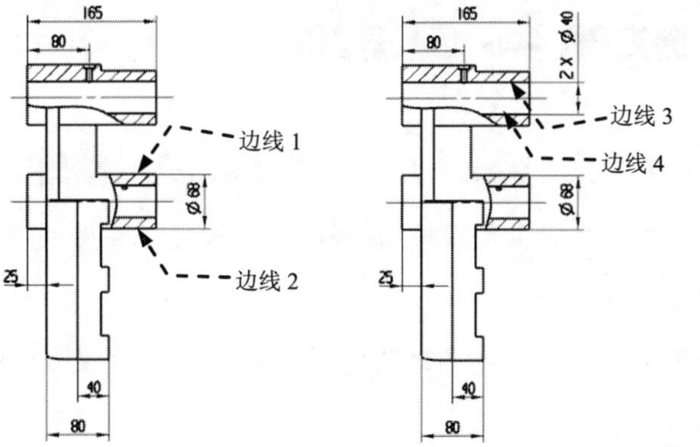

a） b）

图 9.2.36 标注圆柱尺寸

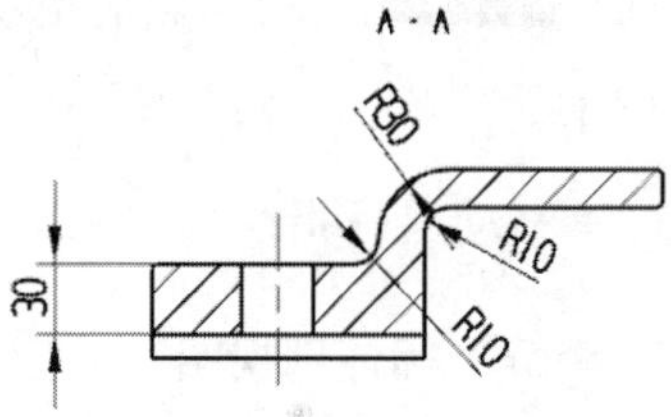

图 9.2.37 标注剖视图 A-A 的尺寸（一）

Stage5．标注剖视图 B-B

选择下拉菜单 插入(S) → 尺寸(M) ▸ → 自动判断(I)... 命令，在剖视图 B-B 中添加图 9.2.39 所示的尺寸标注。

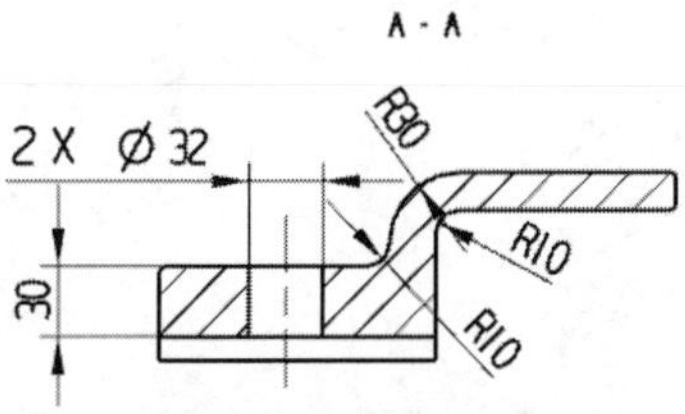

图 9.2.38 标注剖视图 A-A 的尺寸（二）

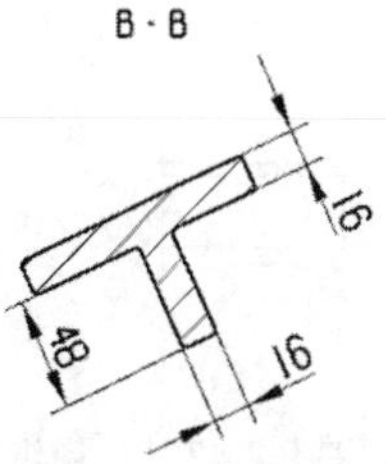

图 9.2.39 标注剖视图 B-B 的尺寸

Stage6．标注视图尺寸（三）

Step1．选择下拉菜单 插入(S) → 尺寸(M) ▸ → 半径(R)... 命令，选取图 9.2.40 所示的圆弧，右击，在弹出的快捷菜单中选择 放置 ▸ → →|×.×|← 命令，在合适的位置放置尺寸文本，结果如图 9.2.40 所示。

Step2．选择下拉菜单 插入(S) → 尺寸(M) ▸ → 孔(L)... 命令，系统弹出“孔尺寸”

工具条，选取图 9.2.41 所示孔的边线，右击，在弹出的快捷菜单中选择 附加文本 → 之后 命令，然后在弹出的输入框中输入文本“通孔”，在合适的位置放置尺寸文本，结果如图 9.2.41 所示。

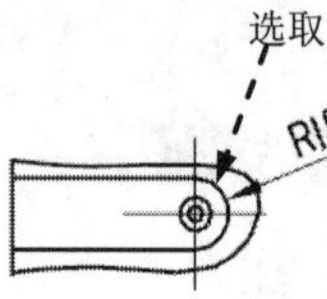

图 9.2.40　标注半径尺寸

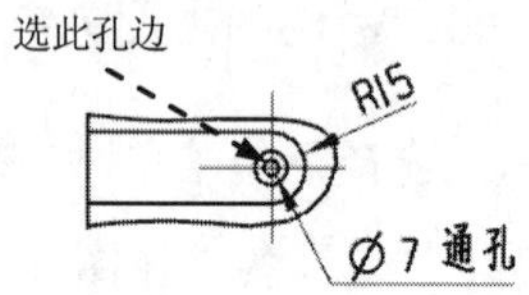

图 9.2.41　标注孔尺寸

Step3．注释沉头孔尺寸。

（1）选择下拉菜单 插入(S) → 注释(A) → 注释(N)... 命令，弹出“注释”对话框。

（2）在“注释”对话框中删除输入区已有的文本内容，展开 符号 区域，在 类别 下拉列表中选择 制图 选项，然后依次单击“插入沉头孔”按钮 和“插入直径”按钮 Ø，输入值 14.5，单击“插入深度”按钮，输入值 5。

（3）移动鼠标指针到图 9.2.42 所示的位置，系统自动吸附并对齐，单击放置该注释。

Stage7．标注剖视图 C-C 及其放大视图

选择下拉菜单 插入(S) → 尺寸(M) → 自动判断(I)... 命令，标注剖视图 C-C 的尺寸；选择下拉菜单 插入(S) → 尺寸(M) → 圆柱(Y)... 命令，标注放大视图的尺寸，结果如图 9.2.43 所示。

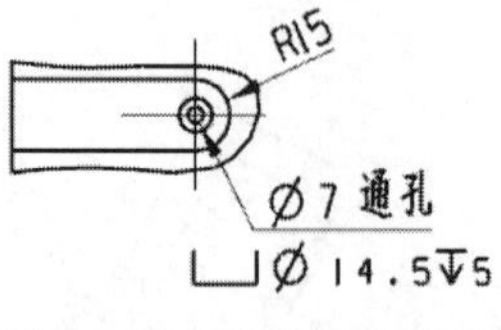

图 9.2.42　注释沉头孔尺寸

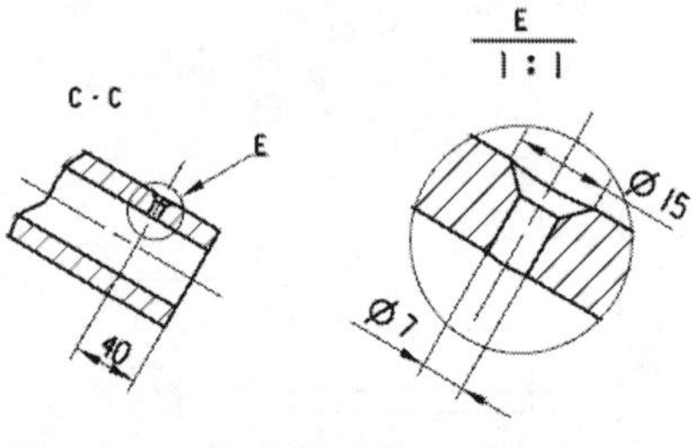

图 9.2.43　标注剖视图 C-C 和放大视图

Stage8．标注基准

Step1．选择下拉菜单 插入(S) → 注释(A) → 基准特征符号(R)... 命令（或单击“注释”工具栏中的 按钮），系统弹出“基准特征符号”对话框。

Step2．在 基准标识符 区域的 字母 文本框中输入字母 D，其余采用默认设置，在视图中捕捉图 9.2.44a 所示的尺寸界线，然后按下鼠标左键并拖动，单击尺寸界线的左侧放置基准符号，结果如图 10.2.44b 所示。

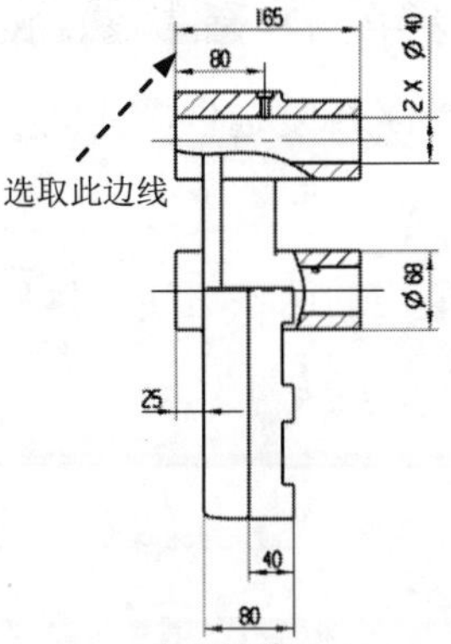

a）标注前

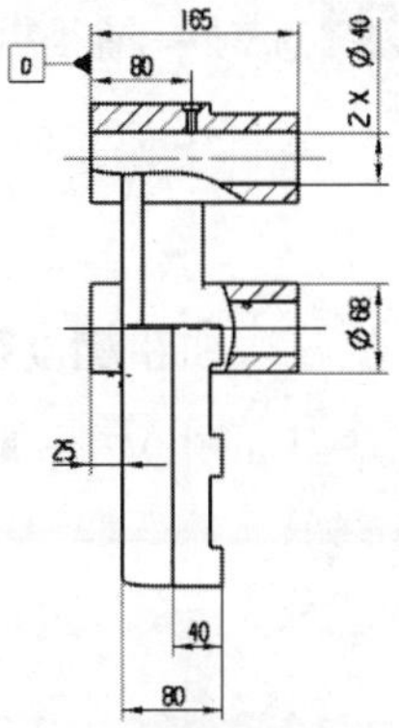

b）标注后

图 9.2.44 标注基准

Stage9．标注形位公差

Step1. 选择命令。选择下拉菜单 插入(S) → 注释(A) → 特征控制框(F)... 命令，系统弹出“特征控制框”对话框。

Step2. 定义公差。在 特性 下拉列表中选择 垂直度 选项，在 框样式 下拉列表中选择 单框 选项，在 公差 区域的 0.0 文本框中输入值 0.025，在 第一基准参考 区域中 下拉列表中选择 D 选项，展开 指引线 区域的 样式 区域，在 短划线长度 文本框中输入值 5，其余采用默认设置。

Step3. 放置公差框。确认“特征控制框”对话框中的 指定位置 被激活，在图样中捕捉图 9.2.45 所示的尺寸，然后按下鼠标左键并拖动，当公差框预览位置与图 9.2.45 所示一致时，单击左键以放置公差框。

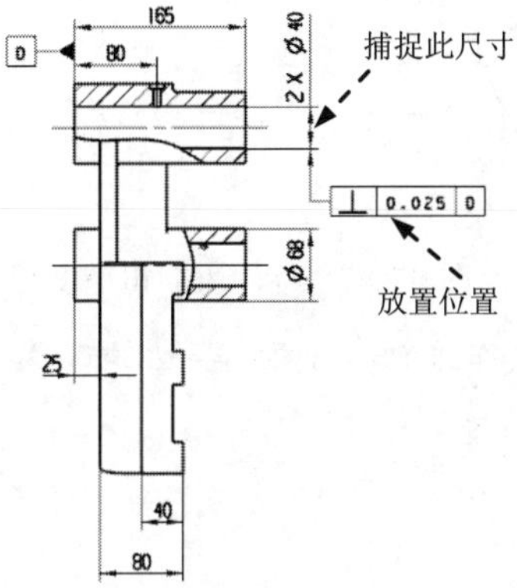

图 9.2.45 标注形位公差

Stage10．标注表面粗糙度符号

Step1. 选择下拉菜单 插入(S) → 注释(A) → 表面粗糙度符号(S)... 命令，系统弹出“表面粗糙度”对话框。

Step2. 设置表面粗糙度参数。在“表面粗糙度”对话框的 指引线 区域中 类型 下拉列表

中选择 标志 选项；在 属性 区域的 材料移除 下拉列表中选择 需要移除材料 选项，在 下部文本（a2） 文本框中输入值 3.2；在 设置 区域选中 ☑ 反转文本 复选框，其他参数采用系统默认值。

Step3. 放置表面粗糙度符号。分别捕捉图 9.2.46 所示的两条边线，然后按下鼠标左键并拖动，结果如图 9.2.46 所示。

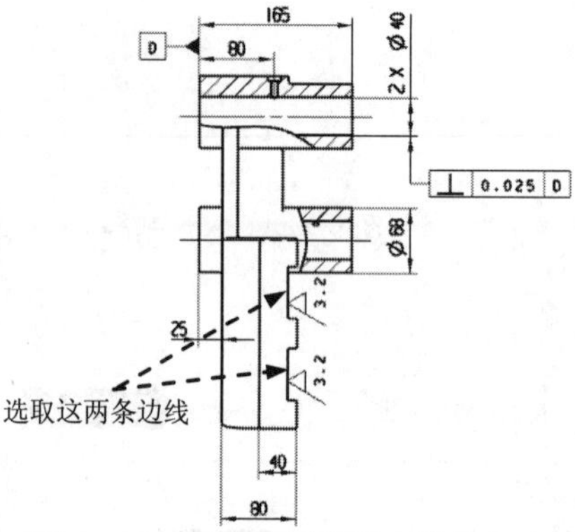

图 9.2.46 标注表面粗糙度符号（一）

Step4. 在“表面粗糙度”对话框的 指引线 区域中 类型 下拉列表中选择 普通 选项；在 设置 区域取消选中 ☐ 反转文本 复选框，在剖视图 C-C 中捕捉图 9.2.47a 所示的边线，然后按下鼠标左键并拖动，在合适的位置放置粗糙度符号，结果如图 9.2.47b 所示，按 Esc 键结束粗糙度符号的标注。

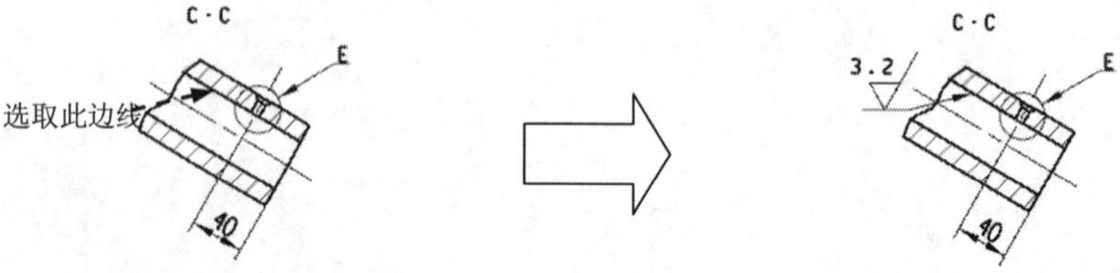

a）标注前　　　　b）标注后

图 9.2.47 标注表面粗糙度符号（二）

说明：读者可参照此操作方法，标注其他加工面的表面粗糙度要求，此处不再赘述。

Stage11. 添加注释

Step1. 选择命令。选择下拉菜单 插入(S) → 注释(A) → A 注释(N)... 命令（或单击“注释”工具条中的 A 按钮），弹出“注释”对话框。

Step2. 输入文本内容。在“注释”对话框的文字输入区中清除已有文字，然后输入文字“技术要求”并按下 Enter 键；输入第二行文字“1.未注铸造圆角为 R4。”并按下 Enter 键；输入第一行文字“第三行文字“2.未注倒角为 2<#A>45<$s>。”，并按下 Enter 键。

Step3. 设置格式。在文字输入区中选中文字“技术要求”，在 格式化 区域中的比例下拉列表中选择 1.4 选项，根据需要在文字“技术要求”前面插入若干空格。此时文本输入区显示如图 9.2.48 所示。

Step4. 在图纸左下角合适位置单击以放置注释，结果如图 9.2.49 所示，按<Esc>键结束注释命令。

Stage12. 添加其他注释

在图纸的右上角添加图 9.2.50 所示的注释和粗糙度符号。

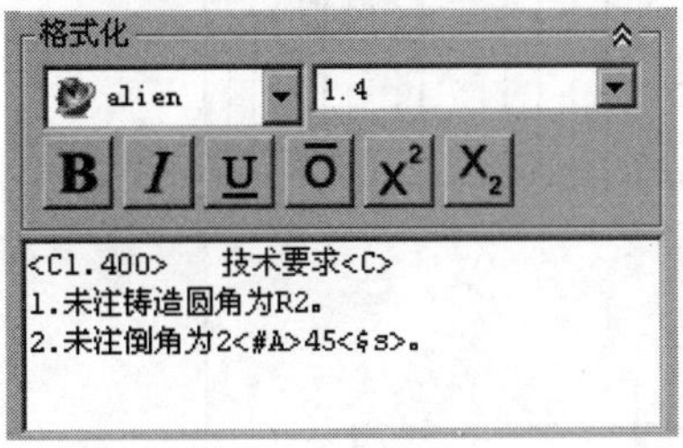

图 9.2.48　设置文本格式

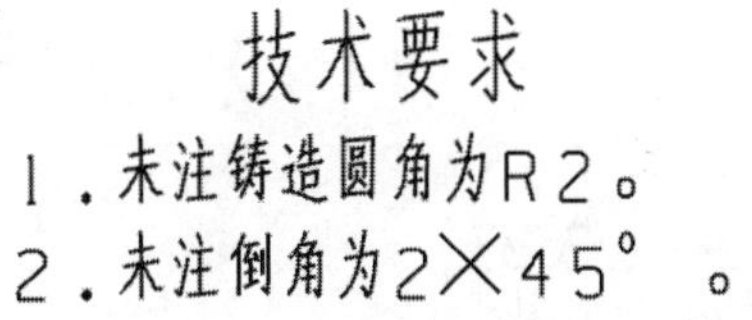

图 9.2.49　添加注释文本

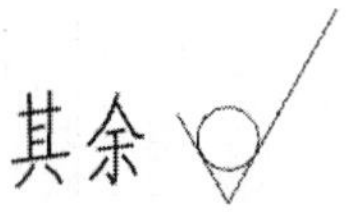

图 9.2.50　添加其他标注

Stage13. 保存工程图

此时工程图创建结果如图 9.2.1 所示，选择下拉菜单 文件(F) → 保存(S) 命令，即可保存文件。

9.3　范例 3——装配体的工程图

本范例是一个装配体工程图的综合范例，综合了装配体主要视图的创建、剖视图的创建、标注装配体尺寸、创建零件明细表及标注零件序号等内容。本范例是创建普通的装配体工程图，具有一般性。本范例创建的工程图如图 9.3.1 所示。

Task1. 创建工程图视图

Stage1. 创建图纸页并预设置

Step1. 打开模型文件。

（1）选择命令。选择下拉菜单 文件(F) → 打开(O)... 命令，在弹出的“打开”对话框中选择文件 D:\ugdc8.12\work\ch09.03\ asm_clutch.prt，单击 OK 按钮。

（2）选择下拉菜单 开始 → 制图(D)... 命令，进入制图环境。

说明：如果已经在制图环境，就不需要再选择该命令了。

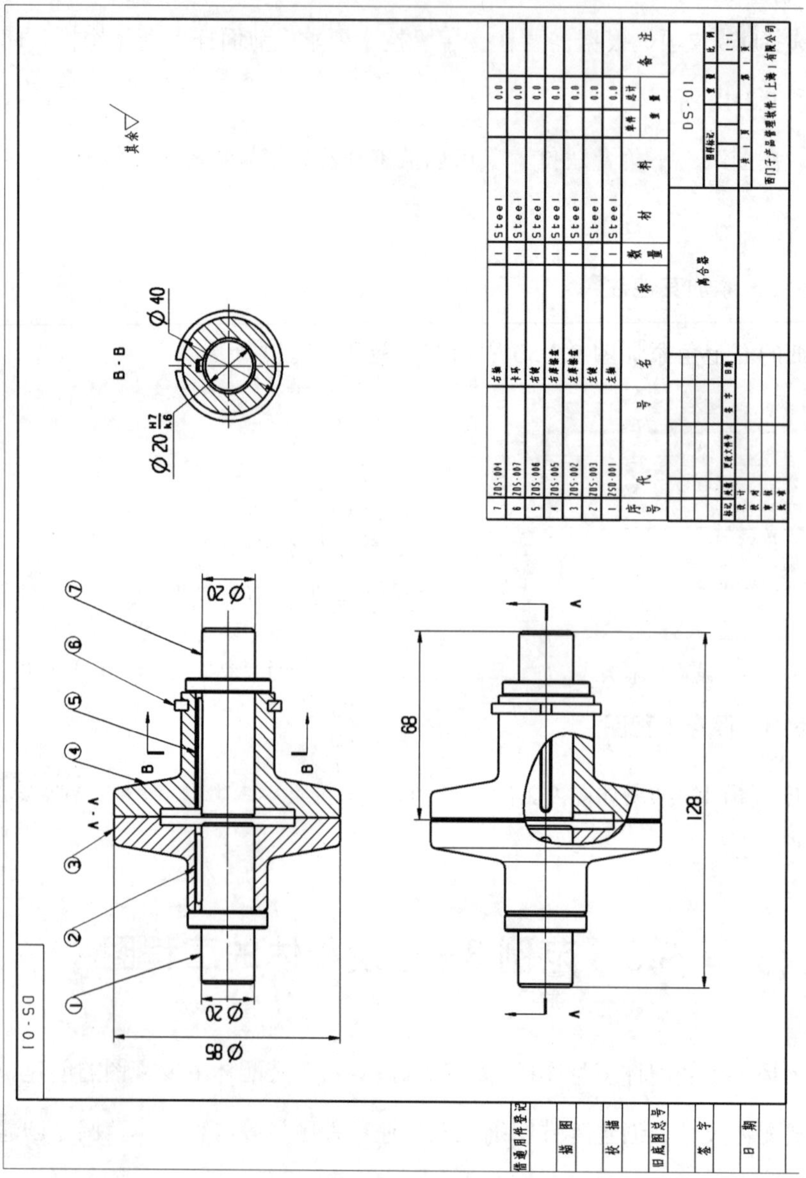

图 9.3.1　工程图范例（三）

Step2. 加载制图标准。

（1）选择下拉菜单 工具(T) → 制图标准(D)... 命令，系统弹出“加载制图标准”对话框。

（2）在“加载制图标准”对话框中 Standard 下拉列表中选择 GB2012 选项，单击 确定 按钮，完成新制图标准的加载。

Step3. 新建图纸页。

（1）选择下拉菜单 插入(S) → 图纸页(H)... 命令（或单击“图纸”工具条中的

按钮），系统弹出“图纸页”对话框。

（2）在“图纸页”对话框采用图 9.3.2 所示的参数设置，单击 确定 按钮，完成图纸页的创建。

Step4. 设置视图首选项。

（1）选择下拉菜单 首选项(P) → 视图(V)... 命令，系统弹出“视图首选项”对话框。

（2）在“视图首选项”对话框单击 常规 选项卡，设置图 9.3.3 所示的参数设置，单击 确定 按钮，完成视图首选项的设置。

说明：这里取消选中 □ 中心线 复选框是为了避免产生过多的中心线，读者可根据需要进行必要的参数设置。

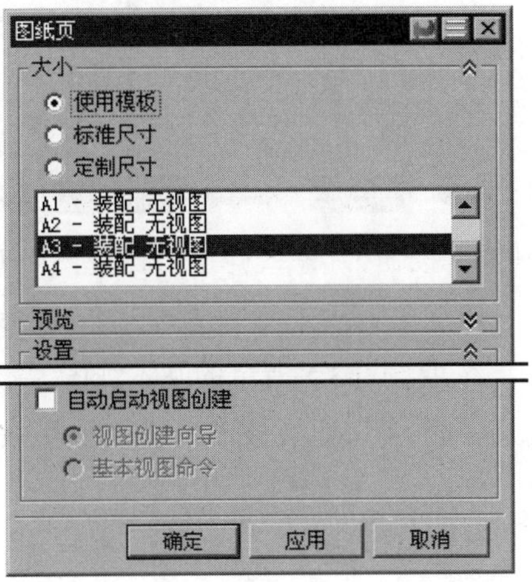

图 9.3.2 “图纸页”对话框

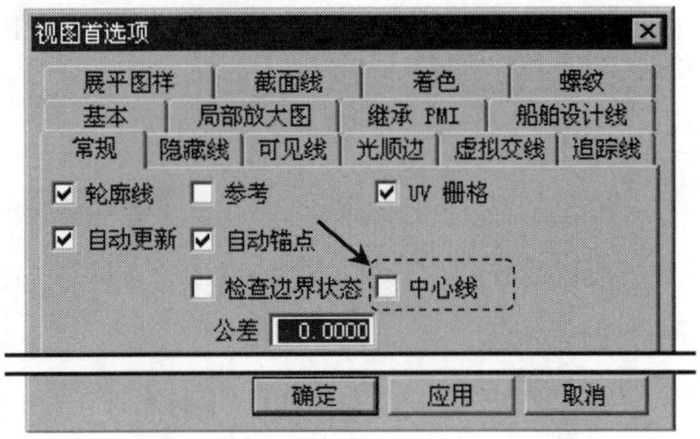

图 9.3.3 “视图首选项”对话框

Step5. 编辑图层设置。

（1）选择下拉菜单 格式(R) → 图层设置(S)... 命令，系统弹出图 9.3.4 所示的“图层设置”对话框。

（2）在“图层设置”对话框中设置图 9.3.4 所示的参数设置，单击 关闭 按钮，此时图样上将显示图框、标题栏和明细表。

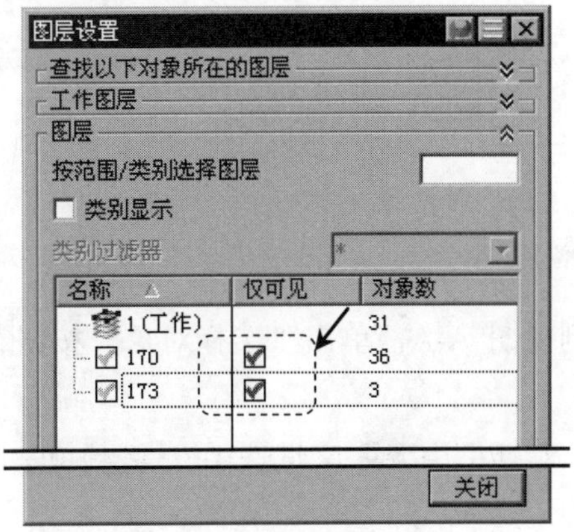

图 9.3.4 “图层设置”对话框

Stage2．创建基本视图

Step1．选择下拉菜单 插入(S) → 视图(W) ▸ → 基本(B)... 命令（或单击“图纸”工具条中的按钮），系统弹出“基本视图”对话框。

Step2．在“基本视图”对话框 模型视图 区域的 要使用的模型视图 中选择 后视图 选项，单击图纸上的左下部合适位置以放置视图，结果如图 9.3.5 所示。

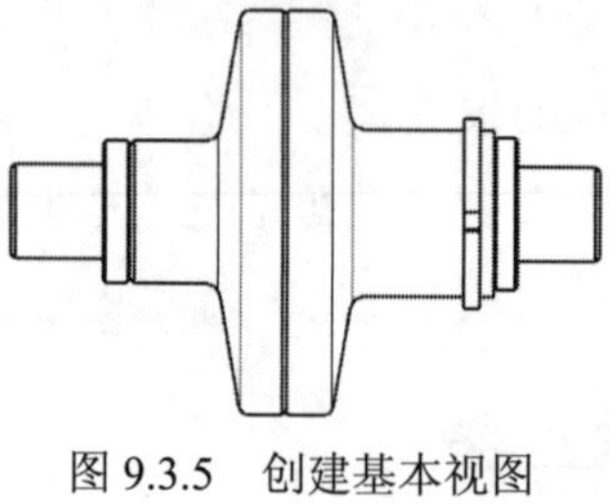

图 9.3.5　创建基本视图

Stage3．创建全剖视图 A-A

Step1．选择命令。选择下拉菜单 插入(S) → 视图(W) → 截面(S) → 简单/阶梯剖(S)... 命令（或单击“图纸”工具条中的按钮），系统弹出“剖视图”对话框。

Step2．选择父视图。在系统 选择父视图 的提示下，选取图 9.3.5 所示的基本视图。

Step3．选择剖切位置。确认“捕捉方式”工具条中的按钮被按下，选取图 9.3.6 所示的边线中点。

Step4．定义铰链线。在“剖视图”对话框中单击“定义铰链线”按钮，然后在其后出现的下拉列表中选择 -XC 选项。

Step5．放置视图。在图纸中单击合适位置放置视图，结果如图 9.3.7 所示。

Step6．编辑视图中的剖切组件。

（1）选择下拉菜单 编辑(E) → 视图(W) ▸ → 视图中剖切(C)... 命令，系统弹出“视图中剖切”对话框。

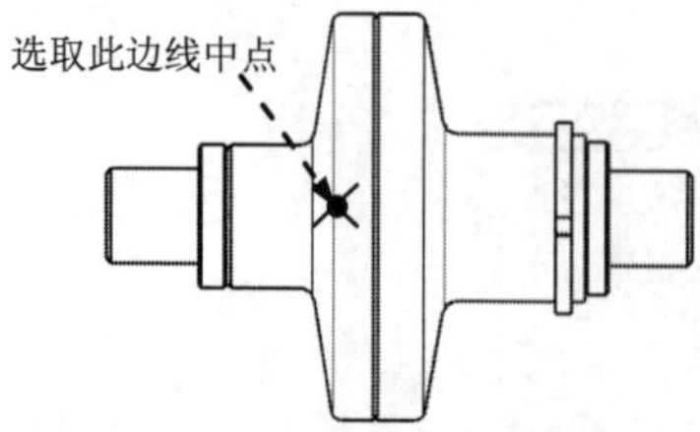

图 9.3.6　选择剖切位置

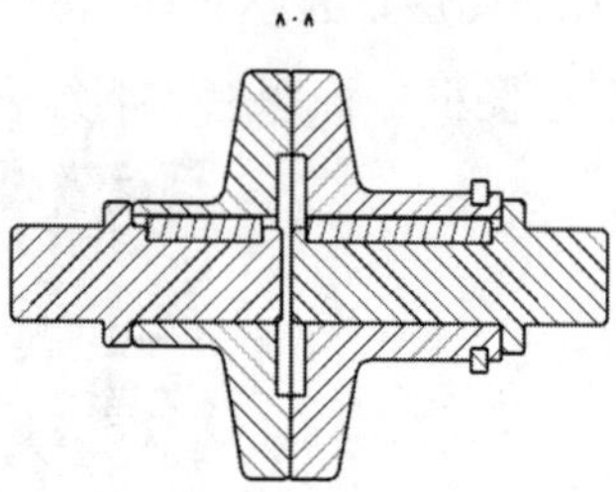

图 9.3.7　创建全剖视图 A-A

（2）在图样中选取全剖视图 A-A，单击“选择对象”按钮，在装配导航器中选择图 9.3.8 所示的 4 个组件。

（3）在“视图中剖切”对话框中 操作 区域选中 ⊙ 变成非剖切 单选项，单击 确定 按钮，结果如图 9.3.9 所示。

图 9.3.8　选择组件

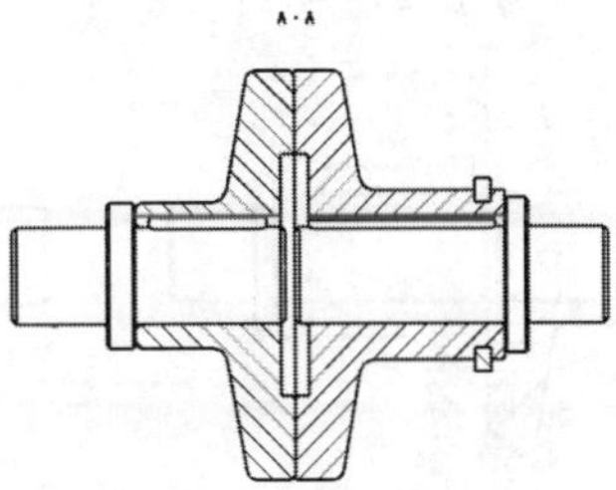

图 9.3.9　编辑组件剖切

Stage4．创建剖视图 B-B

Step1．选择命令。选择下拉菜单 插入(S) → 视图(W) → 截面(S) → 简单/阶梯剖(S)... 命令（或单击“图纸”工具条中的按钮），系统弹出“剖视图”对话框。

Step2．选择父视图。在系统选择父视图的提示下，选取图 9.3.9 所示的视图。

Step3．选择剖切位置。确认“捕捉方式”工具条中的按钮被按下，选取图 9.3.10 所示的边线中点。

Step4．放置视图。在该视图正右方单击以放置剖视图，结果如图 9.3.11 所示。

Step5．编辑剖切线。

（1）右击剖切线 B-B，在弹出的快捷菜单中选择 编辑... 命令，系统弹出“截面线”对话框。

（2）确认 移动段 单选项被选中，选择图9.3.12a所示的箭头段，在系统选择对象以自动判断点的提示下，单击图 9.3.12a 所示的位置 1，结果如图 9.3.12b 所示。

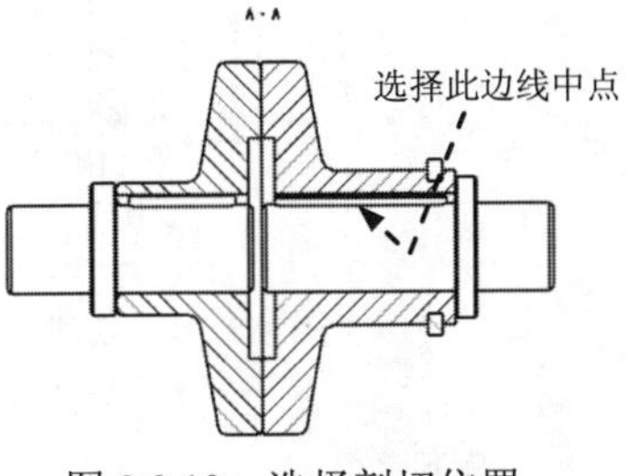

图 9.3.10　选择剖切位置

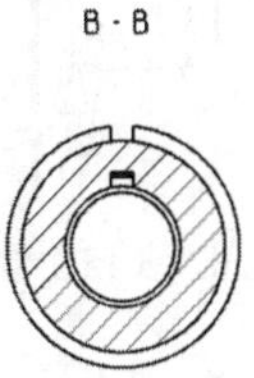

图 9.3.11　创建剖视图 B-B

（3）参照步骤（2）的操作方法，调整另一个箭头段的位置，结果如图 9.3.12c 所示。在“截面线”对话框中单击 应用 按钮，然后单击 取消 按钮，完成剖切线的编辑。

Stage5．创建局部剖视图

Step1. 绘制草图曲线。

（1）在图 9.3.5 所示的基本视图的边界上右击，在弹出的快捷菜单中选择 活动草图视图 命令，此时将激活该视图为草图视图。

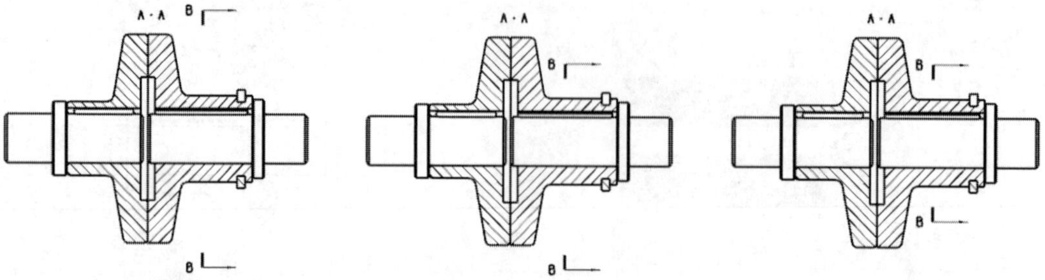

a）编辑前　　b）编辑一端后　　c）编辑另一端后

图 9.3.12　编辑剖切线

（2）单击“草图工具”工具条中的“艺术样条”按钮，系统弹出“艺术样条”对话框，选择 通过点 类型，绘制图 9.3.13 所示的样条曲线，单击对话框中的 < 确定 > 按钮。

（3）单击“草图工具”工具条中的 完成草图 按钮，完成草图绘制。

Step2. 创建局部剖视图。

（1）选择下拉菜单 插入(S) ⟶ 视图(W) ⟶ 截面(S) ⟶ 局部剖(O)... 命令（或单击“图纸”工具条中的按钮），系统弹出“局部剖”对话框。

（2）在“局部剖”对话框中选中 ⊙ 创建 单选项，选取刚刚绘制了草图曲线的基本视图。

（3）确认“捕捉方式”工具条中的按钮被按下，选取图 9.3.13 所示的圆弧边线。

（4）在“局部剖”对话框中单击 视图法向 按钮，并单击鼠标中键确认。

（5）选择刚刚绘制的草图曲线，然后单击 应用 按钮，最后单击 取消 按钮，完成局部剖视图的创建，结果如图 9.3.14 所示。

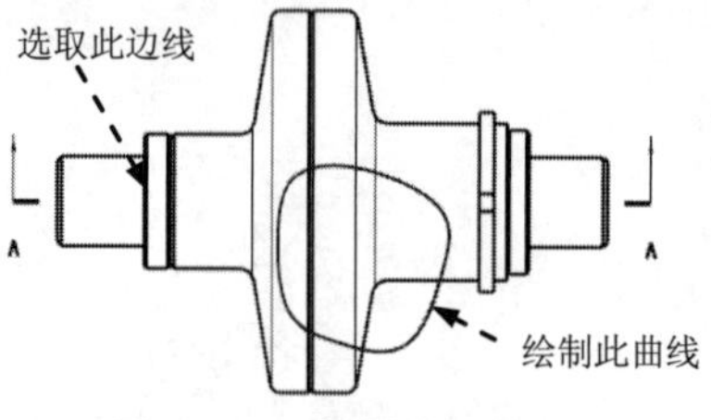

图 9.3.13　绘制草图曲线

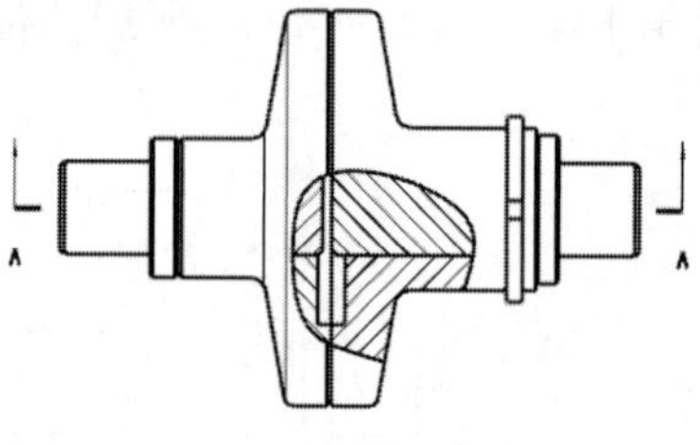

图 9.3.14　创建局部剖视图

Step3. 编辑视图中的剖切组件。

（1）选择下拉菜单 编辑(E) ⟶ 视图(W) ▸ ⟶ 视图中剖切(C)... 命令，系统弹出“视图中剖切”对话框。

（2）在图样中选取图 9.3.14 所示的视图，单击“选择对象”按钮，在装配导航器中选择图 9.3.15 所示的 4 个组件。

（3）在“视图中剖切”对话框中 操作 区域选中 ⊙ 变成非剖切 单选项，单击 确定 按钮，结果如图 9.3.16 所示。

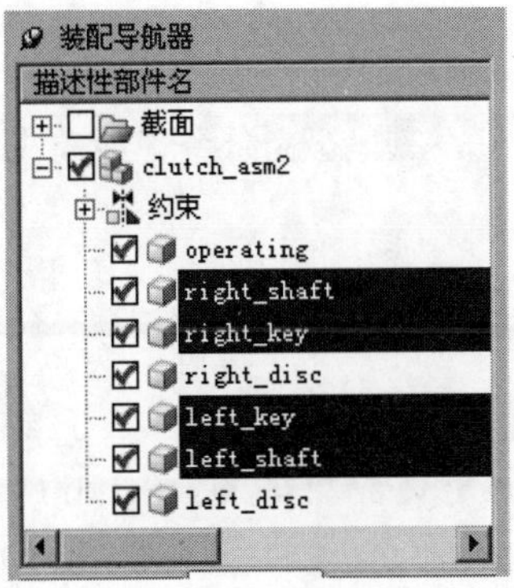

图 9.3.15 选择组件

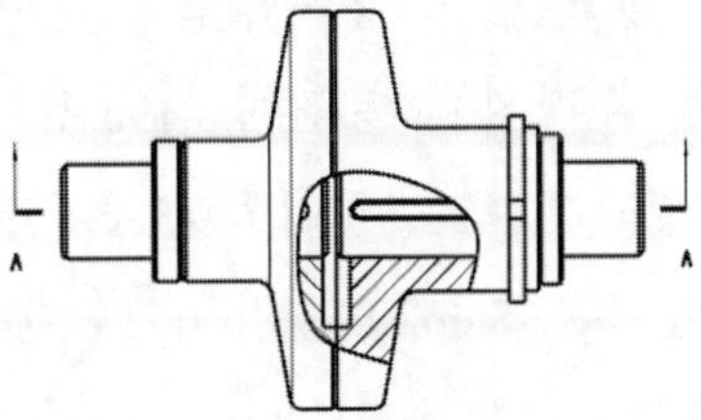

图 9.3.16 编辑组件剖切

Task2．视图的标注

Stage1．标注中心线

Step1. 选择下拉菜单 插入(S) → 中心线(E) → 自动(A)... 命令，系统弹出“自动中心线”对话框。

Step2. 在图样上选取所有视图，系统自动在各视图中自动生成中心线，单击 < 确定 > 按钮，结果如图 9.3.17 所示。

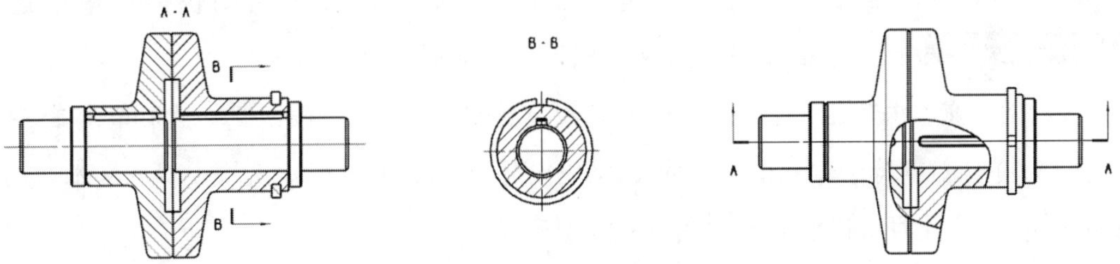

图 9.3.17 标注中心线

Stage2．标注剖视图 A-A 的尺寸

Step1. 选择下拉菜单 插入(S) → 尺寸(M) ▸ → 圆柱(Y)... 命令（或单击“尺寸”工具条中的 按钮），系统弹出“圆柱尺寸”工具条。

Step2. 在视图中依次选取图 9.3.18a 所示的边线 1 和边线 2，此时图样上会显示尺寸预览，在合适位置单击以放置该尺寸，结果如图 9.3.18b 所示。

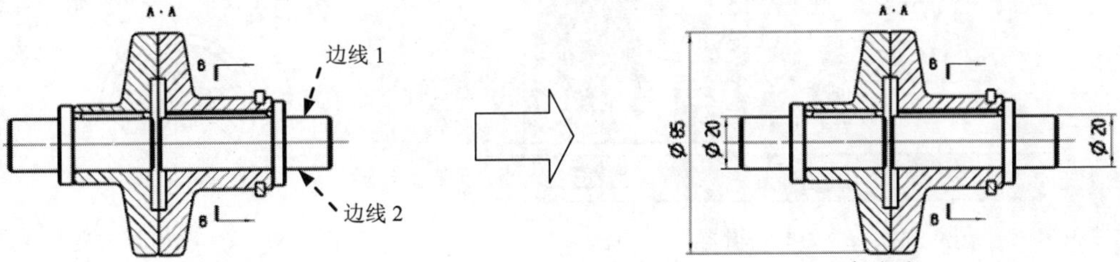

a）标注前　　b）标注后

图 9.3.18 尺寸标注（一）

Step3. 参考 Step2 的操作方法，标注其余 2 个圆柱尺寸，结果如图 9.3.18b 所示。

Stage3. 标注剖视图 B-B 的尺寸

Step1. 选择下拉菜单 插入(S) ➞ 尺寸(M) ▸ ➞ 直径(D)... 命令（或单击“尺寸”工具条中的按钮），系统弹出“直径尺寸”工具条。

Step2. 在视图中选取图 9.3.19a 所示的圆边，此时图样上会显示尺寸预览；在合适位置单击以放置该尺寸，结果如图 9.3.19b 所示。

Step3. 参考 Step2 的操作方法，标注另 1 个直径尺寸，结果如图 9.3.19b 所示，按下<Esc>键关闭直径尺寸工具条。

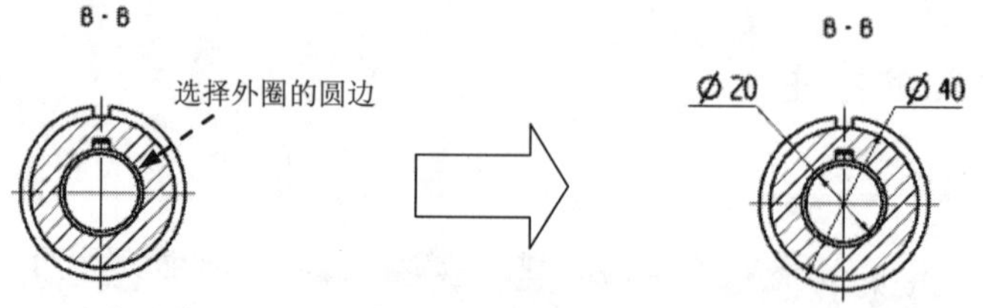

a）标注前　　b）标注后

图 9.3.19　标注直径尺寸

Step4. 编辑直径尺寸。

（1）　编辑附加文本。选中尺寸“Ø20”，　右击，在弹出的快捷菜单中选择 编辑附加文本... 命令，系统弹出“文本编辑器”对话框。

（2）在“文本编辑器”对话框中单击 附加文本 区域的“之后”按钮，然后单击 制图符号 选项卡，在分数的分子输入框中输入文本“H7”，在分数的分母输入框中输入文本“k6”，单击按钮，此时对话框显示如图 9.3.20 所示。

（3）单击 关闭 按钮，尺寸标注结果如图 9.3.21 所示。

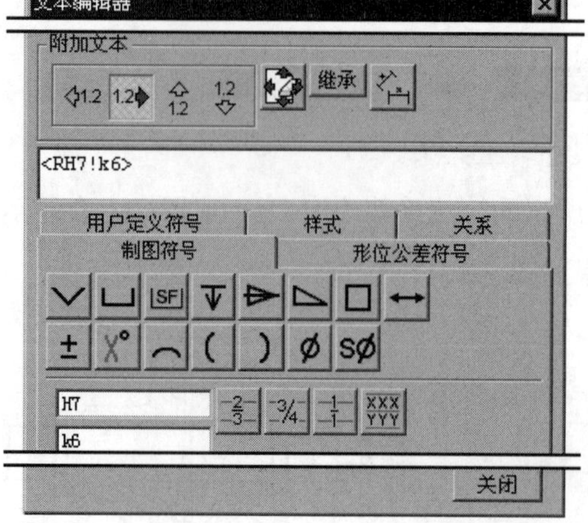

图 9.3.20　“文本编辑器”对话框

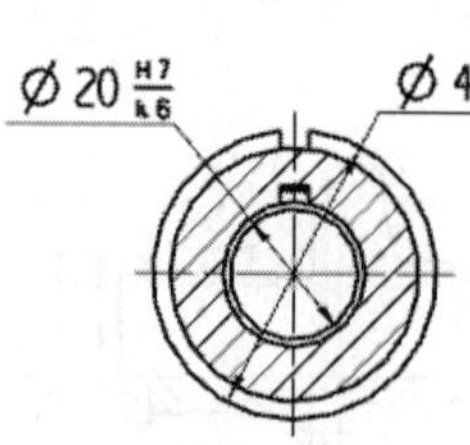

图 9.3.21　添加附加文本

Stage4．标注其他视图的尺寸

选择下拉菜单 插入(S) → 尺寸(M) ▸ → 自动判断(I)... 命令，系统弹出“自动判断尺寸”工具条，在图样中添加图 9.3.22 所示的 2 个尺寸标注。

Task3．编辑零件明细表

Stage1．编辑级别

Step1．在部件导航器中右击 零件明细表 节点，在弹出的快捷菜单中选择 编辑级别(L)... 命令，系统弹出“编辑级别”对话框。

Step2．在“编辑级别”对话框中单击 按钮，此时在零件明细表中将取消按照主模型显示级别，单击 按钮，完成级别的编辑，此时零件明细表显示如图 9.3.23 所示。

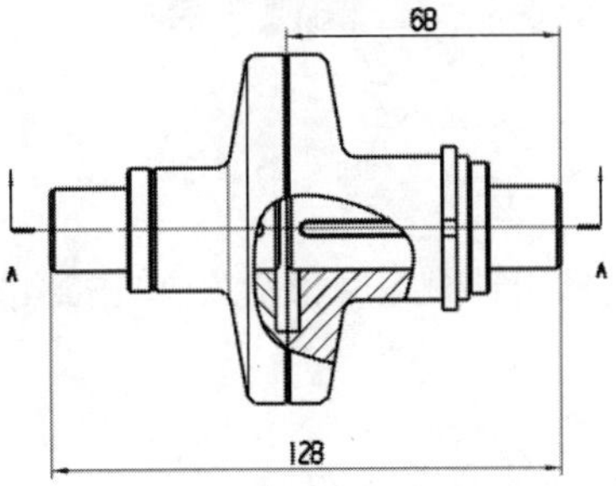

图 9.3.22　标注视图尺寸

7	ZDS-007	卡环	1	Steel		0.0	
6	ZDS-004	右轴	1	Steel		0.0	
5	ZDS-006	右键	1	Steel		0.0	
4	ZDS-005	右摩擦盘	1	Steel		0.0	
3	ZDS-003	左键	1	Steel		0.0	
2	ZSD-001	左轴	1	Steel		0.0	
1	ZDS-002	左摩擦盘	1	Steel		0.0	
序号	代号	名称	数量	材料	单件	总计	备注
					重量		

图 9.3.23　零件明细表

说明：如果此时在部件的重量数值还不能正确显示，是因为系统提供的此零件明细表模板中该列引用的是引用集的重量。如果部件中没有创建此引用集，将不能显示正确的重量数值。

Stage2．创建零件序号

Step1．选择下拉菜单 插入(S) → 表格(B) ▸ → 自动符号标注(B) 命令，系统弹出“零件明细表自动符号标注”对话框（一）。

Step2．在系统提示 选择要自动标注符号的零件明细表 下，在“部件导航器”中选择前面创建的 零件明细表，并单击 确定 按钮；在图样中选取前面创建的剖视图 A-A，单击 确定 按钮，结果如图 9.3.24 所示。

Step3．调整零件序号的位置。

（1）双击零件序号 6，系统弹出“标识符号”对话框，激活 指定位置，通过单击合适位置调整序号文本的位置；激活 选择终止对象，通过选取点来调整指引线的引出点，结果如图 9.3.25 所示。

（2）参照此方法，调整其余零件序号的位置，结果如图 9.3.25 所示。

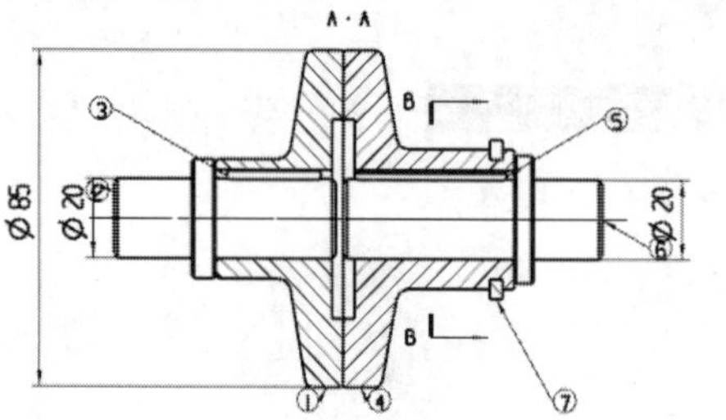

图 9.3.24　添加零件序号

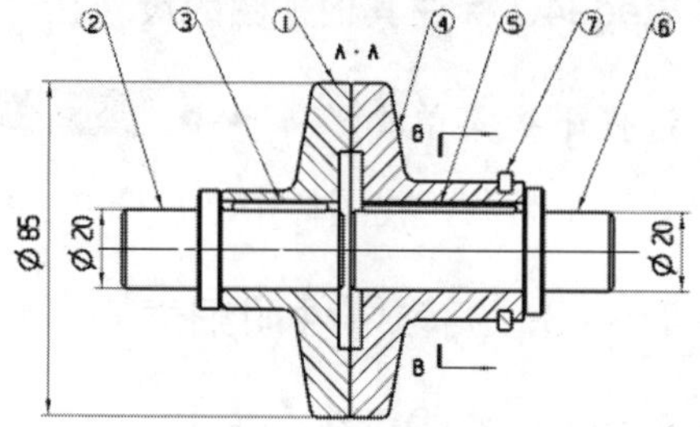

图 9.3.25　调整零件序号的位置

Stage3．排序零件序号

Step1．选择下拉菜单 GC 工具箱 → 制图工具... → 编辑零件明细表 命令，系统弹出“编辑零件明细表”对话框。

Step2．在系统提示 选择明细表去编辑！ 下，在部件导航器中选择 零件明细表 节点下的 零件明细表区域 (1)，此时对话框显示如图 9.3.26 所示。

Step3．调整组件顺序。

（1）在图 9.3.26 所示的“编辑零件明细表”对话框中选择组件“左摩擦盘”，单击按钮 2 次，使其排在列表框的第 3 位。

（2）选择组件“卡环”，单击按钮 1 次，使其排在列表框的第 6 位。

（3）单击“更新件号”按钮，此时对话框显示为图 9.3.27 所示。

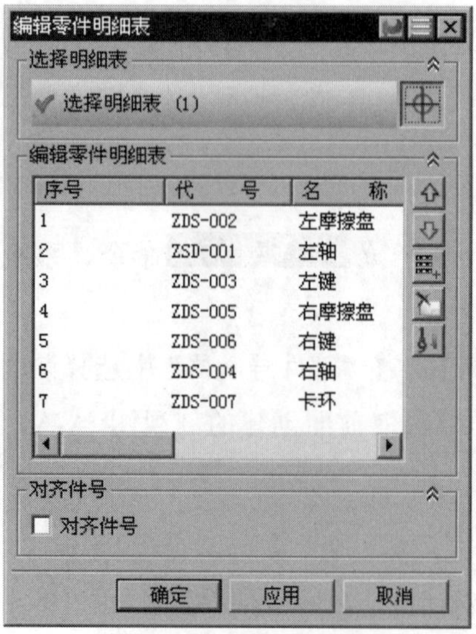

图 9.3.26　选取零件序号

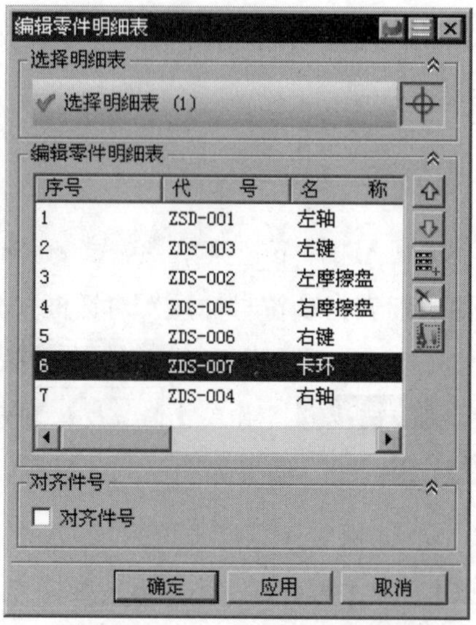

图 9.3.27　重新排列零件序号

Step4．单击 确定 按钮，此时图样中标注符号如图 9.3.28 所示，零件明细表显示如图 9.3.29 所示。

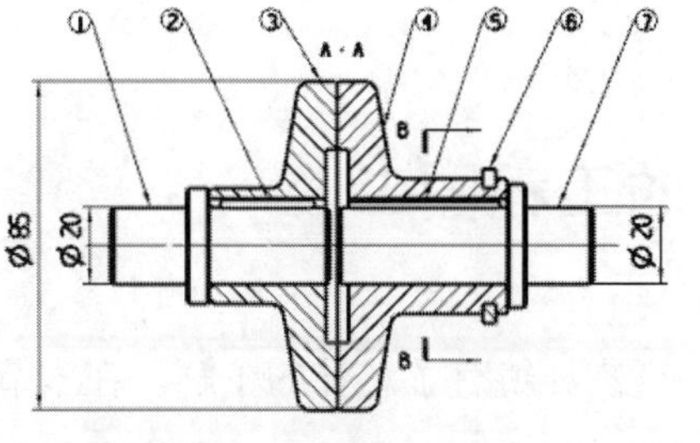

图 9.3.28　编辑后的零件序号

7	ZDS-004	右轴	1
6	ZDS-007	卡环	1
5	ZDS-006	右键	1
4	ZDS-005	右摩擦盘	1
3	ZDS-002	左摩擦盘	1
2	ZDS-003	左键	1
1	ZSD-001	左轴	1

图 9.3.29　编辑后的零件明细表

Stage4．保存文件

至此，装配体的工程图创建完成，选择下拉菜单 文件(F) ➡ 保存(S) 命令，保存并关闭工程图文件。

9.4　范例 4——典型的工程图一

范例概述：

此范例以基座为载体讲述 UG NX 8.0 工程图创建的一般过程。希望通过此例的学习，读者能对 UG NX 8.0 工程图的绘制有比较清楚的认识。完成后的工程图如图 9.4.1 所示。

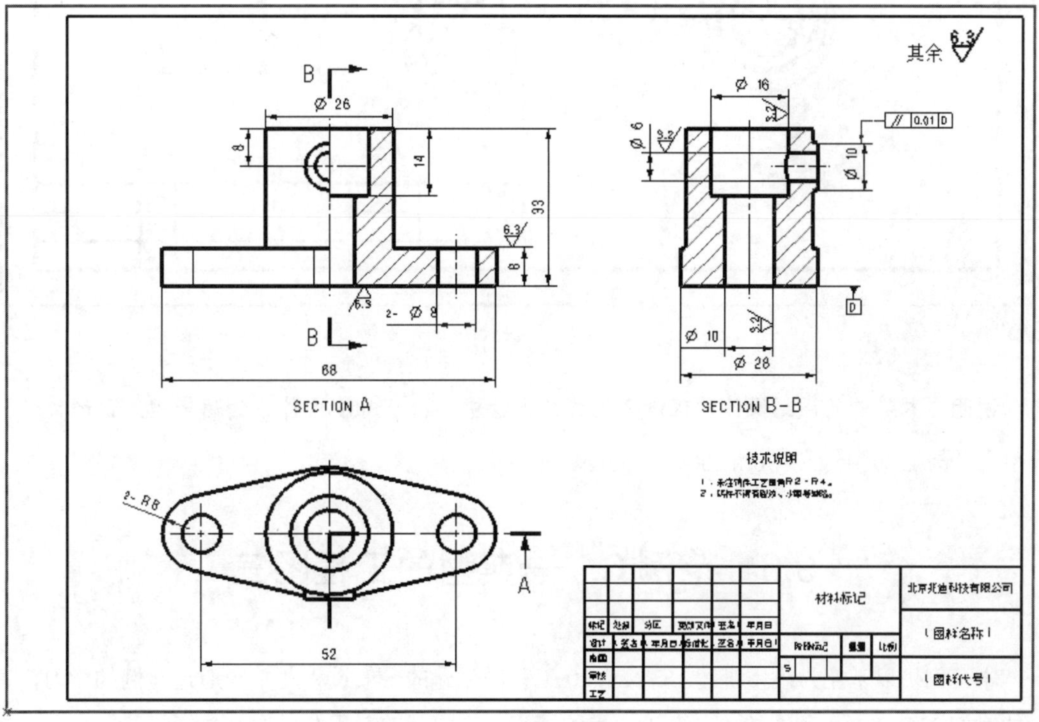

图 9.4.1　基座工程图

说明：本范例的详细操作过程请参见随书光盘中 video\ch09\文件下的语音视频讲解文件。模型文件为 D:\ugdc8.12\work\ch09.04\groundwork.prt。

9.5　范例 5——典型的工程图二

通过对前面的学习，读者应该对 UG NX 8.0 的工程图环境有了总体的了解，在本节中将介绍创建 down_base.prt 零件模型工程图的完整过程。学习完本节后，读者将会对创建 UG NX 8.0 工程图的具体过程有更加详细的了解，完成后的工程图如图 9.5.1 所示。

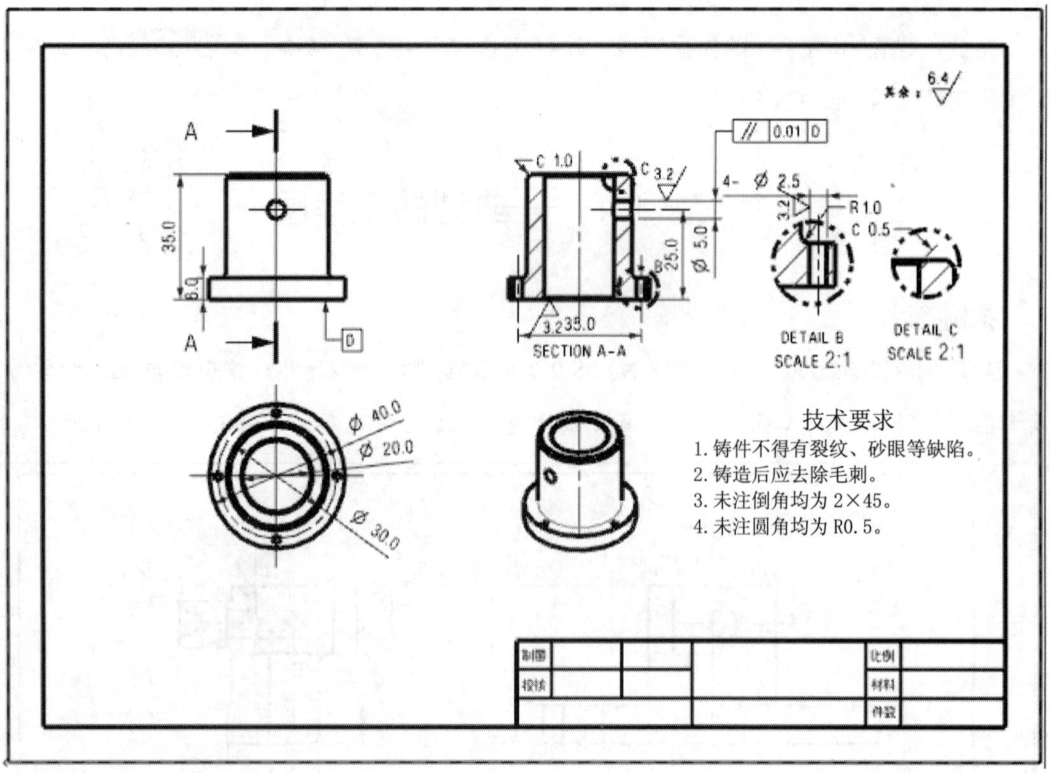

图 9.5.1　套筒工程图

说明：本范例的详细操作过程请参见随书光盘中 video\ch09\文件下的语音视频讲解文件。模型文件为 D:\ugdc8.12\work\ch09.05\down_base.prt。

9.6　范例 6——典型的工程图三

本范例仍以基座为载体讲述 UG NX 8.0 工程图创建的一般过程。希望通过此例的学习，读者能对 UG NX 8.0 工程图的绘制有进一步的认识。完成后的工程图如图 9.6.1 所示。

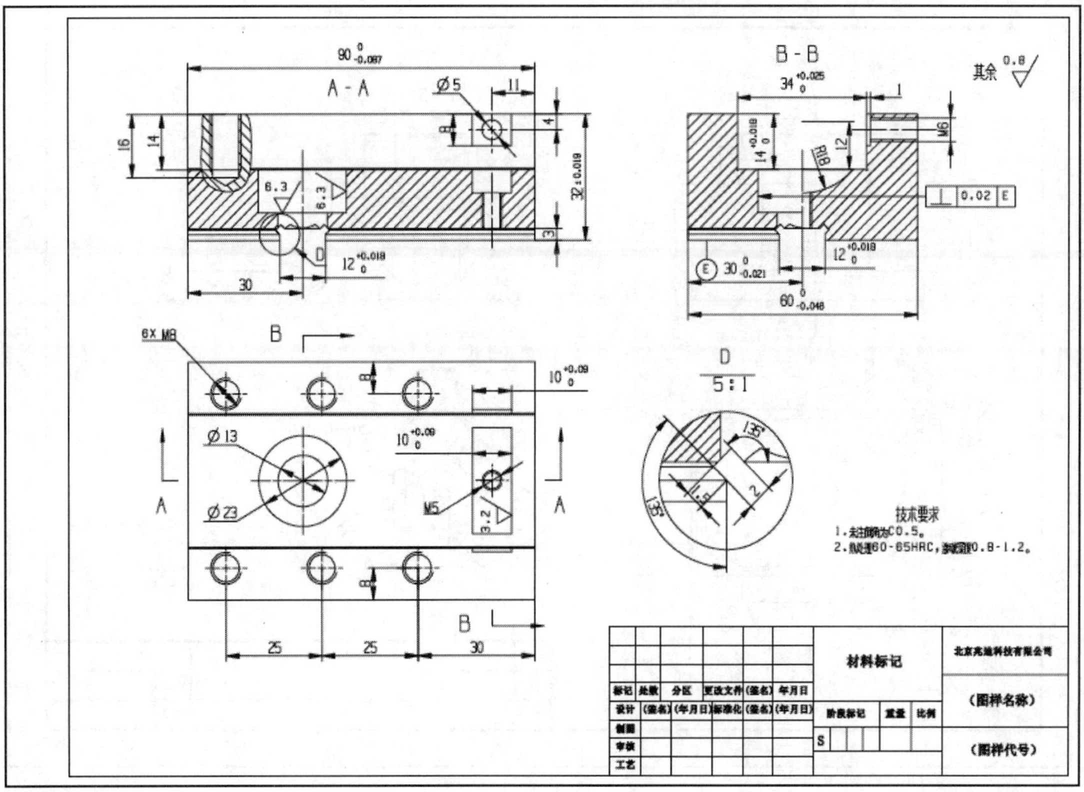

图 9.6.1 基座工程图

说明：本范例的详细操作过程请参见随书光盘中 video\ch09\文件下的语音视频讲解文件。模型文件为 D:\ugdc8.12\work\ch09.06\base_body.prt。

9.7 范例 7——典型的工程图四

本范例还是以基座为载体讲述 UG NX 8.0 工程图创建的一般过程。希望通过此例的学习，读者能够对 UG NX 8.0 工程图的绘制更加熟练。完成后的工程图如图 9.7.1 所示。

说明：本范例的详细操作过程请参见随书光盘中 video\ch09\文件下的语音视频讲解文件。模型文件为 D:\ugdc8.12\work\ch09.07\down_base.prt。

9.8 范例 8——典型的工程图五

本应用介绍了基座工程图设计的一般过程。希望通过此应用的学习，读者能对 UG NX 8.0 工程图的绘制达到更高层次的认识。完成后的工程图如图 9.8.1 所示。

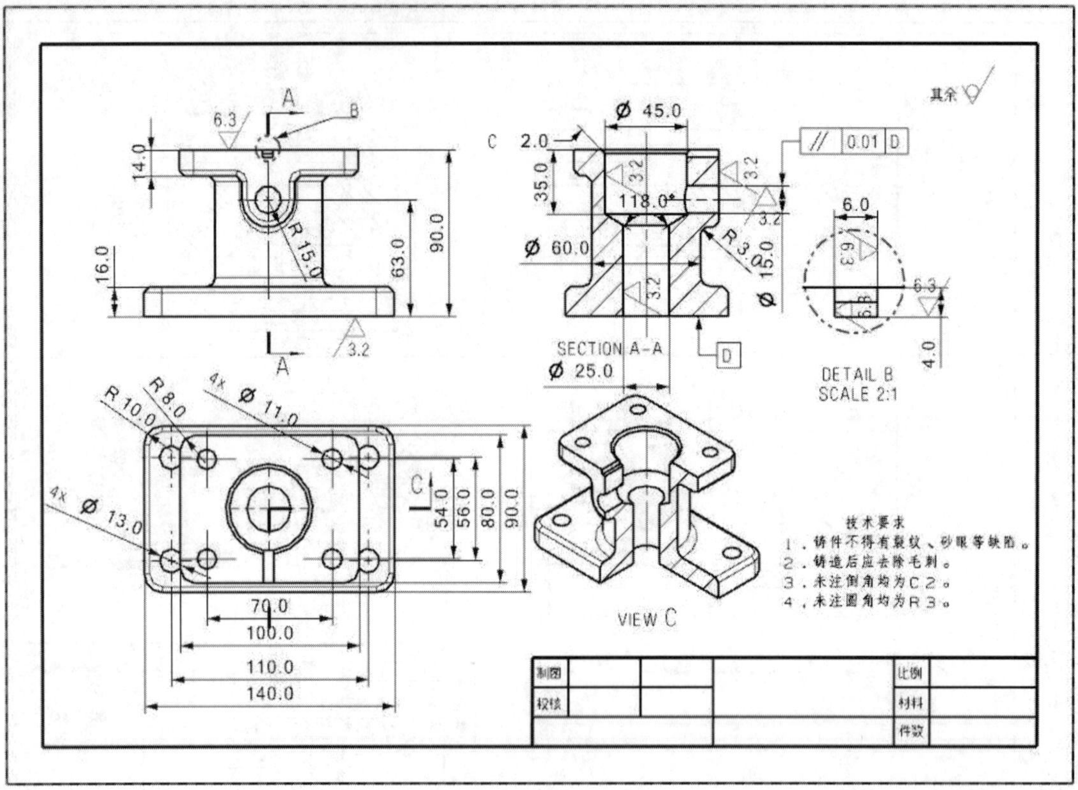

图 9.7.1　零件工程图

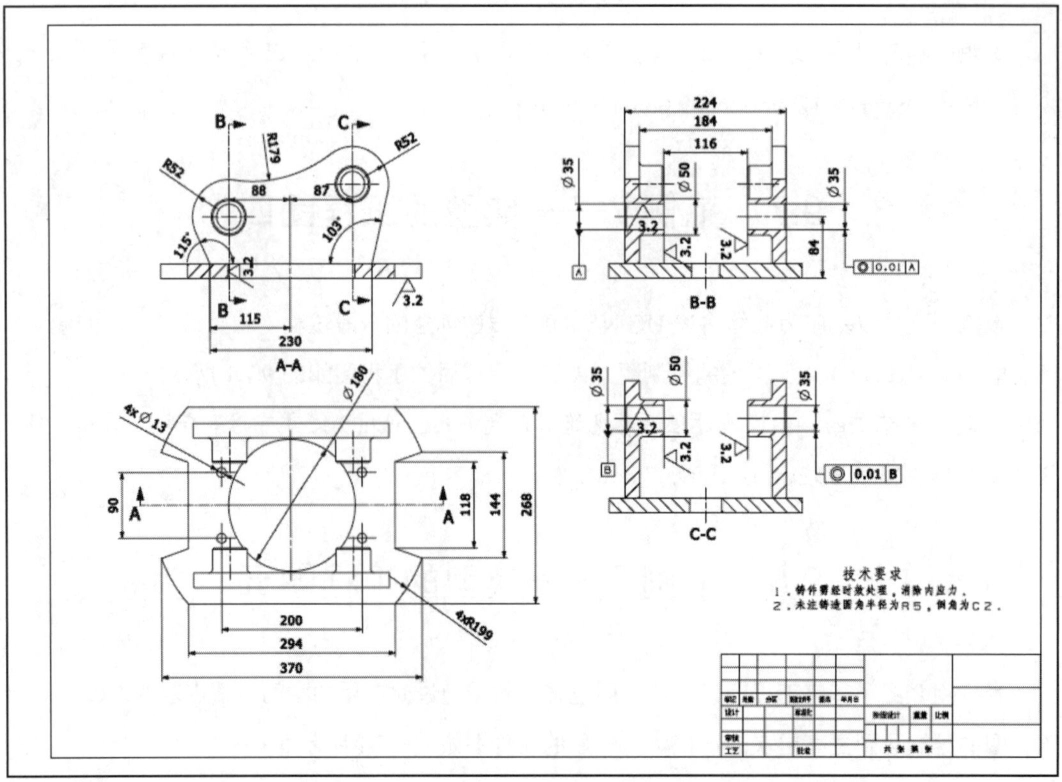

图 9.8.1　基座工程图

说明：本范例的详细操作过程请参见随书光盘中 video\ch09\文件下的语音视频讲解文件。模型文件为 D:\ugdc8.12\work\ch09.08\base.prt。

9.9　范例 9——典型的工程图六

本应用介绍了运动仿真机构中的差速箱工程图设计的一般过程。希望通过此应用的学习，读者能对 UG NX 8.0 工程图的绘制有比较全面的认识。完成后的工程图如图 9.9.1 所示。

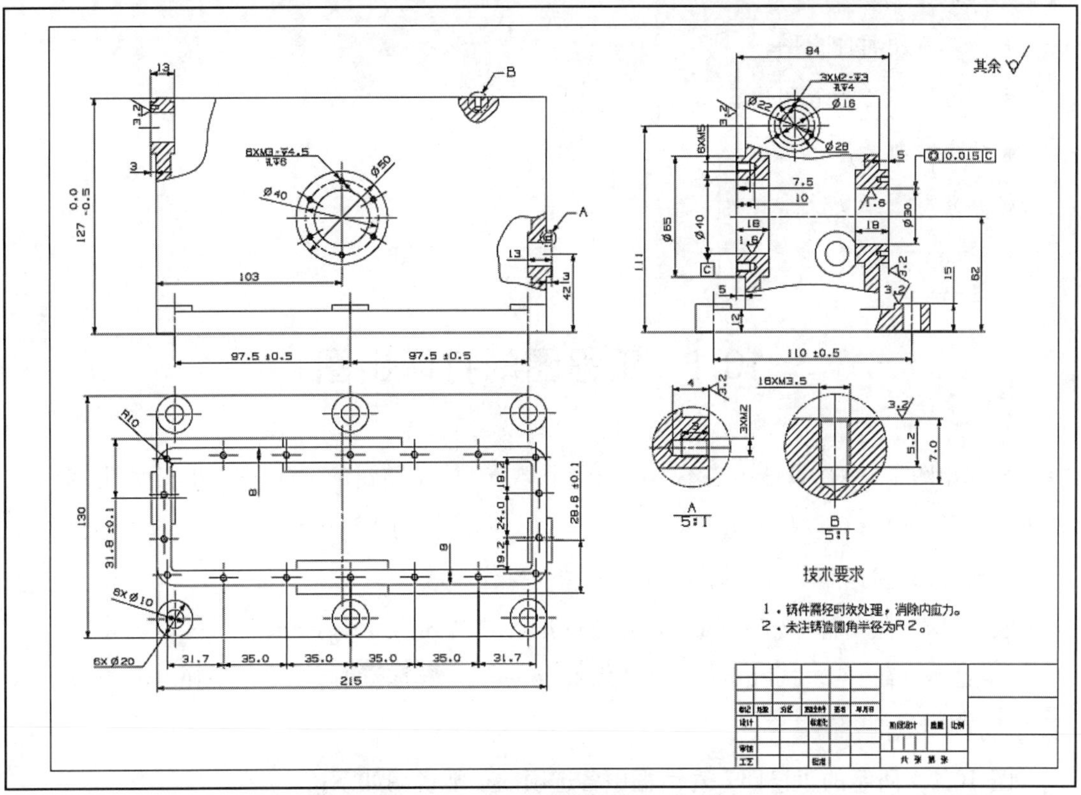

图 9.9.1　差速箱工程图

说明：本范例的详细操作过程请参见随书光盘中 video\ch09\文件下的语音视频讲解文件。模型文件为 D:\ugdc8.12\work\ch09.09\transmission-box.prt。

第 10 章　工程图的高级应用

本章提要　本章将介绍 UG NX 8.0 工程图的一些高级应用，比如定制符号、跟踪图纸更改和 GC 工具箱等，灵活使用这些命令将有助于提高我们的工作效率和质量，主要内容包括：

- 工程图打印出图。
- 在图纸上放置图像。
- 定制符号。
- 跟踪图纸更改。
- GC 工具箱。

10.1　工程图的打印出图

打印出图是 CAD 设计中必不可少的一个环节，本节将讲解 UG NX 8.0 工程图的打印。在打印工程图时，可以打印整个图纸，也可以打印图纸的所选区域，可以选择黑白打印，也可以选择彩色打印。下面讲解打印工程图的操作方法。

Step1. 打开工程图文件 D:\ugdc8.12\work\ch10.01\print_dwg1.prt。

Step2. 选择命令。选择下拉菜单 文件(F) → 打印(P)... 命令，系统弹出图 10.1.1 所示的“打印”对话框。

图 10.1.1 所示的“打印”对话框中各选项的功能说明如下：

- 源 区域：在该区域的列表框中显示当前文件中包含的图纸页，其中 当前显示 表示当前图形区显示的内容。
- 打印机 区域：在该区域选择要使用的打印机类型以及打印机的详细信息等。在 打印机 下拉列表中显示操作系统如 WindowsXp 中已安装的打印机。
- 设置 区域：在该区域设置打印的份数、线条宽度等参数。
  - ☑ 份数 文本框：在该文本框中输入要打印的图纸数量。
  - ☑ 细线宽度缩放因子 文本框：用来定义细线宽度的比例因子。数值越大，宽度越大。
  - ☑ 正常宽度缩放因子 文本框：用来定义正常线宽度的比例因子。
  - ☑ 粗线宽度缩放因子 文本框：用来定义粗线宽度的比例因子。

☑ 输出下拉列表：用来控制打印的图纸的颜色和着色。选择彩色线框选项表示使用彩色或灰阶线来打印图纸的所有边，选择黑白线框选项表示只能使用黑色线打印图纸的所有边。

☑ ☑ 在图纸中导出光栅图像复选框：选中后可以打印选定的图纸页中的光栅图像。

☑ ☐ 将着色的几何体导出为线框复选框：选中后可以打印选定的图纸页中的着色图纸视图的线框显示。

☑ 图像分辨率下拉列表：用来定义打印图像的清晰度或质量，与打印机具体参数有关。

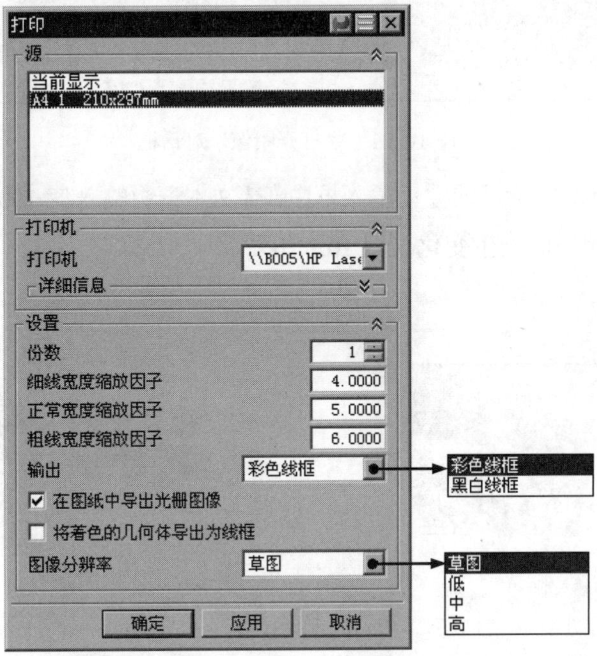

图 10.1.1 “打印”对话框

Step3. 在“打印”对话框中源列表框中选择A4_1 210x297mm选项，在设置区域设置细线宽度缩放因子为 2，设置正常宽度缩放因子为 4，设置粗线宽度缩放因子为 6，其余采用默认参数。

Step4. 在“打印”对话框中单击确定按钮，即可开始打印。

10.2 在图纸上放置图像

在 UG NX 8.0 的工程图环境中，可以将光栅图像放置在图纸页上，此时图像文件将被保存在部件文件内部。下面讲解在图纸页上放置图像的操作方法。

Step1. 打开工程图文件 D:\ugdc8.12\work\ch10.02\image.prt，进入制图环境。

Step2. 选择下拉菜单插入(S) → 图像(I)...命令，系统弹出“打开图像”对话框。

Step3. 在图 10.2.1 所示的“打开图像”对话框中选择 jsq.PNG 选项，单击 OK 按钮。

说明： 系统支持的图像格式为 PNG、JPG 和 TIFF 类型，如果不是这 3 种类型，需要提前通过图像转换软件进行转换。

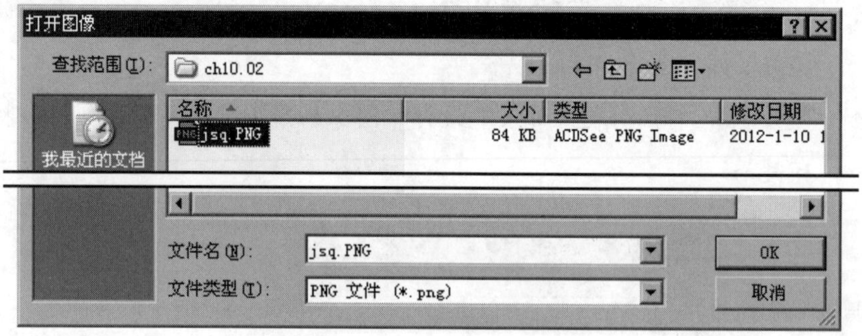

图 10.2.1 “打开图像”对话框

Step4. 在图 10.2.2a 所示的浮动输入框中宽度文本框中输入值 100 并按下 Enter 键，此时高度文本框的数值同时发生变化（图 10.2.2b）。

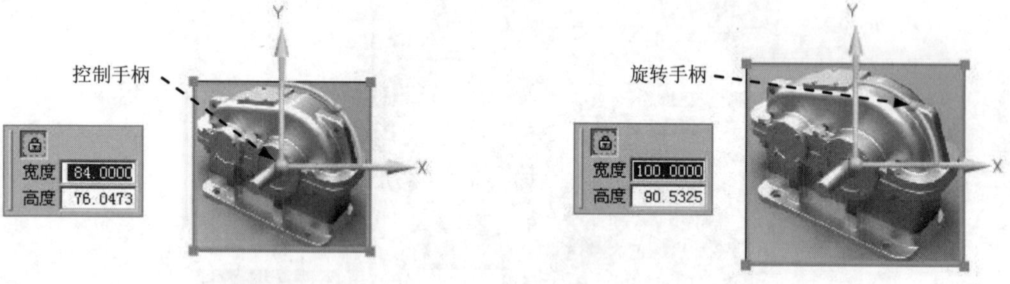

a）输入前 b）输入后

10.2.2 输入尺寸

Step5. 在尺寸输入框中单击“锁定宽高比”按钮，在高度文本框中输入值 90 并按下 Enter 键，然后再次单击“锁定宽高比”按钮。

说明： 用户也可以通过拖动图像的 4 个角点来改变其大小。

Step6. 拖动图 10.2.2a 所示的控制手柄移动到图像左下角点后松开，此时控制手柄自动吸附到该角点，然后拖动 X 轴或 Y 轴改变图像的位置。

说明： 图像共有九个点可以选取，包括 4 个角点、4 个边中点和 1 个中心点。

Step7. 拖动图 10.2.2b 所示的旋转手柄逆时针旋转 90°，改变图像放置角度，结果如图 10.2.3 所示。

说明： 旋转角度必须是 90° 的整倍数。

Step8. 单击鼠标中键，完成图像的放置，结果如图 10.2.4 所示。

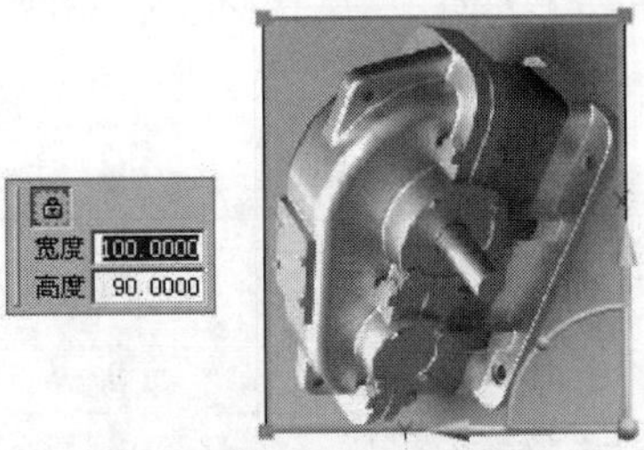

图 10.2.3 旋转图像

图 10.2.4 放置图像

10.3 定制符号

在 UG NX 8.0 的工程图环境中，用户可以通过创建新的定制符号的方法，将企业内部一些特定的制图对象存储起来，并在制图中进行调用。定制符号可以与主模型定制符号相关联，这样当主模型符号发生变化后，符号的关联副本也会更新。下面来介绍在 UG NX 8.0 中关于定制符号的相关操作方法。

10.3.1 创建定制符号库

Step1. 启动 UG NX 8.0 软件。

Step2. 选择下拉菜单 文件(F) → 实用工具(U) ▸ → 用户默认设置(D)... 命令，系统弹出“用户默认设置”对话框。

Step3. 在“用户默认设置”对话框中左侧节点列表中选择“基本环境”下的 重用库 节点，在右侧单击 符号库 选项卡，此时对话框如图 10.3.1 所示。

Step4. 在“用户默认设置”对话框中右侧的 符号库，原生 NX 文本框中输入文本“我的符号|d:\my_symbol”（引号不要输入），其余参数采用图 10.3.1 所示的默认参数。

说明： 这里在 d:\my_symbol 前面的符号是按下键盘上的 Shift 键后再按下“\”键输入的。注意，在此输入的路径必须存在，否则可能会出错。参照此定义格式，用户可以输入多行文本来定义多个不同的符号库存储路径。

Step5. 在“用户默认设置”对话框中单击 确定 按钮。

Step6. 关闭 UG NX 8.0 软件并重新启动。

Step7. 打开文件 D:\ugdc8.12\work\ch10.03.01\symbol_01.prt，进入制图环境。

Step8. 在左侧的资源板中单击“重用库”选项卡，可以看到“我的符号”节点已经创建（图 10.3.2 所示）。

Step9. 在图 10.3.2 所示的“我的符号”节点上右击，在弹出的快捷菜单中选择 新建文件夹命令，此时系统在“我的符号”节点下创建了“New Folder”节点；右击“New Folder”节点，在弹出的快捷菜单中选择 重命名 命令，输入新名称 N001，结果如图 10.3.3 所示。

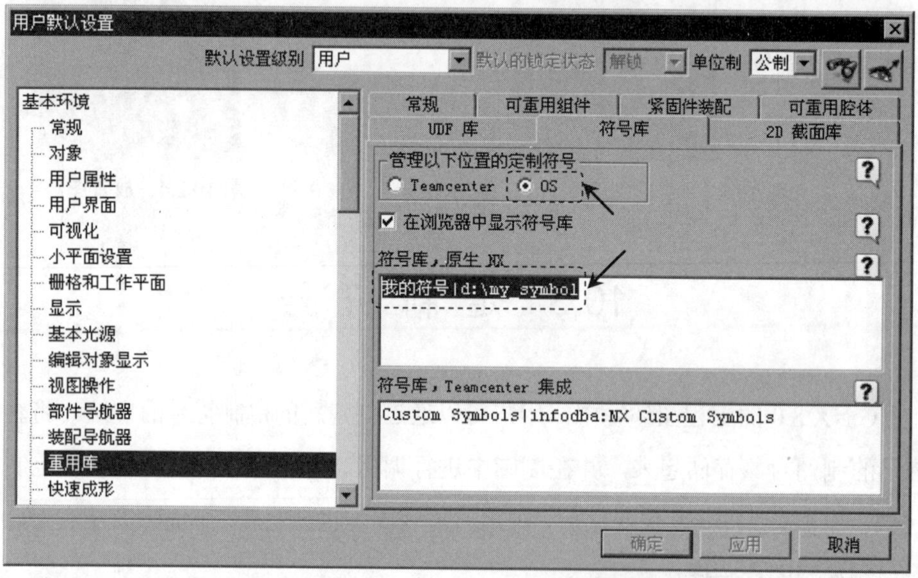

图 10.3.1 “用户默认设置”对话框

图 10.3.2 “重用库”资源板（一）

图 10.3.3 “重用库”资源板（二）

说明：这里必须创建新的文件夹，用以存放用户的定制符号。参照此操作方法，用户可以创建多个文件夹以放置不同类型的定制符号。

10.3.2 创建新的定制符号

下面来介绍创建新的定制符号的一般操作方法。

Step1. 打开文件 D:\ugdc8.12\work\ch10.03.02\custom_symbol.prt，进入制图环境。

Step2. 选择下拉菜单 插入(S) → 符号(Y) → 定义定制符号(E)... 命令，系统弹出图 10.3.4 所示的“定义定制符号”对话框。

Step3. 定义存放文件夹。在“定义定制符号”对话框中 文件夹视图 区域列表框中选择

N001节点。

Step4. 定义符号名称。在符号名区域的名称文本框中输入文本“方标”，在部件文件名文本框中输入文本“S_001”。

Step5. 定义符号内容。确认符号内容区域的* 选择对象 (0)被激活，选取图 10.3.5 所示的图形内容。

Step6. 定义锚点位置。单击锚点区域的指定点，选取图 10.3.6 所示的角点作为新的锚点。

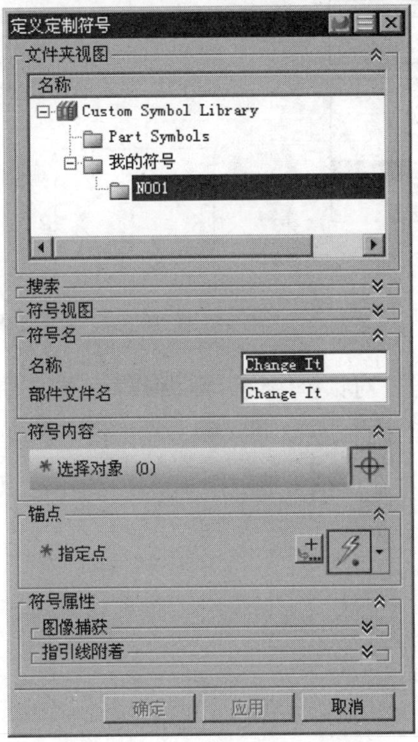

图 10.3.4 “定义定制符号”对话框

图 10.3.5 选择符号内容

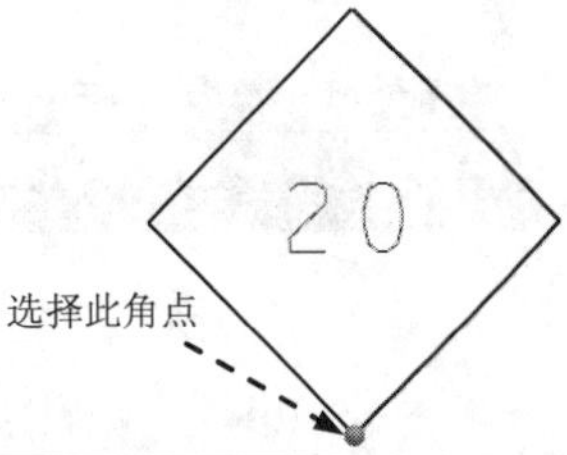

图 10.3.6 定义锚点

Step7. 定义符号属性。

(1) 定义预览图像。在“定义定制符号”对话框中展开图像捕获区域（图 10.3.7 所示），在输入下拉列表中选择区域选项，此时系统自动激活定义区域，在图纸上单击一点并拖动出矩形（图 10.3.8 所示），此时图像预览区域显示结果如图 10.3.7 所示。

说明：如果拖动的矩形大小不合适，可以再拖动矩形边上的控制点来改变其大小，直至能完整的包含符号。

图 10.3.7 所示的“图像捕获”区域中的选项说明如下：

- 输入下拉列表：用于定义图像捕获的输入方式，包括图形区域、区域和文件。选择图形区域选项时，用户需要缩放图形区的显示内容，然后按下按钮即可捕获当前图形区的显示内容；选择文件选项时，用户需要选择一个图像文件来定义符号的预览图。

- 格式下拉列表：定义符号预览图的保存格式，不同图形格式的差异请查阅相关资料。
- 图像高度下拉列表：定义符号预览图像的高度。

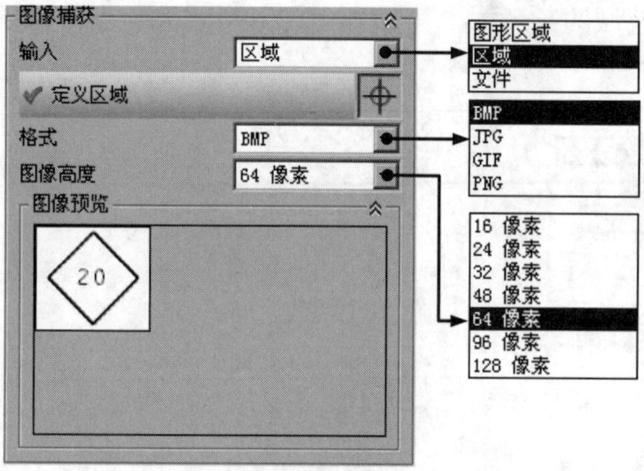

图 10.3.7 “图像捕获”区域

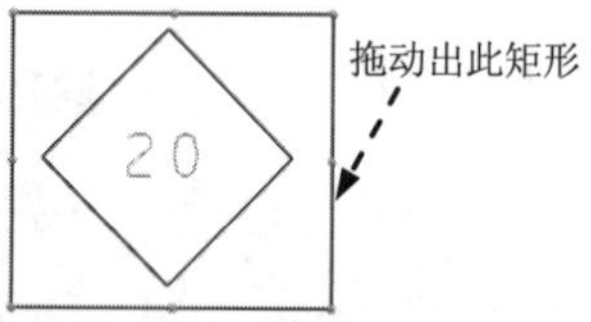

图 10.3.8 定义图像区域

（2）定义指引线附着。在“定义定制符号”对话框中展开指引线附着区域（图 10.3.9 所示），在列表框中选择Left Leader选项，此时系统自动激活指定点，在图纸上选取图 10.3.10 所示的点 1；在列表框中选择Right Leader选项，在图纸上选取图 10.3.10 所示的点 2。

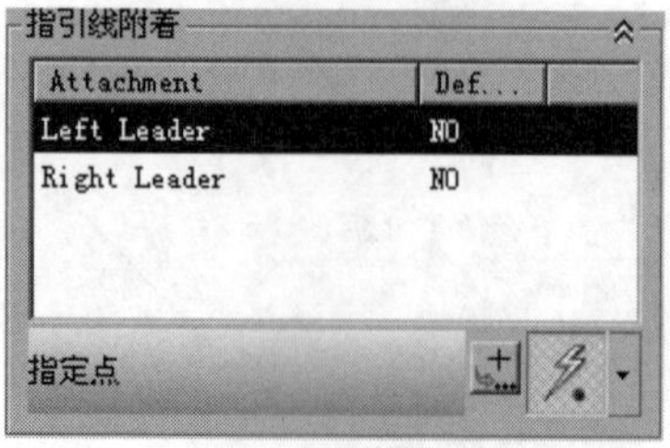

图 10.3.9 “指引线附着”区域

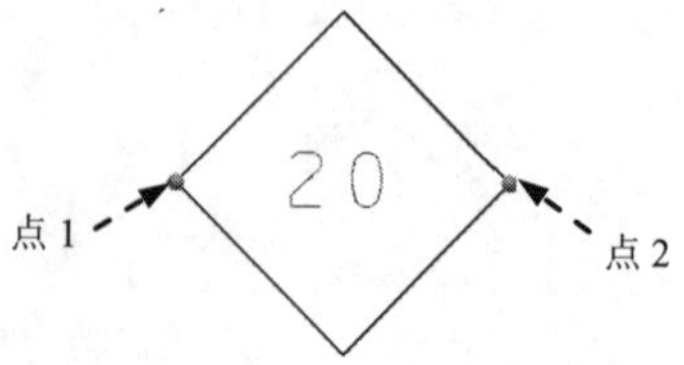

图 10.3.10 定义引出点

说明：默认的指引线引出点是锚点，这里用户可以定义左右引出点，其中Left Leader为左指引线引出点，Right Leader为右指引线引出点。当放置定制符号时，系统默认会自动判断从那个引出点创建指引线。

（3）定义文本属性。

①在“定义定制符号”对话框中展开文本属性区域（图 10.3.11a 所示），在列表框中选择<C3.... 强制的选项，此时对话框显示如图 10.3.11b 所示。

② 在文本类型下拉列表中选择控制的选项，此时该区域显示为图 10.3.12a 所示，在输入区中输入图 10.3.12b 所示的文本内容。

③ 在注释标题文本框中输入文本“标号”。

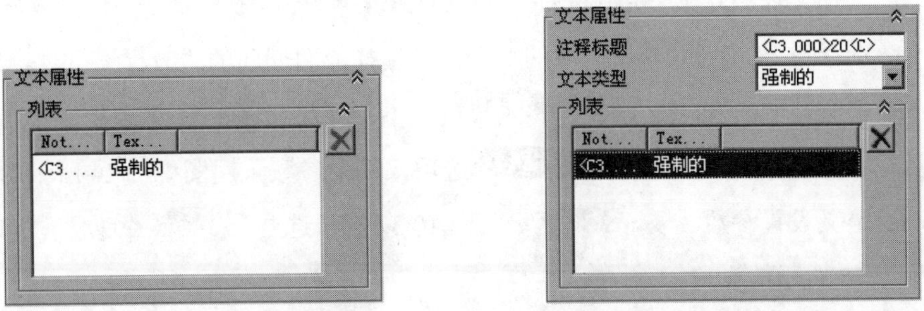

图 10.3.11 “文本属性”区域（一）

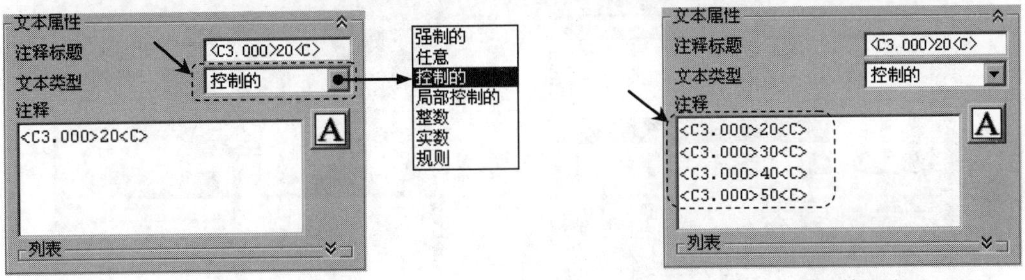

图 10.3.12 “文本属性”区域（二）

图 10.3.12 所示的“文本属性”区域中文本类型下拉列表的选项说明如下：

- 强制的选项：选择此项，放置定制符号时其中包含文本不能被修改。
- 任意选项：选择此项，放置定制符号时可以创建一行或多行文本。
- 控制的选项：选择此项，允许输入多个文本选项，在放置定制符号时只能从这些预定义的文本进行选择。
- 局部控制的选项：此项与控制的选项类似，不同在于选择局部控制的选项，允许用户在放置定制符号时，自行输入文本。
- 整数选项：选择此项，允许输入正负整数或零。
- 实数选项：选择此项，允许输入带有小数点的正负数。
- 规则选项：选择此项，允许选择某种规则。

Step8. 在“定义定制符号”对话框中单击 确定 按钮，完成定制符号的定义。

10.3.3 在图纸中插入定制符号

下面介绍在图纸中插入定制符号的一般操作方法。

Step1. 打开文件 D:\ugdc8.12\work\ch10.03.03\insert_custom_symbol.prt，进入制图环境。

Step2. 选择下拉菜单 插入(S) → 符号(Y) → 定制(C)... 命令，系统弹出图 10.3.13 所示的“定制符号”对话框。

Step3. 选择文件夹。在“定制符号”对话框中文件夹视图区域列表框中选择 N001 节点。

Step4. 选择符号。在符号视图区域的列表框中选择前面创建的“方标”符号。

Step5. 定义符号属性。展开符号属性区域（图 10.3.14），在文本属性列表框中单击标号选项，然后在标号下拉列表中选择<C3.000>50<C>选项，其余参数采用图 10.3.14 所示的设置。

Step6. 定义设置参数。展开设置区域（图 10.3.15），选中☑锁定更新复选框，其余参数采用图 10.3.15 所示的设置。

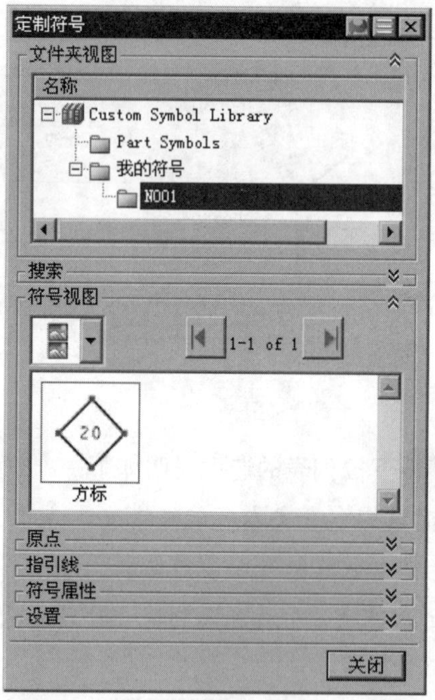

图 10.3.13 “定制符号”对话框

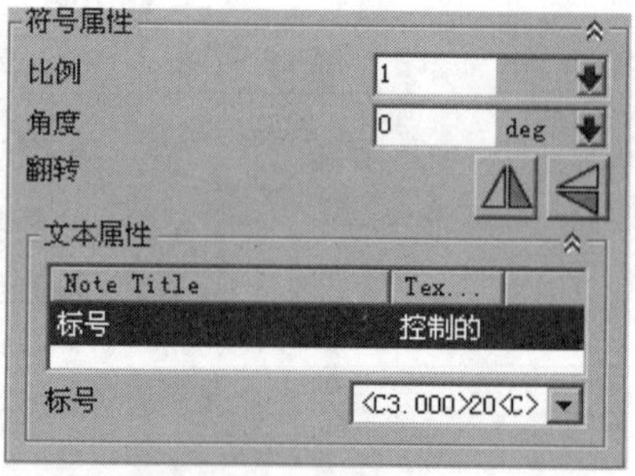

图 10.3.14 “符号属性”区域

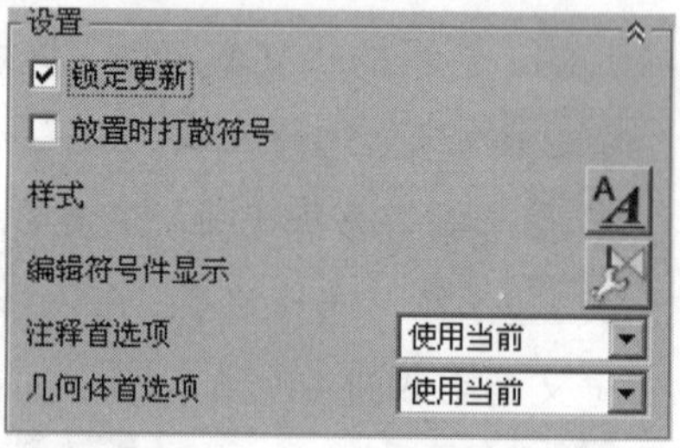

图 10.3.15 “设置”区域

图 10.3.14 所示的“符号属性”区域和图 10.3.15 所示的“设置”区域中的选项及按钮说明如下：

- 符号属性区域：用来定义要放置的定制符号的比例、角度等参数。
  - ☑ 比例文本框：定义定制符号的放置比例。
  - ☑ 角度文本框：定义定制符号的放置角度。
  - ☑ 按钮：单击即可将符号根据锚点位置进行左右翻转。
  - ☑ 按钮：单击即可将符号根据锚点位置进行上下翻转。
  - ☑ 文本属性列表框：当定制符号含有文本内容，可通过此处调整文本的属性，显示的文本属性与定义定制符号时的设置有关。
- 设置区域：用来定义要放置的定制符号的更新、打散、样式、显示等参数。
  - ☑ ☑锁定更新复选框：选中该复选框，放置后的定制符号将与源定制符号不关联，源定制符号的更改不会影响到放置后的定制符号；否则，源定制符号的更改将会影响到放置后的定制符号。

☑ □ 放置时打散符号 复选框：选中该复选框，放置后的定制符号将被打散，否则符号将是一个整体对象。用户也可以选择 编辑(E) ➡ 符号(S) ▸ ➡ 打散定制符号(S)... 命令进行符号的打散。

☑ 按钮：单击后弹出图 10.3.16 所示的“样式”对话框，用户可对箭头样式、层叠等进行设置。

☑ 按钮：单击后弹出图 10.3.17 所示的“编辑符号件显示”对话框，用户选择几何体或注释内容，即可修改线型、宽度和注释的样式。

☑ 注释首选项 下拉列表：用来定义注释的默认参数。用户可以选择“使用当前”和“使用定义”选项。

☑ 几何体首选项 下拉列表：用来定义注释的默认参数。用户可以选择“使用当前”和“使用定义”选项。

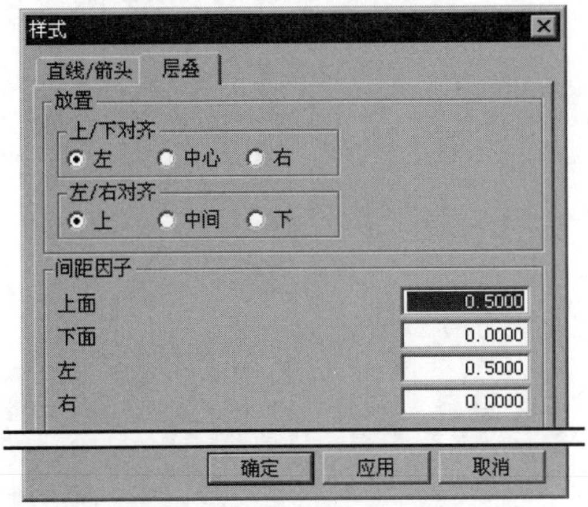

图 10.3.16　“样式”对话框

图 10.3.17　“编辑符号件显示”对话框

Step7. 放置符号。在图纸上的合适位置单击以放置符号，结果如图 10.3.18 所示。

说明： 如果在放置符号时添加了指引线，系统将根据符号与指引点的位置关系来生成左或右的指引线，效果如图 10.3.19 所示。

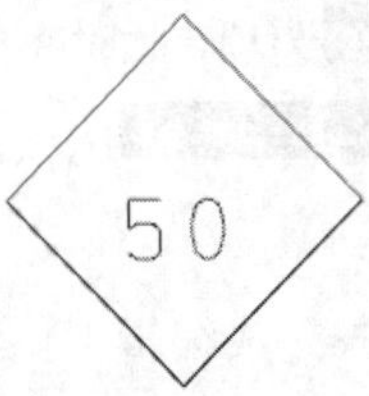

图 10.3.18　放置符号

a）左指引线　　b）右指引线

图 10.3.19　添加指引线

Step7. 单击“定制符号”对话框中的 关闭 按钮，关闭对话框。

10.3.4 编辑定制符号

下面介绍编辑定制符号的一般操作方法。

Step1. 打开文件 D:\ugdc8.12\work\ch10.03.04\edit_custom_symbol.prt，进入制图环境。

Step2. 选择下拉菜单 编辑(E) → 符号(S) → 编辑定制符号(E)... 命令，系统弹出“编辑定制符号”对话框。

Step3. 在“编辑定制符号”对话框选择图 10.3.20 所示的符号，单击 确定 按钮，系统进入定制符号的编辑环境（图 10.3.21 所示）。

Step4. 在草图环境中修改符号的线条（添加 15mm 的倒斜角），结果如图 10.3.22 所示。

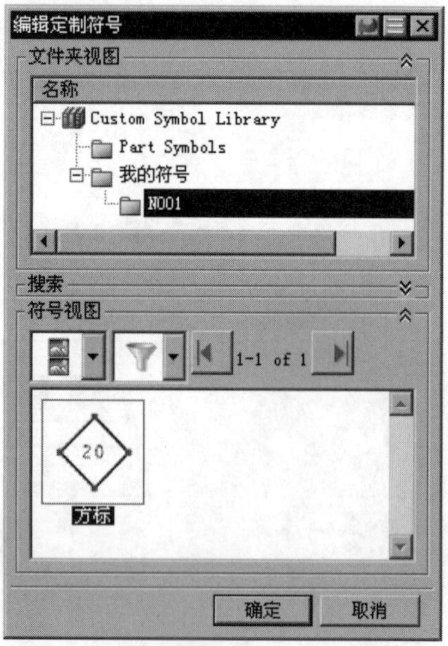

图 10.3.20 “编辑定制符号”对话框

图 10.3.21 定制符号编辑环境

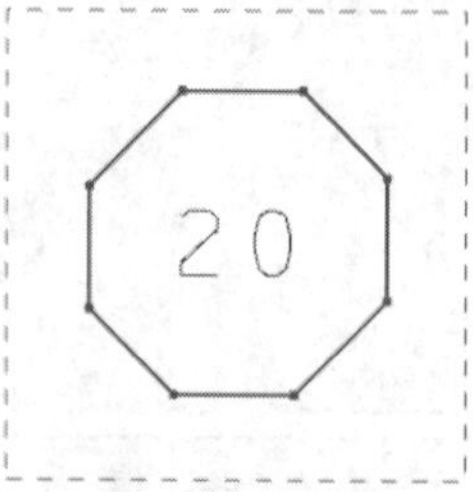

图 10.3.22 编辑草图

Step5. 在图形区空白处右击，在弹出的快捷菜单中选择 完成定制符号编辑(F)... 命令，系统弹出“完成定制符号编辑”对话框。

Step6. 重新定义锚点。在“完成定制符号编辑”对话框中单击 锚点 区域的 指定点，选取图 10.3.23 所示的点作为新的锚点。

Step7. 重新指引点。在 指引线附着 区域的列表框中选择 Left Leader 选项，此时系统自动激活 指定点，在图样上选取图 10.3.24 所示的点 1；在列表框中选择 Right Leader 选项，在图样上选取图 10.3.24 所示的点 2。

Step8. 在“完成定制符号编辑”对话框中单击 确定 按钮，完成编辑。

说明：编辑定制符号后，还需要重新定义预览图像，读者可参照前面的操作完成。

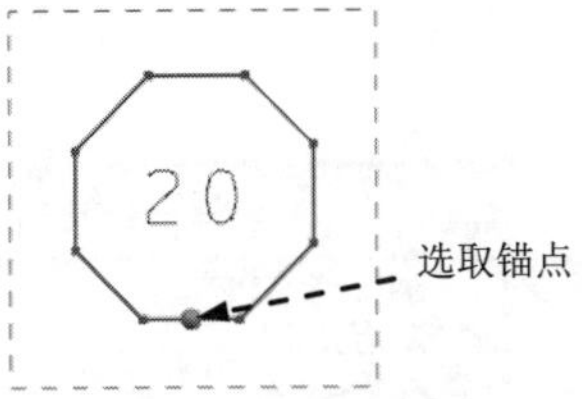

图 10.3.23　定义锚点

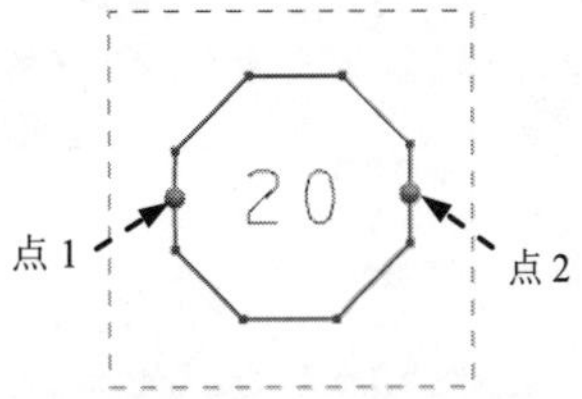

图 10.3.24　定义指引点

10.3.5　更新定制符号

下面紧接着上一小节的操作来介绍更新定制符号的一般操作方法。

注意：只有在编辑定制符号后，才能进行定制符号的更新。

Step1. 锁定符号的更新。在图纸上右击图 10.3.25 所示的定制符号，在系统弹出的快捷菜单中锁定更新命令。

Step2. 更新未锁定更新的定制符号。

（1）在“部件导航器” 中右击图 10.3.26 所示的Out-of-Date节点，在系统弹出的快捷菜单中刷新命令，此时在该节点下出现新的Custom Symbols节点。

（2）右击新出现的Custom Symbols节点，在系统弹出的快捷菜单中刷新命令，此时“部件导航器”显示如图 10.3.26 所示。

图 10.3.25　锁定更新的符号

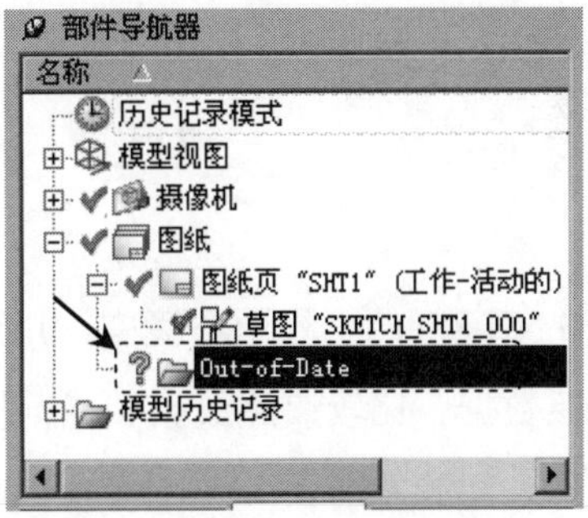

图 10.3.26　部件导航器（一）

（3）单击图 10.3.27 所示的Custom Symbols前面的图标，图样上的符号显示如图 10.3.28 所示。

说明：前面 Step1 中进行了锁定更新的定制符号此时不能被更新，其余两个没有进行锁定更新的定制符号此时被更新。

Step3. 解锁符号的更新。在图纸上右击图 10.3.29 所示的定制符号，在系统弹出的快捷菜单中选择解锁更新命令。

Step4. 更新定制符号。参考 Step2 的操作方法，对解锁后的定制符号进行更新，结果如图 10.3.30 所示。

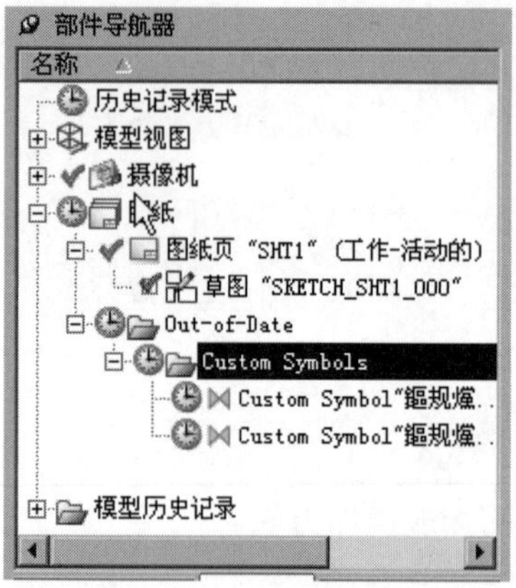

图 10.3.27　部件导航器（二）

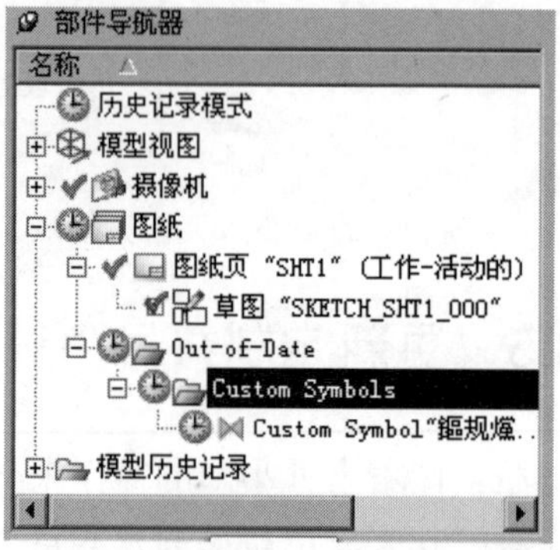

图 10.3.28　部件导航器（三）

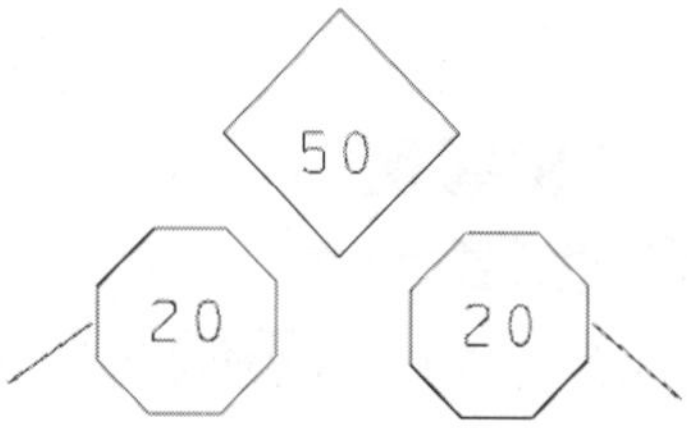

图 10.3.29　更新后的符号

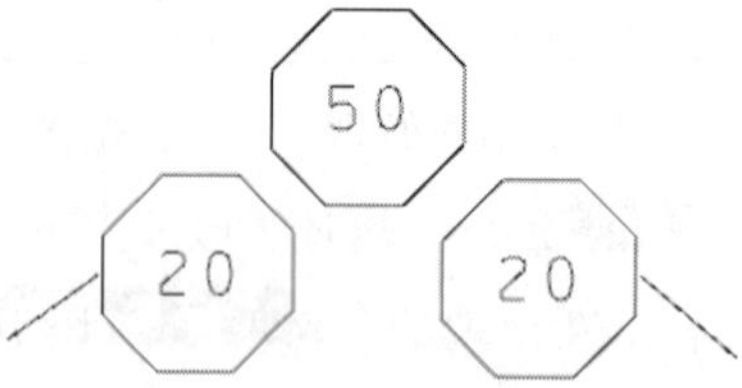

图 10.3.30　更新解锁后的符号

10.4　跟踪图纸更改

在 UG NX 8.0 的工程图环境中，用户可以通过使用跟踪图纸更改的一组命令，如创建图纸的快照数据、比较快照数据和当前图纸、生成交互式报告等，分析图纸当前状态和先前保存状态之间的差别。

10.4.1　创建快照数据

使用“创建快照数据”命令可快速捕获当前工作部件中各个图纸页的重要数据和 CGM 文件，并存储在当前工作部件文件中。这些永久保存的快照数据将用来和图纸更改的状态进行比较，以便发现两者之间的差别。下面讲解创建快照数据的一般操作过程。

Step1. 打开文件 D:\ugdc8.12\work\ch10.04.01\snalshot.prt，进入制图环境。

Step2. 选择下拉菜单 分析(L) → 跟踪图纸更改(R) → 创建快照数据(S) 命令（或从“跟踪图纸更改”工具条中单击按钮），系统弹出“跟踪图纸更改的创建快照数据信息”对话框。

Step3. 在图 10.4.1 所示的对话框中单击 确定(O) 按钮，完成快照数据的创建。

Step4. 选择下拉菜单 文件(F) → 保存(S) 命令，保存文件。

说明： 创建快照数据后，必须保存文件，否则快照数据不能存储在部件文件中，将丢失。

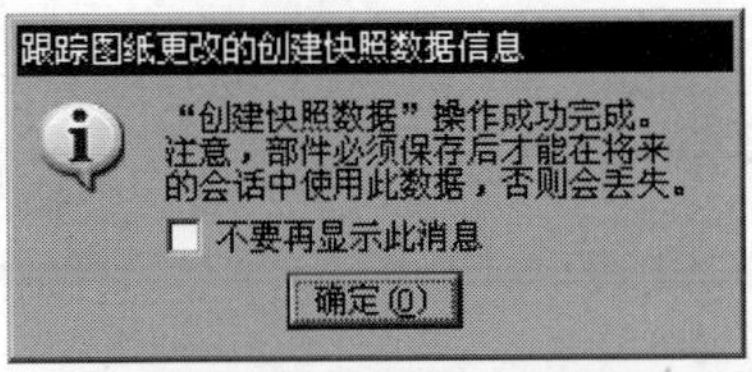

图 10.4.1 "跟踪图纸更改的创建快照数据信息"对话框

说明：

- 创建快照数据后，必须保存部件文件，这样才能将快照数据存储在部件文件中，否则快照数据将丢失。
- 选择下拉菜单 分析(L) → 跟踪图纸更改(R) ▸ → 删除比较数据(D) 命令，即可删除刚刚创建的快照数据。
- 只有创建了快照数据后，才能执行删除快照数据的操作。

10.4.2 叠加 CGM

叠加 CGM 命令是将部件文件中保存的 CGM 文件叠加到当前的图纸页上，此时重叠一致的部分是没有变化的，不一致的部分则是图纸的更改部分。需要注意的是，如果某个视图在图纸页上的位置发生了变化，即便模型未作更改，此时的叠加结果仍会显示较多有差别的地方。下面介绍叠加 CGM 的一般操作过程。

Step1. 打开文件 D:\ugdc8.12\work\ch10.04.02\overlay_CGM.prt，选择下拉菜单 开始 → 建模(M)... 命令，进入建模环境。

Step2. 修改模型。在"部件导航器"中双击 圆柱 (2) 特征，系统弹出"圆柱"对话框，在 直径 文本框中输入值 20，在 高度 文本框中输入值 40，单击 确定 按钮，完成模型修改。

Step3. 选择下拉菜单 开始 → 制图(D)... 命令，进入制图环境。

Step4. 更新视图。选择下拉菜单 编辑(E) → 视图(W) → 更新(U)... 命令（或在"图纸"工具栏中单击按钮），系统弹出"更新视图"对话框，单击 确定 按钮，完成视图的更新，结果如图 10.4.2 所示。

Step5. 选择下拉菜单 分析(L) → 跟踪图纸更改(R) ▸ → 叠加 CGM 命令（或从"跟踪图纸更改"工具条中单击按钮），结果如图 10.4.3 所示。

说明： 只有创建了快照数据后，才能执行叠加 CGM 的操作。

Step6. 再次选择下拉菜单 分析(L) → 跟踪图纸更改(R) ▸ → 叠加 CGM 命令（或从"跟踪图纸更改"工具条中单击按钮），即可关闭叠加 CGM。

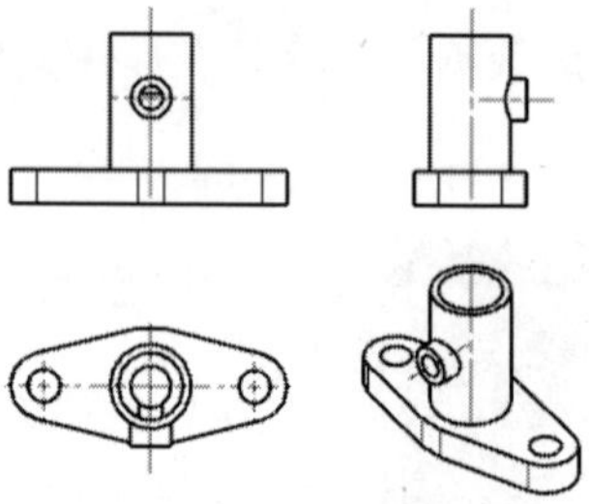

图 10.4.2　更新视图后

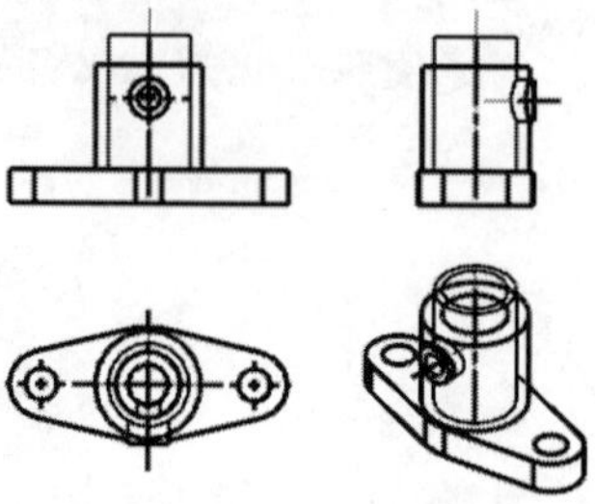

图 10.4.3　叠加 CGM

10.4.3　打开与关闭跟踪更改

激活跟踪更改命令后，系统将保存临时的快照数据，然后使用这些数据与图纸的当前状态进行比较，并可由此创建一个比较报告。当关闭跟踪更改后，临时数据将被删除。打开和关闭跟踪更改的操作如下：

在制图环境中，选择下拉菜单 分析(L) → 跟踪图纸更改(R) ▸ → 跟踪更改(A) 命令（或从“跟踪图纸更改”工具条中单击按钮），即可打开跟踪更改；再次选择该命令，系统弹出图 10.4.4 所示的“跟踪图纸更改警告”对话框，单击 是(Y) 按钮，即可关闭跟踪更改。

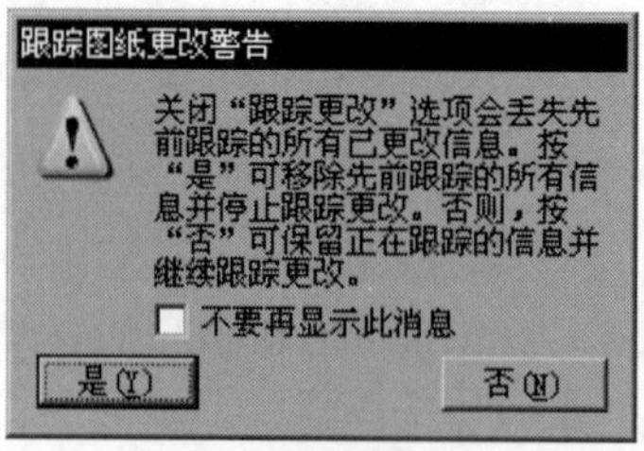

图 10.4.4　“跟踪图纸更改警告”对话框

10.4.4　比较报告

通过创建比较报告，用户可以直观地观察到图纸的各个更改、添加和删除等。用户通过选择创建比较报告的基准，来决定当前的图纸状态是与保存的快照数据比较，还是与临时收集的快照数据进行比较。下面介绍关于比较报告的相关操作方法。

1．设置比较报告

Step1．打开文件 D:\ugdc8.12\work\ch10.04.04\report.prt，进入制图环境。

Step2．选择下拉菜单 分析(L) → 跟踪图纸更改(R) ▸ → 设置(T)... 命令（或从“跟踪图纸更改”工具条中单击按钮），系统弹出图 10.4.5 所示的“跟踪图纸更改设置”对话框。

Step3. 在 “跟踪图纸更改设置” 对话框的常规选项卡比较报告的基线下拉列表中选择快照选项，选中☑ 显示更改符号复选框，其余参数采用默认设置。

Step4. 在“跟踪图纸更改设置”对话框中进入报告过滤器选项卡（图 10.4.6 所示），采用系统的默认设置（选中全部复选框）。

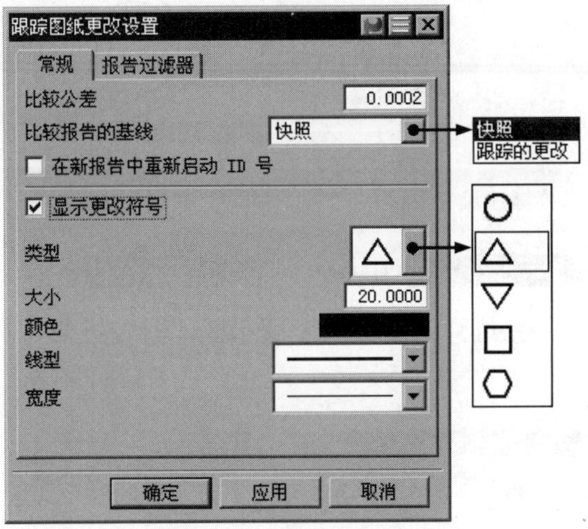

图 10.4.5 “跟踪图纸更改设置”对话框（一）

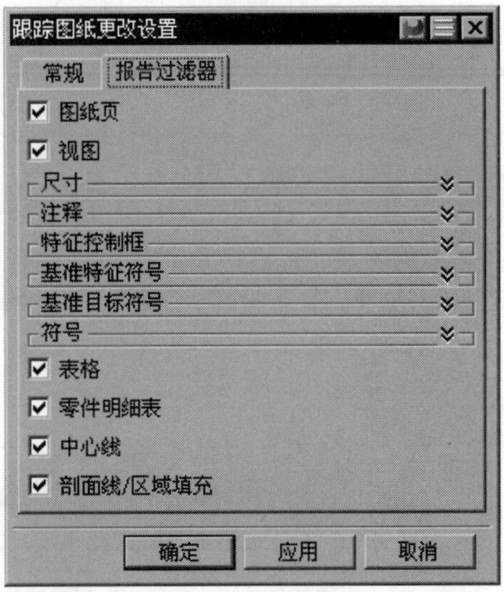

图 10.4.6 “跟踪图纸更改设置”对话框（二）

Step5. 在“跟踪图纸更改设置”对话框中单击确定按钮，完成设置。

图 10.4.5 与图 10.4.6 所示的“跟踪图纸更改设置”对话框中的选项说明如下：

- 比较公差文本框：用来定义比较图纸数据时的公差数值。
- 比较报告的基线下拉列表：用来定义比较制图数据时的基准。
  - ☑ 快照：选择此选项，系统将以保存的快照数据来进行图纸数据的比较。
  - ☑ 跟踪的更改：选择此选项，系统将以开启跟踪更改所保存的临时的快照数据来进行图纸数据的比较，此时用户必须开启“跟踪更改”才能创建比较报告。
- ☐ 在新报告中重新启动 ID 号复选框：用来定义是否在新的比较报告中重新生成标注符号，该标志符号出现在关联对象的旁边。
- ☑ 显示更改符号复选框：用来定义是否在更改对象旁边显示指定格式的符号。选中该复选框，有助于分辨更改的制图对象。
- 类型下拉列表：用来定义更改符号的样式类型。
- 报告过滤器选项卡：用来设置比较报告中出现的项目，默认为全部类型的对象。

2. 创建比较报告

下面紧接着前面的操作来介绍创建比较报告的一般操作过程。

Step1. 参照前面章节的操作在图纸上删除图 10.4.7a 所示的尺寸 26，添加图 10.4.7b 所示的尺寸 33 和 φ26。

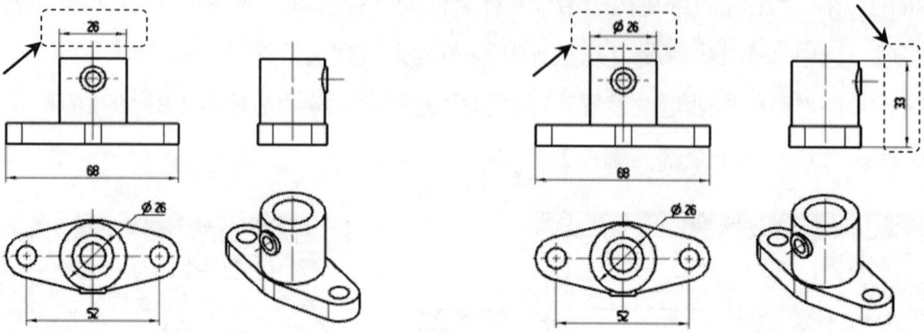

a）修改前　　　　　　　　　　b）修改后

图 10.4.7　修改标注尺寸

Step2. 选择下拉菜单 分析(L) → 跟踪图纸更改(R) ▸ → 执行比较报告(E) 命令（或从“跟踪图纸更改”工具条中单击按钮），系统弹出图 10.4.8 所示的“比较报告”对话框。

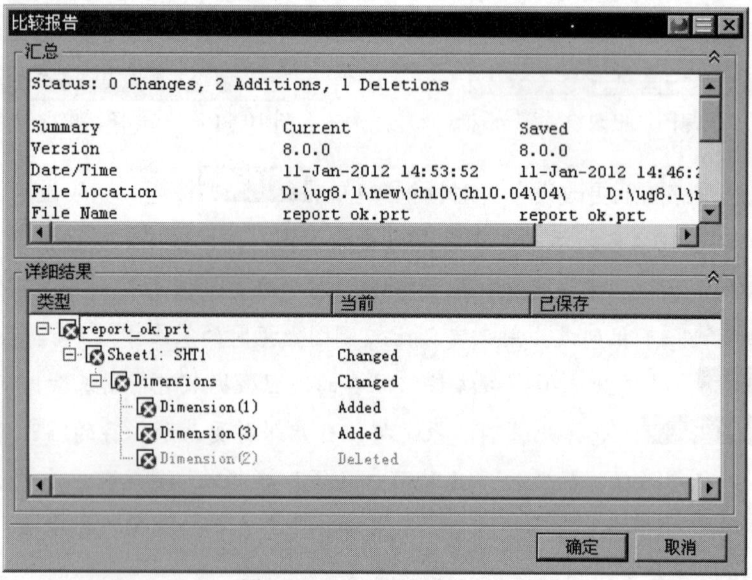

图 10.4.8　“比较报告”对话框

Step3. 在“比较报告”对话框的 详细结果 区域的列表框中单击 Dimension(1) 选项，此时图样上相应的尺寸被高亮显示；双击 Dimension(1) 选项，则系统会将该更改所对应的尺寸放大来显示。

Step4. 在“比较报告”对话框中单击 确定 按钮，关闭比较报告。

3．显示比较报告

如果用户需要查看比较报告，可以选择下拉菜单 分析(L) → 跟踪图纸更改(R) ▸ → 打开比较报告(O) 命令（或从“跟踪图纸更改”工具条中单击按钮），系统将重新弹出图

10.4.8 所示的“比较报告”对话框。

4．删除比较报告

如果用户不需要比较报告了，可以选择下拉菜单 分析(L) → 跟踪图纸更改(R) → 删除比较报告(R) 命令（或从“跟踪图纸更改”工具条中单击 按钮），系统将删除已经创建的比较报告。

10.5 GC 工具箱

GC 工具箱是特别针对中国用户推出的国标环境软件包，内置一系列相关的工具，如标准化工具、制图工具等。通过使用此工具模块，用户可以在一个符合大部分中国用户需求的环境中进行工作，并大大提高产品开发的规范化水平，减少用户客户化定制的工作量并提高工作效率。

10.5.1 属性工具

使用“属性工具”命令可以编辑或增加当前部件的属性，这些属性一般是由 GB 标准模板所定义的，也可以从其他部件中继承属性，并且通过“属性同步”功能实现属性在主模型和图纸间的双向传递。下面讲解使用“属性工具”的一般操作方法。

Step1. 打开文件 D:\ugdc8.12\work\ch10.05.01\att_tool_dwg1.prt，进入制图环境。

Step2. 选择下拉菜单 GC 工具箱 → GC 数据规范… → 属性工具… → 属性工具 命令，系统弹出“属性工具”对话框。

Step3.在“属性工具”对话框中单击图 10.5.1 所示输入区，输入文本“张三”，参照此方法输入其他属性值，结果如图 10.5.2 所示。

图 10.5.1 所示的“属性工具”对话框中的选项及按钮说明如下：

- 属性 列表框：显示当前部件中定义的所有属性的标题和属性值。用户通过单击列表的列标题可以进行排序，也可以通过单击对应 Value 列的单元格输入相应的属性值。
- 按钮：用于删除选定的某个属性项目。
- 按钮：用来选择当前部件中包含的组件，此时系统将该组件的属性添加到属性列表框，并更新其属性值。
- 按钮：单击此按钮，系统弹出“打开文件”对话框，用户需要选择一个外部的部件文件，此时系统将该组件的属性添加到属性列表框，并更新其属性值。

- 按钮：单击此按钮，系统将读取在 UG 安装目录下\Localization\prc\gc_tools\configuration\ gc_tool.cfg 中定义的属性内容。如果对应的属性项目不存在，则自动添加。企业可以需要根据自身的情况和要求定义该配置文件，以提高制图的标准化。
- Material 属性：当属性名为 Material 时，系统自动读取 NX 材料库。

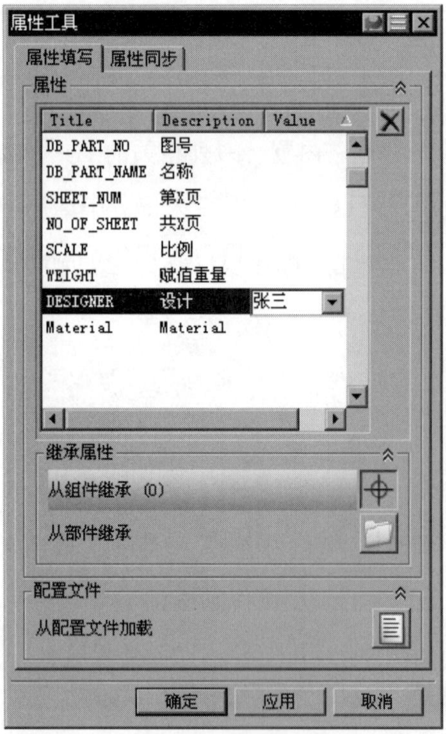

图 10.5.1 “属性工具”对话框（一）

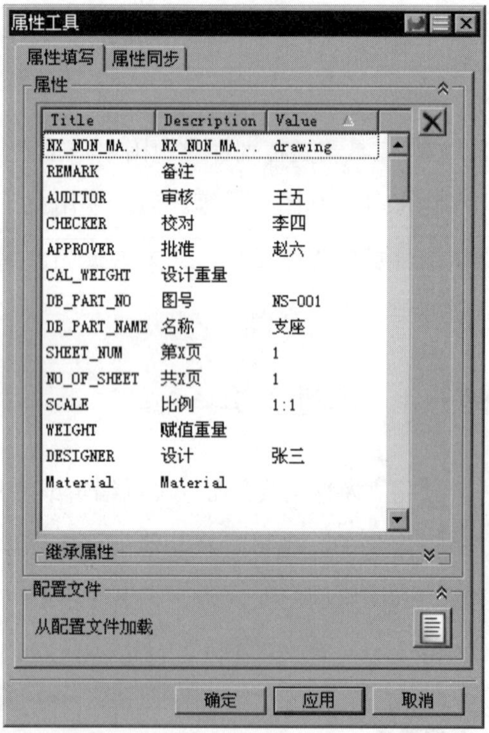

图 10.5.2 “属性工具”对话框（二）

Step4. 在“属性工具”对话框中单击 应用 按钮，此时图纸标题栏内容自动更新。

Step5. 在“属性工具”对话框中单击 属性同步 选项卡，此时对话框显示如图 10.5.3 所示，选中 ⊙ 图纸到主模型 单选项，单击 应用 按钮，此时对话框显示如图 10.5.4 所示。

Step6. 在“属性工具”对话框中单击 取消 按钮，关闭对话框。

图 10.5.3 所示的“属性工具”对话框中的选项说明如下：

- 主模型属性 列表框：显示当前主模型中定义的所有属性的标题和属性值。
- 图纸属性 列表框：显示当前图纸文件中定义的所有属性的标题和属性值。
- ⊙ 主模型到图纸 单选项：设定同步方式为主模型的属性同步到图纸。
- ⊙ 图纸到主模型 单选项：设定同步方式为图纸的属性同步到主模型。

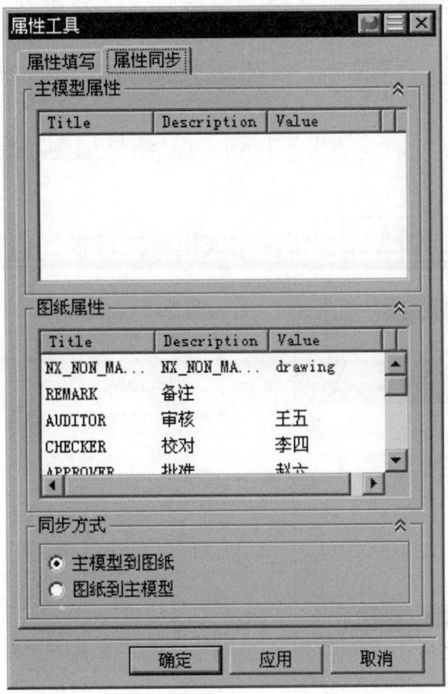

图 10.5.3 “属性工具”对话框（三）

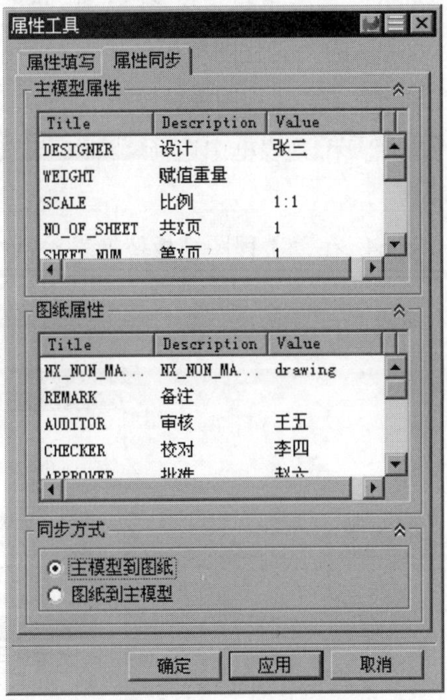

图 10.5.4 “属性工具”对话框（四）

10.5.2 替换模板

使用“替换模板”命令可以轻松地对当前图纸中选定的图纸页进行模板的替换，此时模板是按照配置文件的定义中来读取。需要注意的是，可供替换的模板放置位置在 UG 安装目录\LOCALIZATION\PRC\simpl_chinese\startup 以及\LOCALIZATION\PRC\english\startup 两个文件夹下，用户可根据企业的标准要求，对相应的模板进行必要的修改，这样就可以十分方便地进行图档的标准化。下面以图 10.5.5 所示为例来介绍使用“替换模板”的一般操作方法。

Step1．打开文件 D:\ugdc8.12\work\ch10.05.02\down_base_dwg1.prt，进入制图环境。

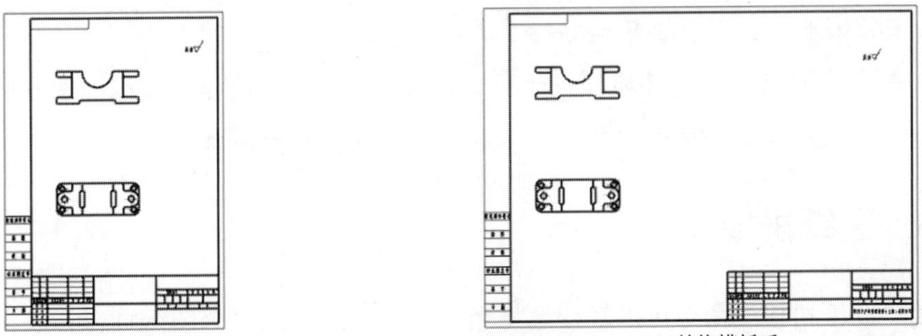

a）替换模板前　　b）替换模板后

图 10.5.5 替换模板

Step2. 选择下拉菜单 GC 工具箱 → 制图工具... ▸ → 替换模板 命令，系统弹出图 10.5.6 所示的“工程图模板替换”对话框。

Step3. 在“工程图模板替换”对话框 图纸中的图纸页 列表框中选择 A4_1 (A4 - 297 x 210) 选项，在 选择替换模板 列表框中选择 A3 - 无视图 选项，单击“显示结果”按钮，结果如图 10.5.5b 所示。

Step4. 在“工程图模板替换”对话框中单击 确定 按钮，完成模板的替换。

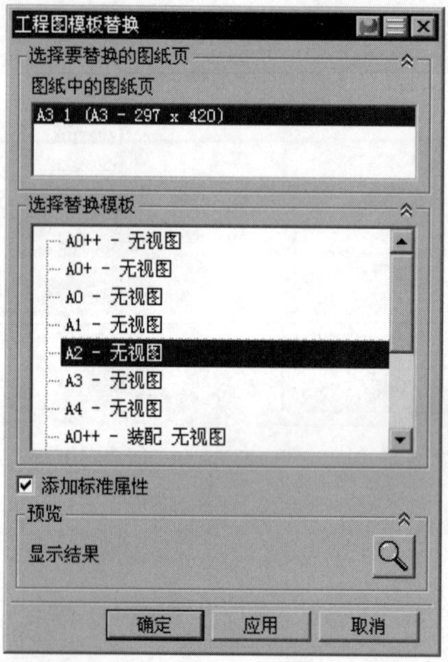

图 10.5.6 “工程图模板替换”对话框

图 10.5.6 所示的“工程图模板替换”对话框中的选项及按钮说明如下：

- 图纸中的图纸页 列表框：显示当前部件文件中包含的所有图纸页，其名称显示图纸页编号和纸张大小。
- 选择替换模板 列表框：显示按照当前配置文件所定义的图纸模板类型，用户需要修改配置文件从而将自定义的模板添加到此列表中。
- ☑ 添加标准属性 复选框：选中该选项，如果当前部件文件中没有配置文件中定义的标准属性，此时会创建这些标准属性。
- 按钮：用来进行替换模板的预览结果显示，如果选择的模板小于当前的视图空间，系统会提示错误信息，可参看编辑图纸页的操作内容。

10.5.3 图纸拼接

使用“图纸拼接”命令可以轻松地将当前图纸中选定的多个图纸页合并成一张图纸，以便打印或者输出多种不同的格式。下面介绍使用“图纸拼接”的一般操作方法。

Step1. 打开文件 D:\ugdc8.12\work\ch10.05.03\merge.prt，进入制图环境。

Step2. 选择下拉菜单 GC 工具箱 → 制图工具... → 图纸拼接 命令，系统弹出图10.5.7所示的“图纸拼接”对话框。

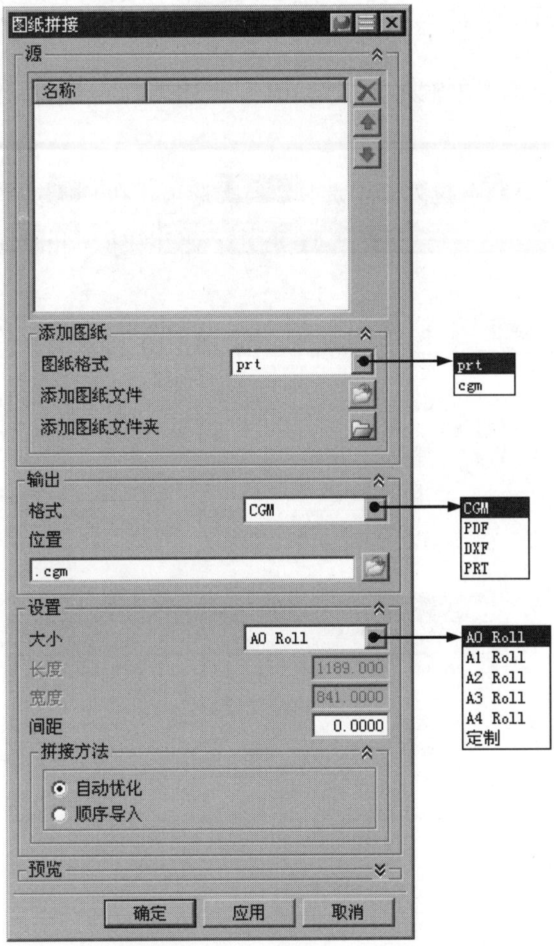

图10.5.7 “图纸拼接”对话框

图10.5.7所示的“图纸拼接”对话框中的选项及按钮说明如下：

- 源 区域：用来定义要拼接的图纸。
- 图纸格式 下拉列表：定义要拼接的图纸文件的格式。
- 按钮：用来选择单个的图纸文件添加到拼接列表框中，单击后弹出“打开文件”对话框。
- 按钮：用来选择一个文件夹，此时此文件夹内符合指定格式的文件被添加到拼接列表框中。
- 格式 下拉列表：定义拼接后的输出格式。
- 位置 文本框：定义输出文件的名称和存储路径。
- 大小 下拉列表：定义拼接后的输出格式的滚筒规格或自定义尺寸。
- 间距 文本框：用来定义拼接图纸边缘之间的距离。
- 自动优化 单选项：选择此项，由系统以优化的方式定义图纸拼接的顺序。
- 顺序导入 单选项：选择此项，由系统以图纸页的先后顺序定义图纸拼接的顺序。

Step3. 在“图纸拼接”对话框 图纸格式 下拉列表中选择 prt 选项，单击“添加图纸文件”按钮，系统弹出图10.5.8所示的“指定文件”对话框。

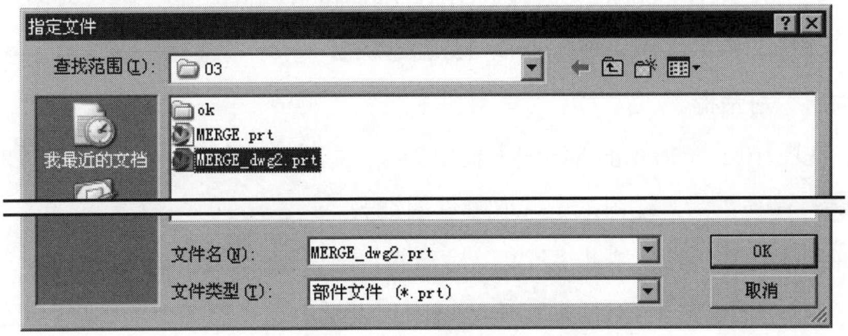

图10.5.8 “指定文件”对话框

Step4. 在“指定文件”对话框中选择 MERGE_dwg2.prt 选项，单击 OK 按钮，系统返回到“图纸拼接”对话框。

Step5. 在“图纸拼接”对话框 输出 区域 格式 下拉列表中选择 PRT 选项，单击“位置”按钮，系统弹出“指定文件”对话框。

Step6. 在“指定文件”对话框 文件名(N): 文本框中输入文本“ex01”，单击 OK 按钮，系统返回到“图纸拼接”对话框。

Step7. 在“图纸拼接”对话框 设置 区域 大小 下拉列表中选择 A0 Roll 选项，在 间距 文本框中输入值 0，展开 预览 区域，单击 预览 按钮，此时该区域显示如图 10.5.9 所示。

Step8. 在“图纸拼接”对话框中单击 确定 按钮，系统弹出图 10.5.10 所示的“信息”对话框，关闭此对话框。

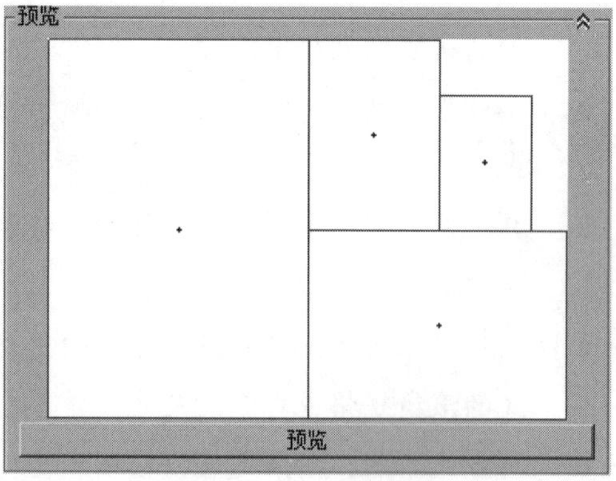

图 10.5.9 “预览”区域

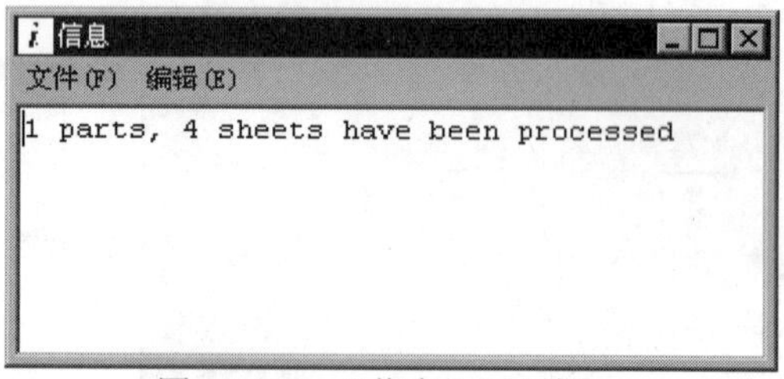

图 10.5.10 “信息”对话框

10.5.4 导出零件明细表

使用“导出零件明细表”命令可以轻松地将当前图纸中选定的零件明细表中的内容输出到 Excel 电子表格中，由此可以创建不同要求的明细表（组件明细表、标准件明细表、外购件明细表等）。下面介绍使用“导出零件明细表”的一般操作方法。

Step1. 打开文件 D:\ugdc8.12\work\ch10.05.04\asm_04_dwg2.prt，进入制图环境。

Step2. 选择下拉菜单 GC 工具箱 ➡ 制图工具... ➡ 导出零件明细表 命令，系统弹出“明细表输出”对话框。

Step3. 在图 10.5.11 所示的“明细表输出”对话框 资源 区域选中 ⊙ 零件明细表 单选项，确认 * 选择明细表 (0) 被激活，在图纸上选取零件明细表。

说明： 系统此时可能会弹出“消息”对话框，单击 是 按钮继续。

Step4. 在“明细表输出”对话框 资源 区域的列表框中选择第 1 个项目，然后连续单击按钮，将这些项目全部添加到 输出 区域的列表框中（图 10.5.12）。

图 10.5.11 “明细表输出”对话框（一）

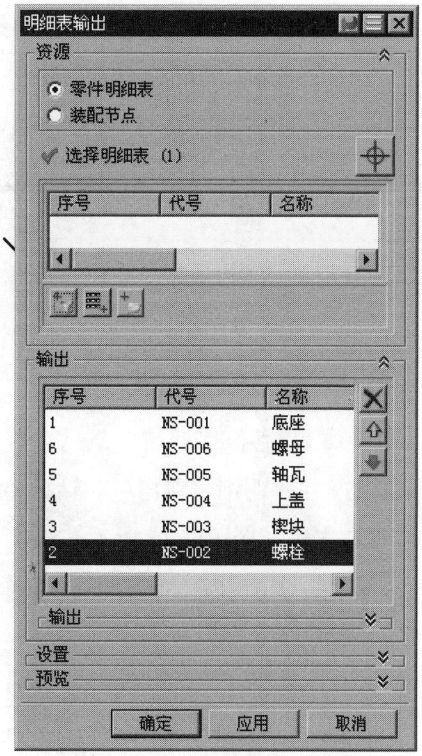

图 10.5.12 “明细表输出”对话框（二）

图 10.5.12 所示的“明细表输出”对话框中的选项及按钮说明如下：

- 零件明细表单选项：用于定义要输出的内容是从图纸的零件明细表来选取的。
- 装配节点单选项：用于定义要输出的内容是从装配导航器的装配节点来选取的。
- 按钮：单击此按钮，选取零件明细表或装配节点。
- 按钮：单击此按钮，可将源内容列表中的某项添加到输出列表中。
- 按钮：单击此按钮，可在输出列表中添加一个空行标记。
- 按钮：单击此按钮，可在输出列表中添加一个换页标记。
- 按钮：单击此按钮，可将输出列表中的某个项目删除。
- 、按钮：单击此按钮，可调整输出列表中的某个项目的上下位置。
- 输出层级下拉列表：仅在选择装配节点单选项时才会出现，包含“第一层节点”、“所有零组件”和“所有零件”选项。
- 输出格式下拉列表：用来设定输出的 xls 文件的模板或格式，用户可定制。
- 按原编号输出单选项：定义输出编号是按照原来明细表中的顺序号来输出。
- 自动编号单选项：定义输出编号是按顺序自动产生。
- 输出后打开文件复选框：选中该复选框后，输出完成后会自动打开表格。

☑ 模型点：通过选择模型上的一个点和一个需要对齐的视图来对齐视图。

Step5. 在“明细表输出”对话框中展开输出区域（图 10.5.13），单击此区域的按钮，系统弹出“指定文件”对话框，在文件名(N):文本框中输入名称“PartList”，单击 OK 按钮，系统返回到“明细表输出”对话框。

Step6. 在“明细表输出”对话框中展开设置区域（图 10.5.14），在输出格式下拉列表中选择组件明细表选项，其余采用图中所示的参数。

图 10.5.13 “输出”区域

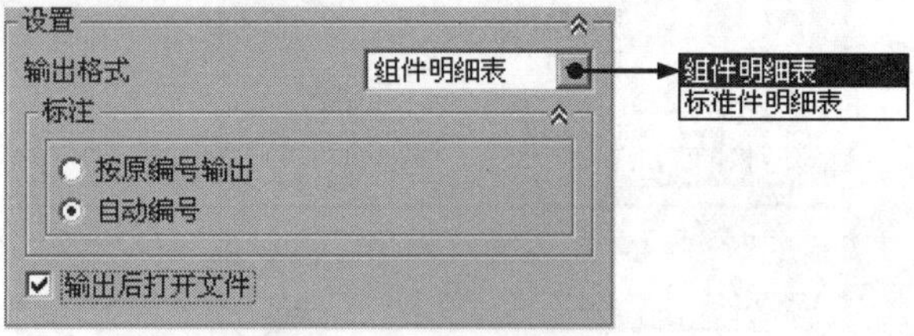

图 10.5.14 “设置”区域

Step7. 在“明细表输出”对话框中单击 确定 按钮，完成明细表的输出，打开输出后的 XLS 文件（图 10.5.15 所示）。

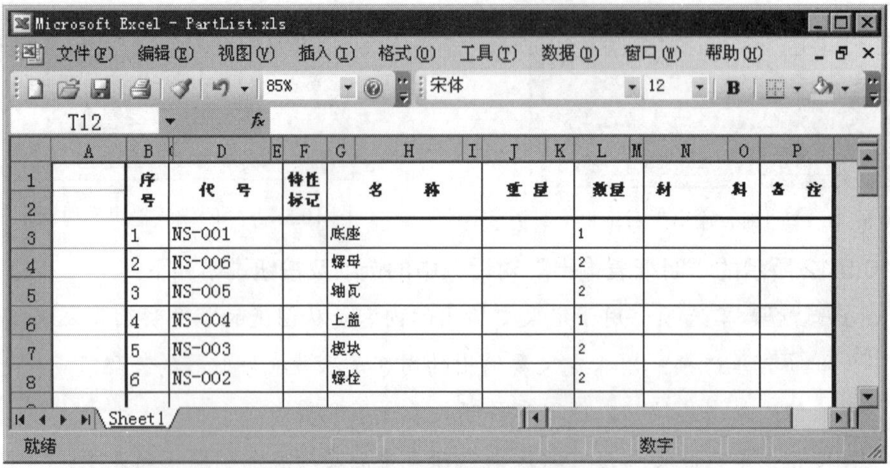

序号	代号	特性标记	名称	重量	数量	材料	备注
1	NS-001		底座		1		
2	NS-006		螺母		2		
3	NS-005		轴瓦		2		
4	NS-004		上盖		1		
5	NS-003		楔块		2		
6	NS-002		螺栓		2		

图 10.5.15 导出的零件明细表

10.5.5 装配序号排序

通过装配序号排序命令可以将装配图纸中的装配序号按照顺时针或逆时针的顺序来排列，此时需要用户指定一个初始的装配序号，系统自动按照指定的距离值来排列序号。下面介绍装配序号排序的一般操作方法。

Step1. 打开文件 D:\ugdc8.12\work\ch10.05.05\asm.prt，进入制图环境。

Step2. 选择下拉菜单 GC 工具箱 → 制图工具... → 装配序号排序命令，系统弹出“装配序号排序”对话框，如图 10.5.16 所示。

Step3. 在“装配序号排序”对话框中确认 * 初始装配序号 (0) 被激活，在图纸上选取图

10.5.17 所示的装配序号 2，其余参数保持不变。

图 10.5.16 “装配序号排序”对话框

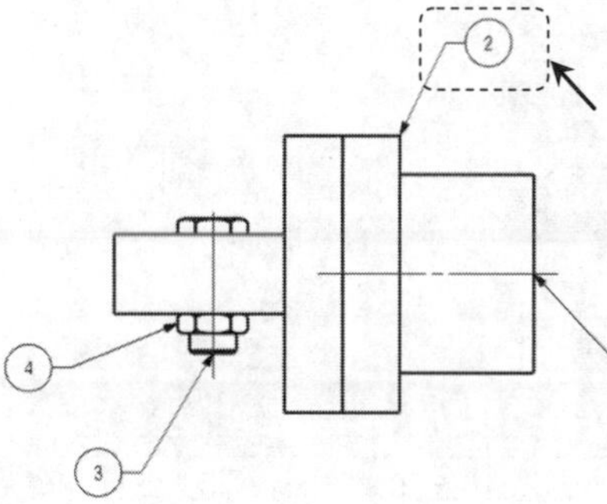

图 10.5.17 选择装配序号

Step4. 在“装配序号排序”对话框中确认 确定 按钮，结果如图 10.5.18 所示。

说明：

- 距离 文本框：用来控制装配序号和视图边界的距离。
- 图 10.5.19 所示为取消选中 □ 顺时针 复选框、距离 为 20 的排序结果。

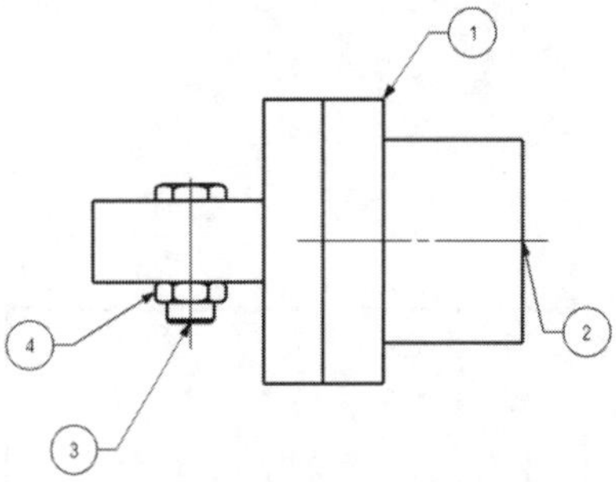

图 10.5.18 顺时针排序结果

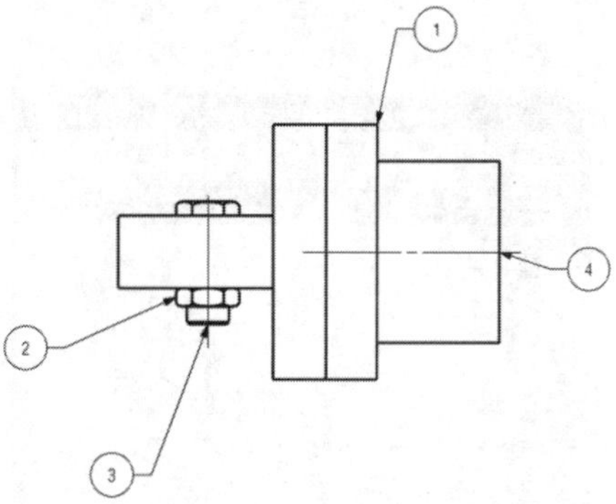

图 10.5.19 逆时针排序结果

10.5.6 创建点坐标列表

通过创建坐标列表命令可以将当前图纸中选定的一组点的坐标输出到一个表格，这里需要定义参考坐标系来确定原点和轴的方向，并可应用不同的表格模板，这对于某些工程制图是十分方便的。下面介绍创建坐标列表的一般操作方法。

Step1. 打开文件 D:\ugdc8.12\work\ch10.05.06\coor_table.prt，进入制图环境。

Step2. 选择下拉菜单 GC 工具箱 ➡ 注释... ➡ 坐标列表 命令，系统弹出图 10.5.20 所示的“坐标列表”对话框。

Step3. 在“坐标列表”对话框 类型 下拉列表中选择 创建 选项，确认 * 扩展视图 (0) 被激活，在图样上选取图 10.5.21 所示的视图，此时进入此视图的扩展模式。

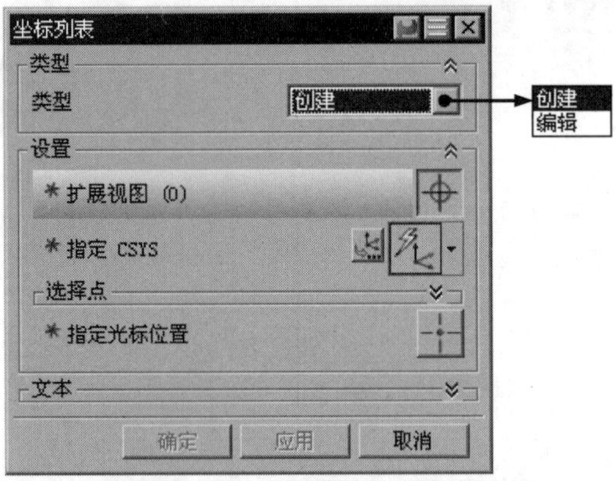

图 10.5.20 “坐标列表”对话框

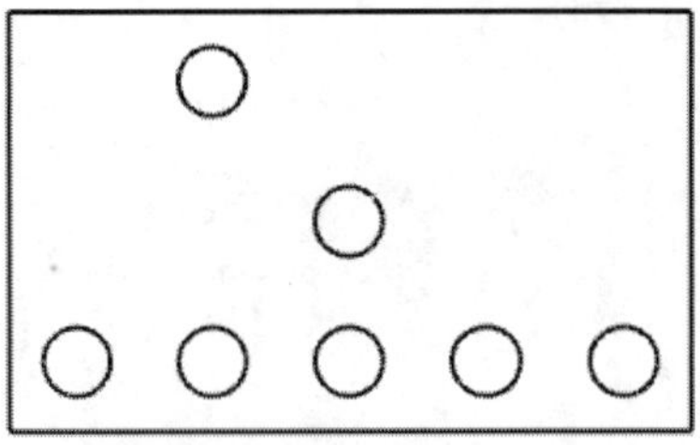

图 10.5.21 选择扩展视图

Step4. 在“坐标列表”对话框中确认 * 指定 CSYS 被激活，单击按钮，系统弹出“CSYS”对话框，在“CSYS”对话框 类型 下拉列表中选择 原点，X 点，Y 点 选项，此时对话框如图 10.5.22 所示。

Step5. 在图样上依次选取图 10.5.23 所示的点 1、点 2 和点 3，此时系统创建图 10.5.23 所示的坐标系，在“CSYS”对话框中单击 确定 按钮，系统返回到“坐标列表”对话框。

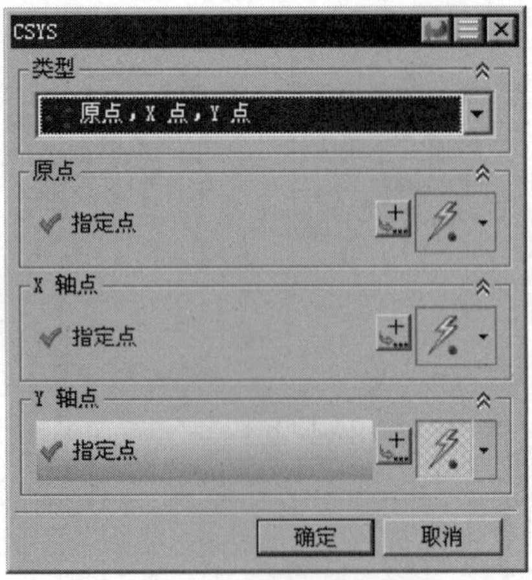

图 10.5.22 “CSYS”对话框

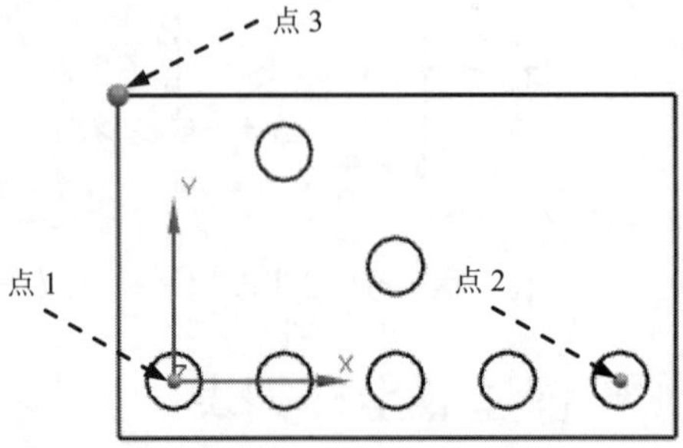

图 10.5.23 定义坐标系

Step6. 此时系统自动选中了图样上的唯一视图，在“坐标列表”对话框中展开 选择点 区域，选中 ⊙ 捕捉点 单选项，确认 捕捉点 右侧的下拉列表中选择选项，在图样上捕捉所有圆边的圆心点。

说明：坐标列表的点顺序取决于选取的顺序，可以单击或按钮来调整顺序。

Step7. 在“坐标列表”对话框中单击“光标位置”按钮，然后在图纸上单击视图右侧的合适位置以指定表格放置位置。

Step8. 在“坐标列表”对话框中单击 确定 按钮，完成坐标列表的创建，结果如图

10.5.24 所示。

说明：创建坐标列表后，读者可参照前面章节的操作方法，自行调整表格的样式等。

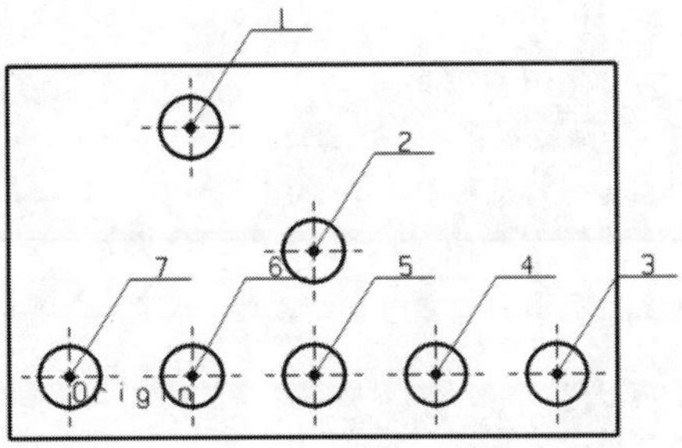

ID	X	Y	Z
1	20.000	40.000	-
2	40.000	20.000	-
3	80.000	-	-
4	60.000	-	-
5	40.000	-	-
6	20.000	-	-
7	-	-	-

图 10.5.24　坐标列表

10.5.7　添加技术要求

技术要求是工程图中非常重要的技术参数。在 UG NX 8.0 中可以方便地从技术要求库中提取相关的技术条目，此时系统能自动处理每行的序号，并过滤掉空白行，这种方式方便了技术要求的填写，避免了许多重复的劳动。下面介绍从技术要求库中添加技术要求的一般操作方法。

Step1. 打开文件 D:\ugdc8.12\work\ch10.05.07\tech_note_dwg1.prt，进入制图环境。

Step2. 选择下拉菜单 GC 工具箱 → 注释... ▸ → 技术要求库 命令，系统弹出图 10.5.25 所示“技术要求”对话框。

Step3. 在“技术要求”对话框中单击 * 指定位置，在图纸上单击图 10.5.26 所示的放置位置，系统自动激活 * 指定终点，在图纸上单击图 10.5.26 所示的终点位置。

图 10.5.25 所示的“技术要求”对话框中的选项及按钮说明如下：

- 原点 区域：用来定义技术要求的标注范围。用户需要指定两个点来定义一个矩形区域，技术要求的文本将不会超出此范围，当技术要求的某个条目文本长度超出终止位置时，系统会对该条目文本进行换行。
- 从已有文本输入 区域：在此区域单击 按钮，可以选择要编辑的注释文本，此时用户可以删除文本或添加新的文本。如果选中 □ 替换已有技术要求 复选框，则会替换掉已经存在的技术要求。
- ☑ 添加索引 复选框：系统默认第一行的文本为“技术要求”，第二行如果是空行或第一个字符是空格，则被忽略。
- 技术要求库 区域：显示当前配置文件中定义的技术要求分类和各个条目，双击某个条目即可添加到文本输入区。
- 设置 区域：用来控制文本的字体，默认为中文仿宋 chinese_fs。

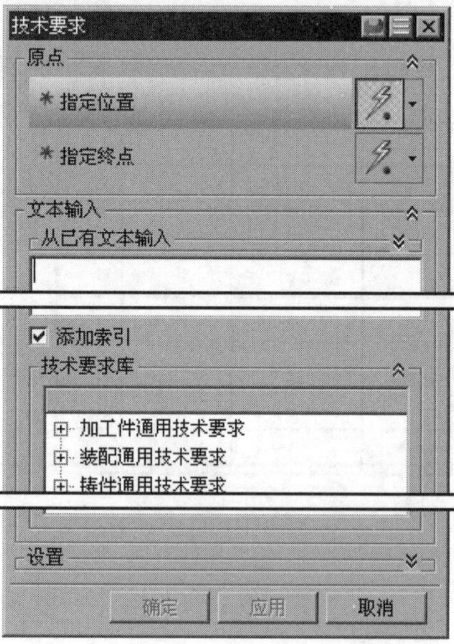

图 10.5.25 “技术要求”对话框

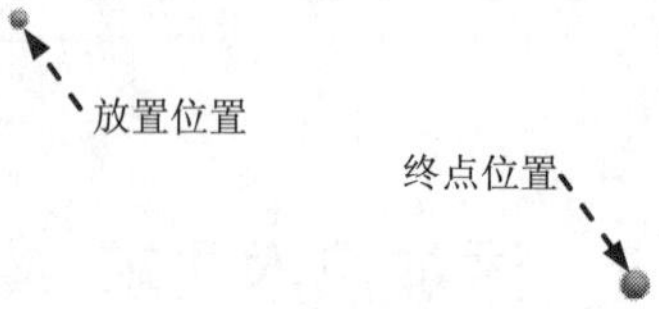

图 10.5.26 定义位置

Step4. 在“技术要求”对话框 技术要求库 区域中展开 加工件通用技术要求 节点，此时 技术要求库 区域如图 10.5.27 所示，分别双击“人工时效处理”和“未注圆角半径 R5”条目，将其添加到文本输入区中（图 10.5.28）。

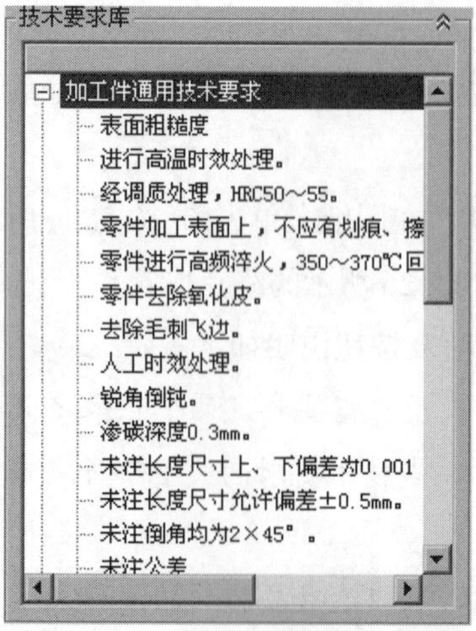

图 10.5.27 “技术要求库”区域

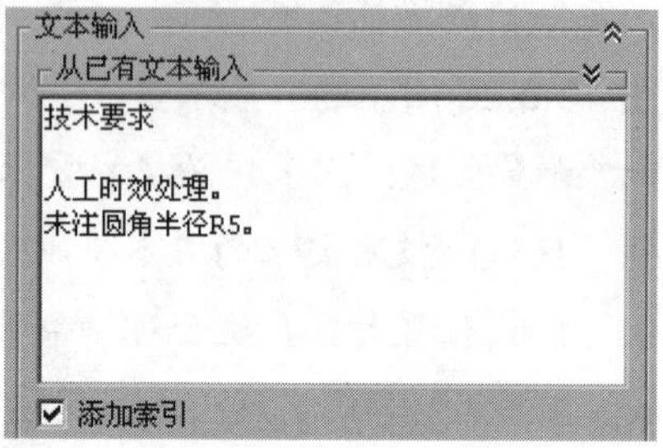

图 10.5.28 文本输入区

说明：读者可打开 10.5.1 小节所述的配置文件，添加自定义的技术要求条目。

Step5. 在“技术要求”对话框中单击 确定 按钮，完成技术要求的添加，结果如图 10.5.29 所示。

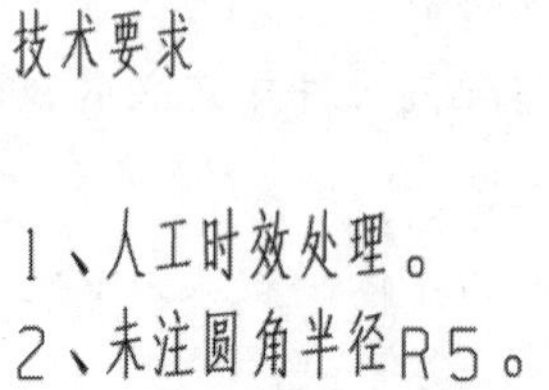

图 10.5.29 输入技术要求

10.5.8 创建网格线

网格线是某些工程制图中常见的制图元素，在 UG NX 8.0 中可以方便地添加坐标栅格线，并且能够添加相应的坐标数值，而且编辑、删除也十分方便。下面介绍在图纸视图上添加网格线的一般操作方法。

Step1. 打开文件 D:\ugdc8.12\work\ch10.05.08\grid_line.prt，进入制图环境。

Step2. 选择下拉菜单 GC 工具箱 ➡ 注释... ➡ 网格线 命令，系统弹出图 10.5.30 所示“网格线”对话框。

Step3. 在“网格线”对话框中 类型 下拉列表中选择 创建 选项，单击 * 选择视图 (0)，在图纸上选择图 10.5.31 所示的视图，系统自动激活 * 指定光标位置，在图纸上依次单击图 10.5.31 所示的位置 1 和位置 2。

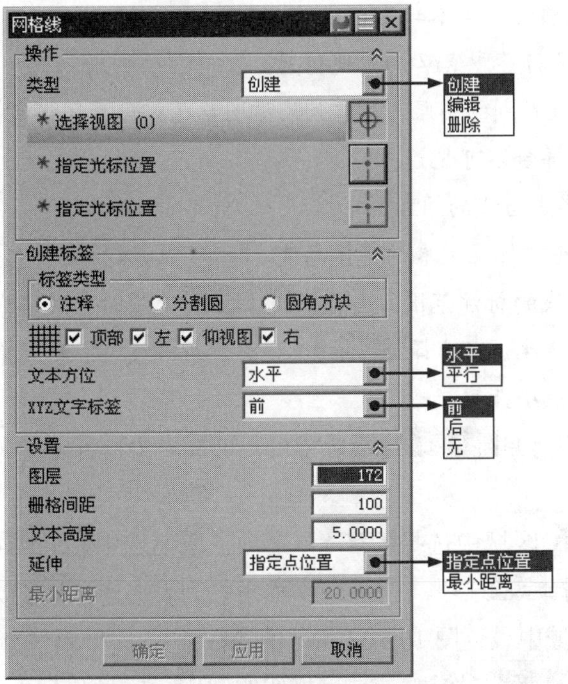

图 10.5.30 “网格线”对话框

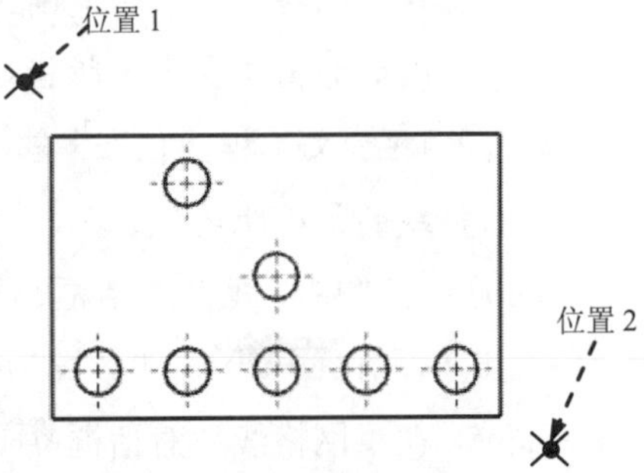

图 10.5.31 定义位置

图 10.5.30 所示的“网格线”对话框中的选项及按钮说明如下：

- 类型 下拉列表：用来选择操作类型，包括“创建”、“编辑”和“删除”选项。
- * 选择视图 (0)：用来选择要添加网格线的视图。
- * 指定光标位置：用来设置网格线的标注范围，用户需要选取矩形区域的 2 个对角点。
- 标签类型 区域：用来设置坐标标签的样式。包括 注释、分割圆 和 圆角方块 选项，其生成样式分别如图 10.5.32a、b、c 所示。
- ☑ 顶部、☑ 左、☐ 仰视图、☐ 右 复选框：用来定义标签的标注位置。注意，此处的“仰视图”应为底部。

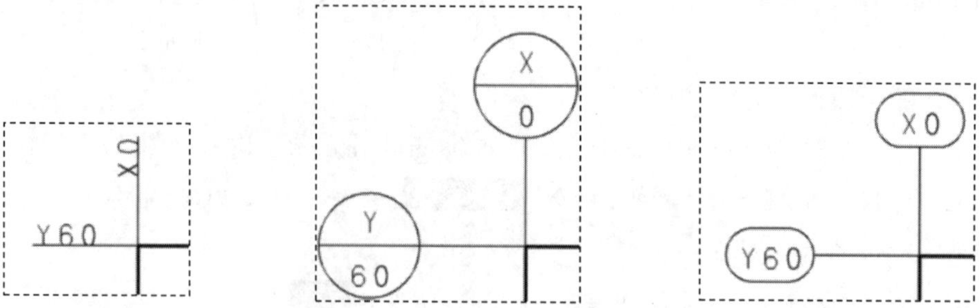

a）注释标签　b）分割圆标签　c）圆角方块标签

图 10.5.32　标签类型

- 文本方位下拉列表：用来定义标签的文字方位，选择水平选项时，文本始终与图纸的水平方向一致；选择平行选项时，文本与坐标线的方向平行。
- XYZ文字标签下拉列表：用来定义标签中 XYZ 的出现位置。
- 图层文本框：用来定义网格线放置到的图层。注意如果该图层已经设置了不可见，那么创建网格线后，网格线同样会不可见。
- 栅格间距文本框：用来定义网格线与线的间距。
- 文本高度文本框：用来定义标签中标注文本的字体高度。
- 延伸下拉列表：用来定义网格线的标注范围。当选择指定点位置选项时，网格线只会在前面指定 2 点的范围内来产生。当选择最小距离选项时，网格线文字和网格线之间的距离不会小于所指定的最小距离。
- 最小距离文本框：仅在延伸类型为用最小距离选项时可用，用来定义标签文字和网格线的最小距离值。

Step4. 在“网格线”对话框创建标签区域中选择 注释单选项，取消选中 仰视图和 右复选框，在文本方位下拉列表中选择平行选项，在XYZ文字标签下拉列表中选择前选项。

Step5. 在“网格线”对话框设置区域中设置图 10.5.33 所示的参数。

Step6. 在“网格线”对话框中单击确定按钮，完成网格线的创建，结果如图 10.5.34 所示。

图 10.5.33 “设置”区域

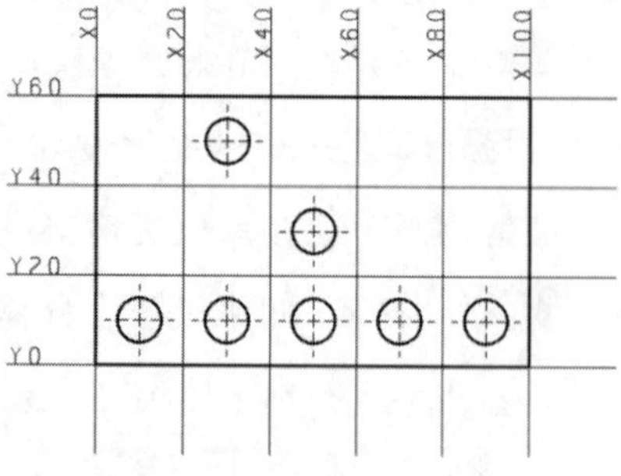

图 10.5.34　创建网格线

10.5.9 尺寸标注样式

GC工具箱中提供了针对尺寸标注中的常见形式进行快速设置的工具，用户可通过单击图10.5.35所示的“尺寸标注样式—GC工具箱”中的命令按钮来快速设置尺寸样式。

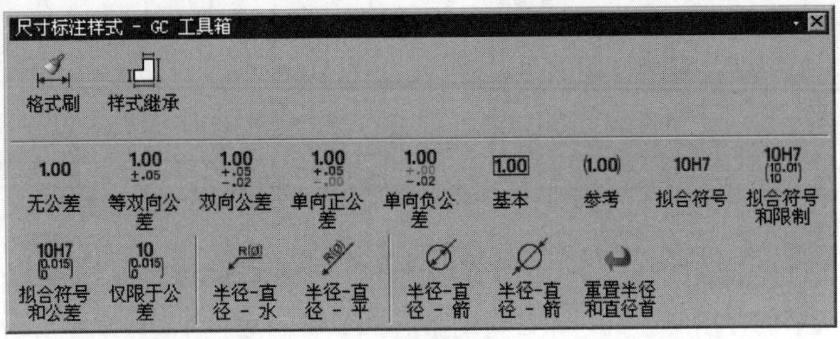

图10.5.35 “尺寸标注样式—GC工具箱”对话框

1. 格式刷

使用格式刷命令可以方便地选择一个基准尺寸样式，然后将其他的多个尺寸统一成相同的尺寸标注样式和公差标注。下面以图10.5.36所示为例来介绍使用格式刷的一般操作方法。

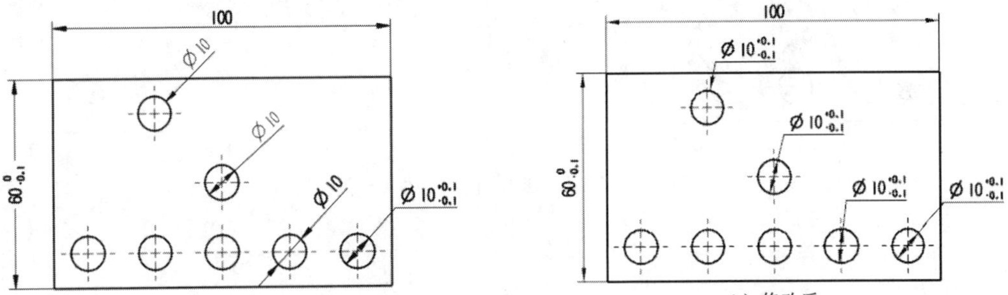

a）修改前　　b）修改后

图10.5.36 使用格式刷

Step1. 打开文件D:\ugdc8.12\work\ch10.05.09\01_matchprop.prt，进入制图环境。

Step2. 选择下拉菜单 GC工具箱 → 尺寸... → 尺寸标注样式... → 格式刷 命令，系统弹出图10.5.37所示的“格式刷”对话框。

Step3. 在“格式刷”对话框中确认 工具对象 区域的 * 选择对象 (0) 被激活，在图样上选择尺寸100，系统自动激活 目标对象 区域的 * 选择对象 (0)，在图样上选择尺寸60。

Step4. 在“格式刷”对话框中选中 ☑ 不改变尺寸公差形式与等级 复选框，单击 应用 按钮，结果如图10.5.38所示。

Step5. 在“格式刷”对话框中确认 工具对象 区域的 * 选择对象 (0) 被激活，在图样上选择图10.5.39a所示的直径尺寸10，系统自动激活 目标对象 区域的 * 选择对象 (0)，在图样上选择图示2个目标尺寸，单击 应用 按钮，结果如图10.5.39b所示。

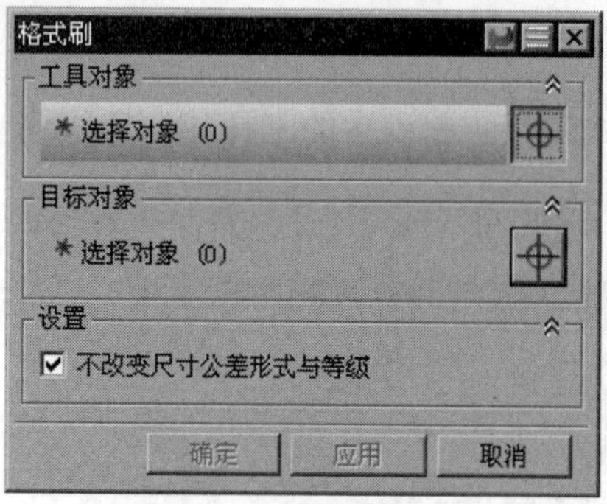

图 10.5.37 “格式刷”对话框

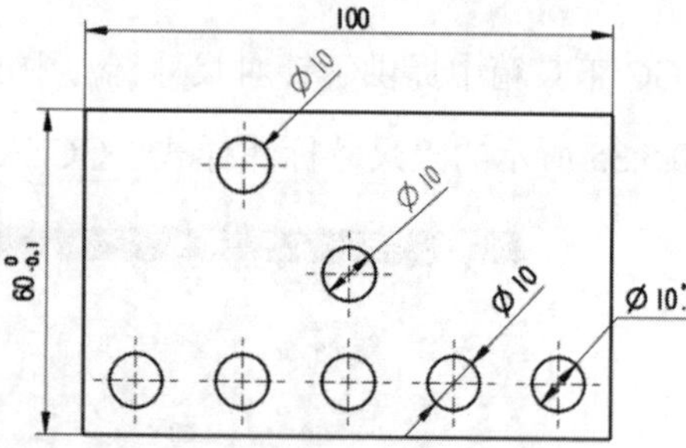

图 10.5.38 改变长度尺寸

Step6. 在“格式刷”对话框中确认 工具对象 区域的 * 选择对象 (0) 被激活，在图样上选择图 10.5.40a 所示的直径尺寸 10，系统自动激活 目标对象 区域的 * 选择对象 (0)，在图样上选择其余的 3 个直径尺寸，取消选中 □ 不改变尺寸公差形式与等级 复选框，单击 确定 按钮，结果如图 10.5.40b 所示。

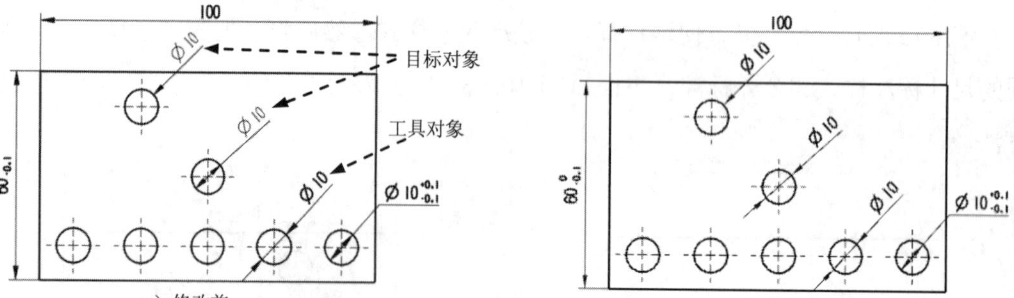

a）修改前　b）修改后

图 10.5.39 修改直径尺寸（一）

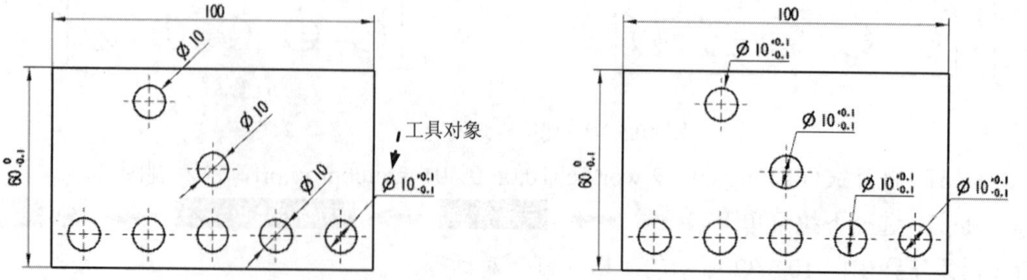

a）修改前　b）修改后

图 10.5.40 修改直径尺寸（二）

2. 样式继承

使用样式继承命令可以选择一个尺寸样式作为缺省的尺寸标注样式，然后后续的标注将按照此样式进行标注。选择下拉菜单 GC 工具箱 → 尺寸... ▸ → 尺寸标注样式... ▸ → 样式继承 命令，系统弹出图 10.5.41 所示“样式继承”对话框，在图样上选取某个合适的尺寸，单击 确定 按钮，即可完成尺寸样式的设置，此时可选取尺寸标注命令继续进行标注。

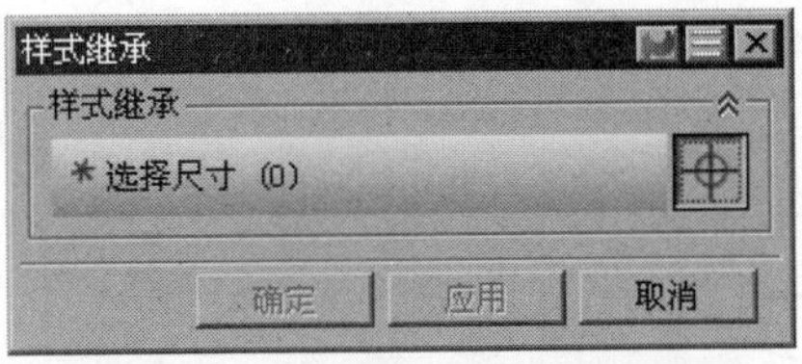

图 10.5.41 “样式继承”对话框

3. 公差标注样式

公差标注样式的命令按钮较多，但其使用方法是一致的。单击某个按钮即设置为此种类型的公差标注样式，再次单击该按钮或者单击同组的其他公差标注样式按钮即可取消其标注状态。需要注意的是，应在使用尺寸标注命令前，激活某种公差样式。

4. 半径/直径文本方位

半径/直径文本方位是用来控制尺寸文本的两种状态：水平和平行。图 10.5.42 所示为水平和平行的标注结果。

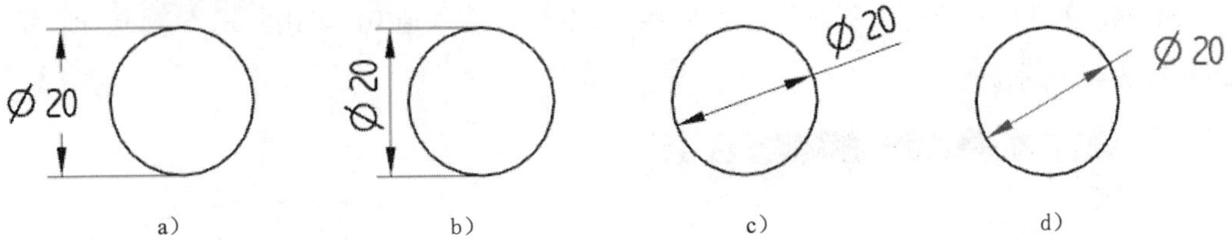

图 10.5.42 半径/直径文本方位

5. 尺寸线箭头位置

尺寸线箭头位置是用来控制标注半径或直径尺寸时箭头的两种状态：向内和向外。图 10.5.43 所示为向内和向外的标注结果。

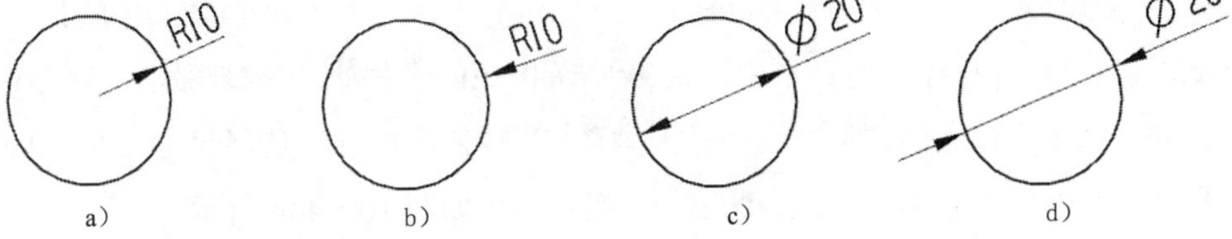

图 10.5.43 尺寸箭头位置

10.5.10 尺寸排序

如果图样上标注的尺寸放置太凌乱，没有很好的层次，就对识图、读图造成很大的障碍，因此应避免出现这种情况。GC 工具箱中提供了针对尺寸位置的排序命令，用户可方便地快速设置相关尺寸的放置位置，从而使图样尺寸标注排列整齐。下面以图 10.5.44 所示为例来介绍尺寸排序的一般操作过程。

a）排序前　　b）排序后

图 10.5.44　排序尺寸

Step1. 打开文件 D:\ugdc8.12\work\ch10.05.10\Sort_dim.prt，进入制图环境。

Step2. 选择下拉菜单 GC 工具箱 ➡ 尺寸... ➡ 尺寸排序 命令，系统弹出图 10.5.45 所示的“尺寸排序”对话框。

Step3. 在“尺寸排序”对话框中确认 基准尺寸 区域的 * 选择尺寸 (0) 被激活，在图样上选择尺寸 40，系统自动激活 对齐尺寸 区域的 * 选择尺寸 (0)，在图样上选择尺寸 70。

Step4. 在“尺寸排序”对话框中 尺寸间距 文本框中输入值 0，单击 应用 按钮，结果如图 10.5.46 所示。

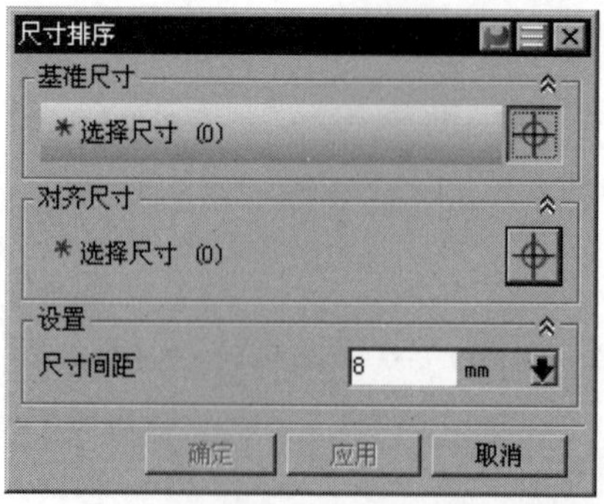

图 10.5.45　“尺寸排序”对话框

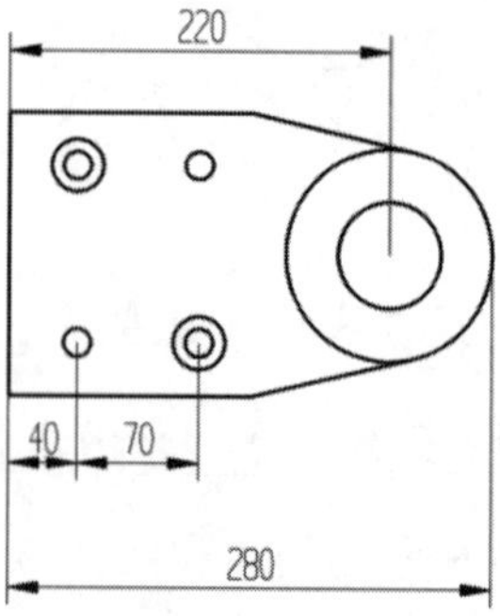

图 10.5.46　排序尺寸

Step5. 在“尺寸排序”对话框中确认 基准尺寸 区域的 * 选择尺寸 (0) 被激活，在图样上选择尺寸 70，系统自动激活 对齐尺寸 区域的 * 选择尺寸 (0)，在图样上选择尺寸 220、280，在 尺寸间距 文本框中输入值 8，单击 确定 按钮，结果如图 10.5.44b 所示。

10.5.11　齿轮参数表和齿轮简化图样

齿轮是常见的机械传动零件，其本身具有很多的重要技术参数，一般是通过表格形式出现在图纸上。另外，由于我国制图标准中对齿轮的图样画法有简化的规定，如果在制图时仅仅采用由模型投影的方法来产生视图，往往不能达到国标要求。对此，GC 工具箱中提供了针对齿轮的相关命令，用户不但可以方便地快速创建齿轮模型，而且可以根据齿轮模型来创建符合国标的工程图样。下面介绍齿轮出图的一般操作过程。

Step1. 打开文件 D:\ugdc8.12\work\ch10.05.11\gear.prt，进入制图环境，图样显示如图 10.5.47 所示。

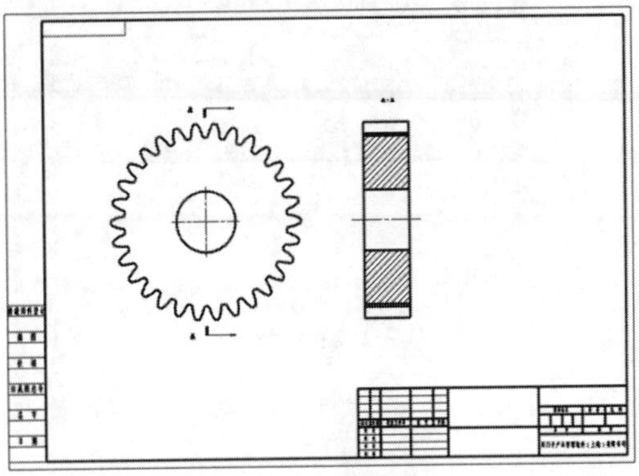

图 10.5.47 齿轮图

Step2. 选择下拉菜单 GC 工具箱 ➡ 齿轮... ▸ ➡ 齿轮参数 命令，系统弹出图 10.5.48 所示“齿轮参数”对话框。

Step3. 在“齿轮参数”对话框中确认 齿轮列表 区域的列表框中选择齿轮 D202 选项，系统自动激活 * 指定点，在图样上选择图框的右上角点，在 模板 下拉列表中选择 Template1 选项，单击 确定 按钮，结果如图 10.5.49 所示。

说明：用户可参照第 7 章的编辑表格的操作方法，自行调整表格的列框和行高，此处不再赘述。

图 10.5.48 “齿轮参数”对话框

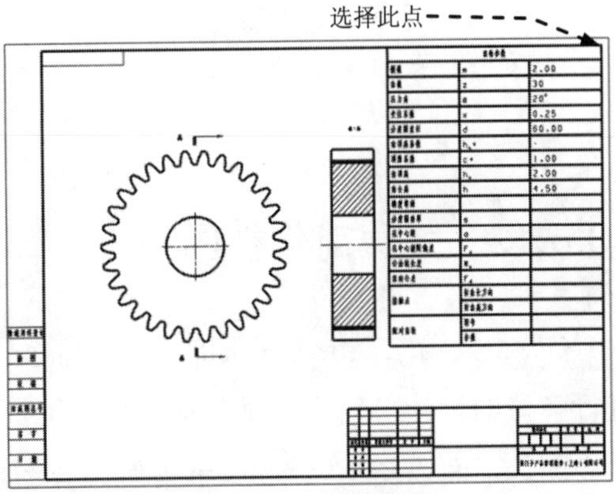

图 10.5.49 放置表格

图 10.5.48 所示的“齿轮参数”对话框中的选项及按钮说明如下：

- 齿轮列表 列表框：显示当前部件包含的具有齿轮参数的圆柱齿轮、锥齿轮等。
- 模板 下拉列表：用来选择配置文件中定义的对应不同齿轮类型的参数输出模板。
- * 指定点：用来指定表格在图纸上的放置位置。

● 按钮：用来预览齿轮参数表的输出结果。

Step4. 选择下拉菜单 GC 工具箱 → 齿轮... ▸ → 齿轮简化图纸 命令，系统弹出图 10.5.50 所示的“齿轮简化”对话框。

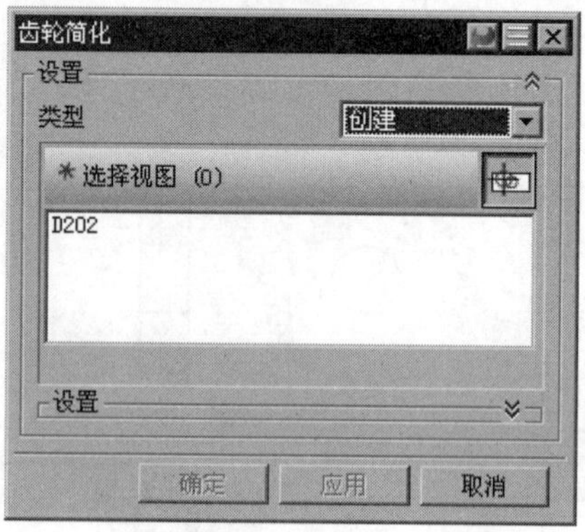

图 10.5.50 “齿轮简化”对话框

Step5. 在“齿轮简化”对话框中 类型 下拉列表中选择 创建 选项，在图纸上选择图 10.5.51a 所示的视图，在齿轮列表框中选择齿轮 D202 选项，单击 确定 按钮，结果如图 10.5.51b 所示。

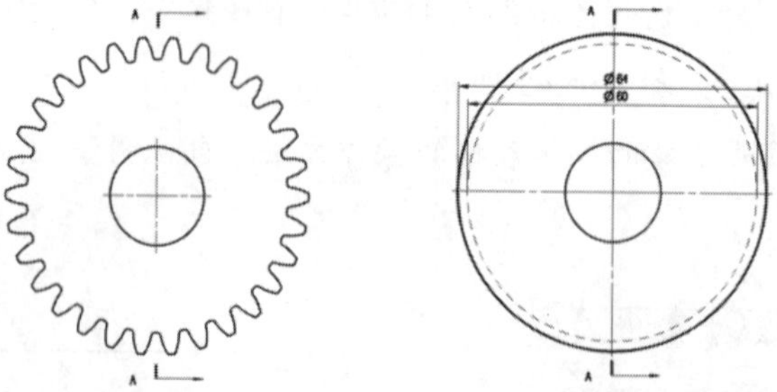

a）简化前　　b）简化后

图 10.5.51 简化图纸

10.5.12 弹簧简化视图

GC 工具箱中提供了弹簧的设计、删除和弹簧简化画法的命令，用户在建模环境下可以进行弹簧的设计与删除，而在制图环境下可以根据弹簧模型方便地快速创建符合国标要求的视图。下面以图 10.5.52 所示为例来介绍创建弹簧简化视图的一般操作过程。

Step1. 打开文件 D:\ugdc8.12\work\ch10.05.12\spring.prt，进入制图环境。

Step2. 选择下拉菜单 GC 工具箱 → 弹簧... ▸ → 弹簧简化视图 命令，系统弹出图 10.5.53 所示的“弹簧简化视图”对话框。

Step3. 在图纸上选择合适位置，单击 确定 按钮，结果如图 10.5.52 所示。